『十二五』国家重点图书出版规划项目

国家出版基金资助项目

国家出版基金项目
NATIONAL PUBLICATION FOUNDATION

重庆市璧山区档案馆 藏

四川大学中国西南文献中心 编

民国乡村建设

晏阳初

华西实验区档案选编·教育建设实验

陈廷湘　吕毅　傅应明　主编
陈启江　周成伟　龙泽会

西南师范大学出版社
国家一级出版社　全国百佳图书出版单位

图书在版编目（CIP）数据

民国乡村建设晏阳初华西实验区档案选编. 教育建设实验 / 陈廷湘等主编. — 重庆 : 西南师范大学出版社, 2018.6

ISBN 978-7-5621-9120-9

Ⅰ. ①民… Ⅱ. ①陈… Ⅲ. ①城乡建设—档案资料—汇编—璧山区—民国②教育工作—档案资料—汇编—璧山区—民国 Ⅳ. ① TU984.271.93 ② G527.719.3

中国版本图书馆 CIP 数据核字 (2017) 第 314037 号

民国乡村建设

晏阳初华西实验区档案选编·教育建设实验

MINGUO XIANGCUN JIANSHE
YAN YANGCHU HUAXI SHIYANQU DANG'AN
XUANBIAN:JIAOYU JIANSHE SHIYAN

陈廷湘 吕 毅 傅应明
陈启江 周成伟 龙泽会 主编

天猫旗舰店

出 版 人 米加德
策划组稿 米加德 卢渝宁 黄 璜
责任编辑 杨 萍 黄丽玉 卢渝宁
黄 璜 畅 洁 段小佳
装帧设计 王玉菊
排 版 重庆大雅数码印刷有限公司
出版发行 西南师范大学出版社
地 址 重庆市北碚区天生路 2 号
网 址 http://www.xscbs.com
经 销 全国新华书店
印 刷 重庆荟文印务有限公司
幅面尺寸 185mm×260mm
印 张 82.25
版 次 2018年6月第1版
印 次 2018年6月第1次印刷
书 号 ISBN 978-7-5621-9120-9
定 价 1050.00元（全三册）

民国乡村建设
晏阳初华西实验区档案选编

编纂委员会

顾问　罗中枢　姚乐野

主任　陈廷湘　吕　毅

副主任　成功伟　李　瑞

编纂者　刘云昊　王丽敏　周忆霖　闫　茹　杜大鑫　刘明琴　张　杨　车人杰　石峰波　郑子律

工作委员会

序

陈廷湘

传统乡村向现代社会转型是全世界都必然经历的发展过程。欧洲各国传统社会转型从十六世纪开始，至十九世纪中期工业化完成得以全面实现。在此过程中，各国的传统乡村社会也相应实现了向现代性乡村社会的转变。一九二〇年代，在西方国家乡村改造理论的影响下，中国兴起了颇受国内外关注的乡村建设运动。[一]乡建运动尽管派别众多，但总体上大致都是以转化传统乡村为现代乡村为目标的社会『改造』运动。晏阳初的中华平民教育促进会（简称『平教会』）开展定县实验，梁漱溟领导山东乡建运动，中华职业教育社在江南进行农村改进工作，华洋义赈会在河北乡村推行合作运动，河南村治学院在河南推进乡村建设等旨在乡村『改造』的活动皆创生于此阶段。[二]三十年代，国民政府也『组织农村复兴委员会』，倡导和实施『救济农村』。[三]其中，梁漱溟倡导的乡建运动具有一套完整的理论和实践方案。

在梁漱溟的理论中，中国乡村建设即乡村救济，乡村需要救济的原因在『近几十年来的乡村破坏』。而中国乡村之所以不能免于各种因素造成的破坏，[四]『顶要紧的』原因是农民『缺乏组织』『缺乏团体生活』。[五]尽人皆知，梁氏认为中国传统社会是『伦理本位』『职业分立』的社会，生活在传统中国社会的人『只有身家观念，读书中状元，经营工商业，辛勤种庄稼，都不过为身家打算』，『人与人在生活上不发生连带关系，很可以关门过日子』，有『反团体的习惯』。[六]因此，在传统中国社会，『为政之道：以不扰为安，以不取为与，以不害为利，以行所无事为兴废除弊』。[七]梁漱溟的论定无疑说出了中国传统农业社会的真相。这一认知与辩证唯物主义史家所谓中国传统社会是极具分散性的小农经济社会的论定基本一致。

按照上述理解，在传统中国乡村，维持家庭生活稳定存在与兴旺的社会环境是农民的根本利益所在，任何打破以小家庭为基本生产单元的社会关系的社会改造，或者说任何不能给农民家庭带来现实利益的社会改造运动都必然与农民形成对立关系，而这一对立关系蕴含着『改造者』与整个传统习惯的冲突。梁漱溟领导的乡村改造运动遭遇了这一冲突，晏阳初领导的乡村建设实践也受到上述历史逻辑的支配。

晏阳初平民教育的初衷是教会平民识字，〔八〕到一九二〇年代末的定县平教实验区阶段，他的平民教育运动也转化为乡村建设运动，以全面改造农民的『愚、穷、弱、私』四大积弊为目标。〔九〕由于针对四大积弊的『四大教育』（也就是『四大改造』）不可能给农民带来眼前的实惠，显然亦不可能取得重大实际成就。时人评论说，平教会『在一个小县（定县）之内每年化上了二十万元左右巨款』，『小小的成绩是不难得到的』，但『必须指出的是：在定县社会经济的根本组织上，或者更浅近的说，在定县最大多数民众的经济生活（狭义的）上，并不会因平教会之工作而引起根本的变革』。〔一〇〕晏阳初在定县的实验不久就因全面抗战爆发而中断。但其实验内容不能给农家带来现实利益，即使不中断也不可能实现其预设的改变乡村落后状态的目标。

抗战胜利后，晏阳初领导的平教会在当时的四川省第三专署辖区开启了新一期乡村改造实验。一九四六年建『巴璧实验区』（当时的巴县和璧山），十一月正式开始实验，〔一一〕一九四七年十一月扩大为覆盖整个第三专区的『华西实验区』，〔一二〕仍为政教合作的乡村改造实验。华西实验区乡村建设的组织者称此次乡建实践为『新一期』乡村改造实验。按主导者的解释，这一改变是因为此期实验明确提出了以经济建设为重心的方针。〔一三〕具体而言是把针对『愚、穷、弱、私』实施的文艺、生计、卫生、公民四大教育中之『生计教育』置于中心地位。〔一四〕实验方式则是将实验区划分为『社学区』。〔一五〕社学区内建一所国民学校作为『建设活动的领导中心』，分为小学和民教两部。小学部负责社学区内全部学龄儿童教育，民教部由专任主任选用辅导生以经济建设技艺为主的知识教授成年农民，并辅导农民组织农业生产合作社和各种专业合作社，〔一六〕逐步改造农民『愚、穷、弱、私』的生存样态，实现乡村社会的现代转型。从这些设计看，华西实验区尽管确立了以经济建设为中心的乡建理念，但实践进程须经过传授生产知识和引导农民结成组织以促进经济发展，不是直接给农民带来现实利益，因此实验工作总体上仍难于形成乡村改造的内在动力。

按上述路径进行乡村建设，首要目标在组织农民走出落后的生产和生活境地，实现这一目标的第一步是做人口、财产状况调查。这看起来十分简单的一步就极难进行。直至一九四九年六月还有不少民教主任报告调查困难重重：上门调查时，农民『有的关门闭户，有的外出不理』，有的当面『置之不理』。即使有农家愿接受调查，所得数据亦大半『不正确』。因怕抽丁，被调查人口者只报老人小孩，壮丁皆『隐匿不报』；调查财产时，被调查者因『怕清算』，往往『以多报少』，唯负债数报告准确。乡内一个社学区的调查即费时四个多月才勉强告成。[一七] 调查后开办成人教育传习处更是难上加难。农民们说白天必须下田『做工才有饭吃』，晚上读书耗不起灯油，且劳作一天已很疲劳，『需要早睡觉』，完全没有工夫读书。[一八] 有的社学区在乡保长强制下办起来也无法持久，『头两天还勉强来应付场面，继续下去，就是一些儿童，有些传习处连儿（童）都莫有』。[一九]『开办传习处困难，比户口调查难多了。』[二〇] 至于办合作社，情况亦相差无几。正如民教主任李廷荣所说：『要改进农村，普遍的成立各种合作社，这诚然是一个良策，但是十个多月来的创办合作社，仍不过徒具虚名而已。』[二一] 在华西实验区档案中，这类报告连篇累牍，且绝大多数是一九四九年上任民教主任的经验之谈。足见自一九四七年创建后，华西实验区以『改造』乡村为目标的乡建工作在两年间推进效果甚微。

众多民教主任反映的情况表明，华西实验区乡村建设实验推而不动的根本原因仍在于他们的『乡村改造』路径选择并不完全符合乡村实际。由于要通过全面改造乡村实现农民生存样态的彻底改观，平教会未首先考虑给农民带来现实利益，其众多举措对终年劳作以谋家庭生计的乡民而言仍属于看不见的长远利益，不可能得到他们的热烈响应。史实显示，平教会华西实验区乡村建设中成功之处均为一些能给农家带来现实利益的选项，其中最有成效的事业是在璧山县举办机织生产合作社。

璧山县农民素有以家庭织布为副业的传统。抗战时期因军品需求孔急，当地农家机织副业兴旺一时。战后军布停收，周转资金断链，农家机织相继停产。[二二] 平教会抓住此机会，以贷给周转资金为条件创办机织生产合作社，几乎毫不费力即取得了成功。一九四七年初，平教会宣布拨出贷款五千四百万元在城南乡组织玉皇庙和蓝家湾两个机织生产合作社，款到之前半月，合作社即告建成。[二三] 同年七月，平教会协调四联总处发放原料贷款十亿元，抵押贷款十二亿元，同时商同农民银行璧山办事处加入贷款行列，大规模创社扩产。[二四] 在一九四七年内创办成功十三个铁机社、三个木机社，[二五] 至一九四九年八月底共成立四十二社。[二六] 在现实利益号召下，农民争相入社，接受改造，『乡村改造』似乎一夜之间便进入佳境。但事情的逻辑关系决定了这种繁荣必须有不间断的利益输入方能维持。一旦收益不济，情况就将急转直下。在当时的社会条件下，平教会显然不可能带给一个县的机织生产合作社长期维持再生产乃至扩大再生产的市场环境。在合作社生产规模扩大后，重庆的市场很快即无法容纳其产品。平教会华西实验区合作社物品供销处璧山分处开始向宜宾地区开拓市场，但因合作社布匹规格不合宜宾市场需要，销路无法打开，经济循环立即受阻。至一九四九年十一月，兴旺一时的机织生产合作社的发展实际已走到尽头。〔二七〕

晏阳初是国际知名的乡村改造领导者，他对中国农村社会的美好未来怀有满腔热望，对改变农民的贫穷落后状态具有锲而不舍、奋斗不息的精神，但无奈当时中国社会的发展水平尚不能为他实现崇高理想提供起码的物质基础，华西实验区改造中国乡村社会的实践最终未给他的呕心沥血带来应有的回报。与梁漱溟及其他乡建者们领导的乡建实验一样，晏阳初指导的最后一次乡村建设实验仍然没有成功。平教会华西实验区的结束是因国共政权更替戛然而止，但即使没有这一事变的影响，结果亦只能是大同小异，是历史发展的进程注定了『实验』没有喜剧性的落幕。

成功可以留下恢宏的历史，不成功也可能留下历史的恢宏。晏阳初领导的乡村建设没有获得成功，但他的事业仍然恢宏地写在史册之上。他之所以能够因置身乡村建设而成为世界名人，根本的原因就在于他所从事的是全人类都希望，而且也必须走过的历史进程——把传统农村转化为现代性乡村，这是人类历史长河中一个巨大的转折，是人类发展史上一座恢宏的里程碑。因此，他留下的历史遗迹不仅可以帮助当代人去反思一个彻底改变人类生存样态的历史过程，而且可以为当代人创造未来的历史提供不可或缺的既存历史参照。

研究晏阳初指导的华西实验区乡村改造的成败得失，意义至为重大。任何研究都只能建基于丰富史料的基础上。重庆市璧山区档案馆收藏的三百多卷华西实验区历史档案，几乎是华西实验区档案的全部，为研究华西实验区历史提供了极其完整且颇为珍贵的历史资料。为了让这一历史文献遗产更充分地发挥作用，更全面地展示价值，四川大学中国西南文献中心与璧山区档案馆、西南师范大学出版社密切合作，经过五年多艰苦努力，在国家出版基金资助下推出了这套华西实验区档案丛书。从书分为两个部分：第一部分《民国乡村建设晏阳初华西实验区档案编目提要》一册。因民国档案本身没有现代性的文件题目，本册在整理华西实验区档案后，给每份文件重新编写目录，每个文件题目注明原件卷号，同时对每份文件的主要内容加以概括，写出内容提要，供研究者通过提要了解文件主要内容及文件完整程度，便于直接提取所需档案。第二部分为《民国乡村建设晏阳初华西实验区档案选编》。本部分精选华西实验区档案近一万二千面，包含了华西实验区档案的主要内容，已全部转化为数字档案，能清晰呈现档案原貌，以方便研究者使用。

本丛书编著出版的目的在于进一步展示中华平民教育促进会华西实验区档案的价值，初步地，但也是更完整地呈明华西实验区的历史面貌，为学术界研究华西实验区历史提供更多的便利，推进华西实验区历史研究的深入发展。这是编者的初衷，从书出版后如能在上述方面发挥一定作用，就是编著出版者的最大幸事！

是为序。

注释

〔一〕梁漱溟说：『乡村运动如不追溯很远，大概是发动于民国十四五年间。』见梁漱溟《乡村建设理论》，载《梁漱溟全集》第二卷，山东人民出版社一九九〇年版，第四六九页。

〔二〕梁漱溟：《乡村建设理论》，《梁漱溟全集》第二卷，山东人民出版社一九九〇年版，第四六九页。

〔三〕梁漱溟：《乡村建设理论》，《梁漱溟全集》第二卷，山东人民出版社一九九〇年版，第一四九页。

〔四〕梁漱溟：《乡村建设大意》，《梁漱溟全集》第一卷，山东人民出版社一九八九年版，第六〇四页。

〔五〕梁漱溟：《乡村建设大意》，《梁漱溟全集》第一卷，山东人民出版社一九八九年版，第六二七页。

〔六〕梁漱溟：《中国之地方自治问题》，《梁漱溟全集》第五卷，山东人民出版社一九九二年版，第三一八页、第三一九页、第三一二页。

〔七〕梁漱溟：《乡村建设理论》，《梁漱溟全集》第二卷，山东人民出版社一九九〇年版，第一七七页。

〔八〕晏阳初：《『平民』的公民教育之我见》（一九二六年四月），宋恩荣编：《晏阳初全集》（一），湖南教育出版社一九九二年版，第六四页。

〔九〕晏阳初：《中华平民教育促进会定县工作大概》（一九三三年七月），宋恩荣编：《晏阳初全集》（一），湖南教育出版社一九九二年版，第二四六页至第二四七页。

〔一〇〕千家驹：《定县的实验运动能解决中国农村问题吗？》，千家驹编：《中国农村经济论文集》，中华书局一九三六年版，第二七页、第二八页。

〔一一〕孙则让：《华西实验区工作述要》（一九四九年二月十一日），四川大学中国西南文献中心藏璧山区档案，9–1–5，原件藏重庆市璧山区档案馆。以下同。

〔一二〕华西实验区总办事处公函稿，四川大学中国西南文献中心藏璧山区档案，9–1–199。

〔一三〕孙则让：《华西实验区工作述要》（一九四九年二月十一日），四川大学中国西南文献中心藏璧山区档案，9–1–5。

〔一四〕田慰农：《平教会华西实验区北碚辅导区工作期报》，四川省档案馆藏民国档案，全宗号108，目录号1，卷号9。

〔一五〕《华西实验区工作答客问》，四川大学中国西南文献中心藏璧山区档案，9–1–57。

〔一六〕《给民教主任的信——什么叫社学区》，《乡建工作通讯》第二卷第九期，一九四九年十月十四日。

〔一七〕江北县三圣乡第二社学区民教主任刘成禄（在职时间一九四九年六月）：《乡村工作经验谈》，四川大学中国西南文献中心藏璧山区档案，9–1–115。

〔一八〕合川县第一辅导区沙溪乡第十一社学区民教主任秦文甫（到职日期一九四九年六月十五日）：《乡建工作经验谈》，四川大学中国西南文献中心藏璧山区档案，9–1–122。

〔一九〕合川县第二辅导区白沙乡第一社学区民教主任梁宗肃：《我对于乡建工作的意见》（一九四九年十一月九日），四川大学中国西南文献中心藏璧山区档案，9–1–122。

〔二〇〕江北县龙王乡第七社学区民教主任萧启禄：《乡建工作经验谈》（一九四九年十一月十二日），四川大学中国西南文献中心藏璧山区档案，9–1–115。

〔二一〕巴县鱼洞镇第十一社学区民教主任李廷荣：《三周年纪念杂感》，四川大学中国西南文献中心藏璧山区档案，9–1–138。

〔二二〕《中华平民教育促进会华西实验区工作总报告》（一九四七年八月至一九四八年三月），四川大学中国西南文献中心藏璧山区档案，9–1–68。

〔二三〕《中华平民教育促进会华西实验区工作总报告》（一九四七年八月至一九四八年三月），四川大学中国西南文献中心藏璧山区档案，9–1–68。

〔二四〕《中华平民教育促进会华西实验区推进璧山县机织生产合作事业概况书》（一九四八年四月一日编），四川大学中国西南文献中心藏璧山区档案，9–1–77。

〔二五〕《璧山县机织生产合作社各月份产量统计表》《璧山县机织生产合作社概况表》，四川大学中国西南文献中心藏璧山区档案，9–1–71。

〔二六〕《三十八年七月底机织生产合作社概况表》《三十八年六月底机织生产合作社概况》，四川大学中国西南文献中心藏璧山区档案，9–1–54，9–1–172。

〔二七〕《华西实验区合作社物品供销处宜宾办事处简要报告》，四川大学中国西南中心藏璧山区档案，9–1–157。

凡例

一、『中华平民教育促进会华西实验区档案』（以下简称『华西实验区档案』）原件藏于重庆市璧山区档案馆。抗战爆发后，晏阳初在重庆巴县歇马场主持创办中华平民教育促进会私立中国乡村建设育才院（后改名为私立乡村建设学院），并划定巴县和璧山为教学实验基地，命名为『巴璧实验区』。后来，当时的四川省政府决定与晏阳初合作，在更大范围内继续按照晏阳初乡村建设理论开展乡村建设实验，并将『巴璧实验区』更名为『华西实验区』。尽管档案中晏阳初本人的活动记载较少，但作为丛书出版时仍在题名中冠以晏阳初之名。

二、二〇一二年，四川大学中国西南文献中心对华西实验区档案原件进行数字化处理。为保持档案原件原貌，在制作华西实验区数字化档案时，依据档案原卷顺序及卷内档案原顺序依次扫描、编号，使其与华西实验区档案原件一一对应。制作完成的数字化档案分别保存于重庆市璧山区档案馆和四川大学中国西南文献中心。

三、四川大学中国西南文献中心根据其所保存的华西实验区数字化档案挑选形成『档案选编』。华西实验区档案原件未做分类整理，为便于读者清晰地了解华西实验区乡村建设实验情况，选编者根据晏阳初『四大建设』的理念及档案实际内容对档案进行分类，最后形成『综合』『人事制度及管理』『经济建设实验』『教育建设实验』『卫生建设实验』『编辑宣传』『社会调查』七个部分。每部分再按照档案实际内容进行层级划分，各层级间以『·』分隔，并可跨级。如综合卷『三、组织系统』的『社学区·社学区概述』『社学区·社学区划分』『社学区·社学区调查』中，『组织系统』为第一层级，『社学区』为第二层级，『社学区概述』『社学区划分』和『社学区调查』为第三层级，第三层级之下为档案原件及其标题。此部分中，还有部分档案原件在第一层级之下直接呈现。各层级标题均置于单页码面的书口，不再在版心中重复出现。原题名中的民国纪年统一改为公元纪年。

四、华西实验区数字化档案编号包括全宗号、目录号、卷号、页码四个部分。如：9-1-38（34）表示该件档案为全宗9、目录1、第38卷中的第34页。个别卷有分册的，则以【】标示。如：9-1-32【2】（26）的『【2】』表示该件档案在第32卷的第2册中。档案原件有些内容排放顺序错乱，为保证读者能够通顺理解档案内容，编排过程中对档案排放顺序进行了必要调整，但不改变数字化档案页码号。鉴于同一文件的复本在一定程度上反映了华西实验区的运行情况，故个别复本予以保留。

五、为了更直观地呈现档案内容，『档案选编』采用中式竖排、双页跨单页编排。原档案只有一面，需根据呈现要求添加一空白面形成和合面时，只出现层级标题（空白面位于单页码面时）或书名（空白面位于双页码面时），不出现档案标题；原档案自带的空白面，则编排有层级标题（或书名）及该档案标题。

总目录

ZONGMULU

二、民教工作

民教理论与实施办法

民教报告与进度

会议记录

三、民教主任

四、示范国民学校

示范国民学校概述

各县示范国民学校情况

五、传习处

六、教材、教具

晏阳初

民国乡村建设

华西实验区档案选编·教育建设实验

①

目录

民教报告与进度

会议记录

教育组工作计划大纲（草稿）　9-1-130(171)

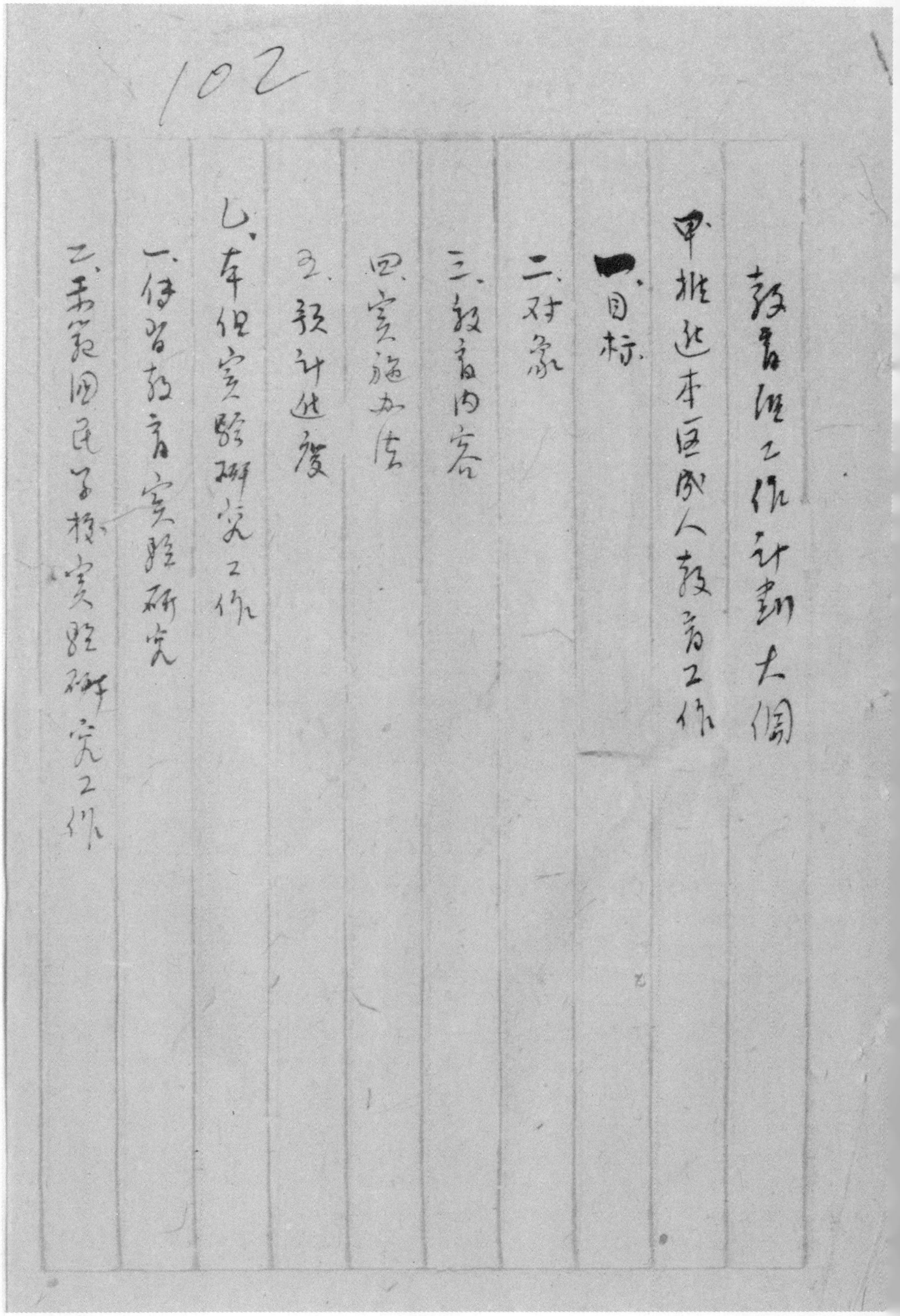
102

教育组工作计划大纲

甲、推进本区成人教育工作

一、目标

二、对象

三、教育内容

四、实施办法

五、预计进度

乙、本组实验研究工作

一、体育教育实验研究

二、示范国民学校实验研究工作

教育组工作计划大纲（草稿）　9-1-130(172)

P.1.

103

教育組工作計劃大綱

甲、推進本區成人教育工作

一、目標——開發並增進農民的知識力、生產力、健康力和組織力。使他們自動的用自己的力量以改善生活及環境，創造富庶康樂的生活，而奠定民主國家之真正基礎。

二、對象——本區全体青年成人為教育的主要對象（特別是失學青年成人）。

三、教育內容——與教育與建設活動密切配合。教育過程即建設的過程，也就是以組織教育來完成有組織的建設。而從文字、經濟、農業、衛生、[illegible]等方面分述之：

1. 文字方面——要農民能認識和能寫一千基本漢字以奠定健全教育之基礎。

2. 經濟方面——增進農民合作社方面的基本常識，及增加農業的基本常識，以從事各項經濟建設活動而改進他們的經濟生活。

3. 衛生方面——增進農民個人衛生和環境衛生的基本常識，以改進他們的衛生健康生活。

4. 政治方面——增進農民公民常識，及國際政治常識，以增進及充實其政治生活。

四、實施辦法——運用合「傳、幫、用」為一個歷程的「導生傳習」的方法，與建設活動配合進行。

(一) 劃定社學區——根據人口、交通、地勢、耕地面積劃分社學

璧山四寶閣文具印刷紙號印製

教育组工作计划大纲（草稿） 9-1-130(174)

104

P.2

區。一社學區内有一國民學校，但缺一農業生產合作社，以相互配合教育與建設工作，故名。（一社學區户數約為一七〇——一八〇户，人口一千人左右，耕地面積二千畝至三千畝。）

（二）健全國民學校民教部，設置民教主任——一般國民學校，限於經費，並未設置民教部，華西實驗區請求農復會幫助經費，將第三行政區内民教主任全部設齊。民教主任不僅為成人教育推動者，亦為鄉村建設之基層幹部。其設置辦法簡述如左：

1. 第三行政區，共擬劃分四千個社學區，共設四千個民教其中普通民教主任二十九七七人主任。其中普通民教主任二九七六人，其余为县乡武农业辅导人员。

乙、民教主任之任务

(1)普通民教主任——在辅导人员辅导下负责该社学区教育、经济、卫生各项建设活动之推动。

(2)辅导室内人员——负责辅导该乡全乡各项建设活动之推进。

3、民教主任之甄选及训练

(1)普通民教主任

甄选方式 招收武曲乡民[illegible]辅

(1)普通民教主任——用招考方式甄选，资格限于高小、后期师范、武曲农业高级中学毕业者。（训练办法另订之

璧山四育關文具印刷紙號印製

105

P.7

(2)辅导人员—由有关机关负责人保送或推荐曾在专科以上学校教育、农业、社会、经济、政治诸科毕业者，经华西实验区主任审核核定。

(细则另行订之)

4、民教主任之待遇

(1)普通民教主任—另请求农复会补助每月每人美金四元、实际担
参照县府国民学校教师同样待遇。

(2)辅导人员—原助学金美金十元、另请求农复会每月每人补助，实际担任工作
今夏之后、薪以中央机关同样待遇。

(三)组织传习处、选拔导生—其步骤为次：

教育组工作计划大纲（草稿） 9-1-130(177)

1.作社员户口、经济概况调查。

2.组织领导——根据调查结果，视青年先进分子成分之分布情形及能力之需要，在社员内组织若干领导组。

3.学生选拔和训练——由一领导组设学生一或二、三人，学生的义务职，其任务为：

(1)教文盲能读和能写基本汉字。

(2)传播经济、农业、卫生及政治的基本常识。

(3)领导学生参加社员内各种建设活动。

学生之选拔标准：

教育组工作计划大纲（草稿） 9-1-130(178)

106

P.4.

(1) 粗通文字之青年成人、

(2) 具有優良領導能力者、

(3) 最好為佃農或自耕農。

導生選出後，由民教主任施以短期訓練，其內容為：

(1) 傳習教材之講解。

(2) 傳習技術之運用。

(3) 民教工作之意義

(4) 傳達工作之意義。

民教主任並應經常召開導生座談會，以促進各項傳達工作之推進。

四、成人教育之教材與教具

1. 教材：—教材要用通俗而實際，適合農（村）村復興需要。

分補助。

(1)基本教材—農民讀本。

(2)補充教材—應用文讀本、音樂教材、美術教材、及鄉土教材等。

(3)專業傳習教材—各種建設活動之連環畫、傳習畫、及農業生產合作社（讀本）、紡織生產合作社讀本等。

(4)教學指導書—教學指引、教學技術等等。

2. 教具—傳習班教具包括小黑板、粉筆、簡單圖表、及文具等，其費用由地方自籌。

教育组工作计划大纲（草稿） 9-1-130(180)

P.5

107

五、实施步骤预计进度。

（一）第三行政区所辖十县一局，共有失学青年成人一九〇四，三〇六人。全区划分社学区四千個，共可设传习处约四万個，每一传习处平均有学生廿五人，全区传习处开设后可有一百万学生。传习时间为五個月（每日二小时，共三百小时），每年分两期，~~即可扫除文盲廿万~~故预计一年内全区失学青年成人（总数一百九十万人）皆可受到初步的基本教育。~~即~~不过限于人力财力不够，仅能先从璧山、北碚、巴县、铜梁、江北、綦江、江津、武胜各县局，渐而推展至江津、合江、永川、大足、荣昌共县，知最多於

教育组工作计划大纲（草稿） 9-1-130(181)

一年半至两年内（民国卅八年一月至卅九年六月或卅九年十二月），全部县区文盲可望彻底扫除。

六、本组实验研究工作

一、传习教育实验研究

吾人积二十年来乡村工作之经验，深知我国乡村间题，常因各地环境、条件之不同，差异特大，本区地区普遍，此一问题，不容忽视，若以同一之教育方式办法，施於全区，诚恐不能完全适应，且近年来政治、经济、社会各种因素之变化甚大，本区不用之传习教育制度，亦应随时检讨实验，以求改进，故本组

璧山四寄開文具印刷新登印製

教育组工作计划大纲（草稿）　9-1-130(182)

108　P.G.

於傳習教育之實驗研究，本年度特着重以下兩點：

(一)分區研究實驗

1.於北碚黃桷鎮、巴縣歇馬場、璧山獅子鄉各劃一個社學區作為傳習教育研究區，

2.各負責人員，經常由本处駐任導，由教育組派往，並直接督導指揮。

3.工作中心，在作傳習教育技術、方案的實驗。

(二)加強傳習处组織——以往導生傳習制之實施，感覺一項困难，故是学生(傳習处)與導生流動性太大，影响傳習教育不少。本組特注意加強傳習处组織的研究

教育组工作计划大纲（草稿）　9-1-130(183)

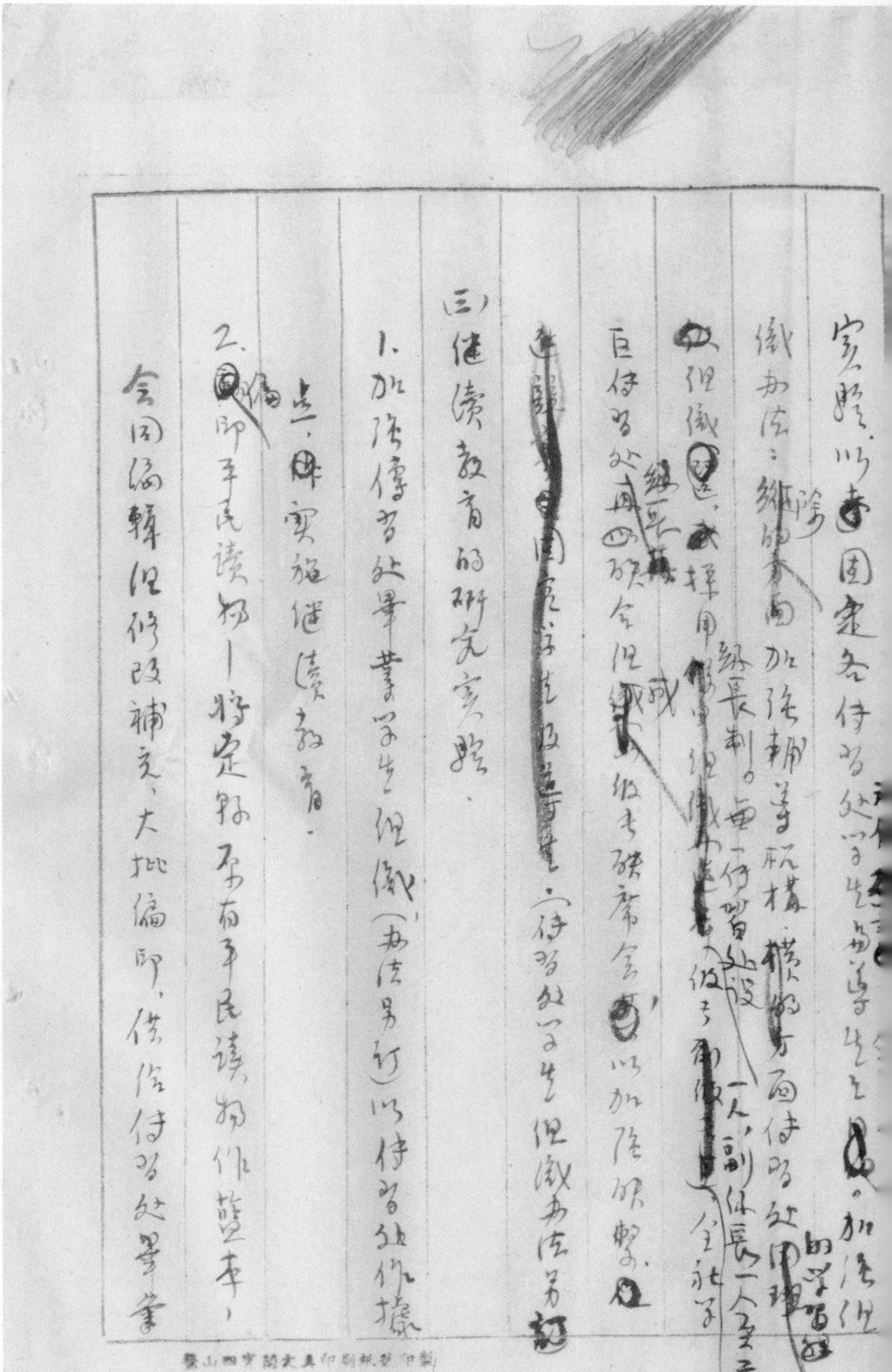

實驗，以固定各傳習處學生為導生之[illegible]，加強組

織辦法：鄉[illegible]加強輔導機構，[illegible]方面傳習處[illegible]的學習組

組織區，採用級長制。每一傳習處設級長一人，副級長一人至二人[illegible]全部

巨傳習處開全體學員會，以加強聯繫。

通過全區學生代表大會。（傳習處學生組織辦法另訂）

(三)繼續教育的研究實驗。

1. 加強傳習處畢業學生組織，（辦法另訂）以傳習處作據

點，實施繼續教育。

2. 編印平民讀物——將定縣平民讀物作藍本，

會同編輯組修改補充，大批編印，供給傳習處畢業

139

學生閱讀。

2、經常供給傳習處畢業學生傳習報閱讀、

3、舉辦各鄉為單位之巡迴文庫。

4、編印傳習處卡片供傳習處畢業學生閱讀。

二、示範國民學校實驗研究工作。

(一)示範國民學校設置目的：

1、教育為建設的手段之示範表現的實驗。

2、學校為建設的領導中心之示範表現的實驗。

3、整頓國民教育的實驗。

(二)示範國民學校設置辦法(另訂)

教育组工作计划大纲（草稿）　9-1-130 (185)

(三)示範国民学校办理原则

1. ~~示範国民学校應~~以实验的态度去办理。

2. 能要领导其他的学区及保校。

3. 以集体的方法去办理。

4. 要能不断整理其他保校。

5. 在行政体系上应按一般国民学校同样办理。

(四)工作要项（详示範国民学校工作说明纲要）

(五)使命和展望（详见示範国民学校工作说明纲要。）

教育组工作计划大纲（一九四九年一月） 9-1-54(99)

57

教育組工作計劃大綱

甲、推進本區成人教育工作

一、目標

二、對象

三、教育内容

四、實施辦法

五、預計進度

乙、本組實驗研究工作

一、傳習教育实驗研究

二、示範國民學校实驗研究

中華平民教育促進會華西實驗區區本部
教育組

璧山四寶閣文具印刷紙號印製

教育组工作计划大纲（一九四九年一月） 9-1-54(99)

教育组工作计划大纲（一九四九年一月） 9-1-54(100)

58

教育組工作計畫大綱　卅八、一、

甲、推進本區成人教育工作

一、目標——開發並培養農民的知識力、生產力、健康力、和組織力。使他們自動的用自己的力量以改善生活及環境，創造富庶康樂的生活而奠定民主國家之真正基礎。

二、對象——本區全體青年成人為教育的主要對象（特別是失學青年成人）

三、教育內容——教育與建設活動密切配合。教育過程即建設的過程，也就是以組織教育來完成有組織的建設。可從文字、經濟、衛生、政治等幾方面分述之。

1. 文字方面——要農民能識和能寫一千個基本漢字，以奠定繼續教育之基礎。

2.經濟方面——授給農民合作社方面的基常識，及增加農業的基本常識，以從事各項經濟建設活動而改進他們的經濟生活。

3.衛生方面——授給農民個人衛生和環境衛生的基常識，以改進他們的健康生活。

4.政治方面——授給農民公民常識，及國際政治常識，以增進及充實其政治生活。

四、實施辦法——運用合「傳、習、用」為一個歷程的「導生傳習」的方法共建設活動配合進行。

1.劃定社學區——根據人口、交通、地勢、耕地面積劃分社學區。

教育组工作计划大纲（一九四九年一月） 9-1-54(102)

一社學區內有一國民學校、組織一農業生產合作社，以相互配合教育與建設工作，故名。（一社學區戶數約為一七〇——一八〇戶，人口一千人左右，耕地面積二千畝至三千畝。）

2、健全國民學校民教部設置民教主任——一般國民學校限於經費，將第三行政區內並未設置民教部。華西實驗區請求農復會幫助經費，將第三行政區內民教主任全部設齊。民教主任不僅為成人教育推動者，亦為鄉村建設之基層幹部，其設置辦法簡述如右：

(一)第三行政區，共擬畫分四千個社學區，共設四千個民教主任。其中普通民教主任二九七六人，其餘為駐鄉或農業輔導人員。

（二）民教主任之任務

A. 普通民教主任——在輔導人員輔導下負責該社學區教育經濟、衛生各項建設活動之推進。

B. 輔導人員——負責該鄉全鄉各項建設活動之推進。

（三）民教主任之甄選及訓練

A. 普通民教主任——用招考方式甄選，資格限於高中、後期師範或農業高級中學畢業者。（訓練辦法另訂之）。

B. 輔導人員——由有关機关負責人保送或推薦曾在專科以上學校教育、農業、社會、經濟、政治諸科系畢業者，經華西實驗區主任審核聘定。（訓練辦法另訂之）

教育组工作计划大纲（一九四九年一月） 9-1-54(104)

60

(四)民教主任之待遇——A.普通民教主任——請求農復會每月每人補助美金四元六角

B.輔導人員——請求農復會每月每人補助美金十元。

3、組織傳習處、選拔導生——其步驟如次：

(一)作社學區戶口、經濟概況調查。

(二)組織傳習處——根據調查總結果，視青年失學成人之分佈情形及實施教之需要，於社學區內組織若干傳習處。

(三)導生選拔和訓練——每一傳習處設導生一或二三人，導生係義務職，其任務為：

A、教文盲能讀和能寫基本漢字。

B、傳授經濟、農業、衛生及政治的基本常識。

C、領導學生參加社學區內各種建設活動。

導生之選拔標準：

A.粗通文字之青年成人。

B.品行優良有領導能力者。

C.最好為佃農或自耕農。

導生選出後由民教主任施以短期訓練其內容為：

A.傳習教材之講解。

B.傳習技術之運用。

C.民教工作之意義。

D.鄉建工作之意義。

璧山四寶閣文具印刷紙號印製

教育组工作计划大纲（一九四九年一月） 9-1-54(106)

61

民教主任並应經常召開導生座談会，以促進各項建设工作之推進。

4. 成人教育之教材與教具

（一）教材——教材費用由華西实驗區請農村復興委員会補助

A. 基本教材——應用文農民讀本。

B. 補充教材——應用文讀本、音樂教材、算術教材及鄉土教材等。

C. 專業傳習教材——各種建設活動之連環画冊、及農業生產合作社讀本、機織生產合作社讀本等。

D. 教學指導書——教學指引、教學技術等。

（二）教具——傳習教具包括小黑板、粉筆、簡單图表、及文具等，其費用由地方自籌。

五、預計進度

第三行政區所轄十縣一局，共有失學青年成人一，九〇四，三〇六人全區畫分社學區四千個，共可設傳習處約四萬個，每傳習處平均有學生二五人，全區傳習處開設後可有一百萬學生。傳習時間五個月（每日二小時，共三百小時）每年舉辦兩期，故預計一年內全區失學青年成人（總數約一九〇万人）皆可受到初步的基本教育。不過目前因限於人力的不够，僅能先從璧山、北碚、巴縣、銅梁、江北、綦江、合川、江津等縣局漸而推展至永川、榮昌、大足等縣，則最多於

璧山四寶閣文具印刷紙號印製

教育组工作计划大纲（一九四九年一月） 9-1-54 (108)

60

一年半至兩年內（民國卅八年一月至卅九年六月或卅九年十二月）全區文盲可望澈底掃清。

乙、本組實驗研究工作

一、傳習教育實驗研究

吾人積二十年來鄉村工作之經驗，深知我國鄉村問題，常因各地環境條件之不同，差異特大，本區地區遼闊，此一問題不容忽視，若以同一之教育方式辦法，施於全區，誠恐不能完全適應，且近年來政治、經濟、社會各種條件之變化甚大，本區原用之傳習教育制度，似亦亟應隨時檢討，實驗以求改進，故本組於傳習教育之實驗研究，本年度特着

教育组工作计划大纲（一九四九年一月） 9-1-54(109)

重以下幾点：

1、分區实驗研究

(一)於北碚黃桷鎮、巴縣歇馬場、璧山獅子鄉各劃一個社学區作為傳習教育研究區。

(二)各負責人員，經揔办事处聘任後，由教育組派往，并直接監督指揮。

(三)工作中心，在作傳習教育技術，方案的实驗。

2、加強傳習处組织——以往輔導生傳習制之实施，感覚一項困难是傳習处学生与導生流動性太大，影响傳習教育不少，本組故特注意加強傳習处組织的研究实験，

璧山四寶閣文具印刷紙號印製

教育组工作计划大纲（一九四九年一月） 9-1-54(110)

65

以固定傳習處學生與導生之並進一步組織各項建設組織的研究實驗，加強組織方法，除加強輔導機構，傳習處的學習組織採用級長制，每一傳習處設級長一人，副級長一人至二人，全社學區傳習處級長再聯合組成級長聯席會，以加強聯繫（傳習處學生組織辦法另訂）

3、繼續教育的研究實驗。

（一）加強傳習處畢業學生組織（辦法另訂）以傳習處作據點實施繼續教育。

（二）編印平民讀物——特定期刊有平民讀物作為基本，會同編輯組修改部分，大批編印，供給傳習處畢

業學生閱讀

(三)經常供給傳習處畢業學生傳習報閱讀。

(四)舉辦各鄉為單位之巡迴文庫。

(五)編印傳習卡片供給傳習處畢業學生閱讀。

六、示範國民學校實驗研究工作。

1、示範國民學校設置目的。

(一)教育為建設的手段之示範表證的實驗。

(二)學校為建設的服務中心之示範表證的實驗。

(三)整頓國民教育的實驗

2、示範國民學校設置辦法（另訂）

製印號紙刷印具文閣寶四山璧

624

3、示范国民学校办理原则
（一）以实验的态度办理
（二）要能领导其他村学区及保校。
（三）以经济的方法去办理。
（四）要能逐渐整理其他保校
（五）在行政体系上应按一般国民学校同样办理。
4、工作要项（详见示范国民学校工作说明纲要）
5、使命和展望（详见示范国民学校工作说明纲要）

教育组工作计划大纲（一九四九年一月） 9-1-54(112)

教育组工作计划大纲（一九四九年一月） 9-1-54(112)

暨山四寶閣文具印刷紙號印製

教育工作计划　9-1-54(113)

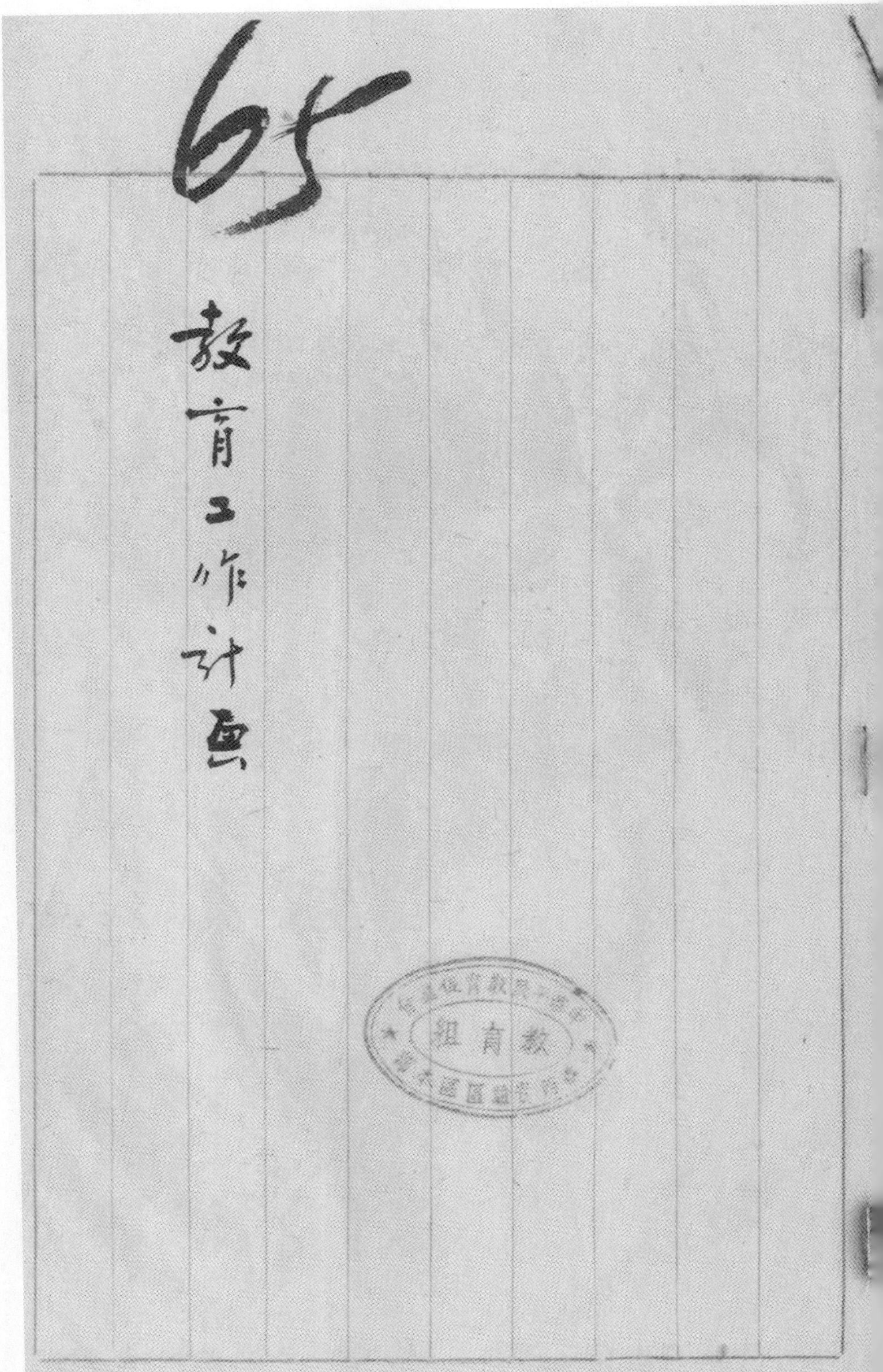
65

教育工作计画

教育組

66

教育工作計畫

(一)目標對象及內容

(二)實施辦法

一、劃定社學區

二、健全國民學校民教部設置民教主任

1.第三行政區共擬劃分四十個社學區

2.民教主任之任務

3.民教主任之甄選及訓練

4.民教主任之待遇

三、組[illegible]

1、訓

2、組織傳習處

3、導生之選拔和訓練

（三）成人教育之教材與教具

（四）實施步驟

附：一、民教主任薪谷預算

二、成人教育所需之教材與教具（附預算）

教育工作计划　9-1-54(115)

67

（一）目標對象及內容

中華平民教育促進會華西實驗區的教育工作，乃整個鄉村建設工作中的一環，與經濟、衛生和政治建設相配合，以達到鄉村建設之總目標：即開發並培養農民的知識力、生產力、健康力和組織力，使他們自動的用自己的力量以改善生活及環境，創造富庶康樂的生活，而奠定民主國家之真正基礎。因此，華西實驗區的教育工作就不同於一切傳統的狹義的教育工作，不僅要教人能讀能寫，而且要授給人民若干基本知能，使他們可以改善其經濟狀況，改進其健康生活的環境，並行使和履行公民的權利和利義務，綜合[illegible]

教育既以人民生活及環境之改進為其目標，故必以青年

成人為教育的主要對象（特別是失學青年成人），因為他們是

社會的主幹，不開發他們的力量，一切建設皆不可能。據本區

調查，在第三行政區所轄十縣一局之五百三十二萬餘人中，除本

實驗區在璧山、北碚、巴縣西里已掃除文盲六一八二〇人外，失學

青年成人尚有一、九〇四、三〇六人，在此約佔全人數口三分之一強的青

年成人中，百分之九十以上為生產農民，他們是六十餘萬家

庭的生計負担者，是社會財富的主要生產者，賦稅的主要

担負者，而他們的生活，卻是貧困、愚昧、衰弱和散漫。

教育工作计划　9-1-54(117)

68

華西實驗區擬於一年之內用組織教育的「導生傳習」辦法使這一百六十餘萬人受到初步的基本教育：

文字方面——要他們能識能寫一千基本漢字、這套基本漢字是平教會研究成功，經二十餘年的廣泛使用而被公認為最好的。

經濟方面——授給他們合作社的基本常識，增加農產的基本常識、

衛生方面——授給他們個人衛生和環境衛生的基本常識、

政治方面——授給他們公民常識，國家大事，本地自治常識、

教育工作计划　9-1-54（118）

基本的普通知識之傳授，偏不與實際的建設活動相配合，則難與生活發生密切關係，不與生活發生關係，教育將無效用可言。另一方面，如實際建設活動不以教育為手段，則人民必缺乏自覺與自動精神，建設必定難於達成預期目標。故華西實驗區特別重視教育與其他建設之連鎖關係，認為教育必須與社會的實際建設工作合而為一。有教育即有建設，有建設即有教育。教育是推進建設的動力，教育過程即是建設過程，也就是以組織教育來完成有組織的建設。

兒童教育在鄉村甚被忽視，全區失學學齡兒童，據本年十一月調查，竟佔全部學齡兒童百分之五十一。一般國民學校

69

的太不健全，實爲造成此種現象之主要原因。第三行政區全區共有保國民學校三四二五所，教員僅有五五八一人，且資格大部不符規定，兒童教育不改善，新文盲將不斷産生。惟此乃地方政府應有之責任，華西實驗區已與區内各縣政府商定，自三十八年元月起，每一保校除校長外，至少應有教師二人，並應逐漸充實校内基本設備。各縣在三十八年之財政預算中，已爲此事共確定黄谷三十一萬二千五百市石，專作增加小學教育之用。華西實驗區與此配合，專事前述者并成人教育工作，因地方政府實無力亦無法兼顧及此。

教育工作计划　9-1-54（119）

應受初步基本教育的青年成人如此眾多，在今日中國社會經濟情況之下，惟有使用最經濟的教育方法，教育始為可能。青年成人教育的內容，既包括整個生活方法的各方面，故教育必須是有嚴密組織的活動。平教會所創導的「導生傳習」方法，久已被公認為適合此種要求的最良好有效的方法。華西實驗區兩年多來民教工作之能有顯著成績，即係由於此種方法之使用。導生傳習乃有組織的教學活動，合「傳習用」為一個歷程，在教學歷程中，要做到「各傳所知，各習

70

所需，各盡所能。今後華西實驗區全區民教工作之展開，仍將運用此種方法，茲簡述民教工作的實施辦法如次：

一、劃定社學區——根據人口、交通、地勢、耕地面積劃分社學區，一社學區內有一國民學校，組織一農業生產合作社，故名一社學區。的戶數約為一七〇—一八〇戶，人口一千人左右，耕地面積二〇〇〇—三〇〇〇畝。此一社學區，以國民學校民教部為中心，形成一成教育的基本組織體。又在民教部之領導下，通過傳習教育完成農業生產合作社與專營業務合作社之組織，故亦為一經濟基本組織體（見附圖一）每一鄉鎮大約有七個或八個社學區

二、僅全國民學校民教部設民教主任[illegible]一校國民學校

限於經費，並未設置民教部，華西實驗區擬請求農復會之幫助，將第三行政區內民教主任全部設齊。民教主任不僅爲成人教育之推動者，且爲鄉村建設之基層幹部。茲分述民教主任之設置辦法於後：

1.第三行政區，共擬劃分四千個社學區（見附表），每社學區設民教主任一人，共應設四千人。四千民教主任中：

普通民教主任　二九七六人

中心民教主任　五一二人

第三行政區所轄十縣一局，共有五一二鄉鎮，每鄉有一

教育工作计划 9-1-54(123)

71

中心國民學校，此校所在之社學區，設中心民教主任。

農業示範區民教主任 五一二人

根據本區經濟建設計劃，教育一「示範農業生產合作社」（在璧山巴縣，此種置有「推廣繁殖站」之合作社）此社所在之社區學，為農業示範區，此區設農業示範區民教主任。（參見附圖二）

2. 民教主任之任務

普通民教主任——負責該社學區成人教育之組織及輔導，並往中心民教主任及農業示範區民教主任之輔導下，負責維繫該社

學區之（合作社（無合作社區合作社及由
營業務合作社）並協助推進其業務。
協助該社學區之衛生建設工作。

中心民教主任——除担任普通民教主任之工作外，任該鄉民教主任會議之主席，負責輔導全鄉民教主任，領導全鄉民教工作。輔導全鄉專營業務合作社之組織及其業務，協助全鄉衛生工作建設工作。

農業示範區民教主任——除担任普通民教主任之工作外，負責全鄉農業推廣工作，輔導全鄉農

教育工作计划 9-1-54(125)

72

業生產合作社之組織及其業務，在置有推廣繁殖站之處（璧山、巴縣、北碚）並指導繁殖站之業務。

三、民教主任之甄選及業務訓練

民教主任最好能在本鄉青年成人中甄選，因本地人對本地事效力較大。甄選標準：

合適民教主任：

(1)簡易師範或高級農業學校畢業者，

(2)品行端正，有服務鄉村之熱忱，體格強健能吃苦耐勞者。

(3)有負責才能者

中心民教主任　(1)專科以上學校畢業生之專攻教育或政治、經濟、社會者。

(2)與普通民教主任同。

農業示範區民教主任

(1)專科以上學校畢業生專習農業者。

(2)與普通民教主任同。

中心民教主任及農業示範區民教主任，因其任務重大，為一鄉各項建設之領導人，故必須由受過高等教育者任之。此種辦法亦是為我國受過高等教育之青年開闢致力鄉建設工作之園地，對國家之前途，實有重大關係。

教育工作计划 9-1-54(127)

73

甄選方式：(1)招考。

(2)鄉民推薦，由輔導區主任審查確定。

至於民教主任之訓練，另訂訓練計劃，茲不贅述。

4)民教主任之待遇——華西實驗區有見於今日各縣財政在教育方面負担僅全小學校之經費外，無力兼顧成人教育，故成人教育之經費，擬請農村復興委員會予以補助，吾人相信當地方經濟建設稍有成績，縣行政效率較為提高時，各縣即可負担成人教育之全部經費。

民教主任因其學歷資歷及任務有不同，故待遇應分為兩級，茲擬定兩級民教主任之每月[illegible]

普通民教主任　每人每月米二·五市石（合美金四元六角）

中心民教主任及农业示范区民教主任　每人每月米七·五市石

（合美金十九）

上述标准乃平均计算数，如学历相同而经历有别，则待遇亦应

略有差别。

三、组织传习处选拔学生——其步骤如次：

1、调查——民教主任受训后，在组织传习处之前，对其社

学区之情况应有正确了解，故应即对社学区之户口概

况、经济状况有精确调查。

74

2.組織傳習處——根據調查結果，視青年成人之分佈情形及施教需要，於社學區內組織若干傳習處。就本區人口分佈情况估計，大約一個社會區可設傳習處八至十二個，每一傳習處平均有青年成人學生二十五人。傳習處不僅是民教工作之組織單位，且為社會學區經濟、衛生、政治建設活動之基本據點，各項建設活動的宣傳、組織和推進，都是通過傳習處來完成的。

3.導生之選拔和訓練——每一傳習處設導生一或二三人，導生為義務職，其任務為：

教育工作计划 9-1-54(130)

(二)傳授經濟(合作)農業衛生及政治的基本常識

(三)領導學生參加社學區內各種建設活動。

第一二項為初步基本教育之傳習，第三項為地方建設教育之傳習。

導生之選拔標準：

(一)粗通文字之青年成人

(二)品行優良有領導能力者

(三)最好為佃農或自耕農

導生選出後，由民教主任施以短期訓練，訓練內容為：

(一)傳習教材之講解

(二)傳習技術之運用

(三)民教工作之意義

(四)鄉建工作之意義

民教主任並應經常召開導生座談會，使其理解，随時增加的

關於地方建設活動之教材，使能傳給傳習處學生。

(三)成人教育之教材與教具

傳習教育所需教材，分為基本教材、專業教材、教學指導書

及補充教材四類，其內容、數量另有說明。（本計劃所附「成人教育

所需之教材與教具」）比各種教材所需經費，擬請農[illegible]

教育工作计划　9-1-54(132)

員會補助。

教具包括小黑板、粉筆、文具紙張等，其數量亦見本計劃所附之說明及教具預算，教具所需經費，部分由地方自籌，部分請農村復興委員會補助。

（四）實施步驟

一、第三行政區所轄十縣一局，共有失學青年成人一九〇四三〇六人，全區劃分社學區四千個，共可設傳習處約四萬個，每一傳習處平均有學生二十五人，全區傳習處開設後可有一百萬

76

學生，傳習時間爲五個月，每日二小時，共三百小時，每年舉辦兩期，故預計於一年之內，本區內全部失學青年成人皆可受到初步的基本教育。

二、工作進度

三十八年元月十五至二月十五日	甄選並分批訓練中心民教主任及農業示範區民教主任
三十八年二月二十日至三月十日	甄選並訓練普通民教主任
三十八年三月十五日至三十一日	各社學區調查工作，選拔並訓練導生
三十八年四月至八月	第一期傳習教學

三十八年十一月至三十九年二月　第二期傳習教學

附：一、民教主任薪俸預算

二、成人教育所需之教材與教具（附預算）

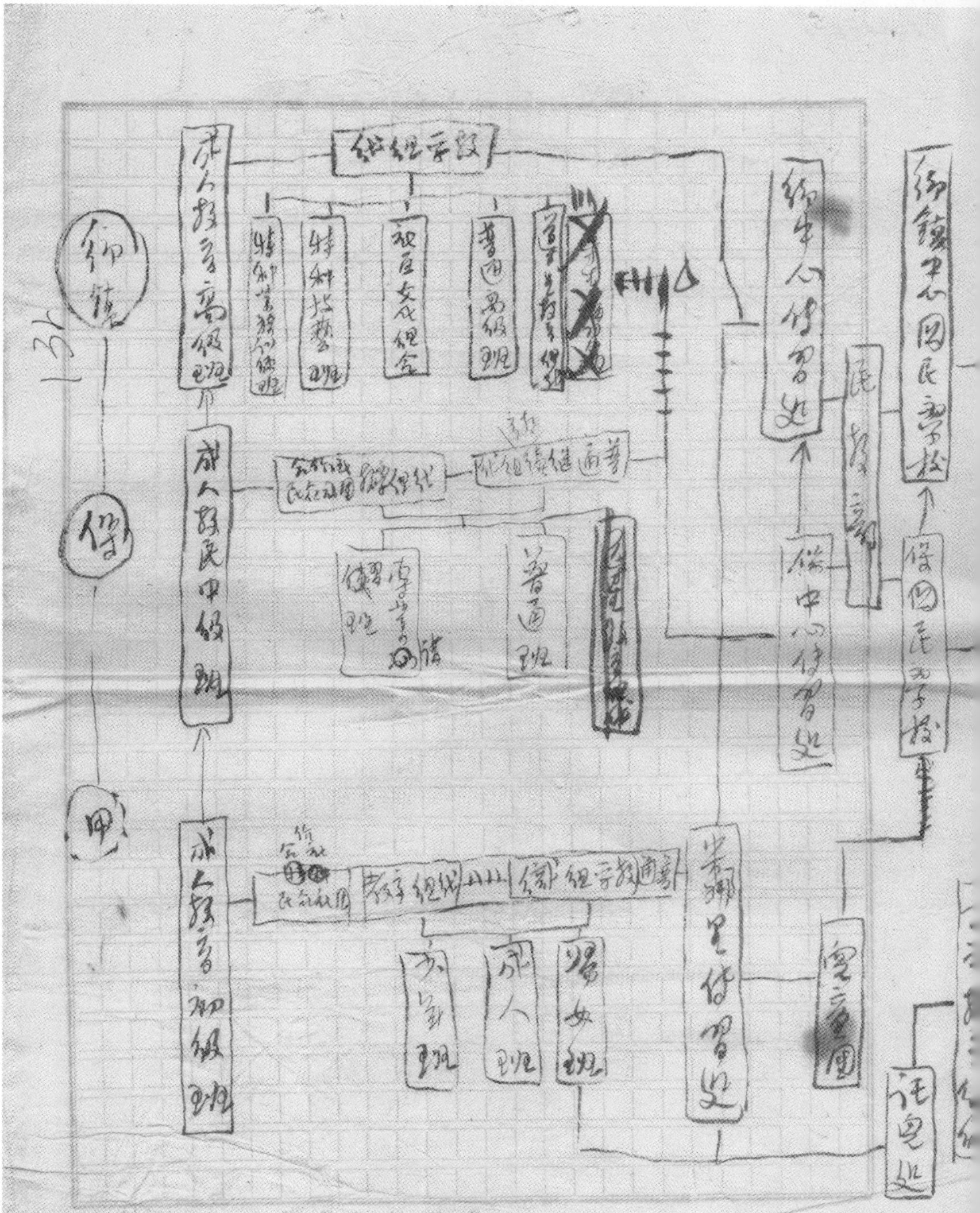

华西实验区成人教育组织系统图　9-1-178（151）

74

呈閱

教育工作座談會記錄

75

教育工作座談會記錄(一)

一、地點：鄉建學院晏宅

二、時間：三十八年十月四日下午三時

三、出席：瞿代幹事長、李秀峰、李毅、李敦厂、王啟澍、王秀甫

田慰農、朱澤鄉、葉兆進

四、主席：瞿代幹事長　　記錄：葉兆進

五、主席報告大意：

(一)關於教育工作，早就準備召集大家談談，惟以事務太忙，未能舉行。今天這個會，仍用談話性質，不作硬性決定，只是大家交換意見，凡是大家一致同意的，將來可同

晏先生 鈕璐先生（廣東）建議擇鎮實驗

（二）今年春天晏先生對教育工作曾有一計劃提出，希望在本年內能掃除文盲兩百萬人，據諸以往掃盲工作成果，（以本年為比例）最高限度，不過達到百分之三十，就是社會組織較有基礎，處最大努力，亦不過作到百分之五十的標準。照以這件工作在實驗區現狀下，事實上確有困難。不過一件工作，欲求其發揮最大效果，就不能不懸一較高理想。晏先生計劃原意就在這點。我們的傳習辦法如果運用得宜，用最大力氣，雖不能達到晏先生所懸最高理想，然而我們以三區人口作比，最低限度，使達到（原計劃的）五分之二，總計

教育工作座谈会记录及讨论大纲　9-1-73(122)

76

八十萬人。這應該是可能的，也是我們可以滿足的目標。

(三)我們這次會希望能產生一個使大家覺得具体可行的办法，並使各方面能有相當準備，並得到共同了解，然後按步進行，以免從主觀的見解上對於預定標準，有相差懸殊的感覺，致影響工作成績。

(四)這次會的討論方法，利用如下的办法進行：

1.今天下午由大家自由提出問題，至六時半时散會，

晚上請兩位同人將所提問題整理，擬定一討論大綱。

明天午前九至十二时，午後三时至六時，依討論大綱逐(項)進行討論。

又我們希望大家只要提出問題，就對這問題想出解答的办法，有什么具体的意見，可以用建議方式，多多的提出來。

四、現在就請各位分别的談一談，先請王啓謝先生談談。

六、同人談話：

王啓謝先生：談到各區視察廿一天的經过情形——

這次到各區視察，計二十一天。所到的地方，由縉雲山經北碚綦江到巴縣返回。所看到的情形，有的適在農忙，放農忙假，沒看到什么。有的正在籌備傳習工作，尚未開始，只在巴縣看到幾個傳習處，有兩種，一種是兒童的，一種是

77

成人的地方办理確很熱心，有的借傢俱，有的捐燈油，晚上白天都有，学生人數也不少，每班都有五十多人，不过有了之後，觉得還是有很多問題值得注意，以傳習處名義上是做成人的，可是其中兒童仍居多數，同时学生來源，据調查所得，知道這些学生都是小学的兒童，在暑假期中前來補習的。

(二)招生与留生問題：也很難解決，学生因了生活与家庭工作或職業關係，流動性很大，就整個的範圍看，並且

(三)工作推進問題：觉得新區与舊區的情形不同，在新區辦理的各部傳習處或合作工作都很空氣濃厚，惟舊的區域特別是有兩年歷史的地方，反而更較遲滯。

[illegible]

成分，大相重质的成分，我想是因为開始的时候，没

有用過較多範圍的實驗与準備，處處都展開了相當

大的範圍，所以在輔導改進上，一時難於顧及周到。

同时過去的一段时间，教育組没有成立，現在是有了

教育組，然时间过短，人又太少，~~看全區統觀由組織實施~~對全區具体情形了解不夠

[illegible]，是在組裡近六期了[illegible]

工作進度等等办法，不是仍感有脱節的現象。這也

實在是事實的牽制着，無可奈何的情形。因為教育組

(四)人手不是問題：只有朱澤薌、鄭知畧、世四均等二三個人，對全區實際情形

教育工作座谈会记录及讨论大纲 9-1-73(126)

76

是很難做到的。所以各區工作只有你由各區自定辦法，尚可使工作不致停滯，這種人手不足的現象，在編輯組也有同感。

(四)工作目標的了解與同人的訓練問題：本區工作同仁，不是不努力，而是對工作的目標與辦法了解不夠，懂得的不夠清楚，假如我們的工作目標與實施辦法，全体同人都能懂得的清楚，有徹底的了解，那就對工作的推進，必有顯著的成績。不过，全區共有一百四十位輔導員，一千三百位民教主任，如何訓練使對工作都有清楚的認識，這也是一個很大的問題。

以教育工作……[illegible]

方式補充，也是值得商討的一點。

也，導學生問題：一般導學生，大部分是留在鄉間的知識青年，然而他們都不是生產份子，所以常因職業、待遇之等之關係，一樣的時常流動，所以傳習處不但有留學生的問題，同時還有留導學生的問題。

以，導學生訓練問題：有了導學生，導學生的訓練問題也就成了問題，因為導學生的來源複雜，素質不同，在鄉村中的地位不同，對導學生很難直接講到訓練，一則請他出來担任導學生，已屬不易，若再以訓練，彼不願接受，同時

教育工作座谈会记录及讨论大纲　9-1-73(128)

79

輔導員人數太少，民教主任、導生人數太多，如何能有靈活運用的機會，做到有效的巡迴輔導，這更是時間上技術上的重要問題。

四、工作考核問題：教育組同人，因為不能周到的到各社學區輔導，就只有製定表格，使發到各社學區，希望能從表格上得到各方面的實際材料，另方面也可收到考核的作用，今年春天曾商討擬定一種導生民教主任及導生填報的表格，結果統計所得材料能合理想的有百分之四十。

十、為了能[illegible]，為了工作切實有效，並更在[illegible]

以续，化度，遂进者，进者困难一些，实际研究以来已经

的报告。

朱泽甫先生：

以现乡村传习教育多已变质，巴县十二区仁合乡是办的最好的地方，当时传说有学生七八十人，上下午都在传习，等到实际去看了之后，实不过也是暑期补习学校，学生多是小学的儿童，这实在是不合理的，这也证明一般办理的人，对于传习教育办法，还不十分了解。

以旧区既用传习课本，但照书本逐课的教下去

80

從去年教起，直拖到今年秋天，還在教，費时間進度，不能控制，並且時作时輟，把时間拖延的太長。對這一點似应有個办法才好。

(2)教材問題：現在所用的讀本，到二十課以後，感覺太深，並且覺得印刷字体太小，有的在晚間上課，燈光不足，看不清楚。聯環圖畫，發下去不知如何利用，好多都貼在牆上，甚至有的隨便作了别的用，或放置在旁边不用，同时教材与實際应用配合不起來，如現在正推行減租，而減租教材還沒有。

(3)各組的聯繫問題：各組工作聯繫不夠，如預防牛瘟(王)

在實驗階段[illegible]傳習處在[illegible]

在的傳習只是文字教育，其他的活動，均与傳習處

脱離，不大發生関係。

四、對於教育工作的改進意見：

1.要從事作文盲調查，文盲必須重作調查，因為以

往所根據的材料，甚不可靠。必須有了確實的調查

並能有精確的估計，才可作計劃中的標準。

2.各個工作必須統合，一切都通過傳習處的組織，

其實數當更多些。

3.對於學生訓練問題：學生實際確極需要訓練，可是

他們是在義務的同時亦多數是地方士紳階級，

教育工作座谈会记录及讨论大纲 9-1-73(132)

(61)

肯推热心出来任教，已属难得，若全受训，颇难甘心教意。况還有我們的訓練材料也很缺乏，似乎应重新规定一套办法才好。

(以)民教主任問題：民教主任同樣極需要另以訓練，因为他們大多對工作了解也是不很清楚，同时民教主任以引用本保人為原則，在工作時受阻礙。過去對民教主任雖有过訓練，可是时间太短，最多不过一二週的时间，故给与訓練頗感空洞，这種訓練是不夠的。

王璧澂先生補充說：總办事處与各區的不能联繫，是因為各組工作太繁重，多為搞村政運動，常常出去，並無東西，

[illegible]

田郁農先生：一、報告在北碚兩年工作的經過。

以人的問題：北碚方面民教主任，百分之五十以上在鄉間，

其來源多為高農畢業的學生，在市區的大多（在鄉間的）

數是諸期師範畢業的。全區共有十六位輔導員，

一百零六位民教主任。工作多以管理局為主體，實驗區

補助經民教主任的經費，數目本不太少，可是每次

撥付半年，民教主任多不知其來源在那裡。（若是跟著經費來，補助的民教主任）

以作法問題：平常說通過教育完成建設，而實際

却祇是識字教育，講的與作的完全不同，實施識字

(67) 甲

教育容易，實施生活教育則很難。本期講明會對傳習教育方法，有一個改變，就是：

1. 以生活教育為主

2. 先剷除文化盲，而後剷除文字盲，並防半盲，先教預防半文盲的辦法與常識，而後教識字，隨時訓練，隨時練習，這樣較確實有效，學習興趣也易於提高，對各業有專長的人，全可作各業傳習的導生，所謂機動的教育，機會的教育。

這種施教的方法，課本內容就配合不起了。我們教育，也是望不及，配合不上，是一個別的問題。

3、關于學生問題：在北碚並不成問題，因為政治力量，運用的徹底，學生每天到的都很整齊，現在祇能有適應需要的補習內容，是個重要的關鍵。

4、識字以後，如何實施繼續教育？如何使有組織的接受繼續教育，這是急待解決的問題。

5、各部門的配合問題：如衛生工作，政府的訓練學校事希望每保一人，這個工作似應與補習處配合，以便推廣，而且易於建立基礎。

教育工作座谈会记录及讨论大纲　9-1-73(136)

83

(四)傳習成績測驗問題：傳習處以教課本為主，以識字為目的，每期必舉行識字成績測驗，着實施機動的建設活動教育，對每期例行測驗，成績必較差，如何處理，因此就要考慮是否必授課本教學，與是否必須教完課本的問題了。

瞿先生的解釋：課本教不完，與課本完竟用不用，是兩個問題，要把他先分清楚，不能混為一談。

田慰農先生：不是不用課本，而是事實上教不完，同时課程每期必須測驗成績，能否及格，將与入学时期的長短都要發生関係的。

瞿先生说：如果在北碚我们决定如下的办法：

（一）不用书本

（二）准备机动的教材，准备机动的机动教材。

（三）准备机动的机动教材

这种做法，机能适应北碚当地的需要，那是没有全体性的，不能普遍应用。不过，要编如何绝对的设计教学办法，是不可能的，就恐怕将来机动的结果，教者亦将无法应付。同时导生能力不足，无法准备，而且教材无亦不够也准备不及，是要注意的。

82

田疇農先生：在北碚對於導生制與小先生制的基本精神不同之點，多不了解，分辨不清，時常互相混淆，

我想有兩個原因：

1、現在實施導生傳習的方法課程，多未能依照原定計劃實施：

2、導生與民教主任的了解不夠，能力也差，因此使整個作法變了質，

瞿先生：導生傳習的做法是教育的兩端：我們現在只做了一端——只有"習"，沒有"傳"。

在實驗的時候，大家對于課程研究強程實施，那時候

學術也有難題不夠的情形，不是各方面重視學術研究的空氣濃厚，所以從來有研究委員會，就隨时可以有了補救的办法，同时大家都一致都注意學術上的發見，有了問題，就急求解決的办法，現在總办事處，也實在痛苦，各方面之工作雖然力量不足，繁雜，終日忙於公事，至報告的數目字，已經不易弄清楚，如前者有一件報告，提到耕牛有九十六頭，後來又有，截至現在止，共有耕牛一三十六頭，前後不相吻合，竟致總报告幾乎無法提出。所以總辦事處研究應如何才能總攬全部工作，不生擁擠，應該想個办法，最好在

85

總辦事處設一機構，以便全部工作得以聯繫。

王□樹先生[redacted]解釋：我想現在建設活動不能成為有系統的教材，原因是我們所編的材料，尚不夠充實，我們還沒有農民的經驗豐富，比如南瑞苕，我們所介紹的，還不如農民知道的多，這種教材尚在不適宜，所以實際上傳習處最要緊的是，傳習的教材問題。也就是照先生所說，傳的一端的問題。這也顯明的表明過去對於訓練的重要，與課本的教學指引是極端需要的。現在教育組與編輯組擬試編一下，就看如何安排負責的人？

嚴先生：樣重於教材，教材全性能另也予全体性
普遍性差；課本教材，就全体性强，個別性
就差了。我們的準備，是為適應普遍性全体性
的，所以就，不能太偏重地方的部分性的適應了。
王登衢先生：北碚並沒有一百〇八個保，可是有一百〇八位
民教主任，而且每個民教主任都自認為是學校的
一員，這一點是與其他地方不同的，也是其他的地方
辦不到的，這可以說是一種特殊情形。
關於印刷，民間印刷社，印的相當好，若能在
璧山設一處印刷所，那就有許多便利了。

教育工作座谈会记录及讨论大纲　9-1-73(142)

86

王秀斋先生：這幾天到各鄉視察，為幫地方處理事情，昨天本應返來，結果被雨阻住，到今午才趕回來。我先述說本區從四月到現在半年多的工作感觉。分區、鄉、社三方面談，先說"區"：區裡工作頗感無力，區主任因為總在忙於開會、跑路，實然忙迫，可是仍感效率不高，所以常有"區"最無用的感覺。因为南方与北方不同，交通問題太大，有事發生，許多时间用在跑路，耽搁时间太多，工作效率影響甚鉅，同时辦事處只有書記一人，平时一文一事，都要公事，已無餘力，也負不了多少责任。所以區最無力。

再説組"一組[illegible]教導[illegible]隊任[illegible]民教

主任，這是可以直接對事的級、

其次說社"一社学區民教主任也有隊任一導生、工作

更是直接對事的。

最近工作以農地減租為主，各鄉情况尚無問題，只

有井口鄉办理稍差。

各鄉学校情形，大部分不算很好。各社学區傳習教

育導生素質太差，成績不為理想。

以上是本區工作概况，再談幾個問題：

(一)傳習處招生問題，巴縣、鵝馬等鄉，办理較早，学生

不來的原因，不是怕入学，而是怕辦理為时间太[illegible]

教育工作座谈会记录及讨论大纲 9-1-73(144)

【4】

读不了几天，这种情形，虽不难解决，也是值得注意的。

以、民教主任的及辅导训练问题：民教主任的训练不够，对工作认识太差，技术推动工作也不行，所以民教主不能用本保人充任，必须用外地人才较为有效，因为外乡人才肯努力求成绩。再民教主任用高农学生，也不合适，因为彼等升学大学，要搞作的就不懂种包谷，这样是不能解决农民的实际问题的。本区已经遇到这种事实。

谈到民教主任的训练方法，也有问题，究竟训练什么？用什么办法训练？经费如何筹措？等，全是待解决的问题。

同时各乡民教主任人数有多至十七八位的，若召开一次会

教育工作座谈会记录及讨论大纲 9-1-73 (145)

以前教育費現在經費情形，教師薪水都不足伙食

就更談不到了。訓練的經費的籌措，現在是毫無辦法。

導生的訓練也有困難，因為導生都是無給職，純盡

義務，若使他們來受訓練，也多不願接受。至於

本區工作現況：一、可分兩部門：1.民教：1.辦傳習處、

2.農業生產合作社。

關於民教有的鄉只希望民教主任自辦傳習處

一種，在本區對課本教學，並不限定半年教完，農忙

時照例放農忙假，沒有限制教學進度，擬令辦到

年底，看實際進度如何，再決定以後辦法。

168

関於農業生產合作社，尚感覺空洞，因為要想其辦理，則社員必須是純佃農、自耕農，可是這不是他主動的要求接受的，只有貸款，是地方歡迎的，其他都不為他主動希望。办理的現狀，感覺合作社若無團体業務，則不易發揮力量，也未能与傳習教育合流。還有許多工作都是臨時發生，以前感事前準備不夠，如預防牛瘟，此地並不需要，本地需要的是預防豬瘟，不過預防豬瘟，又不易集中實施，如要辦這個工作，只有訓練民教主任，作起來才較方便。說云，

我們的工作，要多注意與學校教育，推動某種

工作者先，必須審慎[illegible]

農家業務，一種是勤力，耕牛，一種是副業，养豬，是他們的生命，偶一不慎，畜生問題，必遭失敗。最後衛生工作，可給民教主任以訓練，使兼任衛生員，訓民眾簡易治療與衛生教育的傳習工作等，都可得到解決方法。

瞿先生總結的說：現在時間已經不早了，大家談已差不多，其中問題確實不少，現在對以上談的結果，綜束為下面幾點，請幾位分別的作一準備，明天繼續再談：

教育工作座谈会记录及讨论大纲　9-1-73(148)

(一)關於行政問題—請王秀齋先生準備
(二)(關於)材料準備(如課本教材與訓練教材)問題—
—請田慰農先生準備。
(三)關於訓練問題—請王啟澍先生準備
(四)關於方法技術問題—請朱澤華卿先生準備、
(五)關於各方面的聯繫問題—瞿[illegible]先生準備、
(六)(關於)工作條件問題—請~~李紀毅~~李秀峰先生準備、
(七)對實驗區工作的推進大家有何意見請盡
量提出作為建議。
(八)青年學生至來署華、郭二先生商議訓練內容

在今晚整理一個討論大綱，明日依照大綱所序

再詳細進行討論。

散會時已下午六時半。

教育工作座谈会记录及讨论大纲　9-1-73(150)

90

教育工作座談會記錄(二)

一、地點：鄉建學院晏宅
二、時間：三十八年十月五日 上午九时至十二时 下午三時至六時
三、出席人員：(同昨)
四、主席：瞿代幹事長　記錄：葉兆豐
已故
五、開會：首由瞿代幹事長宣布討論方法。
(1)討論時大家發言要簡明扼要，提出對每一問題的意見。
(2)對每一問題的討論，意見要集中，不牽涉其他方面。
(3)先請朱墨薌先生將討論大綱宣讀一遍。

朱澤薌先生：讀討論大綱（見附件）

六、開始討論：

以傳習處設置標準問題：

朱澤薌先生：應說明本問題的內容

傳習處的設置，是依地區、人口、……劃定社學區，

每區在量的方面，應設傳習處若干處？

質的方面：是否單純的以掃除文盲為

目的。

王秀畬先生：傳習處如有適當組織，則不只以掃除文盲

為限，更可與建設活動配合，每社學區範圍，不過有

91

二百户，人口不过一千五百人，土地面積大概在一千石至二千石田的範圍，每傳習處平均可以二十人計，約合每户一人，每社學區應以設十處為最高標準，最低限度可設五處，

瞿代幹事長解釋：依一般民教實施情形，每期受教人數大多在全人口十分之一的數目，最大限度也超不過八分之一，是每千人的區域中，其十六歲至四十五歲年齡的人，約合總人口數的百分之七十五，而其中文盲數則約合此人數的百分之七十三，不過五百人，每區每期能有合格的受教人數一百人，適合全人口的十分之一，或以每期每社學區的受教人數，最低限度不得少於一百人，即全人口的十分之一的數目。

每社学區設置一傳習處，該學區依人口分布學校人數估計算，則應以設置一至十處為原則。至於傳習處的實質的方面：我們如果，對機動的教材，能有很得力的材料可以供應的話，則應使教材更趨於社會教育化，也就是說應該盡量利用電化教育工具如讀物等，所以就傳習教育的推進着想，我們應以社會教育方式，準備機動的教材，而以傳習處為基點來施教。

編輯課本的原意，是希望能教完讀完，將來舉行測驗時可分為兩種辦法：即：1.文字的測驗，2.常識的測驗，課本的傳習，最普遍應該注意識字教育，可是並不要

教育工作座谈会记录及讨论大纲 9-1-73(154)

92

一定使修课本融合之七百多生字完全认完。

将来可选定若干区域，收容青年失学的成年文盲、该读书而未能读书的，

在十三至十八岁的少年，即若干少年读本，用实验方式与以受教机会。

王启澍先生：我们把这个问题，具体的作如下解释：

1. 成人文盲与以基本的识字教育。

2. 机动的与以建设活动的教育，也就是常识的教育。

3. 传习处可分设儿童组与少年组，当保国民学校未能完全收容学龄儿童以前，其年龄在十三岁至

十八岁的失学少年，使入少年班。

王素睿先生：二、学习地方上，如果有了少年班，则将来入学的

大家分怨恰都是少年

王啓謝先生：辦少年班，可指定區域設置，做較小範圍的實驗，似屬切實。

瞿先生：指定區域製定標準，實驗少年教育，這種工作確可以做，我本早有這種打算，將來當指定專人負責辦理。

问傳習處的組織問題：

王啓謝先生：按傳習處的組織問題，在孫專員的原意是：合作社社員必須是傳習處的學生，不過，我看的學生不必一定全是社員。這也原來建立基層機構組織的

教育工作座谈会记录及讨论大纲 9-1-73(156)

93

辦法。

王秀崙先生：傳習處在定縣办理的时候，他的本身就是有組織的，依了當时縣政基層機構安排的，分為政治、經濟、文化、衛生等組，受了基本教育之後，再施以專業教育。（已删去）

王毅康先生：傳習組織究應以什麼名義為適宜。（已删去）

李毅先生：可否就以"同學會"為名，各論在學的或已畢業的學生，統算"同學"。

李秀峰先生：首先生傳習原來的組織，是在學期間為學生本身學習的組織，以後，即為分工的組織，（已删去）

緣若干傳村工作，傳村近去屢依生活的

王啟樹先生：傳習處的組織，[illegible]在兩方面：

以每個傳習處自身的組織，可以選拔領袖學生

為團体服務、

以各傳習處間，還應有一聯繫的組織，始能建立穩固

的機構，發生力量，我們的工作始能生根。

朱澤卿先生：從前朱衛濤先生原來的辦法，有學長制、

和分工組織。

王啟樹先生：總起來說，要傳習處建立穩固的組織，

采用下面三個办法：

94

1. 要用表冊嚴格控制考察，使学生固定，不發生流動。

2. 在学期间要有分工的組織。

3. 受过基本教育之後，要有聯繫的組織。

羅先生：組織應有兩種任務：一是要学生固定学習，二是畢業對外有聯繫，將来可以做教育工作推進及合作社的外圍，為了組織能夠生根，有賴乎藉每個社学區下分照從前定縣的工作，設平民角一處，和收音機一座、至於傳習處的学習組織，每處可設級長一人，副級長一人至三人，每社学區各設長一人，組織聯席會議，他的任務就在：

1.為傳習處本身組織與分工學習。2.繼續教育

的推進。3.做農業生產合作社的外圍。

將來傳習處的學生就是合作社的預備社員，

至於社員與預備社員的訓練，其教材重新準備。

(3)傳習處的設備問題：

瞿先生：這個問題分兩方面談：

1.先看現在已經有了什么設備，

2.再討論究竟應當有什么設備。

當然設備是要求出一個最低限度的標準，請先

提出我們現在已經有了什么，然後再說必須本縣再添

教育工作座谈会记录及讨论大纲　9-1-73(160)

95

加什么。

田慰農先生：關於傳習處的環境布置，也很重要，有的傳習處，太不整齊，不像樣子，至於設備現在傳習處只有：

1.小黑板一方，而且大小不一，太不一致，因為是由地方自備的。

2.表册，只有一種點名表。

王秀裔先生：關於傳習處的設備，為小黑板等，由地方自籌，困難甚多，因為經費無着，數衍了事，所以就形式不一，大小不等，好多不能適用。

朱澤勛先生：提出傳習處應有以下的設備：

4、點名冊、課表、掛圖等應該統發，其他的則由自辦。4、石、5、鉛筆 6、粉筆、7、粉筆盒 8、燈及燈油、9、標幟。

黑板、桌凳、燈油，向由地方自籌，今後恐仍須照舊，其他大部分与教學有關的物品，如圖表、教材等則必須統籌統發。

王啓樹先生：關於地方自籌經費，其來源不出要道縣与鄉鎮兩方面負責，不過他們也完全出於攤募性質，是不易有穩固基礎的。

晁先生：設備事項，其屬於教材、圖表部分當然由實驗區統籌統發，至於一部分教具的籌措似仍由地方辦理方便，否則大批統發，像黑板，其運輸就是一大困難。

96

(四)關於傳習機構問題：併入輔導訓練問題討論、（瞿先生提議）

(五)關於成績考核與獎懲問題：（大家同意。）

瞿先生：成績考核分兩方面：

1、行政的考核：對民教主任的：應

(1)制考核與獎懲標準；(2)表冊的運用與填報情形。

(3)製定考成辦法；(4)傳習進度，(5)工作推動與活動的引發與指導等成績的表現。

2、學業的考察：對學生的、

(1)基本教育的成績考察：

就教育內容說：1.文字的考察 2.基本常識的考察

就考察办法谈：1.平时的考察1.单元的学习

与学月测验等

2.定期的考察1.学期测验

(2)建设活動的成績考察：1.依單元学习随时

举行成績测验，並觀察其實际成績表現。

不过，考核办法，要尽量简化，不可太繁，並且可以用

抽察和機動的觀察[illegible]等办法，来利用零碎機会

等，不必为考核而考核。

上午討論至此停止，

下午三时继續討論。

(六)課程標準与教材準備問題：

暁光先生：課程標準，写起来並不太難，可是写得適當

97

就不容易了。所以我們暫时最好不談課程標準，而只就現實的情形，討論究竟應有什么課程，教材如何供應？這兩件事。對於教材，還是先說我們這裏有了什么？然後再說尚須補充什么？

因為我們要顧到這裏學生的程度、能力、與服務的精神態度，對傳習處的簡易課程與其他活動的教材的配合問題，也須要注意。

當初黎季純先生與朱衡濤先生編輯農民讀本之前，曾由農民生活中搜集了二百多個實際問題，整理分析的結果，草成了十二個單元，以現為

教育工作座谈会记录及讨论大纲 9-1-73(165)

根據，才編成了適現在應用的讀本，而以後已經是

有了很好的標準，現在只看是否以：

1、傳習讀本，作基本傳習教材為滿足；

2、配合基本傳習教材之外，再加補充教材，如專業

傳習與建設活動等教材。

3、繼續教育材料，為讀物可否用成巡迴文庫。

辦法，設圖書箱若干個，巡迴應用。

4、專業傳習教材，如耕與紡織事的應用，全以

適應地方需要為準。

田恩農先生報告：現在已有的教材，有：

教育工作座谈会记录及讨论大纲　9-1-73(166)

98

1. 農民讀本　一冊
2. 應用文　一冊—尚須修改增編、
3. 傳習要旨　若干種—需繼續補充
4. 音樂　一冊
5. 表冊—則只有縣名表、應加其他活動記載表格、
6. 其他專業教材—尚多不成系統、

瞿先生：現在將傳習教材（處理內科目與）確定一下，並續看尚應補充那種材料：

1. 基本教育（科目及）教材：需有：

(1) 傳習課本—必須學生每人一冊、還有、

(2)音樂—已有一册，每處者須再述

(3)應用文—要須發給學生每人一册，已有的亦修改

(4)算術—珠算與筆算可混合教學，每傳習處有一册即足用

(5)傳習處—連環畫畫—每學生一份

(6)[illegible]

2.專業教育科目表教材—繼續教育用。

(1)專業傳習教材—活頁的

(2)讀物—已傳完廿種，即付印。

(3)農民報刊—現已編有傳習報一種，可以代替。

99

(4)、掛畫——①、利用連環畫，②從新設計一套、

(5)、生活指導或會報、

又、導生訓練的科目與材料：

(1)、導生手冊——一種，該書已由宋環翔先生就原有的《怎樣做導生》一書改編中、

(2)、農民讀本教學指引——此書正由嚴道美先生編輯中、

(3)、導生手冊應以下列各項為內容：

①、導生常識——包括什麼是社學區、

②、怎樣教導生：

③、[illegible]

專業傳習技術及生活指導三部分、

③、參考資料—教學參考用、

(四)表冊處理、

(七)、教材研究實驗問題：

瞿先生：關於教材的實驗研究、需要指定地區、作一種研究工作、今天我們的教育工作、既不夠實際、也談不上學術、與在定縣時的情形大不相同、我們的態度實在應該改變了、否則、教育工作將只注意到書本的傳習、結果成為對書本課課能背、字字不識、對建設教育、則擱而不動、那就失掉了我們推動教育的意義了、

教育工作座谈会记录及讨论大纲　9-1-73(170)

100

我们不管社会是怎样的变，只要我们对教育工作能有一种新的精神，新的方法与新的制度贡献，那我们就总是有希望的。晏先生所以在国际上有地位，就在他能在整个世界局面动荡不宁的时机，有平民学校，有千字课的创举。所以我打算在璧山的狮子乡、北碚的黄角镇，和歇马场附近，办一二处相当规模的实验工作，他的任务是，一在示范，一在表证，而要紧的是实验成为一新制度，做得要与各种建设工作相配合，关于负责工作的人，请王启澍先生与朱[illegible]先生商量，现因[illegible]

負實際的工作責任，再請在坐的一二位同人參与
其間，來協助設計。請諸位都對這件工作想一想。
如果由起幾處少年教育工作，將來每鄉設立一個
示範學校，或幾個示範學校。一年工作，或幾年以後，產
生一鄉單位的教育機構，那时就是每開一新區，都
可以用同樣办法推行的。

(11)、關於導生訓練問題：

瞿先生：先對導生的來源找出一個办法，計劃作一
部分的選樣調查，發現有的導生裡边，找出一個
選拔導生的办法，以建立起導生的來源。

教育工作座谈会记录及讨论大纲　9-1-73(172)

101

王啟澍先生：關於訓練問題，應該分為輔導員訓練與民教主任訓練兩種：

1.訓練方式：

(1)輔導員訓練：宜採集中訓練方式

(2)民教主任訓練：宜採分區集中訓練方式

2.訓練內容：過去的訓練，因為是工作方開始，一切準備不夠，致使感覺空洞，現在實際工作，多已展開，材料較有準備，可以具体的分組講習，在訓練期中最要緊的是該實習的，如關於一切技術的訓練，必須使有實習才能發生實效。可選擇優秀的民教主任，使作示範教習，同時使受訓人員，親自實際實習。

[illegible]

在原則範圍內可請各區自定訓練辦法與計劃自行辦理。

瞿先生：講習以具體作法為主，多講辦法，少講理論，而特別要注意"調查統計"的方法。同時，訓練的時候就要注意選拔考核，定出獎懲辦法來，以免敷衍應付。

(九)關於工作聯繫的問題：

王啟澍先生：關於聯繫的問題，有幾點是說明：

1、有的工作是不能聯繫的，無法聯繫的，因為有許多事是臨時發生的或根本沒有與教育工作發生關係就

（10）

有的是準備不來，聯繫不上，有的是事實不能聯繫，
2.如可能聯繫的，今後必當盡量設法聯繫。以前我曾有
聯席會議的建議，可惜各方以事實牽製未能办到。
3.最好將編輯組與教育組和其他各方面指定若干人
合組一工作研究設計委員會。

瞿先生：
下這件事我將向晏先生建議，將研究組織擴大，派
人專作研究設計工作，同时要使輔導人員以實際
工作做基礎，也作研究工作，才能有發展，有改進，
學術上方有貢獻，人才也可以培植出來。[illegible]組在定縣

公署先生不久回來，就將請各方面編制下年度計劃，

各方面往彼此有聯繫不夠，今年作計劃時使互相報告，在

事前交換意見，知不免有紛歧重複衝突之弊。

同時編定計劃時也要注意到組的與各區的相互的關

係，使組有組的計劃，區有區的計劃，互相協調。

（十）、繼續教育問題：

王秀齋先生：最好辦一處或兩處有研究性的繼續教育

工作，裡面的學生可以收：人受過基本傳習教育的，失學

而未就業的青年，及當過適當中學生的人、

教育工作座谈会记录及讨论大纲 9-1-73(176)

103

教育的內容：假定一年中若干單元，教以建設活動的知識，並使之實踐。

羅先生：今後在鄉村中有三種人應該注意：

1.進過傳習處的人；

2.在傳習處畢業的人；

3.地方上一般社會上的人。

已往的教育與訓練的太多，活動指導的嫌少，今後當注意於活動指導方面。

關於繼續教育的教材，可分四類：

1.學習單元

教育工作座谈会记录及讨论大纲　9-1-73(177)

2、掛畫請教職員畫、掌

3、傳習報

4、收音機——

掛畫應有一共同標準

可能的時候，收音機能設備了，在總办事處可設一電台。

利用巡迴文庫代替交通線傳遞聯繫，從前定縣就有交通工友的办法。

(六)其他方面事項：請王啓尉先生計劃並估計：

1、掛畫需印製若干套，

104

2. 巡迴文庫需準備若干箱。

王啓澍先生：關於農地減租，雖已有一部分宣傳材料，但是可用作教材的還沒有，此種材料需要非常迫切，如何選編印製，似應有決定。

瞿先生：請王啓澍先生供給材料，再請李秀峰先生編輯，內容應注意法令的解釋，就定名為田農地減租法令淺識。

瞿先生最後總結的話：像這樣的會應該常開，這次會的記錄，就請葉北巖及李效厂兩位整理出來，油印分送各方面，然後就依討論的擬定各

稍新法的談實教，今天這個會有幾個重要點

1. 大家感覺很多，而因素不同，不過目標是一致的，

2. 細查有些問題的發生，多是同人工作精神與態度的關係，今後當求大家的一致了解，

3. 對於傳習教育與建設工作的結合的組織，有了一個綜合點，此後可以不再感空虛，並使他可以萌芽了。

4. 研究實驗區，對教育工作必將發生相當作用，使其有所改變，

5. 對補充教材與讀物等的需要，有了瞭解，當從

105

各方面努力趕速編印。

6.今後希望在一兩個月之後，將今天所談的準

備有點着落。希望（對聯繫上）各部分在推動某種工作

時，至少通知教育組與編輯組，以便有所準備，各

方面工作必在平時工作中，隨時注意輔導工作人

員的考核與甄選。

散會 三十八年十月五日

這次會的記錄，可以在通訊上發表，請王啓樹先生

在發表，寫幾十個字在前面，特別强調學術

的研究與實驗一致。

[illegible]設[illegible]在[illegible]論[illegible]。

教育工作座谈会记录及讨论大纲 9-1-73(180)

教育工作座谈会记录及讨论大纲　9-1-73(181)

106

教育工作座談會討論大綱　三十八年十月四日

一、關於行政方面

(一)傳習處設置標準問題

(二)傳習處組織問題：

1.縱的組織—機構

2.橫的組織—聯繫

(三)傳習處設備問題

(四)輔導機構與傳習機構配合問題

(五)成績考核問題

二、關於課程和材料準備方面

教育工作座谈会记录及讨论大纲 9-1-73(182)

(一)偽晉教育部科[illegible]

1.科目

2.時間—

3.各科內容及~~形式~~教材

(1)基本的教材

(2)建設教育的

(二)學生訓練材料:

1.科目

2.內容

3.形式

教育工作座谈会记录及讨论大纲　9-1-73(183)

(三)、各項教材的研究與實驗問題

三、關於訓練方面：

(一)、導生的甄選與訓練

1、導生的甄選標準

2、訓練的方式：實施傳習制—基本訓練
實施導習制中的—繼續訓練

3、時間

4、訓練的人員

5、訓練的組織

6、經費

(二)、民教主任的甄選訓練—項目同前，另加"內容"一項

教育工作座谈会记录及讨论大纲　9-1-73（184）

(三)輔導員的選擇與訓練以及自治會分部[illegible]

四、關於方法技術方面

(一)導生的傳習方法

(二)導生的傳習技術

(三)訓練導生的方法與技術

五、關於與各部門的聯繫方面

(一)研究工作與實施工作的聯繫

(二)教育工作與建設活動的聯繫

(三)如何建立各部門的聯繫機構

六、工作條件方面

教育工作座谈会记录及讨论大纲　9-1-73(185)

108

(一)政治的
(二)社會的
(三)人員的
(四)經濟的
(五)時間的
(六)其他：應如何準備條件及材料的供應，臨時工作(開明組)應[illegible]等

七、關於繼續教育方面
(一)設施
(二)方式
(三)內容——教材選擇

(四)組織

(五)時限

(六)施教人員

(七)補充材料——讀物書刊報紙影[illegible]教育等

八、其他

华西实验区三周年纪念展览教育组预计参加项目　9-1-130(147)

89

華西實驗區三週年紀念展覽教育組預計參加項目

一、文字類、

1. 三年來教育工作總結

2. 教育工作答客問

3. 示範國民學校的過去與未來（附示範校設置辦法及規章）

4. 民教主任訓練教材

5. 傳習處組織辦法

6. 傳習教材

①基本類　②專業類　③繼續教育類

7. 民教主任日記

8. 導生訓練資料

华西实验区三周年纪念展览教育组预计参加项目　9-1-130(148)

① 什麽是導生　② 導生實際問題

③ 怎樣做導生　④ 一般教學技術

9. 影片，幻灯片目錄，及影音施教工作說明

10. 學生作品（寫字寫信）

11. 傳習教育成績的考查

12、示範校工作述要

13、傳習處的視導工作

14、

璧山四寶閣文具印刷紙號印製

华西实验区三周年纪念展览教育组预计参加项目　9-1-130(149)

90

二、图表類：

1. 社學區教育、經濟、衛生建設関係图
2. 輔導組織与建設組織関係图
3. 示範校与傳習處分佈图
4. 影音施教路綫图
5. 民教主任性别統計表
6. 民教主任年齡統計表
7. 民教主任學歷統計表
8. 卅八年八至十月民教主任異動統計表

华西实验区三周年纪念展览教育组预计参加项目　9-1-130(150)

10、導生性别統計表
11、導生年齡統計表
12、導生資歷統計表
13、全區畢業學生分期比較表
14、本期學生數及性别統計
15、本期學生年齡分配統計及消滅〔減〕情形
16、第三〔行政〕專員區失學成人數
17、本期第三〔行政〕專員區學齡兒童數、在學兒童數、及失學兒童數。

璧山四寶閣文具印刷紙號印製

华西实验区三周年纪念展览教育组预计参加项目　9-1-130(151)

91

18、各示範校教師數、學生數、歷期增加比較表

19、本期第三行政專員區本期國民學校數及班級數

20、各示範學區學齡兒童分期入學統計

21、影音施教人數統計

22、幻灯映放站分配图

23、傳習處應用表冊全套

华西实验区三周年纪念展览教育组预计参加项目 9-1-130(152)

三、照片類

1、民教主任訓練情形

2、民教主任調查情形：

①、召開户長會説明調查意義

②調查（挨户）

③統計情形

④統計图表

5、導生訓練情形

①民教主任拜訪導生（成人）

②國民學校選拔導生（小學生）

③、導生（成人）傳習座談會

璧山四寶閣文具印刷紙號印製

华西实验区三周年纪念展览教育组预计参加项目 9-1-130(153)

92

④ 導生（小學生）訓練班

⑤

⑥

5、傳習處設置情形

① 户長會議商定傳習處地址

② 佈置傳習处

③

④

六、招生情形

① 吳[illegible] 召生

华西实验区三周年纪念展览教育组预计参加项目　9-1-130(154)

②小學生出發招生

③

④

五、傳習情形：

①、導生教學農民讀本　②教傳習画（牛瘟、组社）

③選種傳習（或良種推广）　④學生寫字　⑥學生說話

⑤讀傳習報　⑦傳習处討論组社或其他

⑧測驗情形　⑨　⑩

六、輔導情形：

①、輔導員輔導情形（A、提馬灯下鄉輔導傳習处。

华西实验区三周年纪念展览教育组预计参加项目 9-1-130(155)

93

B、與民教主任個別談話。C、指導民教主任調查。D、指導统計。E、輔導傳習处）召開民教工作会议（全鄉導生幹部会）

②、民教主任輔導情形（A、輔導傳習处。B、與導生個別談話。C、召開導生会议。D、示範教學。E、指導怎样使用表格。）F、保送导生同学会

③、區办事处对各鄉輔導情形：A、區輔導会议 B、鄉輔導会议

B、區办事处人员下鄉輔導

④、總办事处对各區鄉輔導情形：A、區务会议 B、區主任会议

六、集同、成[illegible]

华西实验区三周年纪念展览教育组预计参加项目　9-1-130（156）

四、其他類

1、影音施教工具展覽

2、攝影器材展覽

教育组一九四九年五、六月份工作报告　9-1-166（139）

教育組五六月份工作報告

教育組

教育组一九四九年五、六月份工作报告 9-1-166(140)

77

教育組五、六月份工作報告

一、各輔導區教育工作情況：

各輔導區教育工作情況見於各區日常的報告，現在各區皆有其工作報告，這裡祇述其大概：

1、璧山區教育工作情況——璧山區五、六月份的教育工作為：

①、第三期基本教育傳習結束：在四月底與五月初各社學區傳習處陸續舉行結業測驗，第三期基本教育傳習工作告一結束。

②、開始第四期基本教育傳習：於六月一日至十日各區傳習處又先後開學，進行第四期基本教育傳習，有關各項數字報告各區尚未全部報來。

③調查並統計整理社學區人口、經濟調查資料：各區於傳習處結業攷試後即展開社學區人口、經濟調查工作，現已調查完竣，開始統計整理資料中。

2、巴縣區教育工作情況：

①整理統計社學區人口、經濟調查資料。

②調整社學區：調查後發現有些社區不合條件，遂進行調整的工作，巴縣也展開工作之十個輔導區最初一共劃為五二三個社學區，現調整為五八〇個社學區，增加了五七個社學區，各區調整後的數目見附表一。

③、訓練導生與設置傳習處：從六月起各區開始遴拔導生與訓練

78

導生，並進行設立傳習處的工作，原定於六月初開始傳習，後因調查統計工作的延長，傳習處學生讀本的未及如期編印，遂延期於七月初開始傳習。

3、江北、合川、綦江、銅梁等區工作情况：

江北、合川、綦江、銅梁等輔導區是同時展開，其工作情况也大体相似

①、完成民教主任甄訓工作：江北等四縣開設七輔導區，共有四三個鄉鎮，劃分了二七六個社學區，各輔導區社學區數目見附表二，各區民教主任甄選訓練工作於五月底均已先後完成。

②、進行社學區人口、經濟調查：現這七個輔導區正展開社學區人口登記調查工作以為施教組社的準備。

教育组一九四九年五、六月份工作报告　9-1-166(143)

4、各輔導區教育工作的主要問題是

在各輔導區的會議記錄及輔導員的月報中，發現了如下的問題

①、民教主任甄訓方面：有的輔導區（如綦江）文化水準過低，在當地不易甄選民教主任，只有破格錄取，有的輔導區礙於地方人士介紹，錄取標準不免有從寬者。至於訓練方面，各區都能照規定作去，但感到訓練教材多係綱要，缺乏具体而微的教材，講授的人常不能抓住中心，發揮很致。

②導生選拔訓練方面：選拔導生多係從地方知识份子中去尋求其來源大多為地方士紳、地主、塾师與一部份小學教師，很少是生產農民，前一批人對傳習的工作很難持久，同時他們在鄉間素有地位，

教育组一九四九年五、六月份工作报告 9-1-166(144)

78

面子又大作導生虽可一時號召鄉民，但其对傳習處工作很难持久，对農民又無親切之感，因此影响到傳習处留生等问题，这是一般的失敗处。導生最好是從生產農民中选拔，虽然要经过一翻訓練培養的功夫，開始虽难，但一打下基礎，傳習工作才能穩固，將來合作社的領袖也有了來源。

此外導生訓練的教材也感缺乏，过去应用的材料急待改編印發。

二、本組工作情况

教育組的工作人員甚少，共有四人，五、六兩月中除了經常的工作如閱讀各輔導員會議錄，工作人員工作月报，民教主任日記及處理日常

教育组一九四九年五、六月份工作报告　9-1-166(145)

[illegible]以外還作了如下四件事

1.視導示範學校及其所屬傳習处，從五月六日起至六月十八日止本組同志朱澤獬、晏云錡兩君先後到巴璧兩地視導了十二所示範國民學校和其所屬傳習处，示範校一般的情况是：

(1)、教师数學生数較上期增加。

(2)、十分之八的示範校曾由地方集資培修。

(3)、社學區内的組社工作都已完成。

示範校的一般問題是：

(1)、示範校還未能發揮功效：示範校應該是地方建設的領導中心，是這一區的社会生活中心，可是目前的示範校未能發揮這種功效

璧山四寶閣文具印刷紙號印製

教育组一九四九年五、六月份工作报告 9-1-166(146)

80

有十分之七的示範校僅作了小學部的工作，民教部的工作还作得不够，於我们的要求相差太遠。

②、社學區的學齡兒童未能全部入學：本學期示範校的工作要項中有一項是"催促學齡兒童全部入學"。現在還未作到學齡兒童入學的最高百分数是90.4%（璧山城北鄉温家塆示範校）一般的百分数是70%左右。

③、示範校為什麼不能發揮功效？作示範校長的同志对問題的回答是：

a、校長的行政事务工作太繁冗。為教师領薪金發薪谷等錢與米費去了校長的大部份時間與精力。

教育组一九四九年五、六月份工作报告　9-1-166(147)

說等於沒有辦公費，巧婦難為無米之炊，有許多事想到了也做不到。

示範校既是有了上述的問題，教育組擬於七月下旬待各示範校放假後，召開示範校校長座談會，一方面檢討過去，一方面計劃將來的工作，俾使示範校得以充實改進。

關於傳習處也發現如下問題

①、傳習處教育工作與建設工作未能密切配合，目前傳習教育祇作到文字符號的傳授，未能與建設活動密切配合進行，以致人民對傳習教育感到枯燥無味。

璧山四寶閣文具印刷紙號印製

81

③導生教學技術过差：傳習前導生的訓練不够，傳習期又無切实的輔導，因此導生教學技術过差，急需改進。

③、傳習处缺乏教育環境的佈置，傳習处的佈置都很簡陋，一塊小黑板，幾張桌子而已，缺乏教育環境的佈置。

针对以上問題，本組今後計劃下列工作：

①、建設活動與教育活動之密切配合設計（会同有关組室研究）

②、編印導生教學指導書刊，導生參攷叢書。

③、繪製傳習处標語及掛圖。

在統計與研究上甚感不便，現擬印了下列的表冊：

①、傳習处标示一萬五千份。

②、傳習处學生名单一四萬五千份。

③、傳習处点名表伍萬份。

④、社學区傳習处概况表五千份。

⑤、傳習教育应用表冊五千份

現已分別撿發各輔導區備用。

壁山四寶閣文具印刷紙號印製

教育组一九四九年五、六月份工作报告 9-1-166(151)

82

表一

巴縣各輔導區所轄鄉鎮及新增社學區數 38.6.

輔導區別	鄉鎮數	保數	户數	原有社學區數	現在社學區數	增加數	備款
總計	58	783	119,600	523	580	57	
1	6	86	13,462	57	59	0	
2	5	99	15,038	66	72	6	
3	5	101	17,538	75	75	0	
4	6	89	17,591	63	67	4	
5	5	52	7,843	36	41	5	
1	[illegible]	[illegible]	[illegible]	[illegible]	[illegible]	[illegible]	

7	5	87	12,524	54	61	7	
8	6	85	11,238	48	53	5	
11	7	53	8,531	36	45	9	
12	8	59	7,543	33	46	13	

璧山四寶閣文具印刷紙號印製

教育组一九四九年五、六月份工作报告　9-1-166 (150)

表二

江北、合川綦江、铜梁各辅导区所辖乡镇及社学区数 38,6.

辅导区别	乡镇数	社学区数	备 註
总 計	43	376	
江北 一区	6	52	本区係卅十八年三月开设
二区	7	64	仝 上
合川 一区	6	47	仝 上
二区	6	51	仝 上
綦江 一区	6	44	仝 上
二区	6	57	仝 上
铜梁	6	61	仝 上

98

表六

華西實驗區三十五年十一月至三十八年五月工作區域

年	月	縣局數	縣局名稱	輔導區數	鄉鎮數	社學區數	備註
35	11	1	璧山	1	4	—	初開工作時尚未劃分社學區
36	8	3	璧山巴縣北碚	7	50	461	
37	12	3	仝上	10	55	536	
38	2	3	仝上	17	101	934	
38	3	7	璧山巴縣北碚江北綦江合川銅梁	24	144	1350	

教育组一九四九年七月份工作报告　9-1-166(129)

教育組七月份工作報告（附八九月份工作計画）

教育组一九四九年七月份工作报告 9-1-166(130)

72

教育組七月份工作報告

一、各輔導區傳習教育工作

1. 壁山區所屬各傳習處已於上月開學，除照常進行基本教育傳習外，並配合經濟部獸疫防治督導團進行「牛瘟防疫」，傳習最初對獸疫防治督導團下鄉展開牛瘟疫苗注射工作，農民教育不够，不願接受，傳習處展開牛瘟防疫傳習後鄉村接受注射疫苗的牛据統計已有百分之八十稍強，這件工作預定九月中完成。

2. 已辦一、四、五、六、七、八區傳習處定於八月一日開學，其準備工作已大体就緒。其餘各區傳習處定於九月初鄉間稻子收獲後開始傳習現正調查輔導中。

王、江北、合川、綦江、銅梁等區傳習处也定於九月一日開始傳習，現正開始遴拔導生。

5、從傳習教育視導中，發現導生教學技術太差，民教主任與導生大都不能運用傳習組織，於是組織落空，發揮不出力量來。本組擬設置表証傳習处，其詳細計劃與進行步驟，詳見本組八九月份工作計劃。

二、本組工作

1、編發農民讀本，傳習处基本教材「農民讀本」已印就二十萬，根據各輔導區需要，本月已發出二十五萬冊。現又增印二十萬冊，待用。

璧山四寶閣文具印刷紙號印製

教育组一九四九年七月份工作报告 9-1-166(132)

73

2、調整示範國民學校、有的示範學校，其本身條件不够，沒有示範的意義，經本月實地視察的結果，決定巴璧兩縣示範國民學校中撤消示範名義的國民學校共十五所（其中巴縣六所璧山九所）璧山新增一所，現在尚存的示範校，除北碚的不計外，巴璧兩縣共有六十一所，並擬具示範校改進充實計畫（詳見本組八、九月份工作計畫）於八、九月中進行。

3、統計全區民教主任年齡，性別，與學歷，本區六縣一局共一四四鄉鎮，劃分為一三五〇個社學區，設民教主任一三五〇人，根據六月底份的各鄉民教主任登記表，統計結果如附表一、二、三。

教育组一九四九年七月份工作报告　9-1-166(133)

設工作是比較高深的工作[illegible]有抱負的青年務。二一三步，又是這種類型者。這是可喜的。

就表二來看，普通中學畢業的民教主任共有七三一人，佔全部民教的百分之五四·七。師範學校共高農學校畢業的才三八七人，佔全數的百分之三十六。以學歷來說，民教主任的學歷似乎太差，可是從經歷看來普通中學畢業的七三一人中，十分之九的人都曾任過小學教師一年以上，似可補其遺憾。

教育组一九四九年七月份工作报告 9-1-166(134)

74

表一

华西实验区民教主任性别统计表 38.7.6.

性别	总计	璧山	巴县	北碚	江北	合川	綦江	铜梁	备注
总计	1,350	280	580	114	116	98	101	61	
男	1,301	279	554	112	113	91	91	61	
女	49	1	26	2	3	7	10	—	

教育组一九四九年七月份工作报告 9-1-166 (136)

表二

華西實驗區民教主任年齡統計表 38年7月6日

年齡組	總計	璧山	巴縣	北碚	江北	合川	綦江	銅梁	備註
總計	1350	280	580	114	116	98	101	61	
15-20	173	18	85	7	6	17	17	23	
21-25	586	75	253	75	60	53	44	26	
26-30	354	97	141	27	33	19	28	9	
31-35	142	47	68	2	11	5	7	2	
36-40	60	24	24	2[illegible]	[illegible]	2[illegible]	4	1	
[illegible]	[illegible]	[illegible]	[illegible]	[illegible]	[illegible]	[illegible]	[illegible]	[illegible]	

75

46-50	12	8	4	—	—	—	—	—
50以上	3	2	1	—	—	—	—	—

璧山四寶閣文具印刷紙號印製

教育组一九四九年七月份工作报告　9-1-166(135)

教育组一九四九年七月份工作报告 9-1-166(138)

表三

華西實驗區民教主任學歷統計 38年7月6日

學歷	總計	璧山	巴縣	北碚	江北	合川	綦江	銅梁	備註
總計	1350	280	580	114	116	98	101	61	
初中	319	105	148	—	19	24	15	8	
高中	412	75	189	—	55	34	43	16	
師範	205	38	69	29	22	14	20	13	
職校	132	26	54	—	14	15	9	14	
高農	182	4	97	65	2	3	3	8	
師訓班	28	21	[illegible]	—	—	3	[illegible]	—	

教育组一九四九年七月份工作报告　9-1-166(137)

民众教育的实际问题 9-1-126 (128)

69

民眾教育的實際問題

一、民眾教育之目標：

民眾教育之實施，在掃除文盲，應注意國民道德之培養，及身心健康之訓練，並授以生活必需之基本知識和技能，簡言之民眾教育的目標乃在培養現代國家的健全公民。

二、用導生制推行民眾教育之依據：

蔣主席於確定縣各級組織問題，關於教育部份，曾有將所有義教、社教、特教等均合而為一，盡量採行導生制之規定。

三、調查失學民眾：

(一)調查目的：

1.明瞭失學成人(十三歲以上至四十五歲以下)及其生活狀況，以作辦理民教之依據。2.調查有担任導生能力之民眾。3.調查地方環境以便劃分學區及設置傳習處。4.附帶調查學齡兒童以作小學部之參考。

(二)調查人員與調查方法：

1.利用保民大會講述調查意義并由大會决定調查日期與呈報不實者之處罰。2.由民教部主任及中心校保校之教職員會同保甲長及鄉民代表或地方熱心公益之

保甲户	姓名	性別	年齡	籍貫	住址小地名	職業	家庭經濟狀況	所受教育程度	體格狀況	是否經常在家	備攷

(三)調查技術：

1.調查人員須態度和藹，行動規矩，言語清白，心思細密，且能喫苦耐勞，熱忱負責，講求效率，記載詳實。2.自鄰戶調查其鄰戶，自小學生調查其家屬情況。

四、成人班（學區）之編組：

(一)以原有中心國民學校及保國民學校之學區為學區。

(二)按照地點環境及學生分佈情形，不受保甲界限之原則下由鄉鎮長中心校保校與民教部主任等共同決定。

(三)編組方法：

1.學生滿十五人以上之地區，可設一傳習處。2.男女生以分組上課為原則。

五、傳習處地點之選定：

地點以保民大會議定為原則，惟須注意下列各條件：

(一)有良好之人事環境；

(二)交通便利，地點適中；

70

(三)適合讀書環境，且有相當設備。

六、傳習處之設備：

(一)最低限度之設備，黑板、桌凳、標牌、國旗、國父遺像、教材等。

(二)除教材由實驗區發給外，其餘桌凳由傳習處自行設法借用。

(三)黑板、標牌及燈油紙筆文具等設備經費用勸募方式，以地方自籌統一辦理為原則。

七、導生之選拔：

(一)選拔標準：

1.熱忱負責之公正士紳、已無生活負担而能刻苦耐勞者。又品行端莊、身体健康，曾受相當教育而有教學能力者。

(二)選拔方法：

1.由民教主任及保校校長暨與同保甲長召集傳習處學生開會公推之，已取得被選人之同意，又被選人由實驗區發給導生聘書。

八、導生之訓練：

(一)在傳習以前，以學區為單位，每日集中訓練六小時，以一週為限，所需每日一頓伙食按村保民大會決議籌集。

(四)定期舉行導生會議討論實際問題藉以間接訓練。

九、關於導生服務興趣之培養：

(一)經常實施精神訓練，加強導生服務信念。

(二)隨時注意提示整個傳習工作之共同表現。

(三)定期舉行總檢閱以表現其能力提高其地位。

(四)培養領袖導生以導生影響導生。

(五)分別拜訪導生家屬切取聯繫。

(六)召開導生聯誼會。

(七)定期發動慰勞導生大會。

(八)利用社會輿論制裁，樹立導生之責任心。

(九)令導生填寫志願書，將缺乏服務興趣之導生予以清除。

(十)切實考核工作成績，發給紀念章或獎狀。

(十一)鼓勵導生，可緩服工役以示優待。

十、民眾教育之招生問題：

一、發生困難原因：

民众教育的实际问题　9-1-126（132）

71

人懷疑學校性質、以為不收學費、且贈送書籍文具、定有作用。〢、民眾不感入學需要。〣、家境困難、忙於生計。〤、民眾對過去辦理成人班之無成效、缺乏信仰。〥、觀念錯誤、以為人大了認字寫字均感困難、尤以婦女為然。

(二)解決困難方法：

〡、擴大舉行勸學運動、宣傳導生傳習辦法、使民眾了解受教育是自己的機會、進而造成輿論制裁、人人以不讀書不識字為可恥、并引起智識份子之同情、從而熱心贊助、共同工作。〢、每一學區調查完畢、即公布應入學者名單、并利用保民大會宣布入學日期及地點。〣、公正士紳及保幹人員之家屬有不識字者均應先期入學以資倡導。〤、舉行家庭訪問挨戶勸導。〥、由保甲長及地方有關人士督促勸勉學生入學。〦、倘有無故規避者、除應按實行部頒強迫入學辦法外、得由該保送到鄉公所留讀。〧、由民眾自訂公約督促學生入學。

(十)民眾教育之留生問題：

(一)發生逃學退學原因：

學生方面、〡、由於因疾病或家務羈絆中途輟學。〢、缺席太多、功課落後、即索性不學。〣、家長對於受教育之重要缺乏認識、不許子女讀書。〤、一部份民眾對強迫讀或有施行體罰等情事，致引起學生畏懼不敢就學。4.男女同班，婦女不方便。5.導生品行欠端或教法不良及不盡責者。6.導生與學生平時缺乏感情的聯繫，學生間毫無聯繫，久生厭，因此相繼退學。

(二)解決方法：

1.充實示範傳習處使民眾感到讀書興趣，使社會發生信仰。2.改良教學法，對於進步慢及缺課學生應予特別補習。3.教材應適合學生程度與需要及興趣，尤宜因時因地因人變通活用。4.導生管訓合理合法，由學生自訂傳習處公約。5.學生年齡最好相稱，教學時間依據學生生活狀況支配，以免與學生工作時間衝突。6.男女以分班為原則，如合班，即將其座次分開。7.導生常和學生家庭聯絡，注意退學或缺課的學生防止辦法。8.每次上課均須點名登記缺席。9.導生常舉行個別談話，以聯絡感情，減少無故缺席。10.時常舉行通俗講演，以引起年長失學的向學心。11.舉行同學會，多造成娛樂的機會，以增加學生興趣及師生情感。12.調製學生勤惰比較表，嘉獎不缺席的學生，對於第一個缺席的學生，應特別注意，以免相繼仿效，成為慣常。13.組織勸學隊，並舉行勸學比賽。14.對於任意缺課或中途停止的學生，盡量設法督導，如不遵從，可酌情按照擬定入學辦法加以懲罰，或按傳習處自定公約加以處理。

92

十二、傳習處之課程標準：

根據教育部頒發中心國民學校民教部成人班婦女班暫行課程標準規定各科分量的分配如左：

科目／每週教學分鐘／級別	國語	公民常識	算術	音樂	職業常識	總計
初級	二八〇	一七五	一〇五	七〇		六三〇
高級	二一〇	一四〇	二〇五	七〇	一〇五	六三〇

附註（一）每日授課二小時分作三節，每節三十五分鐘，餘爲休息時間。

（一）國語科之作業分識字、寫字、作文三項，應注意鼓勵課外練習。

十三、傳習處之教學法：

（一）個別教學法　民衆程度極難一致，聚學絕對不能同一程度，所以個別教學成爲傳習處的中心教學方法。

（二）連環教學法　由教師先教傳習學生數人，使其學習一課後，再轉教其他學生，在智力較底之學生對此種教法極爲歡迎。

（三）此外幻燈教學法及掛圖教學法如可能設備時，亦爲重要教學方法。

推選正副組長各一人下設保健經濟文化警衛四幹事其警衛幹事由組長兼任之而組長須精明幹練具有軍事常識者充任之如導生為本甲人且合上項規定者則組長由導生充任之此種組織作用(1)為各種建設活動之主幹(2)能解決本身續繼教育問題。

十五、如何視導傳習處：

壹、視導目標：

(一)明瞭各傳習處之實際情形輔導其逐漸向上。

(二)明瞭各傳習處導生努力情形設法引發其向上。

(三)明瞭各傳習處導生所感受之困難指示解決辦法。

(四)明瞭各傳習處活動與學習情形設法加強其學習興趣。

貳、視導態度：

(一)以客觀的眼光發現各傳習處缺點之所在而設法改進之。

(二)以協助精神與導生多談話多討論發覺其困難問題而指導或協助解決之並扶助其向上誘掖其前進。

(三)以同情態度帮助導生改正其教學上之缺點培養其優良技術。

叁、視導人員：

73

(一)民教主任，(二)保長及鄉民代表或[illegible]，(三)教職員

肆 視導方法：

(一)視察方法：

甲在導生傳習時準時到傳習處。乙、與導生本人談話。丙由學生提出問題中加以考察。丁、學生作業考查。戊、就社會各方面獲得之材料加以考查。

(二)輔導方法：

甲個別輔導。乙、輔導導生作傳習準備。丙開導生會議提出實際問題研究解决辦法。

(三)視導事項：

甲傳習處環境。乙、傳習處設備與佈置。丙教學狀況。丁、學生活動。

(四)視導後之處理：

甲如發現導生人地不宜即作補充調整以免因人費事。乙、在工作進行中如發現某項缺點當時不作干涉或帮助於下課後立即善導改正。丙在經常督導中輔導與獎掖同時並施以資鼓勵策勉。

伍、導生制的做法原則：

壹、導生制在現階段的收穫：

1、導生在傳習的活動中、改變了學習的態度。

2、導生傳習是一種社會領袖訓練。

3、導生在傳習的行動上獲得了實際的精神教育。

办理保校成人班实施要点　9-1-71(21)

11

辦理保校成人班實施要點

(一) 要旨

依據國民教育實施綱領第三條之規定：「國民教育之實施，應遵照中華民國教育宗旨及其實施方針，注重民族意識、國家觀念、國民道德之培養及身心健康之訓練，並應切合實際需要，養成自衛自治之能力，授以生活必需之知識技能」，是國民教育之主要任務，在以教育力量，達成自治團體之建設。吾人為達成此目的，就鄉保教師中，選拔優秀分子以講習、派充保校專任成人班主任，並就青年農民中，選拔優秀份子，予以導生訓練，布於各種建設活動中，實施傳習教育，以收即教即組即建設之效，至於文字教育，因農民之生活領域日漸開展，對於識字之要求，亦隨之增

办理保校成人班实施要点　9-1-71(22)

（二）、實施要點

1、成立學董會　以往各地國民教育，尤其是民眾教育，大都仰賴政治力量之推動，而忽略地方社會力量之啟發與運用，成立學董會即是將興辦教育的責任，逐漸轉移於基礎自治團體。

2、調查　在舉辦成人班以前，民教部主任應對本保人口散佈經濟情形等項有深切之了解，並照調查表（表式另擬發）作全保民眾教育程度之普查以為選拔導生及進行施教之依據。

3、導生訓練　導生訓練，為推進傳習教育之基本工作，須認真辦理，其主要課程：（1）精神訓練（2）本實驗區工作大綱及其旨趣（3）導生指南（4）教

办理保校成人班实施要点 9-1-71(23)

12

材研究（對民眾課本及傳習處須有徹底了解）(5)教學演習(6)常識，受訓及格，始能派作導生，教師並予以繼續工作上之指導與訓練，其所需書籍文具，概由學校預發。

4、設立傳習處　依照調查結果，於每甲設置傳習處一所，凡年在十五足歲以上四十五歲以下之失學男子，均須造列名冊，加入傳習處學習（適齡男子傳習完畢亦招募適齡女子入學）組為（甲組），由導生負責領導全保各甲組即為成人班之全體，編為（班）受訓班主任之教導指揮，此不僅為（教育組合），實為各種建設活動之基本組織。

5、課程　課程之含義，不限於書本知識之傳授，舉凡地方建設事業之

[illegible]

6、教學及教材　成人班之教學，是以社會為學校，以建設活動為教材，除失學成人須受三月每日兩小時之固定傳習教育外，隨地隨時隨事都可在此有體系之組織內繼續接受教育，教材除固定民教課本外，所有其他建設事業活動，隨時編發傳習卷，以收學用一致之效，教學方法，自然要注重受教者興趣，自動個性適應，經驗類化等教育原則。

7、設置鄉村圖書室　為民教之繼續受教，社會之不斷改進起見，成人班應設置圖書室，備給民眾閱讀，并隨時予以介紹指導，圖書應有下列數種：(一)有教育價值之小說及劇本等(二)有關鄉村建設之各種淺說(三)民族英雄故事(四)民眾文藝讀物(五)雜誌及報。

传习教育成绩的考查　9-1-73(106)

傳習教育成績的考查

一、成績考查的重要

導生傳習教育，應該量質並重。如重量不重質，則其結果亦流於粗枝大葉，即失於玩忽，甚至有名無實，一發不可收拾。質量並重，才能構成一種力量；建設工作的基礎才能穩固，一切建設工作才能有自生根。如欲達到此完美的境地，必須舉行傳習教育成績考查，以求質的進步。

二、舉行成績考查的困難

導生傳習中的成績考查，誠屬重要，但進行上困難也成绩考查，不能规定在同一的时间举行。

（二）传习处分散在各处，如何考查，则时间、精力，而不经济。集中举行，则人数众多，学生往返费时，不但召集不易，甚致使学生怨声载道，视为差役。

（三）一般学校举行考试，含有强制性质，传习处学生没有考试的习惯，举行成绩考查，不愿应考者，无法处分，若强其应考。

（四）一些传习处的学生或民教主任，为了表现其工作，在考查人员去传习处考查，或传习处集中考试时，向有欺瞒哄的事情发生，传习处学生冒充学生……

66

督导人员如未及注意，真实的成绩也难得到。

（五）导生传习教育，在教育方法上及内容，已与一般学校教育不同。如纸笔符号知识的考核，则难看到成绩的全部。

（六）导生的心理习惯、生活习惯的改变，与夫这活动传习成绩的表现，其进程都是缓慢而不显著。以量考查难于
考查的方法技术，如太繁太详，则民教主任与导生无法实施。

三、成绩考查的办法。

（一）成绩考查的对象：

1、驻乡辅导员

2、驻学区民教主任

3、传习处导生

传习教育成绩的考查　9-1-73(109)

1、传习行政成绩——传习处学生出缺席、传习工作推进状况，传习工作管理状况，社学区人口比例等事项之。

2、学业成绩——学生对于文字常识常识认识等事项之了解。

3、建设劳动成绩——传习生学生参于社学区内的一切建设劳动等事项之。

（三）成绩考查的标准

1、以社学区内各传习处学生出缺席的百分比，或其受教人为未受教人数的百分比，及其基本教育传习期内各传习处教学成效

传习教育成绩的考查　9-1-73(110)

69

每停课日数的比較，为该社学区民教主任的传习行政成绩

2、从各乡传习处学生出缺席的百分比，各乡受教人数每未受教数的百分比，以及其基本教育传习期内各传习处教学日数每停课日数的比较，为各鄉（輔導員）的传习行政成绩。

3、从各輔導区内传习处学生出缺席的百分比，各輔導区内受教人数每未受教育的百分比，及其基本教育传习期内各传习处教学日数每停课日数的比较，为各輔導区的传习行政成绩。

传习教育成绩的考查　9-1-73(111)

成绩的平均数，以为导生的传习成绩。

5、从传习处学各科的测验，以为传习处学生个人的成绩。从传习处全体学生的学业成绩，及其参加建设活动成绩的表现，以为传习处学生的团体成绩。

6、从社学区内的各项建设组织及其业务活动的实际情况，每一该社学区内各传习处导生学生参予建设活动的表现，以为该社学区及各传习处的建设活动成绩。

（四）成绩考查的方式：

1、调查统计——用于传习行政成绩与建设活动成绩的考查。

2、测验——用于学业成绩的考查。

70

3. 口试——用于学业成绩的考查

4、实地视察——用于推动社会建设成绩的考查。（每月之报告表）（传习行政成绩由）

(五)成绩考查的手续：

1、传习行政成绩的考查：

(1)报告——各传习处导生按期填写学生入学、退学、学生出缺席，以及其他有关传习行政的表格，交民教主任会同驻乡辅导员

(2)审查——驻乡辅导员就各传习处填报的表格加以审

传习教育成绩的考查　9-1-73(113)

(3)統計——各區……各鄉……報表審查

後，製成分區（社學區）統計表。並報送辦事處。

(4)彙報——區辦事處就各鄉報表審查統計後，彙

報總辦事處。

(5)獎懲——總辦事處根據統計結果

(6)視察——總辦事處根據各輔導區報告，到各區視察

實際情況。

(5)時期——有關傳習村政成績以表報……每月填報

一次。由各鄉輔導員……

(7)獎懲——總辦事處根據各區統計結果及視察報告，對各工作人員分別給予獎懲。民教委員之懲由鄉鎮輔導員或輔導區主任執行，輔

導員主任之獎懲由總辦事處執行之。

[註：擬具表冊式樣，附表，及填報時期見傳習教育應用表冊一書]

传习教育成绩的考查　9-1-73(114)

2、学业成绩的考查：

(1) 报考——传习处学生，修毕某科某一阶段的学业，或导生随时于每学期终了向民教主任报告转报辅导员，请求考试。辅导员接到报告后，即决定考试日期并通知传习处导生与学生在传习处举行考试。

(2) 标准测验——根据各科各级应有的内容，编订各科标准（包括学力与常识的各科测验化为标准）测验题目实施考试，并将测验结果报区办事处转报总办事处存查。

(3) 奖励——辅导员于期末根据各次标准测验结果，择成绩最优的学生给予个人奖状……

[illegible]

將獲獎人姓名及團體名稱揭曉
辦事處存查。

(2)時期—學季成績考查，每學月終了舉行一次。

3.(丙)建設活動成績考查的手續：

⑴應訂考查標準及評獎—由傳習辦事處根據各組各種建設活動的內容，擬定考查標準及評獎。通知各輔導區輔導員、民教主任及各傳習處導學生。

(2)從實際的活動中考查成績—在通過傳習教育

传习教育成绩的考查　9-1-73(116)

進行建設活動中，隨時考查標準，實施成績考查。

（3）計算成績的單位——以傳習處為計算成績的單位。

（4）時期——考查時期宜視各種建設活動進展而定。

（5）獎評——根據考查結果，給予獎評。輔導員以上工作人員由實驗區主任分別懲獎。民教主任、導生由考評輔導員報請各輔導區主任分別獎懲。

六）成績考查的人員

(1)传习行政考查人员——辅导员、辅导干事及辅导区主任及各级办事处及各组室观察人员

(2)学业成绩考查人员——导生、民教主任、辅导员、辅导干事及各辅导区主任。

(3)传习活动成绩考查人员——辅导员、辅导干事、辅导区主任及总处各组室观察人员。

四、成绩考查应注意事项

(一)平时的视导与定期的考查应同样重要，不可以为有了成绩考查的规定而忽略了平时的视导。

(二)应使受考查者了解成绩考查的意义是在检讨工作

73　传习处成绩

使他由上面讲求进步（改）。务须是工作进行中真实的表现。

对考查者不能有隐遮与瞒哄的现象。

（三）到传习处举行成绩考查时不要过份隆重以致弄得

学生（生畏）望而临考试时逃走了。

82

璧山縣地方建設三年計劃推行委員會教育委員會推行民教計劃提要

一、劃分全縣國民學校區——以國民學校（或中心分校）爲中心劃附近一至三保爲一學區，該區内學齡兒童及失學成人均由該保校負責領導教育，國民學校增加後學區隨之縮小。

二、普設國民學校民教部主任——每一國民學校（或中心分校）設民教部主任一人，負責辦理學區内成人教育、衛生、合作、户籍、警衛等工作。每一中心學校設民教部主任一人，負責督導各保民校民教主任推行工作，視鄉鎮之大小及事務之繁簡，酌設幹事一至二人協助之。

三、甄選民教主任——民教主任由地方保薦，由本委員會予以試驗，合格後任用，不足時由本委員會公開招考甄選，及考試辦法另訂之。

四、訓練民教主任——民教主任予以訓練，計劃另訂。

责任。

六、工作時間之預算——八月二十日以前甄選中心學校民教主任九月一日以前甄選各保民校民教主任九月一日開始訓練十月一日普設傳習處。

七、民教主任待遇——中心學校民教主任之待遇同於中心學校校長幹事同於教員國民學校民教主任之待遇同於國民學校校長。

八、經費——全縣民教主任約共三百二十人（鄉級約七十人保級約二百五十人）每人每月發給食米八市斗全年約需米谷六千市石在本年徵實時一案附征另每人每月發給其教員相等之生活津貼及薪水由實驗區補助。

九、教具教材——商請實驗區全部負担。

十、輔導——民教工作展開後各級輔導機構同時成立旅費及零小項商請實驗區補助。

璧山县的兴学运动　9-1-84(42)

24

璧山縣的興學運動

受過教育的民眾，知識水準提高了。他們曉得了怎樣改造自己的環境，怎樣改善自己的生活，怎樣創造自己光明的前途。璧山的民眾受過華西實驗區的傳習教育以後，已經認清了他們所應努力的方向。不但經濟建設事業他們都積極參加，就是地方教育事業他們也竭力支持。今年年初我們發動了學齡兒童全數入學運動，由於傳習處學生的贊助，使入學兒童比去年增加了三分之一，每個國民學校都有人滿之患。本年六月分到美國教御協會捐款法幣伍拾億另五千五百萬元以後，我們又發起發動了捐資興學運動，每鄉組織了一個基本教育建設委員會，專辦此事，因為傳習處畢業學生的響應合地方士紳的領導，全縣已經熱烈的展璧山縣在興學運動的號召下動起來了。下面是截至七月份止各鄉興學運動的一些例子：

一、璧山縣政府合參議會為了倡導興學運動，並配合本區鄉村建設計劃訓練基層幹部起見，特將該縣簡易師範學校改為師範學校，從本年暑假起，開始改招後期師範班，培養優良的鄉村師資，將初級職業學校改為高級，從本年暑假起，改招高級農科班次，培養領導民眾改良農業的幹部，以後並加添農職班次，發展該縣的職業。現已決定陸續籌款五千億元，從事該兩校校舍的修建和設備的充實。從本年下期起，該兩校要改觀了。

25

二、城北鄉基本教育建設委員會的注意力集中在該鄉中心國民學校的建修上，現已在參議員李秉衡的領導下開始籌款，民衆有的捐瓦磚，有的捐木料，有的捐谷子，谷子約計捐足二百市石，本年秋收後即可收足，屆時即可開工建修，按時值計算，捐的材料合谷子，約值法幣弍拾億元。

已制卡

三、城東鄉第二保士紳陳雪樵是璧山屬一屬二的大士紳——他是上屆參議會的議長——他們的保國民學校有三個教員，應得美捐福利金一千五百萬元，結果他又捐了五千萬元作為提高該保教師待遇之用，並另外捐了五千萬元作為總修校舍之用。

已制卡

四、河邊鄉〇九十兩保的特殊教育辦得最有效果，該保人的力量，

五、三教鄉基本教育建設委員會成立之後，即計劃建築中心校，充實中心校及保校設備（中心校新製桌櫈壹百貳拾張，保校各添桌凳貳拾張，黑板壹塊），當即發動募捐：傅永福捐谷二十四石，木材三十株，蔡發五、蔡大權、徐天立、曾維光、徐雲高等各捐谷叁石，木材十數株不等，其餘捐贩月，不及詳載。此外并尋求鄉中之合法財源：如整理地方稅收，清查偷漏之公地，整理寺廟財產，出賣公基荒地，查封大戶囤糧（罰款歸入建校）等，三教僅六保，地小而貧，如此尚可籌得國幣六億元，可以完成原訂計劃。

六、丹鳳鄉中心學校由鄉紳伍恒白、龍光之、陳志嘉等士紳籌得黃谷

壁山县的兴学运动 9-1-84（46）

26

壹佰石，林案清明會捐街房一間（約值五億元），規定募集建築材料

募齊後準備重建中心學校，將現在學校內之市場遷出，重建市

場，上列二工程，須竭全鄉力量，始能完成，各保校更設暫時從緩。

七、中興鄉中心學校由陶澤淵、朱澤蘊、鄭安良等負責之籌集

國幣叁億，存銀行生息，以後興工建設只動用子金，其餘磚瓦木料

正募集中，秋收後决重建中心校并添置設備。

八、中興七保校由羅解冕等倡導，準備籌款五千萬元，用義務

勞動建修校舍。

九、中興八保校，鄉賢某捐國幣一億，桌凳十張（約值二千萬元）

十、先鋒八保某某某氏夫贈桌凳二十張，黑板一塊（約值五千萬元）

十一、正興[illegible]

發動全面募捐籌集六億，整修中心校舊有校址，新建校舍一幢，計教室四間，辦公室一間（已完成三分之二），擬在街市上修建民教房舍，及兒童圖書館，房屋業經覓妥。

十二、正興十五保校，由朱兆麟等發動全保民眾捐工，并[illegible]費官山，新建校舍一幢，約用六千萬元，可辦六班，設備齊全，現已竣工，現有學生百餘人。

十三、太和鄉中心校，由夏忠華主持發動全面募捐，整修中心校，並添置設備，約可得款三億元。

十四、梓潼鄉中心校，由曹明軒、趙光宗等主持，決新建中心

27

校，現在中心校作為初級部，首先捐出穀谷五石，樹條十根，并發動全區募捐約可得款四億元。

十五、大路鄉基教會在副議長傅友仁領導下，工作極為熱烈，中心學校已經快要完成，用款在六十億元以上。

十六、轉龍鄉是璧山極北的一鄉，離縣城一百二十華里，該鄉基本教育委員會，在縣參議員劉蔭祥領導之下，對於興學運動極為努力，茲分述如下：（1）該鄉第一中心國民學校，設在嘉慶以來業，漢以文，校舍不敷，校具更缺，既無公款可資購備，而學生家長多係挑煤炭，下苦力謀生，募捐亦難。該鄉鄉代會主席劉崇高等向該鄉之公發藏經樓募得國幣拾億元，作修繕校舍及添置校具之用。（2）該鄉

第二中心校[illegible]

士紳洪岳渡等發動捐資修整教室，已費二億元，并準於今年秋改修，募集谷子量六十石，照時值合國幣十二億，新建教室一幢，校園牆，該校附近兩保居民，以前對學校毫不關心，現已改變態度，贊護學校，不遺餘力，誠屬難得。3、該鄉第五保保校，設轎子山，地勢平坦，校舍寬敞，附近住户極密，就學兒童很多，現由劉瑞祥等倡議改為第三中心國民學校，已募國幣十億元，製齊桌凳壹百套，新建教室兩間，捐購小學生文庫兩套，於下期開學，并敦聘新由北碚師範（後期）畢業學生六人主辦該校，意在以新幹部建立新學校，將來成績定有可觀。

璧山县的兴学运动　9-1-84(50)

十七总江乡中心校，设置在智灯寺地址，不适中，校舍更破坏不堪，该乡基建会新近成立，由乡代会主席钱光星、乡长冯尧夫等主持，已开会两次，决议新建校舍，在离场约百步远，由钱姓士绅捐三亩宽地一幅，作校地，于本年秋收后，募集黄谷数量二百石（约一佃户缴老量黄谷十石，计捐二十）并另募木石砖瓦，约可合值国币五十亿元，此事虽说艰巨，但建校负责人如钱光星、冯涤尘等说：“武训以一叫化子尚能兴义学，难道以我等之群策群力，还不能建立一座校舍吗？”以彼等之豪迈与毅力，预测新校舍，定能于本年底落成，定为该乡人之标校。由保长倡率，并劳捐亿元，新添桌凳三十余套，并修整校舍，亦

十八、七塘鄉是璧北中學的所在地，惟該鄉中心國校校舍，[illegible]理之善，畢業學生以成績過差，很少能升入中學的，因此，基建會主任委員梁[?]頗老先生，特倡議新建校舍，已決議於秋收後募資谷一百二十石老量，作為建校之用，梁老先生是璧北中學的創辦人，現在又來建修小學校舍，更為老事。梁老先生不特熱心建校，而且熱心教學，他是我們第五區一般學生所崇敬的老導生。

十九、依鳳鄉是璧山文化水準較高的一鄉，該鄉現任璧山的參議員鄧信成及國大代表鄧國成，都是該鄉人，該鄉保校已達一保一校，現四保保校在涼水井，校長錢承芳（女性）辦學負責，伊父錢光懿係該保保長，對該校特表關切，近由該保人合資捐修一樓一底之西式

璧山县的兴学运动 9-1-84 (52)

29

校舍一幢，約值國幣弍拾億元，已告落成，現擬為模範保校。又該鄉第六保校因保長黃樹棠鄉民代表胡禎祥等之努力，準備本年秋收後發動捐募黃谷老量六十石，新建校舍現正開闢地基中。

二十、八塘鄉為璧北的首埸，商業比較發達，該鄉中心校已有四十年歷史，辦理素善，惟以校舍多年未修，兼以學生過多，校舍不敷分配，近以基建會孫高伯先生兄公等領導之下，倡議募捐二十億，新建校舍一幢，已開始募捐中。

二十一、馬坊鄉中心學校，原係就文昌宮作為校址，殿堂宏敞，環境優美，惜年久失修，頹敗多處，今夏地方人士，有感於平教會華西實驗區之提倡，特有勸發起整修的募捐會，計捐有樹料四百餘根，石灰壹佰餘挑，法幣七千餘萬元，又人以半價之資慨然參加，數又月餘，新校舍講堂宿舍業已煥然一新，其校內運動器具，多係士紳分別捐贈，共約用款八億元。

二十二、馬坊鄉第三、七、九、十三等保國民學校，本無修建校舍，多借民房祠堂，現在各保保民代表會議議決由各保富紳自動樂捐，各保以二十石舊量黄谷為捐助最低標準，時價約值十億元。

二十三、丁家鄉第八保，新建保民學校一所，内有教室四間，禮堂一間，辦公室及寢室各一大間，耗資以夏初物價計算，約近十億元，其大木樹料壹千貳佰餘根，更難得由竹林寺之和尚僧尚應，以半賣半送之方式，慨然捐助。

30

二十四，龍鳳鄉士紳劉德三，近捐助該鄉中心學校風琴一架，課桌八十張。士紳嚴義興等發起建修石龍鄉中心分校，近已募得捐款約近十億元。

就以上二十四個例子統計，捐款數目已將近三百億，這是興學運動展開兩個月的成績，其餘各鄉各保，正在籌劃捐款興學的還很多，預計秋收以後，當更有良好成績表現，捐款總數，最少亦會超過四百億元。在經濟動盪，人民生活陷於極度困苦的今日，能有這個成績，不能不說是本區傳習教育推行的效果。當然，美國教師協會捐款的適機撥來，亦是一個有力的刺激因素。

壁山县的兴学运动　9-1-84(54)

璧山县民教工作述要　9-1-84(96)

57

中華平民教育促進會華西實驗區璧山縣民教工作述要

壹、工作目標

運用民教班之組織，推行傳習教育，以教育方式組織化，教育內容生活化為方法，使教育組織變為經濟組織，由組織教育做到組織生產，用以加強社會組織，改善民眾生活為目標。

貳、工作方法

一、配合經濟文化地理交通人口諸條件，以中心國民學校及國民學校為中心，劃學校所在地之保及附近未設學校之保約一百五十戶至三百戶之區域為「國民學校區」，以確定各該學校之工作區域，配合地方建設計劃推行傳習教育，以教育力能完成建設業務，更化「學區」成為地方自治之[illegible]

二、普設中心國民學校及國民學校民教部，各設主任一人，中心國民學校民教部除主任外，配合建設事業之開展，增設農業及合作指導員一至二人。

三、普查各學區十五歲至四十五歲之生產民眾，編組為民教班，使成為教育組織，同時該班之組成份子，亦即國民兵之保隊、合作社之社員、保民大會之出席人員，乃管教養衛四位一體之組織體，運用此教育組織，推行以建設為內容的（即生活化的）傳習教育，使一切建設事業透過教育而完成。如此則可變教育組織為經濟組織，由組織教育做到組織生產。

四、在各學區廣設傳習處若干處，以甲為原則，就地形之便利、人口之多寡設立之，將民教班組成份子分為若干組，分配各傳習處受基本及專業教

璧山县民教工作述要　9-1-84(98)

53

育之訓練

五、民教班各組中之知識份子及優秀民衆均為各該傳習處之導生，除以固有及傳習所得之知識根據教材訓練學衆（民教班之組成份子稱為學衆）外，並可在傳習過程中得到訓練及培養而成為各該學區之領袖人物，對農村社會及建設事業起領導作用。

六、按本教育議案於公民常識訓練定為四個月一期，教材為本區編印之國民傳習課本及應用文傳習課，各專業教育在各種有關建設事業（如合作、自衛、衛生等）推行以前實施之，教材為本區編印之各種傳習畫片。

參之下節概況

共設傳習處三二六處，動員導生五四四人，畢業學生共有七二六一人，現又將全縣劃為二六六個學區，設民教主任二六二人，民教主任已訓練完畢，現均回鄉工作，計劃第一期約設傳習處三〇〇〇處，動員導生約七〇〇〇人，入傳習處受基本教育之學眾約達七〇〇〇〇人，現因各區表報不齊，尚無精確之統計。

璧山县推行失学成人补习教育实施办法　9-1-126(51)

3

璧山縣推行失學成人補習教育實施辦法

第一章　總則

一、本辦法根據部頒國民教育實施綱領、四川省成人補習教育及民衆組訓有關法令、本縣地方建設三年計劃大綱之規定，並參酌地方情形及實際需要訂定之。

二、本辦法以普及成人補習教育、提高民衆智識、增強社會組織、奠定憲政基礎、完成地方建設為目的。

三、本辦法之最高標的如左：

甲、使全中心國民學校及國民學校民教部機構普設，民教部主任並提高其職權，使成為政教聯繫之橋樑、社會進步之動力。

乙、融合政教成為一体，以行政力量實現教育計劃，以教育功能完成政治建設。

丙、劃定中心國民學校、保國民學校學區，敷設傳習處，並確定導生傳習制度。

丁、配合民衆組訓，推行傳習教育，做即傳即習、即學即用，做到即組即訓、即建設。

戊、完成失學成人基本及專業教育，達到民衆政治經濟各種團体組織之建全。

四、本辦法所稱失學成人，係指年滿十五歲至四十五歲未受義務教育之成人而言。凡屬上項成人，按其生活狀況、年齡、性別、失學程度等需要，一律編為成人班，配合民衆組訓

璧山县推行失学成人补习教育实施办法　9-1-126 (52)

五縣政府為全縣成人教育發動之總機關其職掌如左
甲人員訓選訓練任用管理事項　乙經費籌劃審查核銷事項　丙業務計劃督導考
核獎懲事項　丁[illegible]民教單行法規之草擬發佈事項
六各鄉鎮公所為全鄉鎮成人教育實施之總機關其職掌如左
甲人員管理指揮考核事項　乙經費籌劃分配監督事項　丙業務實施督促輔導事
項　丁成教問題研究合作事項
七各保中心學校應會同民教部主任推行該學區內男女失學成人教育之一切實際責任其
職掌如左
甲[illegible]登記事項　乙傳習處燈油雜費籌集事項　丙傳習處缺額充實之事項　丁失
學成人強迫入學事項　戊各項費用報銷事項
八中心國民學校校長及各保國民學校校長應會同各該校民教部主任推動其學區內成
人教育之一切工作其職掌如左
甲推動成人教育業務事項　乙解決成人教育行政問題事項　丙研討成人教育實
施問題事項　丁參加成人教育各種會議事項
九各校民教部主任負推行成人教育一切實際工作其職掌如左

璧山县推行失学成人补习教育实施办法　9-1-126(53)

甲中心國民學校民教部主任　(一)全鄉鎮失學成人調查統計事項　(二)傳習地點確定及學生選拔事項　(三)各學區成人教育視察與輔導事項　(四)鄉土教材之選擇與鑒定事項　(五)失學成人勸導與強迫入學事項　(六)蒐集有關成人教育材料事項　(七)成人教育實際問題之研討事項　(八)主持全鄉鎮成人教育各種會議事項　(九)其他有關全鄉鎮成人教育事項

乙國民學校民教部主任　(一)全保失學成人調查統計事項　(二)傳習地點之選定與佈置事項　(三)視察輔導各傳習處成人教育事項　(四)傳習處導生管理指揮監督事項　(五)失學成人勸導督促警告強迫入學事項　(六)成人教育實際問題研究事項　(七)鄉土教材選擇補充事項　(八)其他有關全保成人教育事項

十六 各傳習處導生負有實際工作責任其職掌如左

甲成人教育宣傳事項　乙民眾生活指導事項　丙成人受教傳習事項

第三章　機構設置

十七 各鄉鎮中心國民學校暨保國民學校均成立民教部設主任一人除負責辦理成人教育民眾組訓及一切民眾組織之策劃推進

十八 每一甲或二甲設一傳習處其導生由左列人員担任之

十三、各鄉鎮保成人班優先就已編成民眾組訓保隊甲班實施之傳習處合組導生亦得暫以保隊長甲班長充任之

十四、各傳習地點由保民大會就人口密集交通便利地點適中及原有寺廟祠堂與有相當設備之處確定之

第四章　業務實施

十五、鄉鎮保甲長應會同中心民教部主任及保民教主任在傳習以前凡屬15至45歲之適齡人一律以左列方式調查之

甲　利用保民大會或個別講述調查意義　乙　憑戶籍冊挨戶調查　丙　分保分甲分組舉行調查　丁　即查即記即整理　戊　利用地方士紳力量完成調查工作

十六、實施調查須將成人失學程度生活環境及年齡性別等各項詳寔填註清楚以為編組施教之有效依據

十七、傳習導生應按十二條規定調查詳確登記以便公開選拔

十八、選拔導生應根據調查結果在各保辦公處公佈候選各項由戶長會議或保民大會公推之但須合於左列標準

甲　具有第十二條規定資格之一者　乙　富有教育熱忱而熟生活常識者　丙　能忍苦耐勞

璧山县推行失学成人补习教育实施办法 9-1-126(55)

5

丙與聯保者 丁身體健康而無不良嗜好者 戊品行端正而為鄉民所尊重者
九導生選拔後即依左列辦法訓練之
甲集體訓練 一傳習以前以學區為單位每日早晨或夜間集中訓練二至四小時共
訓練一週 二傳習期間得視實際需要每二日或每週召集訓練一次 三每週或
間週在學區之中心傳習處召集各導生舉行示範教學或參觀審查一次 四每週
星期日由民教主任召集導生會議一次以利工作之檢討與策劃 五訓練內容以
教材教法及其他實際問題為主精神講話為輔俾能坐言起行增進工作效率
乙個別訓練 一交通不便各傳習處之導生除傳習以前集中訓練外平時得以文字
或口頭個別訓練之以免妨礙傳習時間 二針對各導生個性能力教學方法工作
情緒予以適當之口頭或文字訓練 三指導各導生閱讀報章雜誌及教育書籍
十根據調查統計結果以左列方式將各學區失學成人分編為若干組
甲就已劃定中心國民學校暨國民學校學區內成人按規編為若干組
乙凡學生已滿十人者編為一組
丙編組時以男女分組為第一原則
丁編組時以地區職業年齡等分組為第二原則

璧山县推行失学成人补习教育实施办法　9-1-126(56)

十二、傳習時間以盡量利用民眾餘閒為原則，如授課在夜間者，所需燈油費用應由保長會同鄉民代表召集保民大會公開籌募，但須報由鄉鎮公所轉呈縣政府備查

第五章　招生程序

十三、根據調查登記表通知各鄉鎮保甲長督促失學成人依規定期限內入學，并於各牌甲地點牌示分明入學辦法

十四、前條規定手續辦理完善後，各失學成人仍觀望不前，得會同保長召開保民大會切實開導，力勸如期到校，聽候編組授課

十五、應入學而未入學或報名後無故逃避者，得按左列方式勸告或處分之

甲、派員通知保甲長勸告限期入學

乙、勸告無效由民教部主任會同保長列舉事實召開保民會責令入學

丙、口頭或文字責成其家長限期督促入學

十六、凡已入學之男女成人，如發生左列情事之一者，得照前條之規定辦理

甲、無故缺席連續七日以上者

乙、不聽教學而中途停學者

丙、開學缺席日數佔上課日數五分之一以上者

36

壹拾二、又他鄉鎮無校按左列規定行之

甲、接到分期強迫入學通知後不入學者由保長催告鄉鎮公所於報到一次三日後仍不能接到入

學應在其餘期次補習者　如由保長轉報鄉鎮公所予以一至五日之勞動服務處罰

限期入學

乙、應入學之男女失學成人有左列甲乙兩項情事之一者得由家長或其本人

提出相當證明請求緩學或免學

甲、緩學之部　一、現充國民兵訓練者　二、在入學期間有重大疾病者　三、旅居異鄉

尚未回籍者　四、婦女在生產前後兩月以內者　五、其他特殊事故經核准者

乙、免學之部　一、本月應服兵役者　二、心神喪失者　三、有重大疾病不能受教育者

四、其他特殊事故經核准者

第四章　輔導實施

九、縣政府及有關教育機關會同教育委員會組織成人督導團不定期分赴各鄉鎮

實施輔導

十、督導團團員督導各鄉鎮成人教育時得分組出發分頭督導必要時亦得集體出發督導

十一、督導

二十一、各鄉鎮組織成立輔導團以正副鄉鎮長鄉鎮民代表主席中心校長民教主任五人組織之鄉鎮長為召集人每月輔導轄區教育三次以上

二十二、各保組織成立輔導小組以正副保長校長及民教主任五人組織之保長為召集人每日出巡輔導各傳習處一次

二十三、鄉鎮中心國民學校民教主任每週除召集各保校長民教主任鄉民代表保長舉行聯席督導會議一次外并集中或分別督導各學區成人教育一次或二次

二十四、各保民教主任對於該學區內傳習處須每日按其施教時間督導一至二次

二十五、督導目的如左

甲、俾各工作人員明瞭工作內容與意義能如計劃完成

乙、使各鄉鎮保甲長與學校校長民教主任能密切聯繫通力合作俾政教在工作上切實合作

丙、使各鄉鎮人士深切認識實施成人教育為提高文化水準奠定憲政基礎之首要途徑造成社會教育化之風氣

丁、使各工作人員熱心研究實際問題與學術真解俾能行理求知養成教育使命感

二十六、各級督導人員督導方式如左

37

甲以友誼情感協助一切工作　乙以教育態度引發服務熱情　丙以事業立場鼓勵上進　丁以客觀態度實施督導

三六督導事項如左

甲召集督導會議研究實際問題　乙指導學生研究事項　丙教材教法改進事項　丁有關成人教育材料蒐集事項　戊促進政教切實合一事項　己調查民眾失學需要事項　庚研究民眾職業指導事項　辛研究民眾生產指導事項

第七章　工作方式

三七各鄉鎮保甲長中心國民學校暨保國民學校校長民教部主任辦理成人教育之設施以鄉鎮報由縣府及實驗區核撥保甲報由鄉鎮核撥為原則

三八辦理民教人員照左列規定分別考核之

甲各級民教主任　一鄉鎮中心校民教主任　子全鄉鎮失學成人調查統計事項　丑學區劃分及業務監督事項　寅計劃實施及業務檢討事項　卯督導輔導保校事項　辰輔導實驗及配聯事項　巳宣傳各民教主任優良事項　午其他有關全鄉鎮成人教育事項　二保校民教主任　子保內失學成人調查統計事項　丑失學成人編組及施教事項　寅教材教法研究與改進事項　卯學生管理及指導事項　辰

璧山县推行失学成人补习教育实施办法　9-1-126 (59)

璧山县推行失学成人补习教育实施办法　9-1-126(60)

乙各級學校校長　一中心學校校長　子推行成人教育計劃事項　丑督導實施成人
教育業務事項　寅參加輔導會議事項　卯有關成人教育改進討論研究事項　辰
其他有關成人教育事項
二國民學校校長　子成人教育宣傳事項　丑成人教育計劃實施事項　寅工作檢
討改進事項　卯學生管理及領導事項　辰其他有關成人教育事項
丙各鄉鎮保甲長　一鄉鎮長　子責成所屬[illegible]完成調查統計事項　丑倡導及協助學舍
籌集規劃事項　寅成人教育工作人員困難問題解決事項　卯業務計劃及實施監督考
核事項　辰其他有關全鄉鎮成人教育問題事項　二保甲長　子失學成人調查統
計事項　丑勸導督促成人入學事項　寅未入學成人調查登記檢查事項　卯燈油
費之籌集事項　辰其他有關成人教育事項

第八章　獎懲

四、各鄉鎮保長中　國民學校暨保國民學校校長民教部主任根據考核結果分別獎懲之
甲獎勵　一嘉獎　二記功　三記大功　四升用　乙懲罰　一申誡　二記過　三記
大過　四撤職
四、嘉獎以書面或言辭為之嘉獎三次者記功一次記功三次者記大功一次記大功三次者

8

……對於具有特殊功績者予以獎勵

……以書面或言辭為之申戒三次者記過一次記過三次者記大過一次記大過三次……

乙懲

四四、獎懲可以及相繼但須於年終考核時為之

四五、教部主任怠惰工作或辦理不力者得照前條規定懲戒外并得予以扣薪處分

第九章　附則

四六、本辦法施行細則及進度表另訂之

四七、本辦法如有未盡事宜由教育專門委員會修正之

四八、本辦法經教育專門委員會議通過送縣府公佈實施

璧山县推行失学成人补习教育实施办法　9-1-126(61)

壁山县推行失学成人补习教育实施办法　9-1-126(61)

璧山第六辅导区民教工作竞赛暂行办法　9-1-181（36）

30

定付書清抄寫簡則？

璧山第六輔導區民教工作競賽暫行辦法

一、本輔導區為策勵同人工作努力攷績工作殿最使獎懲更昭平允起見依據本輔導區三十八年十月一日民教工作座談會決議擬定「璧山第六輔導區民教工作競賽暫行簡則」（以下簡稱本簡則）

二、本簡則所訂三十八年下期競賽項目如左：

（1）農地減租
（2）傳習教育
（3）合作社
（4）統計工作
（5）優良品種推廣

三、農地減租照左列標準考察紀分

壁山第六辅导区民教工作竞赛暂行办法　9-1-181（37）

（3）減租工作是否認真辦理檢查其成果如何？
（4）規定表報有無遲滯錯誤
（5）辦理過程中有無涉及操守情事
（四）傳習教育照左列標準考察紀分
（1）傳習處之設置是否適當
（2）傳習處是否如期開學
（3）選拔導生是否符合理想
（4）傳習處人數較昔有否增加及缺席情形
（5）民教主任督導視察及示範教學情形
（6）傳習處之風紀
（7）傳習處學生之成績優劣情形

璧山第六辅导区民教工作竞赛暂行办法　9-1-181（38）

五、合作社照規列標準考察紀分
(1)合作社之設備
(2)合作社職員之訓練
(3)合作社會議之召開
(4)合作社社股之收集運用
(5)合作社社員貸款是否符合申請用途
(6)合作社有無越軌情形
六、統計工作照表列標準考察紀分
(1)各社學區之統計是否如限完成
(2)鄉統計之完成限期
(3)統計之有否錯誤

(1)承貸種籽是否照種

(2)收回種籽本息是否如限

(3)對各項種籽之貸收有無弊端

(4)推廣成績有無報告

(5)對推廣種籽必要知識是否告知農民

八、本簡則所列三、四、五、六、七、各條由各鄉鎮輔導員攷察評定其最宜之分數其設有示範校之社學區各鄉鎮輔導員對該區之攷察應會商示範校長為之

九、各鄉鎮輔導員對各項攷察之紀分一律採取標準紀分法以百分為最高六十分為及格以下為不及格於期末攷畢彙表送處以定獎懲

計算分數辦法以各項所得分數之總和平均之

璧山第六辅导区民教工作竞赛暂行办法　9-1-181（40）

32

廿　本簡則提區輔導會議通過後施行修改時亦同
廿一　本簡則呈報　總處及函教專會備查

璧山第六辅导区民教工作竞赛暂行简则　9-1-204（21）

20

璧山第六輔導區民教工作競賽暫行簡則

一、本輔導區為策勵同人工作努力攷核工作殿最使獎懲更昭平允起見依據三十八年十月一日民教工作座談會決議擬定「璧山第六輔導區民教工作競賽暫行簡則」以下簡稱「本簡則」

二、本簡則所訂三十八年下期競賽項目如左

（1）農地減租

（2）傳習教育

（3）合作社

（4）統計工作

三、農地減租照左列標準攷察給分（括弧內之數字為標準分數目）

（1）解釋法令有無錯誤，使人民遭受損害〈15〉

（2）登記租約及換訂租約是否如限完成有無錯誤〈50〉

（3）減租工作是否認真辦理檢查其成果如何〈10〉

（4）規定表報有無遲滯錯誤〈10〉

（5）辦理過程中有無涉及操守情事〈15〉

四、傳習教育照左列標準攷察給分

（1）傳習處之設置是否適當〈15〉

（2）傳習處是否如期開學〈10〉

璧山四寶閣文具印刷紙號印製

璧山第六辅导区民教工作竞赛暂行简则 9-1-204（22）

21

（3）選拔導生是否符合理想 <10>

（4）傳習處人數較昔有否增加及缺席情形 <10>

（5）民教主任督導視察及示範教學情形 <10>

（6）傳習處之風紀 <15>

（7）傳習處之成績優劣情形 <10>

（8）是否遵照總處印製之課程進度表教學 <10>

（9）與各項建設活動配合情形 <10>

五、合作社照左列標準考察紀分

（1）合作社之設備是否照本處指示辦理 <10>

（2）合作社職員之訓練是否照本處指示辦理 <10>

21

（3）合作社會議之召開是否照社章辦理〈10〉

（4）合作社社股之收集運用是否適當〈20〉

（5）合作社社員貸款是否符合申請用途〈20〉

（6）合作社有無越軌情形〈10〉

（7）合作業務發展〈10〉

（8）合作帳簿記載〈10〉

六、統計工作照左列標準考察給分

（1）各社學區之統計是否如限完成〈35〉

（2）鄉統計之完成限期〈35〉

（3）統計之有否錯誤〈20〉

璧山四寶閣文具印刷紙號印製

璧山第六辅导区民教工作竞赛暂行简则　9-1-204（24）

22

(6) 統計表冊是否美觀 (10)

七、農業推廣照左列標準紀分

(1) 承貸種籽是否照種 (20)

(2) 貸種本息是否如數收回 (30)

(3) 對各項種籽之貸收有無弊端 (20)

(4) 推廣成績有無報告 (15)

(5) 對推廣種籽之必要知識是否告知農民 (15)

八、本簡則所列三四五六七各條由各鄉輔導員考察評定其最適當之分數其設有示範校之社學區各即輔導員對該區之考察應商同示範校長辦理

璧山第六辅导区民教工作竞赛暂行简则　9-1-204（24）

九、各鄉輔導員對各項考察之給分一律採取[illegible]法
以百分為最高六十分為及格以下為不及格於期末考
畢彙表送處以定獎懲
計算分數辦法以五項所得分數之總和平均之
十、本簡提經輔導會議通過後施行修改時亦同
十一、本簡則呈報　總處及函教專會備查

璧山四寶閣文具印刷紙號印製

璧山县第一辅导区各乡镇办理民教工作竞赛办法　9-1-181（29）

二　23

璧山縣第一輔導區各鄉鎮辦理民教工作競賽辦法

一、本區為加強工作效率提高學習興趣特擬訂區屬鄉鎮辦理民教工作競賽辦法

二、參加競賽單位為城中城東城南城西城北獅子等六鄉鎮

三、競賽辦法分團體與個人兩種

1、團體競賽

甲、傳習處與傳習處之各社學區民教主任鄉民代表保長等全同舉行競賽後民教主任將競賽成績冊報由駐鄉輔導員評定優劣

乙、學區與學區之駐鄉輔導員會同鄉鎮長代表會主席按照規定集合全鄉鎮經保級競賽成績優良之傳習處辦理競賽並由輔導員將成績列報區辦事處備核

丙、鄉鎮與鄉鎮之區辦事處就各鄉級競賽成績優良之學區指定地點時間集中辦理後給獎

又、個人競賽

甲、同一傳習處內學生與學生個人單獨競賽

乙、甲處學生與乙處學生個人單獨競賽

丙、甲學區學生與乙學區學生個人單獨競賽

四、競賽時間：處與處由各社學區民教主任於八月十日以前辦竣學區與學區由輔導員於八月十七日以前辦竣鄉與鄉由區辦事處另訂時間（本次競賽鄉與鄉暫不集合學生區辦事處就各鄉競賽成績評選優劣給獎）

五、各級競賽無論團體與個人均係擇優參加保級（即社學區）競賽成績優勝者得參加鄉級競賽成績優勝者得參加區級

六、競賽地點保級由民教主任選定社學區內適中之處舉行之鄉級由駐區輔導員會同鄉鎮長就各該鄉適中之社學區集中辦區級由區辦事處決定

璧山县第一辅导区各乡镇办理民教工作竞赛办法　9-1-181（30）

七、競賽科目：

1、團体

甲、常規：子、禮節　丑、秩序　寅、整齊　卯、清潔

乙、學科：子、千字課：1、默讀　2、認字　3、解字　4、寫字

丑、算術（珠算或簡易筆算）

寅、音樂

2、個人

甲、千字課　明認解寫

乙、算術（珠算或簡易筆算）

丙、音樂

八、前條所列競賽科目學科項默讀就已讀課文任選二課認寫十個解作字十個或詞句七八句寫字書寫自己姓名及籍貫的算術以珠算三盤清為主筆算為輔音樂在規定歌曲中選六一首均不分級及團体個人主常規競賽（團体）由主持人試參加

九、競賽情形逐項記分

競賽記分比例

1、團体方面：學科百分之六十（默寫二十分認字十分解字五分寫字五分算術十分音樂十分）常規百分之四十（禮節、秩序、整齊、清潔各十分）

2、個人方面：千字課百分之八十（默讀四十分認字二十分解字十分寫字十分）算術百分之十音樂百分之十

十、各鄉鎮對於工作競賽必須按照本辦法不得藉故推卸或敷衍塞責倘有違誤決定予分別議處

十一、本辦法除報縣政府備查外即日公佈實施

巴县成人教育与自卫组训配合实施办法　9-1-103(48)

31

巴縣成人教育与自衛組訓配合實施办法

一、本縣為使成人教育与自衛組訓切實配合實施起見，特訂定本办法。

二、凡傳習處學生，經編入各保自衛隊而確實無暇分別參加傳習教育及自衛組訓者，則傳習教育得於自衛組訓時配合實施為原則。

三、各民教主任應担任各該保自衛隊之新訓，訓練其教材以千字課及有關自衛函法、户籍函法暨縣府印發之自衛教材為準。

四、採機動教育方法，或操場或山野均可實施之新訓練，但教學時間應由民教主任与各該隊長商定行之。

巴县成人教育与自卫组训配合实施办法　9-1-103(49)

六、各民教主任及各級自衛隊長應相互參加各該鄉保民教座談會及自衛會議藉資聯繫。

七、配合實施之成績列為各該工作人員年終考核成績之一。

八、本府指導員教育局視導員及實驗區輔導員對於工作配合有督導考核之權。

九、本辦法適用於自衛組訓期間及實施民教之地區。

十、本辦法自公佈之日施行。

巴縣縣政府廿七年十二月以民教字第一七八號訓令公佈施行。

北碚管理局黄桷镇高级民众学校办理计划 9-1-191(160)

108

北碚管理局黃桷鎮高級民衆學校辦理計劃

一、性質：

(一)為實驗性的民校，在不違背國家的教育宗旨及教育政策之下，從事於實驗研究，力求自由發展。

(二)為示範性的民教，負有示範及輔導本鎮各學區民教之責。

(三)為繼續性的成人補習教育，故無修業期限，凡一般失學成人曾受過民衆教育者皆得受此補習教育，又小學部高級畢業生無法升學者，亦得享受此種教育。

(四)為義務性的教育，故入學學生，都不繳納任何費用[illegible]

北碚管理局黄桷镇高级民众学校办理计划　9-1-191(161)

文化水準，並促進本鎮各項建設，以改進人民生活。

三、設立：最初設立高級民衆學校四所：計黃桷鎮第一中心國民學校附設一所、鎮公所附設一所，各所均設二班，即高級成人婦女各一班，一俟辦理成效卓著後，再按各學區實驗需要，推廣設立。

四、經費：高級民衆學校經費，由中華平民教育促進會華西實驗區負担百分之七十，本鎮負担百分之二十，北碚管理局負担百分之十，其本鎮經費之籌措，得向地方士紳募集之。

北碚管理局黄桷镇高级民众学校办理计划 9-1-191(162)

104

五、學生：學生入學年齡為十二歲以上，四十歲以下，入學資格如前所述，每班學生人數以三十人至五十人為原則。

六、師資待遇及其任用：每校設校長一人主持校務，校長須在專科以上學校教育系或鄉建系畢業而且富有民教經驗者，由平教會華西實驗區聘請之，其待遇由輔導處同，每班設主任導師一人主持班務，主任導師須是後期師範學校普師科或社師科畢業，由校長聘任之，每月酌予相當津貼（以一市石至一市石二斗為原則，要視服務成績而定）。並設義務導師若干人，由校長聘請本區國民學校小學部[illegible]

北碚管理局黄桷镇高级民众学校办理计划　9-1-191(163)

七、施教重心：其教育實施重心，係針對本鎮民眾及社會國家的需要，而側重於生計教育、語文教育、健康教育、公民教育、家事教育、休閒教育等教育的實施、

八、教學科目及時間分配：教學科目為國語（包括上述六種常識）算術、音樂、體育、職業等科、其各科時間百分比為：國語五〇、算術一二、音樂八、體育八、職業科目二二、其授課時間、每日以二小時計、得在日間或晚間行之、要以不妨礙民眾工作為原則、

北碚管理局黄桷镇高级民众学校办理计划　9-1-191(164)

110

3.

九、教材編輯：教材編輯，須由校長聘請中心國民学校優良教師八至十人為委員，校長為主任委員，組織高級民眾学校教材編輯委員會編輯之，計每期編輯成人婦女班教材各一冊，於開学前編就印發。

十、實施原則：

(一)適應民眾需要、

(二)在實際生活上施教、

(三)引起民眾自動、

(四)合於經濟原則、

(五)注重團体活動、

(7)善於利用機會、

(8)活用方法、

(9)注重效果、

十、實施技術：

(1)盡量與鄉鎮保甲士紳及各事業機關取得密切聯絡，藉其協助，共謀推進、

(2)力求與民眾生活吻合：每一大單元教學後，必配合一種或數種有意義有價值的活動，以期能切實改善人民生活、

北碚管理局黄桷镇高级民众学校办理计划　9-1-191(166)

111

(三)民教各種活動，由民眾學生中，推選領袖人材領導之，此種領袖人材，即為將來地方建設的幹部人材，民教教師應站在指導地位指導領袖，務期以實際活動中，以培養地方幹材，

(四)揀簡明易行，而且易於收效的活動先作，

十二、兼辦社會教育：本鎮高級民眾學校，得斟酌地方需要，兼辦下列各種簡單的社會事業：

(一)舉辦通俗講演，

(二)置備通俗圖書，以開閱覽，

(三)編寫壁報，宣講時事消息，

（五）放映幻燈影片、並按時開放收音機、

（六）辦理礼俗改良、提倡正當娛樂、

（七）辦理其他有關社會教育事業、

十三、會議：

（一）民教研究會：由高級民衆学校校長召集本学区民教主任及各國民学校校長教师組織之、開会時間、訂每月十五日午前九時举行、如遇天雨、則順延一日、開会時由高級民衆学校校長主席、並請管理局視導人員参加指導。

（二）高級民教實施輔導會議：由高級民衆学校校長

北碚管理局黄桷镇高级民众学校办理计划　9-1-191(168)

112

校主任導師、兼務導師及高各學區民教主任組織之、每二週舉行一次、時間訂於星期六午后一時半、必要時得隨時召開之、開會時、由高級民衆學校校長主席、並得請管理局視導人員參加指導、

十四、圖表冊簿及規章辦法、力求充實實用、其圖表冊簿另行規劃、各項規章辦法另行訂定之。

璧山县第一期民教数字统计表（一九四八年三月） 9-1-68 (57)(58)

璧山县第一期民教数字统计表 37.3.

区别	乡镇	学区	传习处	导生	传习处学生			备考
					男	女	共	
第一区	城中	1	11	23	57	252	304	
	城东	4	23	56	178	377	555	
	城南	9	46	105	613	433	1046	
	城西	7	49	100	234	945	1179	
	城北	6	46	65	162	758	920	
	狮子	7	51	105	280	742	1022	
	大兴	9	33	95	327	735	1060	
	福禄	7	54	133	987	603	1590	
	河边	11	41	88	425	1161	1586	
本区合计		61	354	771	2693	6114	8807	
第二区	西兴	11	29	66	370	320	690	
	中兴	8	23	50	410	338	748	
	丹凤	10	29	71	429	532	961	
	鹿鸣	7	17	86	245	190	435	
	梓橦	6	25	47	340	213	553	
	三教	5	15	48	308	491	799	
	太和	7	27	43	384	234	618	
本区合计		54	165	353	2486	2318	4804	
第	丁家	11	31	43	430	554	984	
	来凤	10	48	102	953	217	1170	

壁山县第一期民教数字统计表（一九四八年三月）　9-1-68(59)(60)

三	乌嘶	9	32	50	853	503	1356	
	三合	8	29	64	619	351	970	
	廣普	9	24	59	505	262	767	
	定林	5	15	24	236	115	351	
區	龍鳳	5	18	26	346	215	561	
	健龍	5	8	11	178	139	317	
本區	合計	62	205	371	4180	2356	6476	
	獅龍	6	33	37	273	630	903	
第	蒲元	7	30	59	224	506	730	
	青木	5	15	24	93	264	357	
四	丹壇	5	26	46	304	633	937	
區	大路	7	38	78	525	694	1219	
	龍溪	5	26	44	149	340	489	
本區	合計	35	168	328	1568	3067	4635	
	八塘	6	45	84	660	347	1007	
第	七塘	8	53	101	898	647	1545	
五	梅江	7	60	113	896	771	1667	
	依鳳	8	37	77	566	582	1148	
區	福祿	6	53	86	564	569	1133	
本區	合計	35	248	461	3584	3316	6900	
全縣	總計	247	1140	2291	14451	17231	31682	

25

36年3月至
38年11月　　日

	導生數	學生數	學生對全文盲人數之%	剩餘文盲數	剩餘文盲對全人口之%	剩餘文盲對全文盲之%	備註
6	544	7161	7.79	842709	27.57	92.21	
0	4152	57667	37.93	822774	26.64	60.09	
8	4232	53230	57.15	39845	7.20	40.85	
	544	7161	7.79	842709	27.57	92.21	
0	2291	31682	37.39	53019	17.22	62.61	
0	2292	31947	60.24	21078	6.85	39.76	

华西实验区璧山、巴县、北碚民教工作按期比较表（一九四七年三月至一九四九年十一月）　9-1-62(36)

华西实验区璧山、巴县、北碚民教工作按期比较表（一九四七年三月至一九四九年十一月） 9-1-62(37)

華西實驗區璧山、巴縣、北碚民教工作按期比

期别	鄉鎮數	户數	人口數	文盲數	文盲約佔人口之%	學
總計						
第一期	4	52527	307921	91868	29.83	
〃二〃	49	93642	532801	136921	25.88	4
〃三〃	50	97290	553944	93125	16.81	4
〃四〃						
璧山						
第一期	4	52527	307921	91868	29.83	
〃二〃	35	52527	307921	84709	27.51	2
〃三〃	35	52527	307921	53025	16.80	2
〃四〃	35	52527	307921			
巴縣						
第一期						
〃二〃						
〃三〃						
〃四〃						
北碚						
第一期						
〃二〃						
〃三〃						
〃四〃						

31

中華平民教育促進會華西實驗區輔導區第　鄉第　社學區第　傳習處民衆基本教育課程進度表

民國　年　月　日至　年　月　日

第一學月

月日	星期	第一節	第二節	教學要點	備註
		開學典禮	登記名册 分發課本	㈠使學生注意開會程序㈡宣佈傳習處教學科目傳習期間傳習信號及每日傳習時間	
		農民讀本第一課	同上	㈠使學生明瞭我國定名爲「中華民國」的意義，特別注意「民國」二字的含義。㈡注意課內「民主」「主權」等語詞的瞭解和應用。㈢觀察中國地圖形象，並作簡單的比喻。	
		農民讀本第二課	同上	㈠使學生知道我國人口是多少，並知道不識字的痛苦與受教育的重要。㈡注意課內「德」「教育」「大多數」等語詞的瞭解與應用。㈢調查本保（或本甲）的失學民衆是多少，佔全保（或全甲）人口的比例如何，並勸令入學。	
		農民讀本第三課	同上	㈠使學生知道我國有多少省區，本省在什麽地方，並知道那幾省與本省相連。㈡使學生懂得那一個國家曾經侵犯中國國土。㈢注意課內「國土」「侵犯」「自衛」等語詞的瞭解與應用。㈣繪述本縣到本省省會或其他已知重要都市的交通路綫。	
		農民讀本第四課	同上	㈠使學生知道中國地大物博，一定能建設富強康樂的新中國。㈡使學生明瞭中國主要物產是什麽，並就所知說明本縣本省（或全國）的分佈情形，㈢使學生調查或報告本地農產物的情形，特別是改良品種的情形。	
		農民讀本第五課	同上	㈠使學生明瞭中國歷史悠久及成立中華民國的革命意義。㈡搜集從前帝王時候國家的事跡及辛亥革命故事說給學生。㈢共同訂出中國朝代系統表（或說話流行的朝代遞變歌）。	
		補充教材	復習 唱歌	㈠補充教材——第一學月以基本類傳習進環書爲主，教學要點詳各傳習進環書使用說明。㈡農民讀本復習（一課至五課）——除令學生分課讀讀外，應特別注意各課主要語詞的解釋和應用。㈢唱歌——教學要點，詳見另印之歌篇上。	
		農民讀本第六課	同上	㈠使學生明瞭三民主義爲何人所講的，其目的是什麽。㈡研究實現三民主義的主要辦法。㈢調查並說明本地辦理選舉（民權主義部分）及本地組織各種生產合作社（民生主義部分）的得失。	
		農民讀本第六課	補充教材	㈠農民讀本教學要點同右㈡補充教材——第一學月以基本類傳習進環書爲主，教學要點詳各傳習進環書使用說明。	
		農民讀本第七課	同上	㈠使學生明瞭「七七」事變中國對日抗戰的原因，㈡敘名人所知相連對抗戰的壯烈事跡。㈢邀請本地參加抗戰軍人舉行座談會並使學生明瞭本地抗戰死難軍人遺族的生活。	
		農民讀本第[illegible]課	復習 唱歌	㈠農民讀本教學要點同右㈡農民讀本復習（六課至七課）——除令學生分課讀讀外，應特別注意各課主要語詞的解釋和應用。㈢唱歌——教學要點，詳見另印之歌篇上。	
		農民讀本第八課	同上	㈠以聯合國憲章爲主，說明維持世界和平之必要，並說明聯合國的組織與任務。㈡使學生明瞭現在聯合國內美蘇兩大國實際上有什麽問題和[illegible]。㈢[illegible]鄉鎮民代表會組織與人選，並報告意見。	
		農民讀[illegible]	補充教材	㈠農民讀本教學要點同右㈡補充教材——第一學月以基本類傳習進環書爲主，教[illegible]	

一、表內月日，星期，請按各傳習處開學順序填入。二、每日教學時間以兩小時計，分爲兩節，每節一小時。三、唱歌教學時間不宜過長，所以每次唱歌的正式教學時間，僅定爲半節[illegible]

第　一　頁

传习处民众基本教育课程进度表　9-1-73(47)

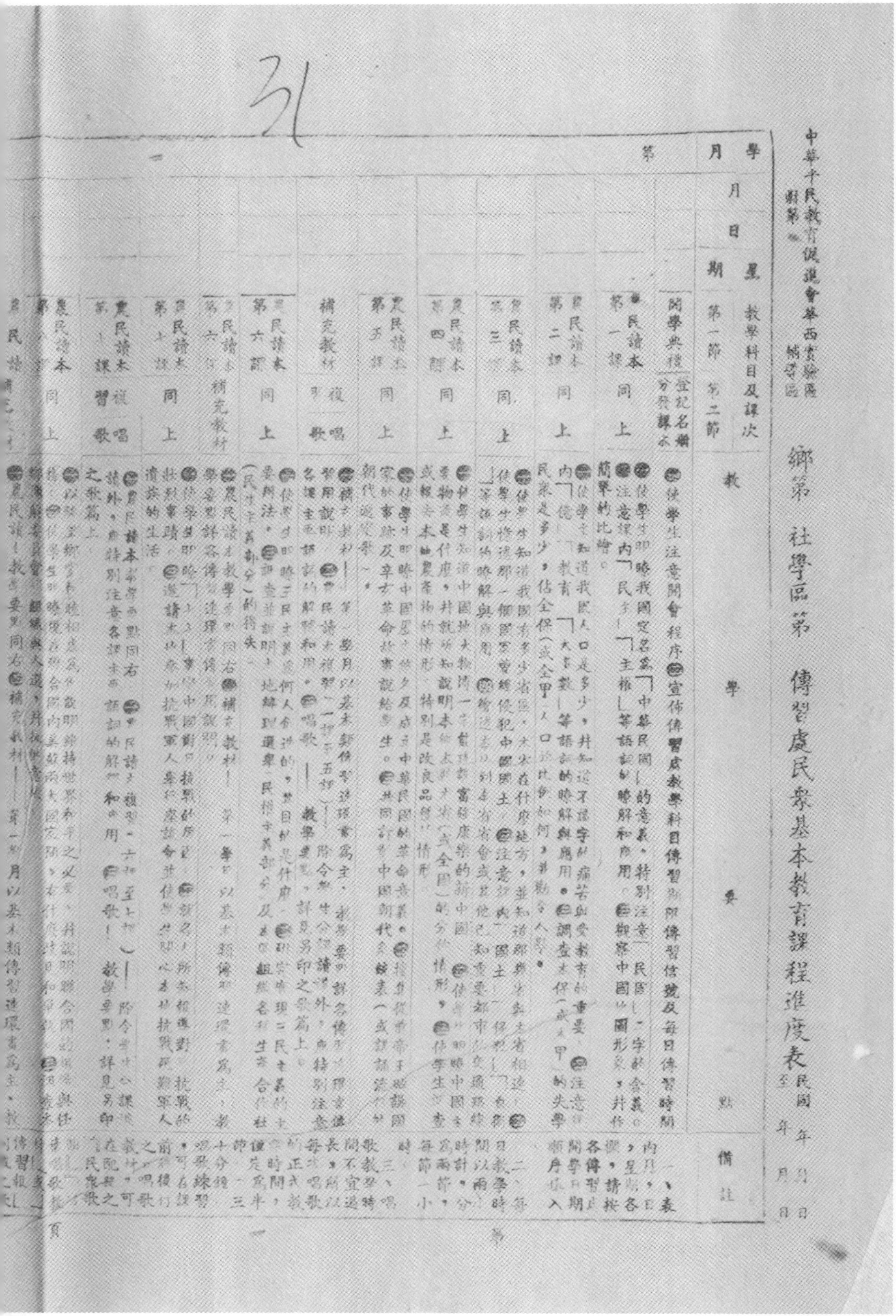

传习处民众基本教育课程进度表　9-1-73(48)

學月	教材		教學要點
	農民讀本第十課	補充教材	㈠農民讀本教學要點同右·㈡補充教材——第一學月以基本類傳習連環畫為主，教學要點詳各傳習連環畫傳習用說明。
	農民讀本第十一課	同上	㈠使學生明瞭三民主義中「耕者有其田」的理想，及政府「二五減租」規定的計算辦法。㈡注意課內「佃租」「一減租」「法律」「扶植自耕農」「保障農民利益」一等語詞的解釋與應用。㈢配合本年（卅八年）政府頒布的農地減租辦法，勸導生者農戶加入合作社，期用組織力量澈底實行減租。
	農民讀本第十一課	複習唱歌	㈠農民讀本教學要點同右。㈡農民讀本複習（八課至十一課）——除令學生分課講讀講外，應特別注意各課主要語詞的解釋和應用。㈢唱歌——教學要點，詳見另印之歌篇上。
	農民讀本第十二課	同上	㈠使學生知道「知識力」「本方」「組織力」「聯合起來」是改善生活的力量。㈡說明傳習教育，入傳習處，入農業生產合作社（參加合作社）的意義與做法。㈢實際勸導學員、農民加入農會，並加入傳習處。
	農民讀本第十二課	補充教材	㈠農民讀本教學要點同右：㈡補充教材——第一學月以基本類傳習連環畫為主，教學要點詳各傳習連環畫傳習用說明。
	農民讀本第十三課	同上	㈠使學生明瞭國家納稅是人民的義務，監督政府財政是人民的權利。㈡使學生辨明何者為正當稅收，何者為苛捐雜稅。㈢調查本地鄉鎮征收的稅類，並研討其正當不正當。
	農民讀本第十三課	複習唱歌	㈠農民讀本教學要點同右㈡農民讀本複習（十二課至十三課）——除令學生分課講讀講外，應特別注意各課主要語詞的解釋和應用。㈢唱歌——教學要點，詳見另印之歌篇上。
	農民讀本第十四課	同上	㈠使學生明瞭政府主要稅收的種類。㈡使學生明瞭立法機關同意稅的重要及現在政府立法院的組織及委員選舉辦法。㈢注意「所得稅」「遺產稅」的意義及本地舉辦的情形。
	農民讀本第十四課	補充教材	㈠農民讀本教學要點同右：㈡補充教材——第一學月以基本類傳習連環畫為主，教學要點詳各傳習連環畫傳習用說明。
	農民讀本第十五課	同上	㈠使學生明瞭完糧納稅怎樣才算公平合理。㈡研討累進稅法。㈢調查並例述有錢有勢的人，仗勢抗糧免稅的事實。
	農民讀本第十五課	複習唱歌	㈠農民讀本教學要點同右㈡農民讀本複習（十四課至十五課）——除令學生分課講讀講外，應特別注意各課主要語詞的解釋和應用。㈢唱歌——教學要點，詳見另印之歌篇上。
	農民讀本第十六課	同上	㈠使學生明瞭納稅必有的手續和憑證。㈡使學生明瞭本地征收機關的組織及完納糧稅手續。㈢參觀糧稅券及各種稅捐憑證展覽。
	農民讀本第十六課	補充教材	㈠農民讀本教學要點同右㈡補充教材——第一學月以基本類傳習連環畫為主，教學要點詳各傳習連環畫傳習用說明。
	總複習	同上	㈠注意分課講讀及主要語詞的解釋。㈡注意生詞默寫及選課背誦。㈢可以分組複習方式。
	月考	月會	㈠考試可用讀，講，寫，聯句等方式。㈡月會除教學檢討外，可加遊藝節目。

補充教材：第一二學月以基本類傳習連環畫為主，（已名之為……）[illegible]……印備補教，種印說習說明。

（共　四　頁）

51

一月份工作进度

部别	工作项目	参加者	说明
基本传习教材	一、完成"民众算術"初稿本	朱昌年	此为传习实验基本教材之一
	二、翻印"民众歌曲"试用本	杨兆富 何国英	仝上
	三、翻印合作社常识读本"试用本	李纪生 朱昌年	
	四、编绘传习图画（插图）	何国英 尚英宗	共十套此为第一
	1、完成"快栽小麦"挂图（八幅）	杨兆富 向英宗	已编
	2、完成"合作养牛"（八幅）		当付印图画
	五、整理基本读本资料	李纪生 杨兆富	備编基本读本用

传习工作进度表（草稿） 9-1-104(75)

传习工作进度表（草稿） 9-1-104(76)

其他	[illegible]	[illegible]	政
	四、	三、	二、

传习工作进度表（草稿）　9-1-104(77)

52

二月份工作進度

類別	工作項目	負責者	說明
[illegible]	一、繼續編繪傳習速成畫		
	1. 完成"張大牛耕耕地田"（小幅）	李永生　尚蓋宗	共計十套此為第三套
	2. 創編"大家要合作"（小幅）	李永生　劉平之	此為第一套
	二、擬訂民衆應用文綱目	楊柱甫	此為傳習速成畫教材之一
	三、搜集實業特種語彙教材 編纂一般應用資料	楊柱甫	備編補充讀本用
	四、整理花定寺傳習區地誌	楊柱甫	
	六、擬訂"農民生活"讀本綱目	楊柱甫	備編[illegible]本課文讀本用

传习工作进度表（草稿）　9-1-104(77)

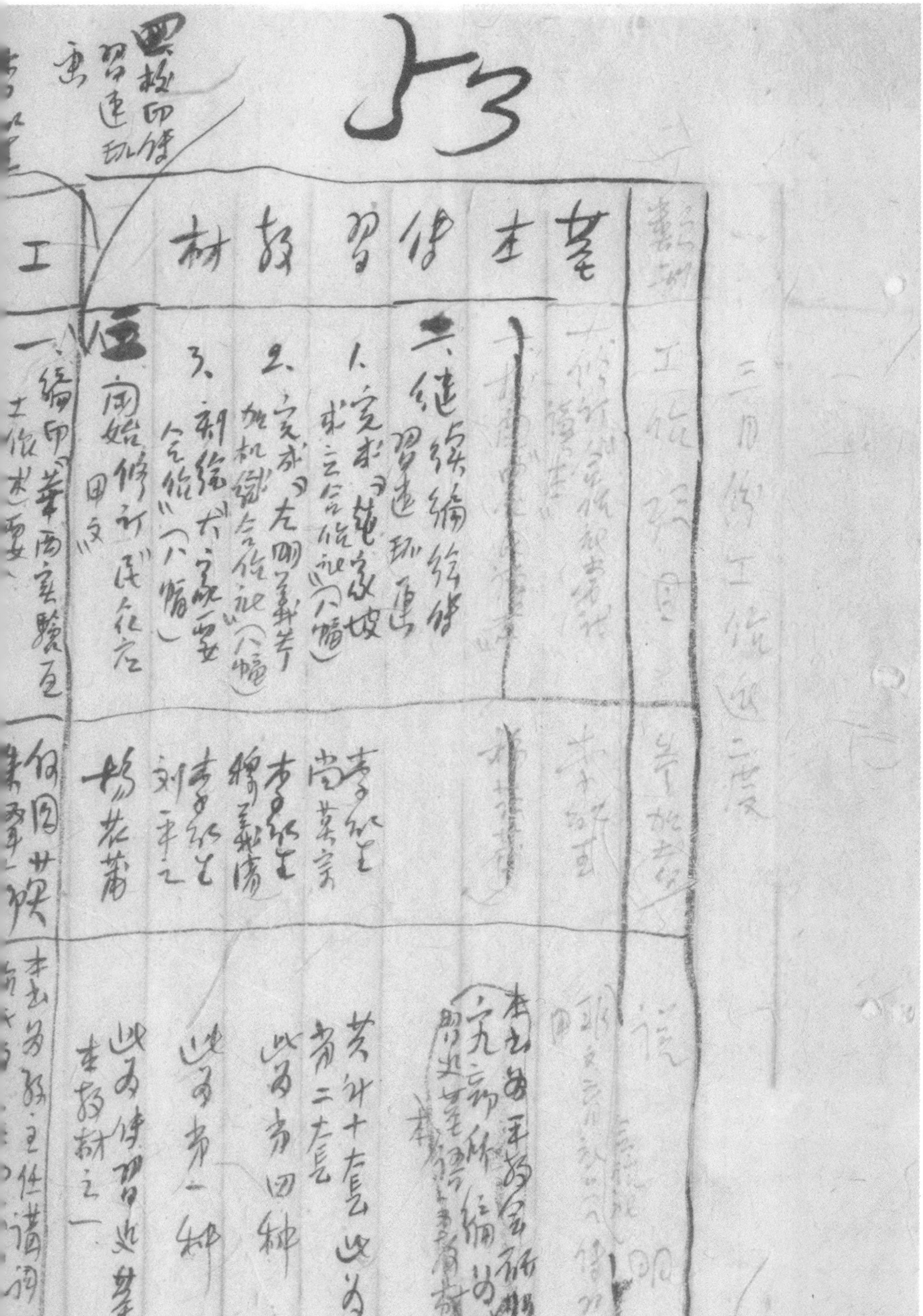

传习工作进度表（草稿） 9-1-104(78)

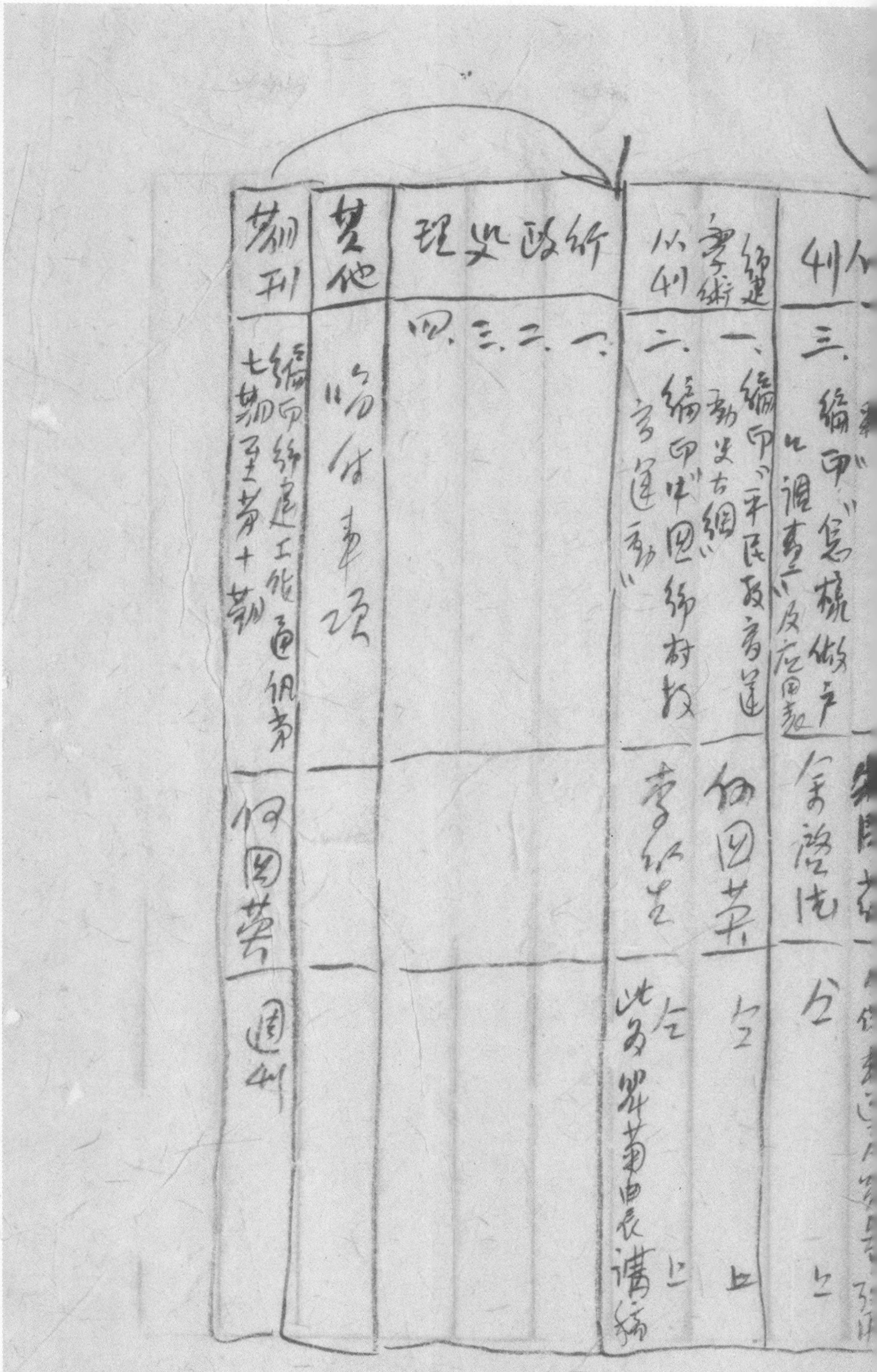

期刊	其他	研究处理	编选学术丛刊	刊…
编印编选工作通讯第七期至第十期	临时事项	一、二、三、四、	一、编印"平民教育运动史大纲" 二、编印"中国乡村教育运动"	三、编印"总稿做户调查"及应回题
何因英			何因英 李纪生	[illegible]
通刊			仝 上 仝 此为罗兼由长讲稿 上	仝 上

传习工作进度表（草稿） 9-1-104(79)

传习工作进度表（草稿） 9-1-104(80)

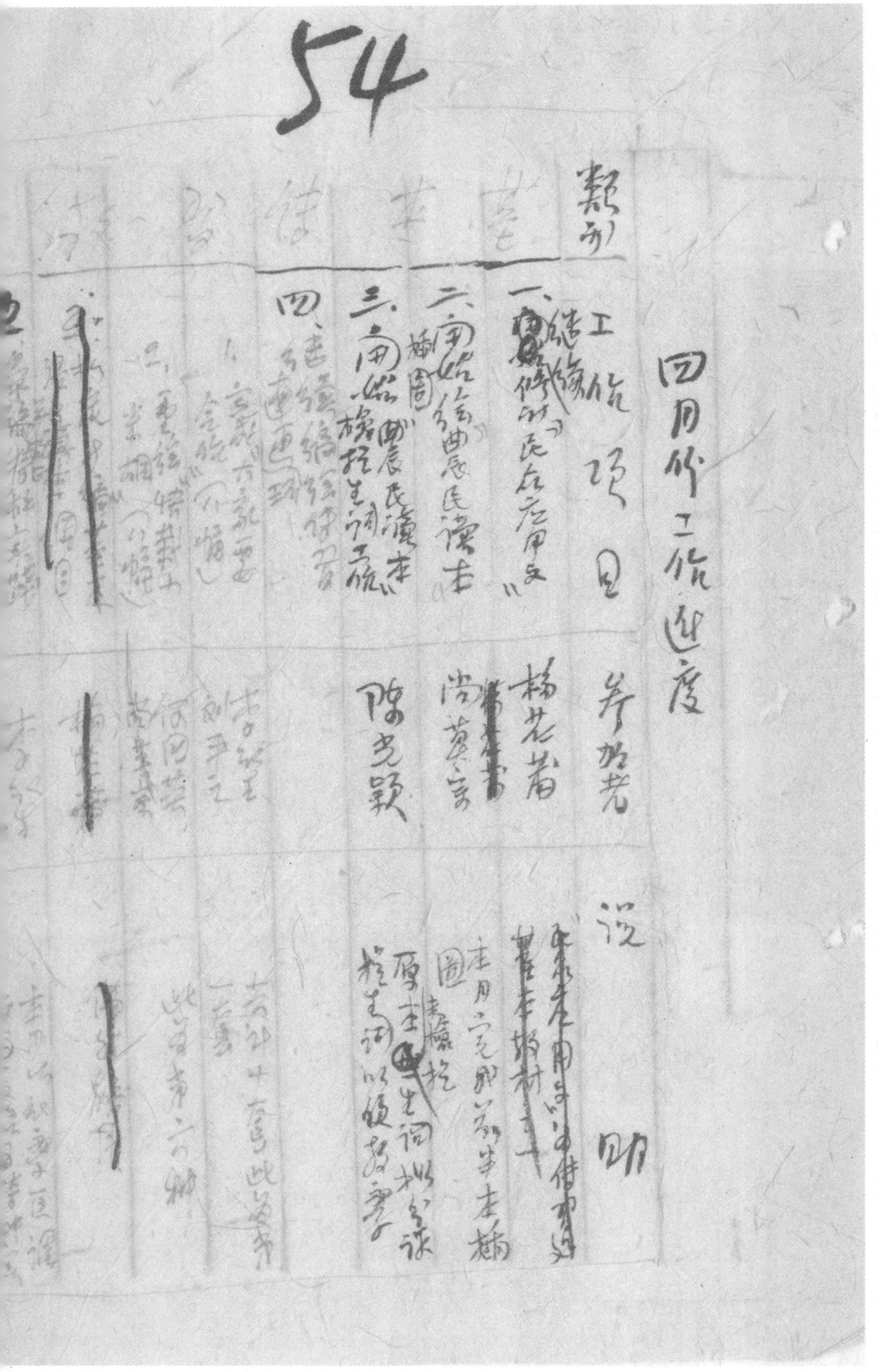
54

四月份工作进度

类别	工作项目	负责者	说明

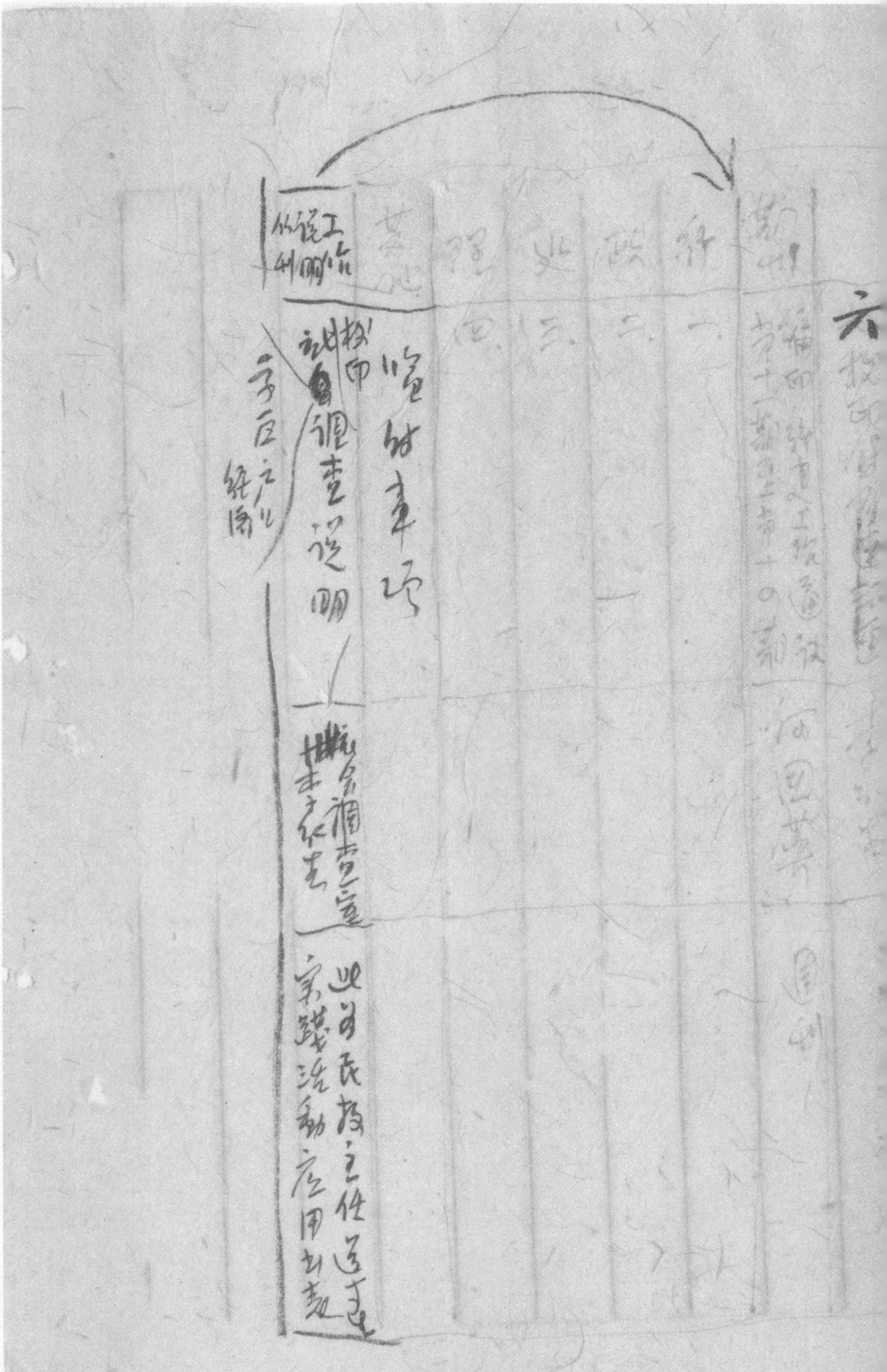

传习工作进度表（草稿）　9-1-104(81)

传习工作进度表（草稿） 9-1-104(82)

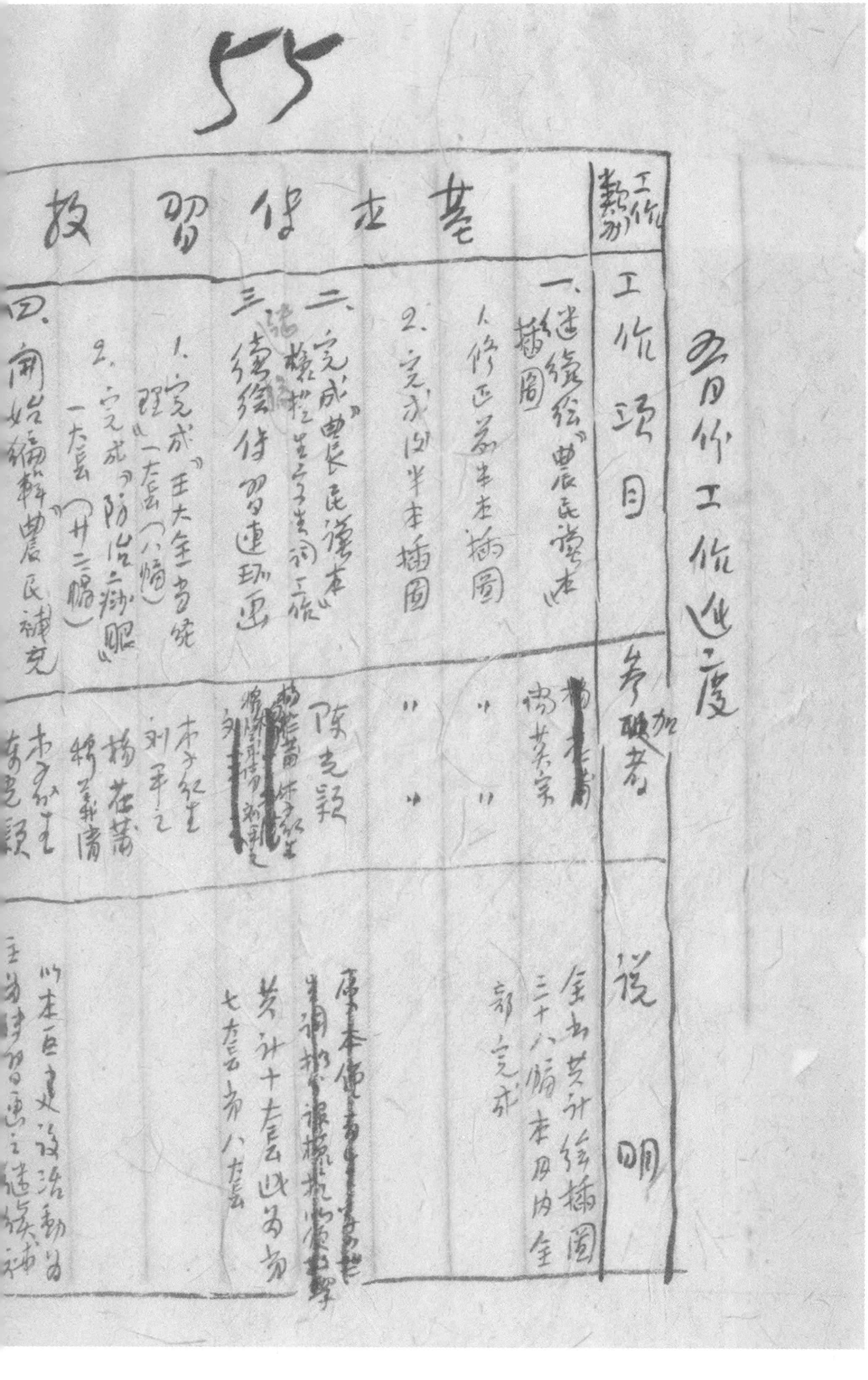

传习工作进度表（草稿） 9-1-104(83)

材…	六、校印农民读本	李纪生 杨芸莆	整日印二十天 本月内完成校对工作
	七、参编特种实践活动应用教材	李纪生	本月以时间全体组织出表为实践活动应用教材
翻利	编印编建工作通讯第十五期至十八期	何国英	通刊
行政处理	一、参加庶务行政及处理本组日常工作	李纪生 杨芸莆	出席会报并派定工作 参加庶务
	二、参编工作资料 整理	杨芸莆 刘本滋 李纪生	整理各项档案会议纪录并办理公文文件 四月份
	三、整理本组公文 整理出版书籍资料	刘本滋	
	四、编制本组工作月报	李纪生 杨芸莆	
招…	参编四月份工作本庄辅助报告	李纪生	
其他	临时事项		

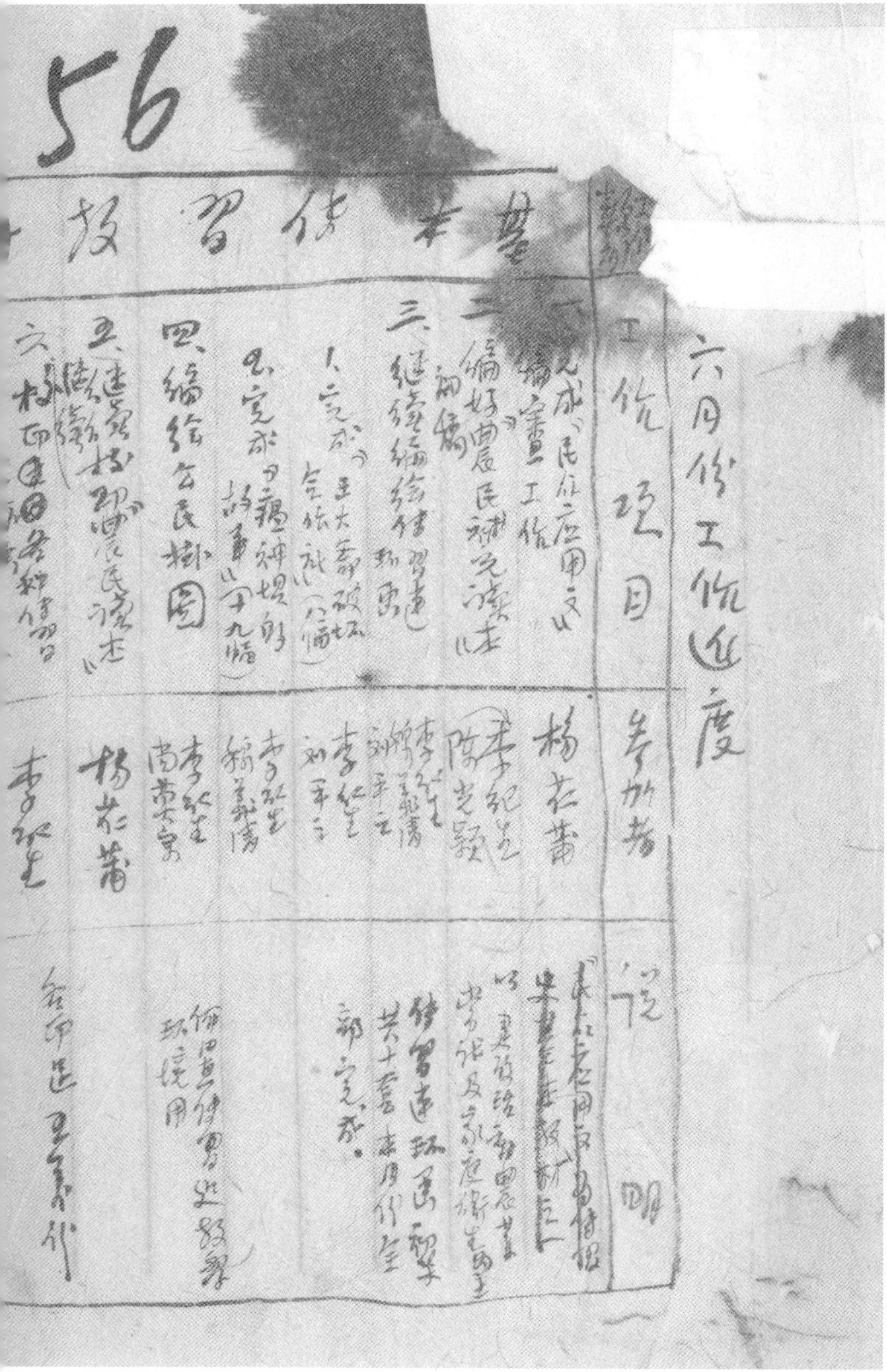

六月份工作进度

工作项目	参加者	说明
一、完成民众应用文以编审工作	杨方萧	表式应用文……
二、编好农民补充读本初稿	李纪生 陈光颖	以建设结合农业常识及家庭卫生为主
三、继续编绘传习挂图 1.完成王大嫂破坏合作社（六幅）	李纪生 刘平之	传习挂图共十套本月份全部完成
2.完成田福科绑架的故事（十九幅）	李纪生 穆美涛	
四、编绘公民挂图	杨方萧	供田西传习班教学环境用
五、继续编好农民读本	李纪生 黄宗	
六、校印并…各种传习	李纪生	全印送王某代

传习工作进度表（草稿） 9-1-104(84)

传习工作进度表（草稿）　9-1-104(85)

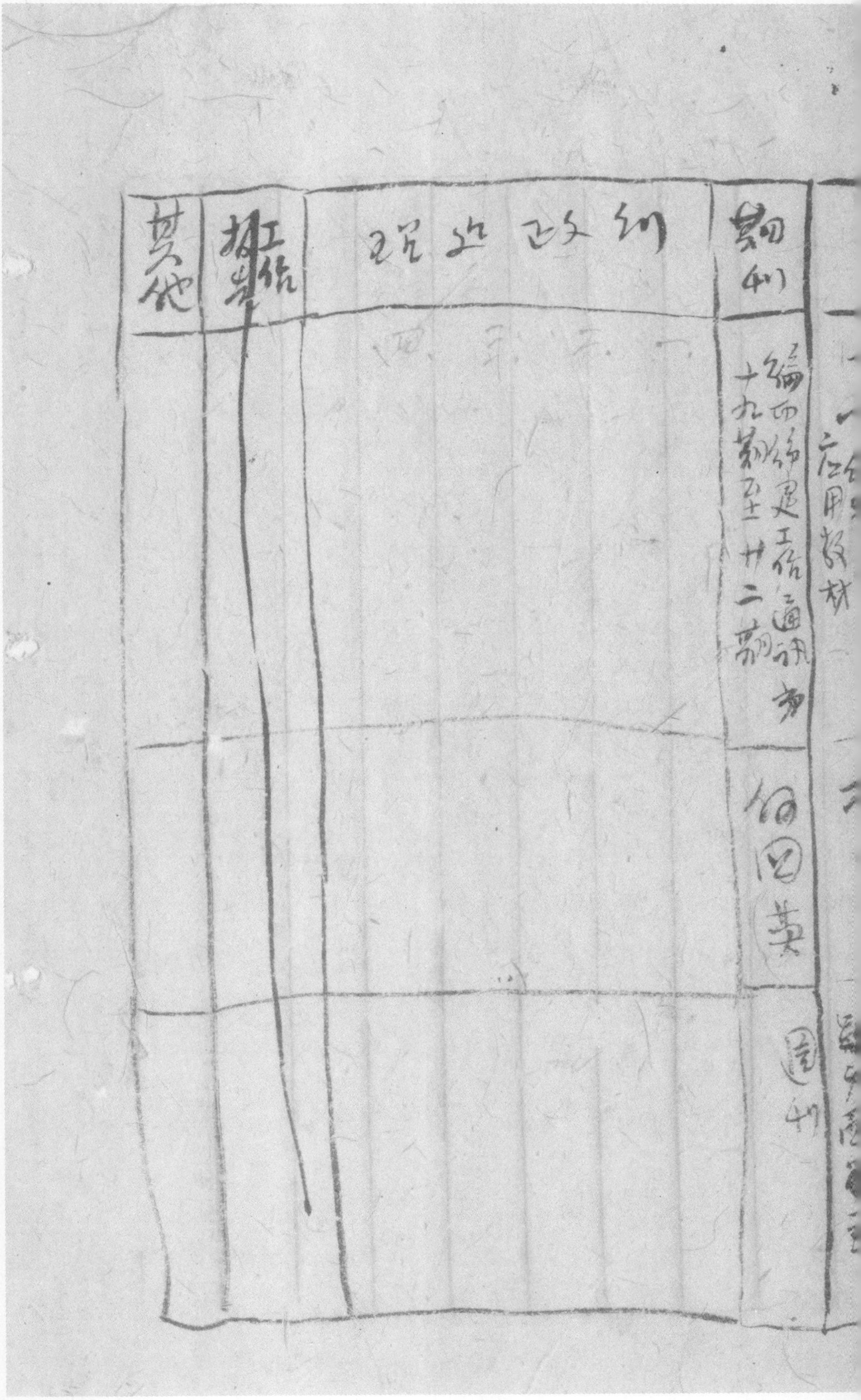

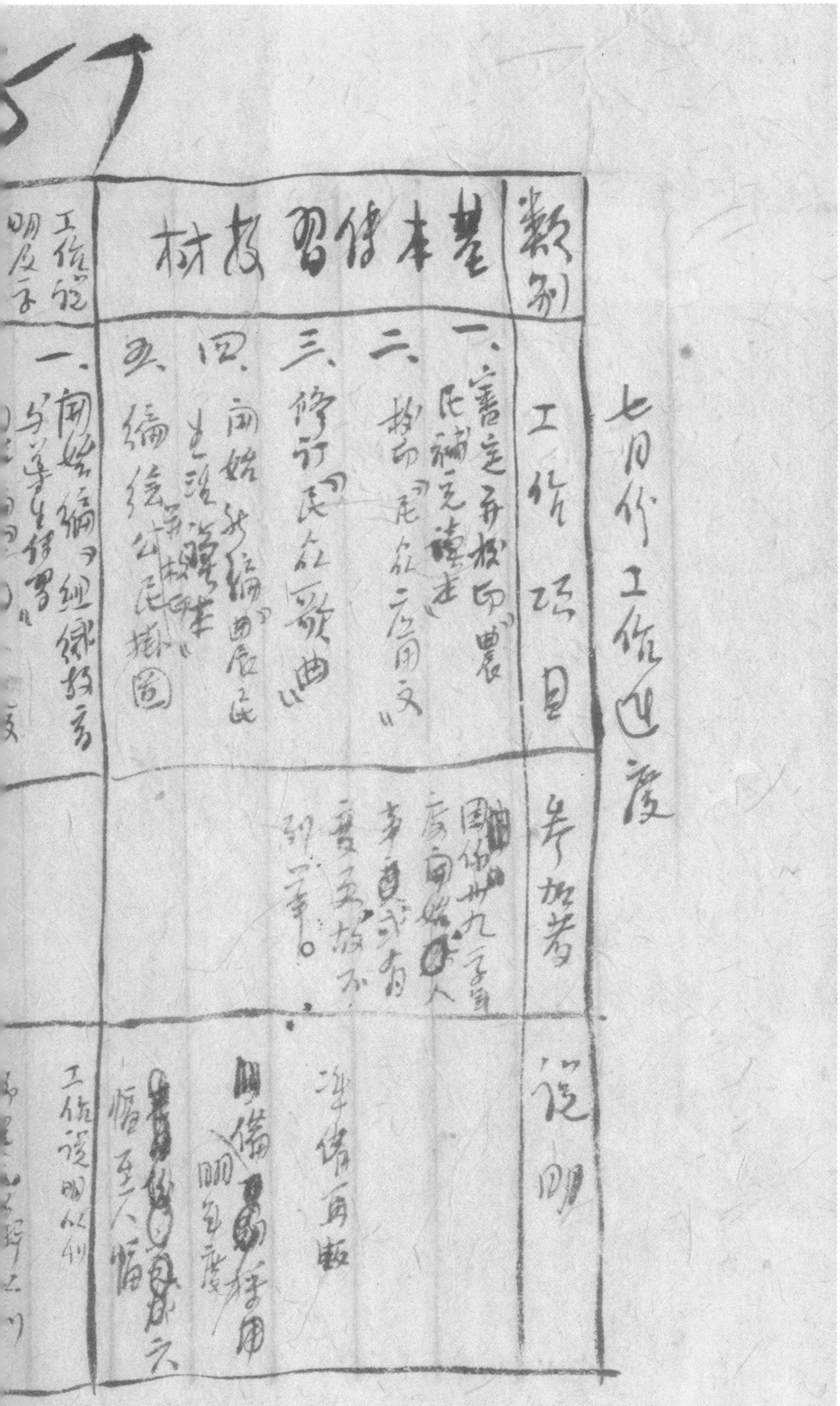

七月份工作进度

类别	工作项目	参加者	说明
基本传习教材	一、审定并翻印"农民补充读本" 二、翻印"民众应用文" 三、修订"民众歌曲" 四、开始新编"西农区民生活常识读本" 五、编绘"公民挂图"	团体廿九学年度开始人事或有变更，故不列入。	准备再版 准备[illegible]适用程度[illegible] [illegible]至八月底[illegible]
[illegible]	一、开始编"经济教育"与华生传习[illegible]		工作说明以例

传习工作进度表（草稿）　9-1-104(86)

传习工作进度表（草稿） 9-1-104(87)

指导[illegible]教学参考用书	期刊	行政建设	其他
二周编农民读本教学法	编印传习通讯廿五期至廿六期	周[illegible]工作事项	临时事项
	周刊		

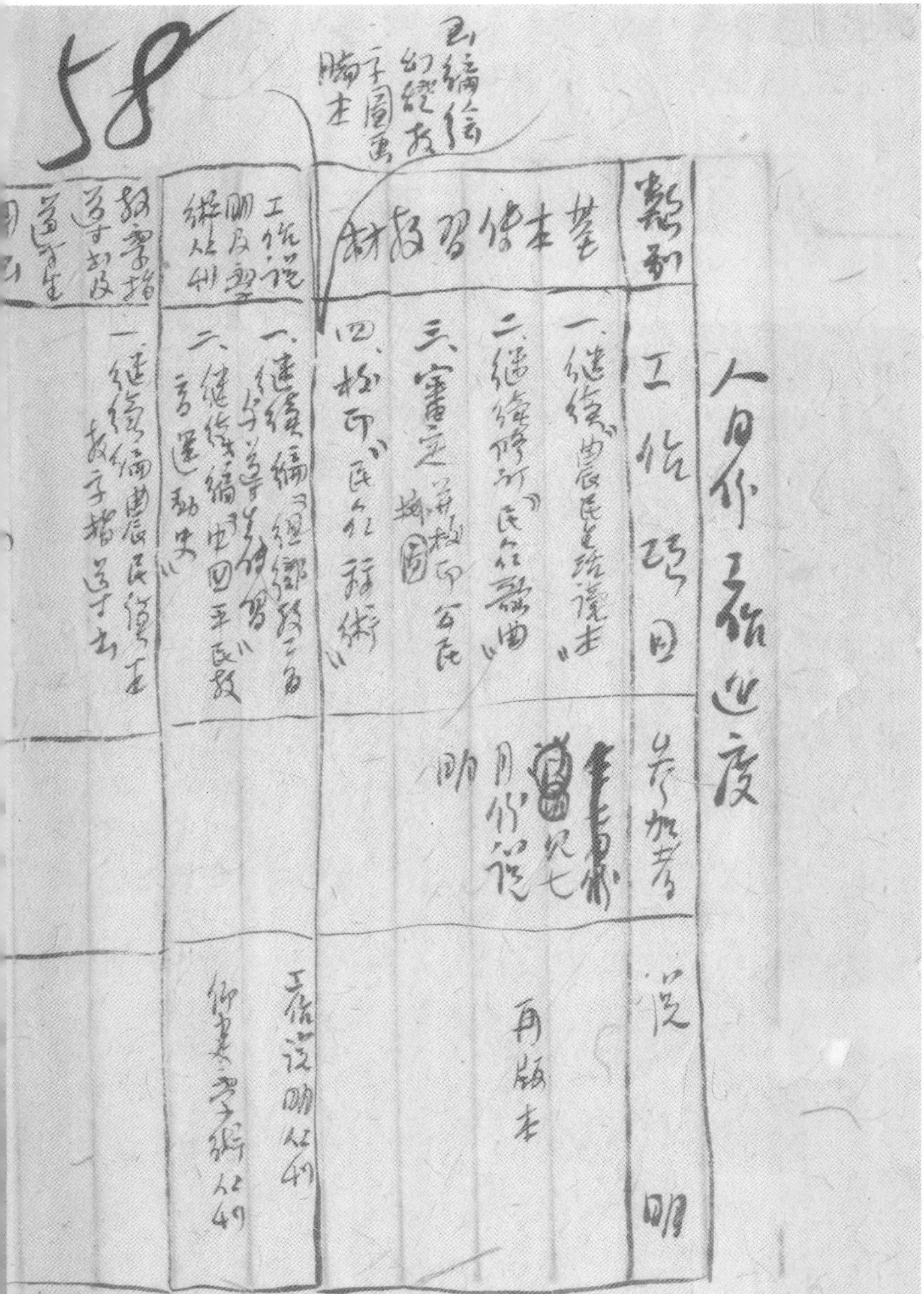

58

八月份工作進度

類別	工作項目	參加者	說明
基本傳習教材	一、繼續出農民生活讀本 二、繼續修訂民眾歌曲 三、審定單格印公民掛圖 四、格印民眾藝術	[illegible]	再版本
工作說明及學術刊物	一、繼續編輯鄉教工作導報 二、繼續編印中國平民教育運動史		工作說明刊物 即學術刊物
教學指導教材	一、繼續編輯農民讀本教學指導書		

传习工作进度表（草稿） 9-1-104(88)

传习工作进度表（草稿） 9-1-104(89)

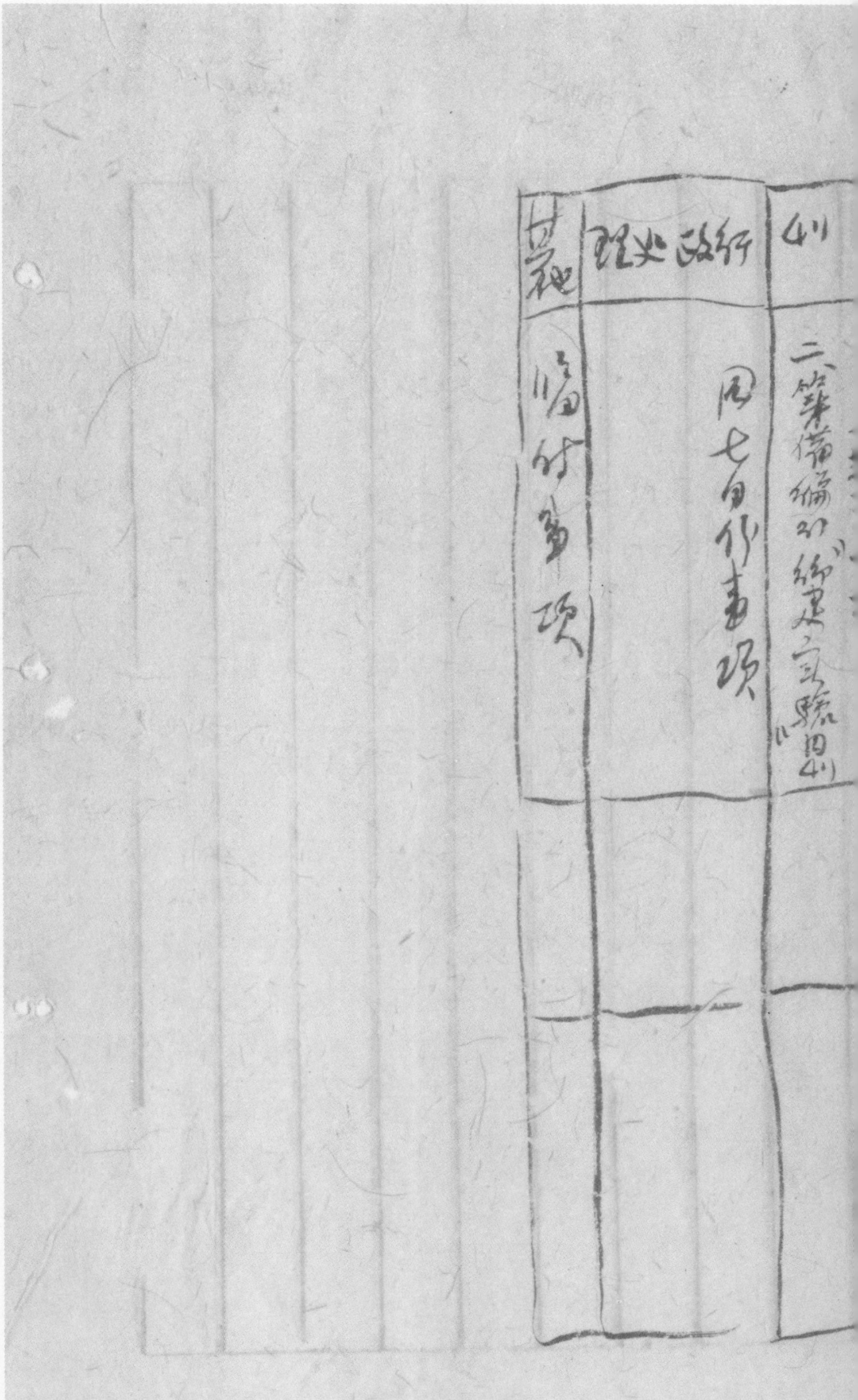

例	行政处理	措施
二、筹备编组"乡建二区联团例"	同七自作事项	编订事项

50

九月份工作进度

组别	工作项目	参加者	说明
村级习读本组	一、完成"农民生活读本"初稿 二、审定第四册"民众歌曲" 三、开始编绘"农民生活读本"插图 四、编绘幻灯教学图画运用脚本	见七月份说明	再版本
工作说明及手册组	一、开始编辑"中国乡村建设运动史" 三、完成"组织教学"、"学生练习" 二、完成"中国平民教育运动史"		乡建教学丛刊 仝上 工作说明丛刊
教学指导组	开始编辑"农民生活读本"教学指导书		

传习工作进度表（草稿）　9-1-104(90)

传习工作进度表（草稿） 9-1-104(91)

刊	行政組	其他
二、創刊御建實驗周刊	同人自作	

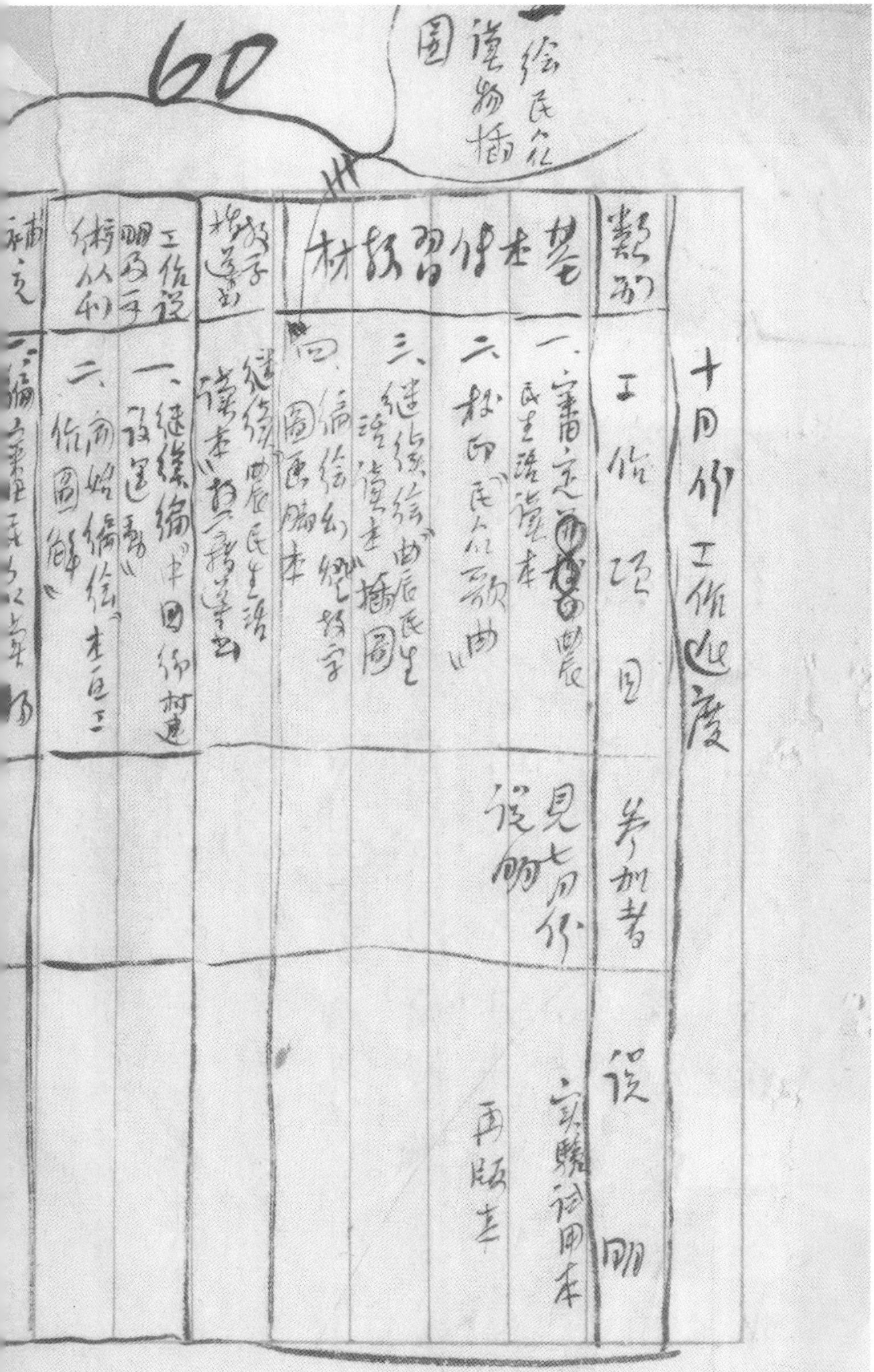

十月份工作进度

类别	工作项目	参加者	说明
基本传习教材	一、审定"农民生活读本"	见七月份说明	实验试用本
	二、校印"农民歌曲"		再版本
	三、继续绘制农民生活读本插图		
	四、编绘幻灯教字		
	图画脑本		
教字挂图	继续绘制农民生活读本"教字挂图"		
工作说明及手册	一、继续编"中国乡村建设"		
	二、设置[illegible]		
	作图解		
补充	一、编[illegible]		

传习工作进度表（草稿） 9-1-104(92)

项目	工作内容	备注
指导	工作指导资料	
期刊	一、编印编辑工作通讯第廿五期至卅八期 二、编印编辑业务经验第二期	周刊 月刊
行政处理	同九月份事项	
其他	临时性事项	

传习工作进度表（草稿） 9-1-104(94)

61

十一月份工作进度

类别	工作项目	参加者	说明
艺术传习教材	一、校订"农民生活读本" 二、缮写各种艺术教材读本 三、编绘初级教学图画书一册本		完成后作说明 备再版时修正
教学指导书	完成"农民生活读本"教学指导书		
工作说明字卡图解	一、完成"中国简字材料"设计 二、继续"动物辨识图解"编绘工作		
补充读物	一、编审农民补充读物二种 会[illegible]		

传习工作进度表（草稿）　9-1-104(95)

工作	内容		备注
工作報告	……度工作报告		
期刊	一、编印《传习工作通讯》第卌九期至四十二期		週刊
刊	二、编印《传习实验》第三期		月刊
翻印	同十月份事项		
講义	〇		
其他	临时事项		

传习工作进度表（草稿） 9-1-104(96)

62

十二月份工作进度

类别	工作事项	参加者	说明
基本传习教材	一、整理各科基本教材读本 二、编绘幻灯教一子图画晒本 三、校印各种基本教材		见七月份说明
工作说明工作报告	一、完成本区本年度工作报告 二、完成挂图工作图解		
高级民校教材	开始抄编高级民众学校各科教材		
补充[illegible]	一、审定各校印民众读物		

传习工作进度表（草稿） 9-1-104(97)

其他	行政处理	期刊
临时事项	同十一月份事项、	一、编印传习工作通讯第四十三期至第四十六期 二、编印传习宣导第四期
		月初 週初

75

二 傳閱

一月份工作進度

類別	工作項目	參加者	說明
基本傳習教材	一、完成「民衆算術」初稿本	朱昌年	此為傳習處基本教材之一
	二、校印「民衆歌曲」試用本	楊莊菁 何國英	同上
	三、校印「合作社常識讀本」試用本	李紀生 朱昌年	
	四、編繪傳習連環畫 1、完成「快哉小水桶」(八幅)	何國英 尚莫宗	共十套此為第五種
	2、完成「合作養牛」(八幅)	楊莊菁 尚莫宗	臨時用畫幅
	五、整理基本讀本資料	李紀生 楊莊菁	備編基本讀本用
期刊	編印鄉建工作通訊第一期至	何國英	週刊

二、民教工作·民教报告与进度

传习工作进度表　9-1-104(123)

行政庶理	一、參[illegible]組日常組務	楊荘肃 [illegible]	[illegible]
	二、彙編工作資料處理本組公文	李紀生 楊荘肃 張綺和	整理各區四月份月報表會議紀錄並辦理案後文件
	三、購置管理書報及剪貼資料	張綺和	
	四、編製本組工作月報	李紀生 楊荘肃	
其他	臨時事項		

璧山四寶閣文具印刷紙號印製

传习工作进度表 9-1-104(124)

76

二月份工作進度

類別	工作項目	參加者	說明
基本傳習教材	一、繼續編繪傳習連環畫		
	1、完成「張大年耕種社田」(八幅)	李紀生 尚莫宗	共計十套,此為第三套。
	2、刻繪「大家要合作」(八幅)	李紀生 劉平之	此為第八套
	3、繪「左明義參加機織生産合作社」(八幅)	李紀生 穆義清	此為第四套
	4、完成「請神中農卅四張福」(八幅)	楊芷甫 尚莫宗	
	二、擬訂「民衆應用文」綱目	楊芷甫	此為傳習處基本教材之一
	三、搜集特種活動教材編輯參考資料	楊芷甫	備編補充讀本用
	四、整理舊有傳習畫片	楊芷甫	
	五、擬訂「農民生活讀本」綱目	楊芷甫	備編傳習處基本語文讀本用

期刊	行政處理	其他
編印鄉建工作通訊第三期至第六期	同一月份	臨時事項
何國英	同一月份	
週刊	同一月份	

壁山四寳閣文具印刷紙號印製

传习工作进度表 9-1-104(126)

77

二月份工作进度

类别	工作项目	参加者	说明
基本传习教材	一、修订「合作社常识读本」	李纪生	合作社非文盲社员传习用
	二、继续编绘传习连环画		
	1、完成「赵家坡成立合作社」（八幅）	李纪生 尚英宗	共计十套，此为第二套
	2、完成「左明义参加机织合作社」（八幅）	李纪生 穆义清	此为第四套
	3、刻绘「大家来合作」（八幅）	李纪生 刘平文	此为第一套
	三、开始校订「民众应用文」	杨在甫	此为传习处基本教材之一
	四、校印传习连环画	李纪生	先印少量试用
工	一、编印「华西实验区工作述要」	何国英 张泽蘅	本书为孙主任讲词，作民教主任训练教材及辅导人员参考用

传习工作进度表　9-1-104(127)

說明	二、編印「社學區工作簡釋」	米澤鄉	人員參攷用
叢刊	三、編印「怎樣做戶口調查」及應用表	余啟德	同上
鄉建學術叢刊	一、編印「平民教育運動史大綱」	何國英	同上
	二、編印「中國鄉村教育運動」	李紀生	同上 此為瞿菊農先生講稿
期刊	編印鄉建工作通訊第七期至第十期	何國英	週刊
行	一、	李紀生 楊岩菁	
政	二、 同十二月份	李紀生 楊岩菁 劉本滋	同十二月份
處	三、	劉本滋	
理	四、	李紀生	
其他	臨時事項		

璧山四寶閣文具印刷紙號印製

传习工作进度表　9-1-104(128)

78

四月份工作進度

類別	工作項目	參加者	說明
基本傳習教材	一、繼續修訂「民衆應用文」	楊若甫	
	二、開始繪「農民讀本」插圖	尚莫宗	本月完成前十本插圖
	三、開始農民讀本檢拔生詞工作	陳光穎	原本未檢拔生詞，故分課撿拔生詞，以便教學。
	四、繼續編繪傳習連環畫		
	1、完成「大家要合作」（八幅）	李紀生 劉平文	共計十套，此為第八套
	2、畫繪「快栽小米桐」（八幅）	何國英 尚莫宗	此為第六套
	五、彙編並校印特種實踐活動應用教材	李紀生 社會調查室	本月以社學區調查表格為特種實踐活動應用教材
	六、校印傳習連環畫	李紀生	先印少量試用

期次	工作說明叢刊	行政處理	其他
…至第十四期…	校印社學區農戶經濟調查說明	同三月份	臨時事項
…作 國 共…	社會調查室 李紀生	同三月份	
…進 …	此為民教主任導生實踐活動應用書表	同去月份	

附：協助各組編繪事項：

一、設計銅梁合作紙廠招牌——穆義清

二、繪製華西實驗區組織系統圖等廿五幅——穆義清

三、繪製華西實驗區璧山輔導區簡圖——劉平之

璧山四寶閣文具印刷紙號印製

传习工作进度表 9-1-104(130)

78

五月份工作進度

工作類別	工作項目	參加者	說明
基本	一、繼續繪「農民讀本」插圖	尚莫宗	全書共計繪插圖三十八幅，本月内全部完成
	1、修正前半本插圖	尚莫宗	
	2、完成後半本插圖	尚莫宗	
	二、完成「農民讀本」檢查生字生詞工作	陳光顯	
傳習	三、繼續編繪傳習連環畫		共計十套，此為第七套第八套
	1、完成「王大全當經理」一套（八幅）	李紀生 劉平文	
	2、完成「防治砂眼」一套（廿二幅）	楊裕甫 穆義清	
	四、開始編輯「農民補充讀本」	李紀生 陳光顯	以本區建設活動為主，為傳習畫之繼續補充教材

教材	五、繼續編輯「民眾應用文」	[illegible]	
	六、校印「農民讀本」	李紀生 楊莊肯	暫印二十萬本本月内完成校對工作
	七、彙編夾校印特種實践活動應用教材	李紀光 合作組	本月以合作社組社書表為特種實践活動應用教材
期刊	編印鄉建工作通訊第十五期至第十八期	何國英	週刊
行政處理	同四月份	同四月份	同四月份
其他	臨時事項		

附：協助各組編繪事項：

一、設計繕寫合作組理監事會計守則——劉平之 劉本溢

二、華西實驗區作物良種繁殖系統圖——劉平之、李良康合作

三、〃〃〃〃主要病虫害分佈圖——劉平之、夏立群合作

四、〃〃〃〃推廣材料配佈圖——〃〃〃、李良康合作

璧山四寶閣文具印刷紙號印製

传习工作进度表　9-1-104(132)

80

六月份工作進度

工作類別	工作項目	參加者	說明
基本傳習文	一、完成「民眾應用文」編審工作	楊荏甫	
	二、編好「農民補充讀本」初稿	陳光顯 李紀生	以建設活動農業常識及家庭衛生為主
	三、繼續編繪傳習連環畫	李紀生 穆義清 劉平之	傳習連環畫初集共十套，本月份全部完成。
	1. 完成「王大爺破壞合作社」(八幅)	李紀生 劉平之	
	2. 完成「瘟神塌的故事」(八幅)	李紀生 穆義清	
	四、編繪公民掛圖	李紀生 尚英宗	佈置傳習處教學環境用
	五、繼續校印「農民讀本」	楊荏甫	
	六、繼續校印各種傳習連環畫	李紀生	各印共五萬份

传习工作进度表　9-1-104(133)

校[illegible]	期刊	行政處理	其他
[illegible]	編印鄉建工作通訊第十九期至二十二期	同五月份	臨時事項
[illegible]	何國英	同五月份	
[illegible]為主	週刊	同五月份	

璧山四寶閣文具印刷紙號印製

传习工作进度表 9-1-104(134)

81

编辑组同仁传阅 笺 六十八

七月份工作進度

類別	工作項目	參加者	說明
教本傳習教材	一、審定並校印「農民補充讀本」	因係三十九學年度開始，人事或變更，故不列舉。	
	二、校印「民衆應用文」		
	三、修訂「民衆歌曲」		準備再版
	四、開始新編「農民生活讀本」		備明年度採用
	五、編繪並校印公民掛圖		六幅至八幅
工作說明叢	八、開始編「組織教育與讀書傳習」		工作說明叢刊
術叢刊	六、開始編「中國平民教育運動史」		鄉建學術叢刊
教學指	八、改編「怎樣做讀書生」		

传习工作进度表　9-1-104(135)

其他	期刊	行政處理	[illegible]書用
臨時事項	編印鄉建工作通訊第六十六期及第六十七期	同六月份事項	[illegible]

壁山西寳關文具印刷紙號印製

传习工作进度表 9-1-104(136)

82

八月份工作進度

類別	工作項目	參加者	說明
基本傳習教材	一、繼續"農民生活讀本"	見七月份說明	
	二、繼續修訂"民衆歌曲"		再版本
	三、審定並校印公民掛圖		
	四、校印"民衆算術"		
	五、編繪幻燈教學圖畫腳本		
工作說明及學術叢刊	一、繼續編"組織教育與導生傳習"		工作說明叢刊
	二、繼續編"中國平民教育運動史"		鄉建學術叢刊
教學指…	一、繼續編農民讀本教學指導書		

传习工作进度表　9-1-104(137)

用書	期	刊	村政處理	其他
二、審定教部[illegible]模範[illegible]	一、編印鄉建工作通訊第廿七期至卅期	二、籌備編村鄉建實驗月刊	同七月份事項	臨時事項

璧山四賓閣文具印刷紙號印製

传习工作进度表 9-1-104(138)

83

九月份工作進度

類別	工作項目	參加者	說明
基本傳習教材	一、完成「農民生活讀本」初稿	見七月份說明	
	二、審定「英校印」民衆歌曲」		再版本
	三、開始繪「農民生活讀本」插圖		
	四、編繪幻燈教學圖畫腳本		
工作說明及學術叢刊	一、開始編輯「中國鄉村建設運動」		鄉建學術叢刊
	二、完成「中國平民教育運動史」		同上
	三、完成「組織教育與導生傳習」		工作說明叢刊
教學指	開始編「農民生活讀本教學指導書」		

讀物	期刊		行政處理	其他
結合民衆讀物之種	（一）編印鄉建工作通訊第卅三期至卅四期	（二）創九鄉建實驗月刊	同八月份	臨時事項

璧山四寶閣文具印刷紙號印製

传习工作进度表 9-1-104(140)

84

十月份工作進度

類別	工作項目	參加者說明	
基本傳習教材	一、審定「農民生活讀本」	見七月份說明	實驗試用本
	二、校印「民衆歌曲」		再版本
	三、繼續繪「農民生活讀本」掛圖		
	四、編繪幻燈教學圖畫腳本		
教學指導書	繼續「農民生活讀本」教學指導書		
工作說明及學術叢刊	一、繼續編「中國鄉村建設運動」		
	二、開始編繪「本區工作圖解」		
補充讀物	一、編審民衆讀物二種		

	工作報告	期	刊	行政處理	其他
二、繪民衆讀物插圖	開始搜集本區本年度工作報告資料	一、編印鄉建工作通訊第廿三期至卅期	二、編印「鄉建實驗」第六期	同九月份事項	臨時事項
		週刊	月刊		

璧山四賢閣文具印刷紙號印製

传习工作进度表 9-1-104(142)

85

十一月份工作進度

類別	工作項目	参加者	説明
基本傳習教材	一、校印「農民生活讀本」	見上月份説明	
	二、複審各種基本教材讀本		備再版時修正
	三、編繪幻燈教學圖畫腳本		
教學指導書	完成農民生活讀本教學指導書		
工作説明及學術叢刊	一、完成「中國鄉村建設運動」初稿		
	二、繼續編繪「本區工作圖解」		
補充讀物	一、編寫民衆讀物六種		
	二、繪民衆讀物插圖		

報告	期	刊	行政公文簽提	其他
[illegible]	八、編印鄉建工作通訊第卅九期至四十六期	六、編印《鄉建實驗》第三期	同十月份事項	臨時事項
	週刊	月刊		

璧山四寶閣文具印刷紙號印製

传习工作进度表 9-1-104(144)

86

十二月份工作進度

類別	工作事項	參加者	説明
基本傳習教材	一、複審各種基本教材讀本	見七月份說明	
	二、編繪幻燈教學圖畫腳本		
	三、校印各種基本教材		
工作說明與工作報告	一、完成本區本年度工作報告		
	二、完成本區工作圖解		
高級民校教材	開始擬編高級民眾學校各科教材		
補充讀物	一、審定並校印民眾讀物		
	一、繪民眾讀物插圖		

其[illegible]	刊	行政處理	其他
一、[illegible]第四十六期	二、編印「鄉建實驗」第四期	同十一月份事項	臨時事項
[illegible]	月刊		

璧山四寶閣文具印刷紙號印製

璧山县第三辅导区施行民众教育工作报告（一九四八年三月十日） 9-1-68(128)

72

華西實驗區璧山縣第三區施行民衆教育工作報告 三七、三、十、

一、社會狀況概述

第三區鄉鎮名稱

丁家 來鳳 龍鳳 健龍 廣普

馬坊 定林

保甲及戶口統計（詳數見附表）（係指已設學區之保甲戶口計）

保 六九保 甲 七三七甲

戶 一〇五八一戶 人口總數 六六九九三人

三區各鄉為璧山縣屬富腴之區人煙稠密成渝公路直貫馬坊丁家來鳳三鄉大小溪流縱橫境內循油溪入江津境始滙成巨流流

璧山县第三辅导区施行民众教育工作报告（一九四八年三月十日） 9-1-68(129)

入大江土壤肥沃主要農產品厥為穀米高梁及其他雜粮農村副業當推土布（窄布）為大宗廣普龍鳳定林丁家來鳳等鄉幾乎人人皆織工家家有木機而俱以丁家來鳳兩鄉為集散市場月產數字約計拾五萬餘匹大部份運銷雲南貴州及西康等省正因其地方豐裕遠行從政經商者又特別眾多兼之抗戰期內西遷之學校如交通大學九江同文中學公正會計學校均移來丁家鄉以致誘引地方人士對教育頗為重視就學青年以研讀便利亦較他地為多年來除外來學校隨復員遷離本區外現於此八鄉境內尚有由地方人士倡辦之私立璧南明善中學兩所各鄉設置之中心學校十一所保國學校五七所教育當稱發達惟以物價高漲生活困難就學

23

之各中小學生究屬中產之家為主雖全區各鄉失學之學齡兒童及成人數字尚無精確之詳細統計即以各鄉民教主任各就工作地區作局部之調查估計文盲畢竟尚佔全區人口百分之七十以上

二 籌備經過

全鄉民教主任訓練班于十月底結束後各鄉受訓人員即行回鄉按照規定準備事項逐次展開工作本區于十一月十二日起輔導委員率同督學一人指導員一人按各鄉集場日期分別前往召集鄉務會議出席人士計有鄉長代表主席中心校校長各保保長保代表保校長及士紳等應邀參加民教主任亦于是日經宣佈到職工作報告事項係實驗區成立之意義性及推行民眾教育之方法

討論事項 1.畫分學區 2.挨户調查學齡兒童及失學成人數字（附帶各户經濟概況）3.各保定期（不得逾十一月廿日）召開保民大會 4.甄選導生 5.各保設備費籌集灯油費攤募 7.導生講習 8.統一頒發教材及書籍 9.決定開學日期 本區各鄉先後開學日期由十一月廿五日起迄十二月五日止大致均遵照規定施行

三、實施概況

（一）統計資料（詳附表）

（二）輔導方法

1.區辦事處設于丁家鄉民衆教育館内輔導委員常川駐

74

此負責督導丁家、馬坊、定林三鄉

2.督學常川留駐來鳳鄉，負責來鳳、龍鳳兩鄉

3.指導員常川留駐廣普鄉，負責督導廣普、健龍、三合三鄉

4.輔導委員根據各學區工作旬報表，不定期抽查區屬各鄉傳習處，督學、指導員即就指定鎮鄉隨時下鄉查考並指導工作

5.各鄉設置民衆教育輔導委員會，由鄉長代表主席，中心校長及士紳二人組成之，負責解決各該鄉推行民教工作之困難問題，並督飭各學區工作之推行

本區輔導所得之觀感

1、地方不乏明达之士一保如得一人倡導赞助或其親作導生可能推行尽利

2、保甲長留心各該保民教工作更能親身督催學生入學亦頗見效

3、民教主任中不辭辛勞不分晝夜奔走教讀者亦頗有人在惜嫌過少

4、婦女初次讀書頗感痛苦一以分心于家庭瑣事二、背負或襁抱小孩又不能不加以照應三、蓋于年齡過長尚不識之無但如遇授教得法之導師溫婉体貼詳細教解則興趣濃然動輒以背誦講解相競誇甚謂有比家裡操作活

璧山县第三辅导区施行民众教育工作报告（一九四八年三月十日） 9-1-68(134)

75

路尚遠輕鬆愉快

5.成年傭工以渴得幾句成語幾個生字學會珠算為樂

6.成人班附設於私塾內可收強化私塾於社會教育之功效

7.成人班除所閱讀之教材外當要求加授市間所流行之萬事不求人大全雜字等書籍以增進其日常生活上必需之文字及常識

8.多有學生自備筆墨隨堂練習者

三特殊事實

1.璧南中學男女学生年假返家寧[illegible]遵循區辦事處之請託參加其本保本甲之民教工作甚有自捐筆墨紙張共給事主

應用另尚有教習淺易数学及音楽者

2、廣普鄉廖鄉長宗良為推行民教每月特派鄉村警察下鄉挨户督催成人文盲入學

3、三合鄉何晏如先生慨捐六十萬元于本保傳習處作灯油費

4、丁家鄉十四保薛甲長漢忠以家宅作為傳習處并令其子成忠女成玉均畢業中學担任導生始終義務工作不懈

5、来鳯鄉調解會主任王澤惠自該鄉開辦民教工作以来即充任導生迄今綦年尚未嘗一日稍懈

6、丁家鄉十一保傳習處導生係由楊師母許琍担任始終穫教師精神挨户催促學生上學并每日繕寫紅格多張分贈各學生填習其費用多係其捐贈

璧山县第三辅导区施行民众教育工作报告（一九四八年三月十日） 9-1-68(136)

76

四、問題與建議

問題(一)民衆對民教意義了解不夠加以生活艱窘謀生尚感不暇每日廹令彼等讀書一二小時不獨感覺拘束無趣索然甚至發出耽擱其找尋生活之怨言

(二)鄉保自治人員認為推行民教工作不屬於職掌分内之事並且感覺麻煩以此大多敷衍應付即縣政府所去之公文照例歸檔存查甚或有遺失者

(三)保甲對民教主任作一普通教師看待所有一學區之調查工作傳習處劃分招生教讀留生及導生之選拔等事項均認為係民教主任一人應盡之責即令彼等協助亦認為無

可無不可之替代

四、地方意見分歧私人黨派對立如民教主任屬於甲派份子則乙派即不感愉快想方打条極盡其破壞之能事

(五)考試之民教主任程度參差不齊做人作事不夠甚多缺乏闻敎事業之精神仍以昔往教書得過且過之態度作事故稍遇困難即畏而却步或竟不惜與自治人員大起衝突、

(六)傳聞實驗區有錢貸助各項手工業之發展初而蠭起參加惟恐落後積至數月不見實現之影响則猜疑推測怨言四起以致成人班繼續辦理及留生均發生問題

璧山县第三辅导区施行民众教育工作报告（一九四八年三月十日） 9-1-68(138)

77

（七）導生教書純盡義務久則生厭多視為可有可無之玩意事兒缺之持久性之責任感故異動及缺席特多

（八）傳習課本之教材內容偏重於公民常識之傳授不切合初識文字者之需要

（九）受教之男女成人多循以往民衆學校之例要求發給筆墨課本本區無此項之經費亦係推行困難原因之一

建議（一）推行民衆教育應加強政治性之督導換言之縣長及教育科長須經常下鄉巡視督飭較嚴俾鄉保認為應盡之義務工作不致有所推諉而民衆亦得遵照其督促與勸導踴躍參加

璧山县第三辅导区施行民众教育工作报告（一九四八年三月十日） 9-1-68(139)

(二)實驗區應加强并充實教育性之宣傳工作如電影幻燈連環圖片傳習卡片等藉以誘引民衆學習及求知之興趣

(三)課本内之教材當針對受教者之程度分别班級年次編訂内容尤多注重農家生活化故事興趣化

(四)應由實驗區統編一冊民衆歌唱集分發各學區傳授俾各鄉村間轉移枯燥呆滯之生活為愉快樂輕鬆

(五)成人班因男女工作餘暇之時間各不相同故傳習處應分别辦理所授課程除一般必讀之教材外須加授簡單之家政及衛生常識

(六)各鄉成立合作社之先后程序係依辦理民教工作成績之優劣而定

78

此項規定應編入傳習課本內俾民衆不至於有輕許諾不實行之傳言

(七)就考訓現服務于學區內之民教主任中挑選組織一巡迴施教團經常來回于各學區之傳習處內實施示範教學歌詠隊及衛生服務組亦由其併一担任

(八)為提高各民教主任之熱忱與及其學能之修養除應由各區辦事處定期召集工作研討會議外每年應請鄉建院就成績優異中免費選考數名以助其深造

壁山县第二辅导区推行第一期失学成人补习教育报告书（一九四八年三月十日） 9-1-68(90)

58

第二区推行第一期失学成人补习教育报告书

中华平民教育促进会华西实验区璧山第二区办事处

璧山县第二辅导区推行第一期失学成人补习教育报告书（一九四八年三月十日） 9-1-68(91)

53

璧山縣第二區推行第一期失學成人補習教育報告書

壹、社會概况：

一、地理（附地圖一份）

本區位於璧山之南，毗鄰西山，界接永川、銅梁，縣內與福祿、大興、獅子、來鳳、丁家、廣坊等鄉接壤，夾處於壹區與叁區之間，有璧河梅溪二流蜿蜒其間，灌溉之利賴焉。共有鄉鎮七，梓潼、太和二鄉均背負西山面臨原野，其餘各鄉均系谷底坵陵地帶，土壤肥沃，人口稠密，大戰之餘，農村廣而不富，經濟極形萎縮，鋌而走險者，所在多聞，西山之燃燈佛、重山虎蹲嶂地形險要，時為土匪所盤踞，對於治安之維持，極感困難，若不從早設法，此國家社會之隱患也！

二、交通

璧山交通，號稱發達，本區獨爲例外，城渝路沿東山之麓，經來鳳驛至丁家，繞本區邊沿而過，境内雖有璧江梅溪二流，均涓涓之水，流量過小，無舟楫之利，現在交通仍仰賴於人力与畜力，維持着幾千年陳舊之傳統，各鄉鎮間只有石板路相聯絡，因山採石，隨地可得，現今各路均甚完好，因交通之不便，雖有寶藏亦莫之能發，政令貫徹於地殊足可惜！

三、經濟

今日之農村，都感人口過剩，而工業尚未發達，農村過剩人口不能流入工業生產途徑之時，人民經濟情况無法改善，生活程度無法提高，加之接近陪都，而農村成爲都市副食品之今日，大量食米流往都市

璧山县第二辅导区推行第一期失学成人补习教育报告书（一九四八年三月十日） 9-1-68(93)

54

人民只有勤緊肚帶以雜糧充饑。就各鄉情形而言，太和、梓潼、三教、鹿鳴
等四鄉人民生活均甚清苦，據估計自給自足者不足百分之十，如太和第十
保只六戶不買糧食，在農業社會中有如此現象殊足駭怪。其餘丹鳳、
中興、正興表現得較為富裕，這是説地主較多，土地比較集中在少數人的享
受上比較富裕而已，而大多數的平民仍然是貧苦無告。一般平民除種田外
都靠織布、養豬、作小販、挑礦、伐木來維持他們的最低生活。推測他們剩餘的
勞力尤以織布為多。就物產言，丹鳳農產品稻、麥、高粱、包谷、豆類、蠶
油、菜油、桐〃等；梓潼、太和附臨西山，滿山森林深，木材、竹類遍地都有，造紙業、
相當發達。西山之煤礦均富，煤層厚而礦佳。太和八塔寺之鐵礦，頗負名於時，
多為吳係公司採制，想為有關珠寶值，後因交通不便，其事遂寢。在平壩地

以後爭採油礦，遣當頗多，璧山乾涸，馳名各地，秋大和一帶之窯山雨水沖刷較輕，抗戰時曾發棄參軍人、熊社，所收細麥單，千餘人，現在已能自耕而食多，成地位救到經濟生活，一般人均還戀着向日的繁華，在公路未通之前本區各鄉鎮之織布、造紙、採礦各業都異常發達，升斗小民隨地可以得到生活，運布運紗千人成幫，農村經濟賴以繁盛已極，自公路一通，帶來了荒落景象，農村副業完全萎縮，在此枯乾窮竭之時，欲求更生，恐仍敵不過高利貸的盤剝與剝削，總言之，大多數的平民都在生活線上掙扎，他們都亟待救濟與復甦！

四 文化

本區在經濟上完全倚靠於農村經濟及手工業時代，自給維艱，交通

璧山县第二辅导区推行第一期失学成人补习教育报告书（一九四八年三月十日） 9-1-68(95)

不發達，商業不繁榮，文化比較落後。從學校方面說，只有在新縣制頒令下的國民學校，共計有中心國民學校九所，保國民學校五十二所，全區共七十六保，尚未達到一保一校。就學生方面說，全區共有專科以上畢業學生三八人，肄業學生二六人，共六四人；高中程度畢業學生三五三人，肄業生一一五人，共三六八人；初中程度畢業生四〇二人，肄業生二四三人，共六四五人。總計初中以上學生一〇七七人，平均每人口百分之一點七強。全區入學兒童、五〇七七人，男三一一七人，女一九六〇人（內私塾學生多於國民學校學生）佔全人口百分之八點二強，失學兒童五三三四人，男二四一三人，女二九二一人，佔全人口百分之七點六，失學成人三五四三九人，男一六二五三人，女一九一八六人，佔全人口百分之五七（上列百分比不能盡信，因人口總數係根據戶籍冊，而其總數

璧山县第二辅导区推行第一期失学成人补习教育报告书（一九四八年三月十日） 9-1-68(96)

学根据各学区之调查，全区共七十六保，只三十四学区有学保数，并未纳入学区，学龄儿童指六岁至十二岁，成人指十五岁到四十五岁，中十三岁至十四岁又未纳入调查之范围。就社会教育方面说，太和有梅江补习学校一所，分中学先修班及职业班，收费，经费困难停办。正兴有民教馆一所，开办费由公众负担，官以之执闲之人，维以节经费，看似敷人亡政息。此外各乡均有教育会、体育会等组织，但类皆挂名而已，只求虚应故事，野草春风时生时灭矣，是稀道！

五、乡保甲户统计

本区共辖七乡，以丹凤为中心，环以正兴、鹿鸣、中兴三教，转龙、太和等乡，每乡距离不出二十华里，南北之长由丹凤之茅莱山至正兴之三官殿，约六十六华里，东西广由太和而来凤至鹿鸣之八塘，约三十华里，依计面积

璧山县第二辅导区推行第一期失学成人补习教育报告书（一九四八年三月十日） 9-1-68(97)

約九六〇平方華里，全區共七十六保，七百七十三甲，九千七百四十六户，人口總數六一五〇三人，內男丁三一三九八人，女口三〇一〇五人，每平方華里平均約計六四人。本區概況大略如上。在社會勢力方面，有一種之必要各鄉袍哥，視其在各鄉鄉民會均極具勢力，而另地方上其他勢力，如當參議會或親或離，錯綜複雜，交織而成一種極複雜的場面，於政令之貫徹，工作之推行，均極棘手，如某鄉有某家某家與某家之爭，鹿鳴有某家與張家之爭，中興有新舊派之爭，同興有白家鄭家張家在鄉長官之爭，而借黨團社團為後盾，以掩護其私人利益，勢如水火，無可允爭，多各主義，又如安必有力量均損耗於傾軋之中，直同進步途中之障礙，社會更無此態，無根錯於斯之環境中推動其困難，可想而知！

貳、籌備經過

璧山县第二辅导区推行第一期失学成人补习教育报告书（一九四八年三月十日） 9-1-68(98)

本会之推進此次工作自本年起於璧山全縣普遍展開[illegible]

六十餘人，十月下旬入班受訓，為期十日，期滿即於民教主任結業，返鄉紛紛展開

調查工作。本会工作同仁着即陸續下鄉搜集各項有關資料。十一月下旬璧

山教育專門委員会開会，全体輔導員參加討論下鄉之方法步驟以及

各項技術問題。十二月一日即分頭下鄉，分別於鄉召集本區輔導委員[illegible]依輔導區之

區輔導委員（已製卡）鄉遠夫先生代理除外，其六輔導新區二人分負指導之責，又

召集人少甚感困難。首先到丹鳳場，該日利用集期召開鄉鎮聯席会議，

說明民教工作之意義以及辦法步驟，收後將來之進展情形，決定於民教

主任工作與保長會議，指出何各問題民大会程序調查[illegible]

灯油雖需傳播及收據，真實訓練儲備，但甚為便當。到正興開会後卻分

璧山田賦[illegible]印刷社

璧山县第二辅导区推行第一期失学成人补习教育报告书（一九四八年三月十日） 9-1-68(99)

道、来凤（正兴、太和、狮子、福禄、三教）到鹿鸣中心校与会者均在百人左右所有地方自治人员教师民教主任士绅等均参加盛况为乡镇保民大会所仅见於乡开会后民教主任即分返学区与保长合作召开保民大会（均有保民大会记录可查）决定筹备开学开学最早者为正兴在十二月五号其余稍有参差最迟者以前均已全部开学筹备经过概略如是！

叁 实施概况

民教工作之实施係用导生传习办法希望在人力财力方面用最经济的办法利用平民闲暇完成扫除文盲民众组训及地方文化经济建设各工作此项设备费用只极简单如黑板、桌凳、灯油等项本区地较大部人民经济情况改善凡此等等仍感缺乏等困难黑板一项除中心太和两乡统筹制黑木板

璧山县第二辅导区推行第一期失学成人补习教育报告书（一九四八年三月十日） 9-1-68(100)

里致外其餘多因[illegible]況或疲乏[illegible]身體數目永使之硬化經濟[illegible]
因而貧[illegible]除此外有利用每字內收或適當收聚其養物利用以別
出心或採覓入稍多者為鐘一家中借用燈油耗費甚大人民無力負擔多未
參加信習時間訂於白天（鄉鎮學區多在晚間）近山者係多有利用冬防把
守碉口安在[illegible]向施行信習教育者 信習多設於碉堡內青少壯頗係上者
有專類教衛合一[illegible][illegible]而係[illegible][illegible]欲當在招生方面[illegible][illegible][illegible][illegible][illegible]
編組凡[illegible]期入學之失學成人其年齡則上訂為十五歲至三十五歲以家庭負擔較
輕者為標準使全面無不良嗜好者且有領導作用而能激勵後進者為在公務
面如各界有知識分子家鄉有人參加編組[illegible]當即通知鄉鎮保甲長協助動
導入學 [illegible]導信保多不來校請[illegible]其甚為難管甲長多予即代[illegible][illegible]

璧山县第二辅导区推行第一期失学成人补习教育报告书（一九四八年三月十日） 9-1-68(101)

新[illegible]文[illegible]其结果交会野火烧不尽春风吹又生[illegible]

分乡集中训练保保[illegible]长及[illegible]等分[illegible]分保训练[illegible]学生之学

风气证明民教工作之上[illegible]不能推[illegible]训练[illegible]通令各乡镇训练[illegible]

实[illegible]因应[illegible]会方式个别辅导方式研究教学技术及教材之合于地方[illegible]

讨论建设[illegible]教之中以达本年度训练目的与教材之适[illegible]民[illegible]

课本外[illegible]加入珠算应用文[illegible]音乐各科以提高学习兴趣并激

起学生之[illegible]应用文[illegible][illegible]乡分配[illegible]学生积极[illegible]

[illegible]人数[illegible]各班[illegible]科之[illegible]学生自

[illegible]行为[illegible]传[illegible]自治[illegible]问题[illegible]心理[illegible]民教[illegible]

检讨[illegible]各班毕业[illegible]普以[illegible]上团等级[illegible]民教工作[illegible]

璧山县第三辅导区推行第一期失学成人补习教育报告书（一九四八年三月十日）　9-1-68(103)

璧山县第二辅导区推行第一期失学成人补习教育报告书（一九四八年三月十日） 9-1-68（104）

规定多有例外，故课程进度方面，有十数学区已将补习课本读完，其余多
在三分之二、三分之一以上。就学生接受能力而论，稍有参差，然补习一期内均可
教完。有进度较快者，能读书写信，且[illegible]人数均有文[illegible]
之事，能以阅读[illegible]，写[illegible]一般文即[illegible]得[illegible]
[illegible]人[illegible]一[illegible]，[illegible][illegible]程课进度，[illegible]程
[illegible]及了解者，多有差参，[illegible]校[illegible]不同，[illegible]进度上亦不能一致，[illegible]外
不好学校班级[illegible]之[illegible]，[illegible]始终是早来早[illegible]，[illegible]来[illegible][illegible]程
度上有参差，所以教育上[illegible]教[illegible]即[illegible]教[illegible][illegible]补[illegible]文
字以[illegible]人[illegible][illegible]，[illegible][illegible][illegible]一种[illegible]收效之大，况[illegible]
[illegible]人[illegible]上[illegible]民教工作[illegible]，[illegible]助力[illegible]

璧山县第二辅导区推行第一期失学成人补习教育报告书（一九四八年三月十日） 9-1-68(105)

而有文字宣传品必有忠信对政府有益于人民之工作亦必好者这种热心之士如太和之袁若华同学之白义之郑修德正兴之叶同藏等先生皆出同民报劳力数收获现状亦可但该等居然无不能全免但此上无一绝对之妇人这由于他们不知道劳力不能够收回，有工作的热忱来感化他们可是亦可以弃学者亦总会不致拒绝吧！在民教先生们情绪上一般均甚良好早晚都导让学生色为伍在窗前灯下作他们工作的写的一民教育中心良善不肯以敷衍塞责了事然草於当不能全免但害群之马人皆能一律重出所手续后以我以励其心集教育於用以振作抗整个工作意不无一斑疏大体三分之一免可差强人意

八、统计资料：

璧山县第二辅导区推行第一期失学成人补习教育报告书（一九四八年三月十日） 9-1-68(106)

本区实施情形概如上述，其余未能列为统计数字中者，有关于教学

种种备注事项●材料来源●学生程度与教学上经过重要资料详载

实况统计表及树立学生及格学生概况统计表一份，教育概况统计表一份

二、辅导方法

本区共七乡，分四学区，一百六十五班传习处，而辅导人员只有二人，均兼县府

差事，一时赴县，一时监收，于辅导方面颇感日不暇给，兹以本学期由各乡民

选出以取得联络，情形予以适当之辅导，兹将辅导方法分述于左：

（一）以人为选：一人留守，本区只有二人负辅导之责，而区内各乡负此系统常有乡

民教主任前来接洽，或者有关法令解决困难者，或新编合式办法者，均随时

人主持其事，于每星期内以一人留守，一人出巡，分别辅导，以书面答复问题，并实施辅导

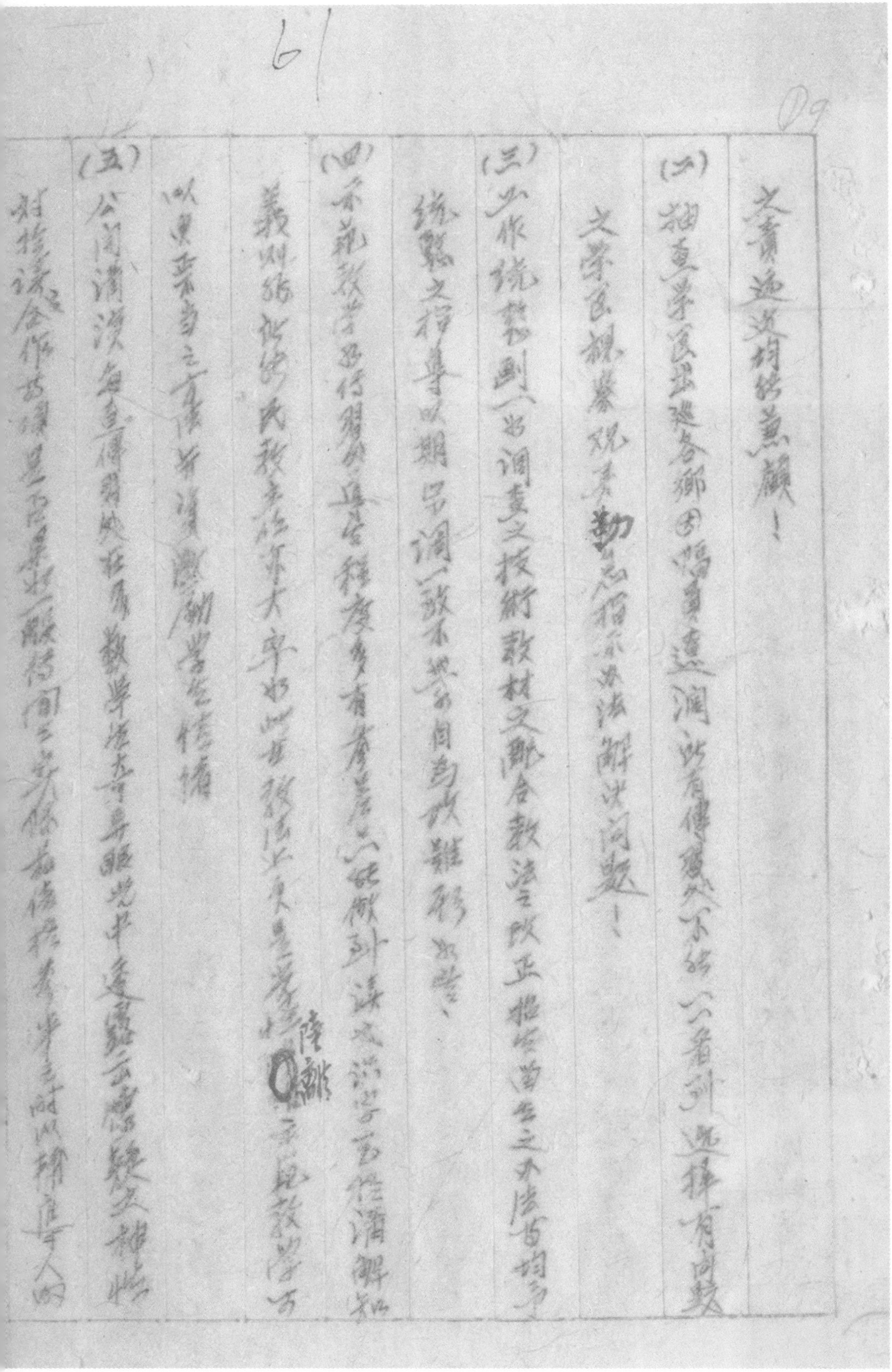
尤貴適應[illegible]兼顧！
（二）輔導學區應[illegible]各鄉（鎮）[illegible]
[illegible]觀摩，勸其指示方法，解決問題！
（三）工作統籌劃一，如調查之技術、教材之配合、教學改正、指導[illegible]之方法等均[illegible]
統籌之指導，以期步調一致，不至有自為政雜亂現象。
（四）[illegible]
[illegible]
[illegible]
（五）公開講演[illegible]
[illegible]

璧山县第二辅导区推行第一期失学成人补习教育报告书（一九四八年三月十日） 9-1-68(107)

璧山县第二辅导区推行第一期失学成人补习教育报告书（一九四八年三月十日） 9-1-68(108)

[illegible]

部分引起人们教育作用

（六）利用集期召开民众座谈会藉此机会互相了解意见检讨工作策勉将来实施民教之困难之解决办法[illegible]之推动工作之进行[illegible]

（七）拜访士绅利用乡镇附近之机会拜访士绅通过[illegible]使其全盘明瞭本会工作情况的方式引起他们的同情和热忱这是化阻力为助力的办法

（八）参加乡镇[illegible]集会[illegible]

[illegible]

共勉！

璧山县第二辅导区推行第一期失学成人补习教育报告书（一九四八年三月十日） 9-1-68(109)

（九）农暇期间之新剧演出亦未进行，但当时间极感且应请商承便藉慰
以理候利用作辅导根据
（十）加强与乡保辅导机构之联系，乡乡之辅导团亦未发挥作用，须随时设法
加强工作，以获得当地之理机构，使民教主任工作勤惰以资考核
三、特殊困难
十室之邑必有忠信，十围之内必有芳草，某区七乡之中当不乏可造之才，何况民
教工作有关国计民生，切在根本，拯救此国家，诸如此类之言之，乃为天地立心，为
生民立命，为往圣继绝学，为万世开太平之工作，某亦有识之士莫不视教育为
对是人之工作予以扶持和赞助，不敢不能可宝之者，书籍等偏可以见之而概
其余。一、太和裴君华先生民教事业推向刷新，普遍近期从事教育

璧山县第二辅导区推行第一期失学成人补习教育报告书（一九四八年三月十日）　9-1-68(110)

[illegible]

璧山县第二辅导区推行第一期失学成人补习教育报告书（一九四八年三月十日） 9-1-68(111)

63

為男字課所需之大字請蔡先生請將先生留大字後於省初中學小字而敬緣
宣傳很費而常量三二級義讀小學文字不尚過是學生的作風說清
教材除讀課本外有珠算習字時間均由各人之童年增加熟練其學生
由願於蔡先生之本意始再感相我庭到先生可小飲些有生米蘇[illegible]活
晒谷樓處數來校於課畢後同在一起談話欢然圍坐且談且飲竟
至醉倒不醉更不知袒論之三更矣

叁　問題与建議

本教会過去在璧縣的工作對於鄉村建設實有輝煌的成就對於掃除國民
貧愚弱私四大病的生計教育文藝教育衛生教育公民教育都有施[illegible]
的意見形成一套可以推廣的制度這是全人皆知的事實但是時移則易

璧山县第二辅导区推行第一期失学成人补习教育报告书（一九四八年三月十日） 9-1-68(112)

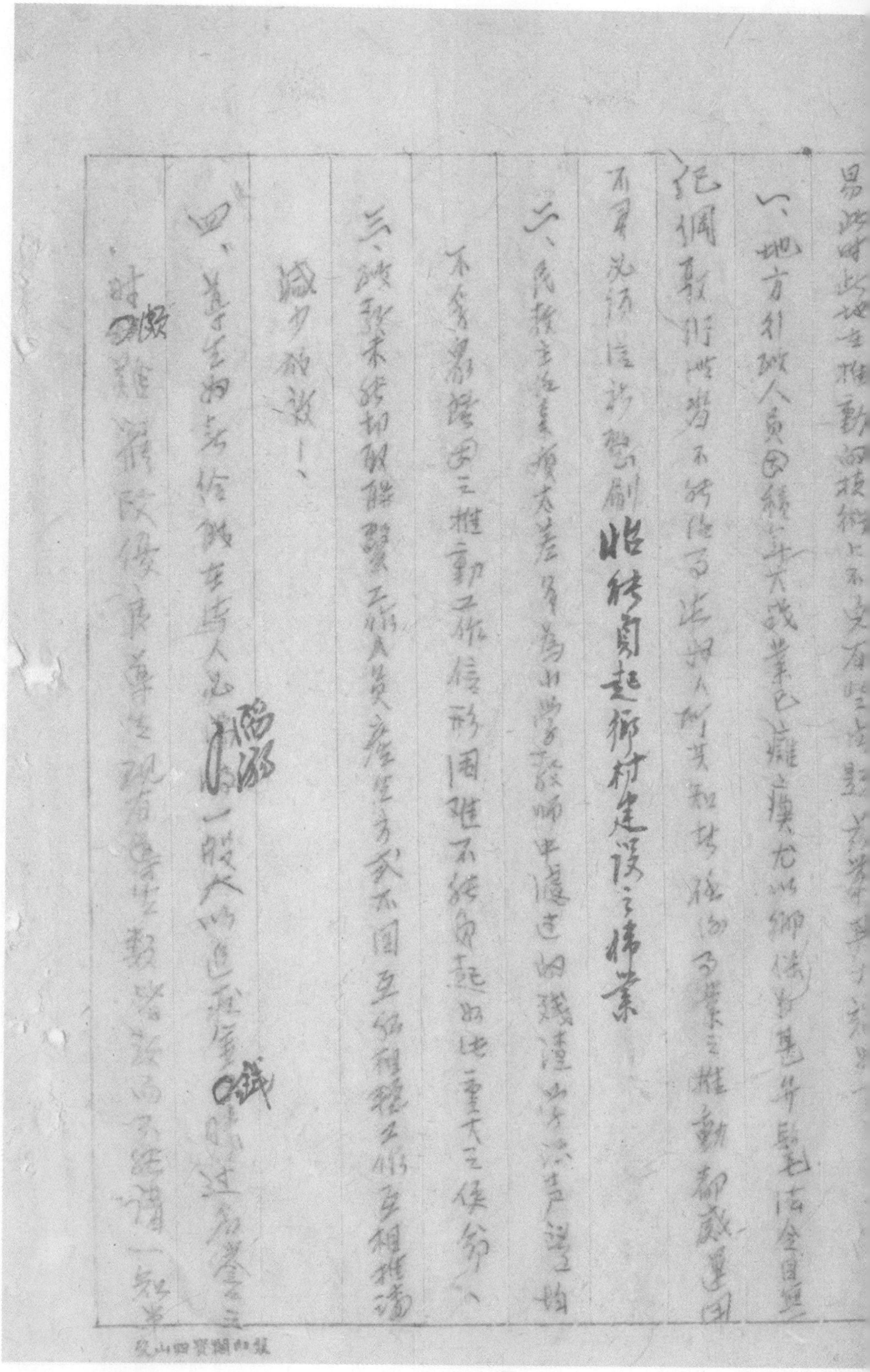

易收时此地之推動而積極上不克有些[illegible]

一、地方行政人員因經八年大戰業已疲憊尤以鄉保甲長包括全[illegible]

組織散漫行政當不能認為此乃個別其和其社會事業之推動都感異困

不克兼顧注意於[illegible] 肩負起鄉村建設之偉業

二、民教主任素質太差多為小學教師中遴選的殘渣出身[illegible]之輩

不足以擔負起推動工作情形困難不能負起如此重大之任務、

三、政教未能切取聯繫工作人員產生矛盾不因互相推諉

減少效能！

四、失學的老[illegible]人迷信一般人以為過去[illegible]

時[illegible]難[illegible]及像[illegible]導生現有學生數[illegible]一知半

璧山县第二辅导区推行第一期失学成人补习教育报告书（一九四八年三月十日） 9-1-68(113)

64

解以前導生學習興趣之缺乏興趣！

五、地方惡勢力豪紳間有人多不合私意，遂興風作浪，造謠生事，藉故破壞阻撓

工作之推動！

六、督導人員太少，不能面面兼顧周到，致督導學指導發生偏頗，致令

最下鄉輔導員應不暇接之作頗多不便！

七、因生活困難，指導生已業易自給自足不及百分之三十，而失學成人均在

此不能自給之百分之九十中，甚至陳仍須努力於副業之生產

養以或稅繳或小販或苦力要遷勞力的代價去換取生活，僅富人與中

戰後勝餘的精食其之作三三十萬紀之夜以僅自學分某且者在他們的

觀念中是對向生活命生存與合在一起的講究國家重要而世界的

璧山县第二辅导区推行第一期失学成人补习教育报告书（一九四八年三月十日）　9-1-68(114)

争取更属重要人民求生不暇其他诸般设计一切都是因为贫穷影响教之发展实因之。

八、乡间住户零落状形复杂又无时间观念传习时间每夜不定，因之学生到校先后不一教学困难较多又有单独家庭无人照顾亦不能来校。

九、宣传工作未能普遍深入一般平民对于这个工作没有充分了解一时难于自发自动再以乡间风气闭塞妇女多不愿到校又(三)卅六年的民教工作有始无终使他们留下不良的印象所以更无信心。

十、教材太深用语上未能与四川方言完全配合概数亦有错误乡

璧山县第二辅导区推行第一期失学成人补习教育报告书（一九四八年三月十日） 9-1-68(115)

65

觉多以一孔而概其多，没有足以适合相当的大多数教材之编排以儿童中心之充实知识之灌输，没有趣味化，致人读之枯燥乏味，学习情绪低，用是欠佳。

六、学区打破保界而拥有保区内所有重保甲长与地方人士，畛域观念太深，推动工作尚有推诿观望心理，极感困难。

上述问题，都在工作中发见，当是枝枝节节，如欲实际存在，还是先说之，知其道应是痛中知其痛其素，针对上面问题，给以彻底之根本建设。

八、加强行政力量，划一机构，免除牵制，而推动之乐，最好能一新视听，上下齐心，同心同德，共策进行，达成……，才能唤起民众，使之自发自动。

璧山县第二辅导区推行第一期失学成人补习教育报告书（一九四八年三月十日）　9-1-68(116)

六、增設輔導人員以代替現在之上重下輕之現象，現在的情形恐怕是之

輔導辦事（委員多存輔導之嫌）今後希望一鄉一人其他應[illegible]指導員及督學而有之

[illegible]達用自然宣縣的實驗是由若干專家及若干工作人員創

造而來的而今日環境之不斷加重[illegible]任責[illegible]需要推行一種社會

運動能加強人力與發揮陣容不然者劫、

四、利用依附某因素請全民教育與利於發展

五、鄉村建設是人的建設全民的建設基層行政幹部應在建設之

訓下以新的訓練以喚醒其認識[illegible]臨鄉[illegible]人心今後之訓練要改教配

合集鄉長保長校長民教主任等於一行而施之使其有深刻之認識

[illegible]並養成一種新的作風與人生觀帶到鄉下作為一種新思潮

璧山县第二辅导区推行第一期失学成人补习教育报告书（一九四八年三月十日） 9-1-68(117)

66

教导然后才能一新，因为是训练期间不宜太短，至少要一月以上，总不会陷
于空谈。训练期间可以分作小单位的小组讨论，以沟通情感，建立友
谊基础，以铲除其偏僻狭隘的小地方意识，推动工作才能同心同德合作
无间，新人做新事才能事半功倍——
四、精选民教主任，因除不良分子，最好授权保甲及当地士绅选派地方自然
领袖充任，则工作之阻力自可祛除，俾能安心工作，又可安定地方全
之广播与宣传，然后作了表功，将有成绩、
五、务使保甲会免费担任教之义务，又兼教员有经常适当之费用，
以利学校地方人士爱护教育之热忱，免为切实，因以贻误民教之
极久，过去地方情形是一私塾多于保校，可见地方人士对于教育之

璧山县第二辅导区推行第一期失学成人补习教育报告书（一九四八年三月十日） 9-1-68(118)

不读被出稍予提倡俟有利益作用普同保护全民设备实施
和发展实行之。
六、希望以后的学生，从第一期学生中选择好程度稍差不能作
导生者充参加劝学组织劝导邻居父母使有入学之望，除
经济组织活动外，当有教育组织活动，以学生作导生和
用师生关系支配客观知而必行，即行即习，即教保护学生
新之宗旨、
七、国家业经制宪，按根宪法国民义务教育应为六年，应
立即立案以副宪法之积极义务，假如因循敷衍，是依旧文
育未发而新文盲又生千千万万，永无尽期，国家前途何堪设想。

璧山县第二辅导区推行第一期失学成人补习教育报告书（一九四八年三月十日） 9-1-68(119)

67

(八)、利用保区学区以充实委员会，相互督学之联系，现在学校大抵保位相应，有保甲之机构，故对于教育系统，互不相容，在人民心目中，造成双重观念，此次吾等设法推行"施政合一"，以利推行。

(九)、教材应因时地编制，采用当地语言，以兴趣为中心，最好能综合编制，此外应用文、珠算、练习画片等，以便编入教本之内，由近及远，由浅入深，三年之中有各种活动，使能认识了解一字一句之理，循序渐进，有目的，既有兴趣，又有阶段，在学习心理上可以达到一种阶段的圆满，并对未来更不茫然，一种新的希望，精神上人员致力之处！

(十)、希望多有补充读物，使成人能继续学习，不然，记忆中的符号，容易为时间冲淡，过眼云烟，即消逝！

璧山县第二辅导区推行第一期失学成人补习教育报告书（一九四八年三月十日） 9-1-68(120)

（六）、加強宣傳工作，並利用輔導利用時間宣揚鄉建工作的意義，以清社會之視聽，激揚工作同仁之熱忱。

（七）、希望縣府建設明計劃，能早日實現他們的口號是「讀書第一、合作第一！」完

第二區輔導委員 邱達夫

幹事 張滌華

楊勤謙

卅七年三月十日

璧山县第二辅导区推行第一期失学成人补习教育报告书所附地图　9-1-190 (237)

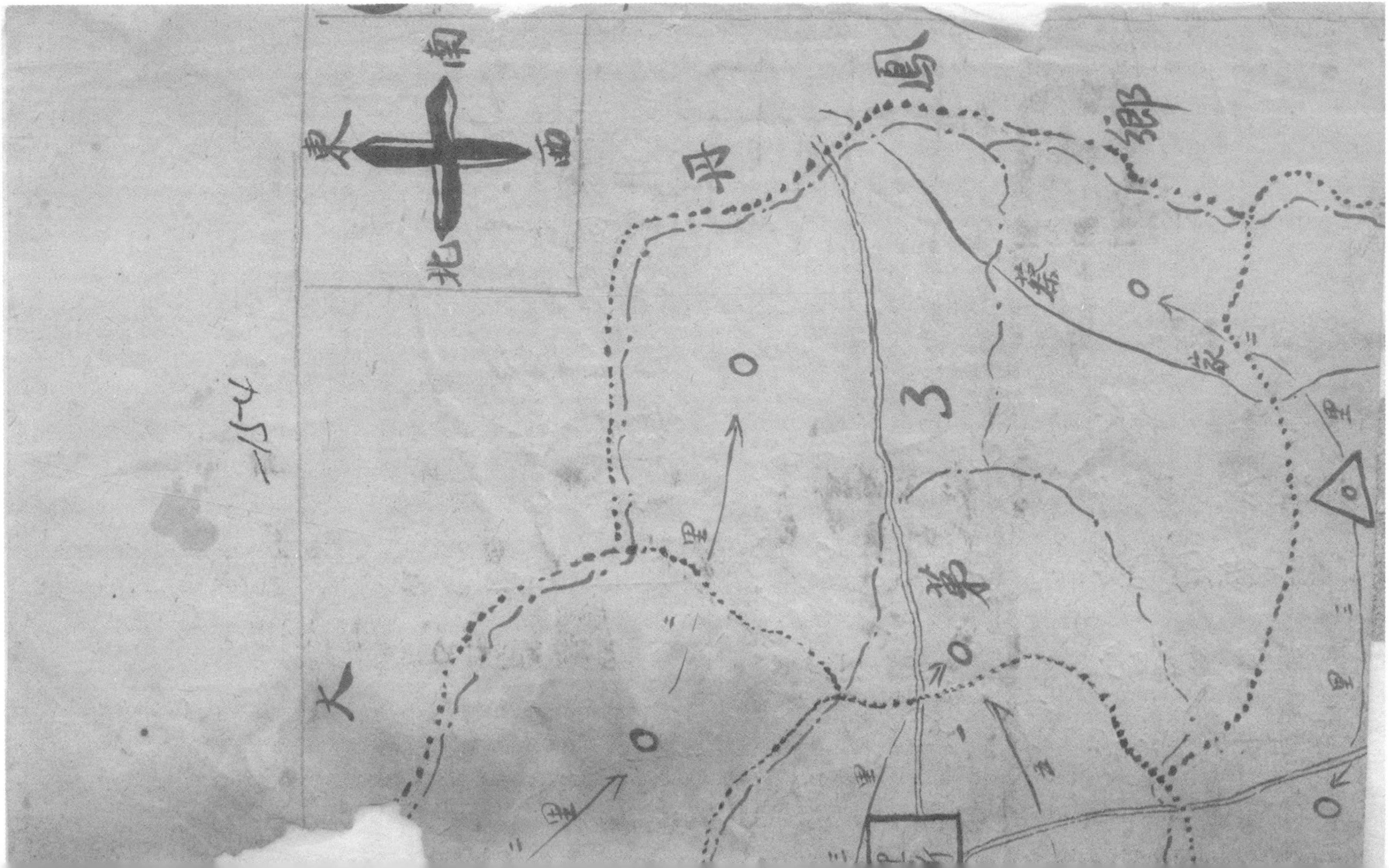

璧山县第二辅导区推行第一期失学成人补习教育报告书所附地图　9-1-190(237)

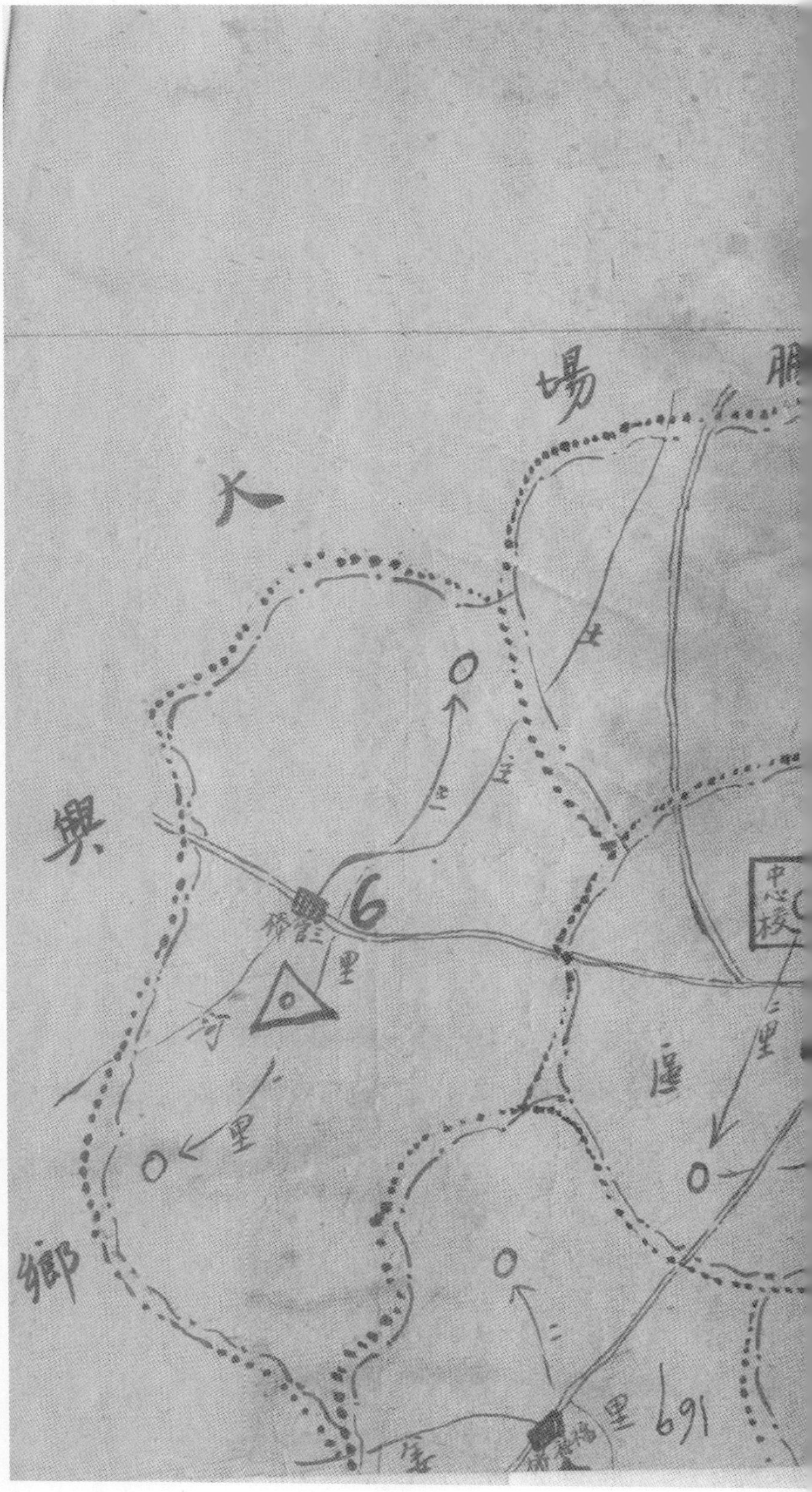

巴县县政府、北碚管理局等为填送国民教育概况调查表事宜致华西实验区总办事处的公函 9-1-103(112)

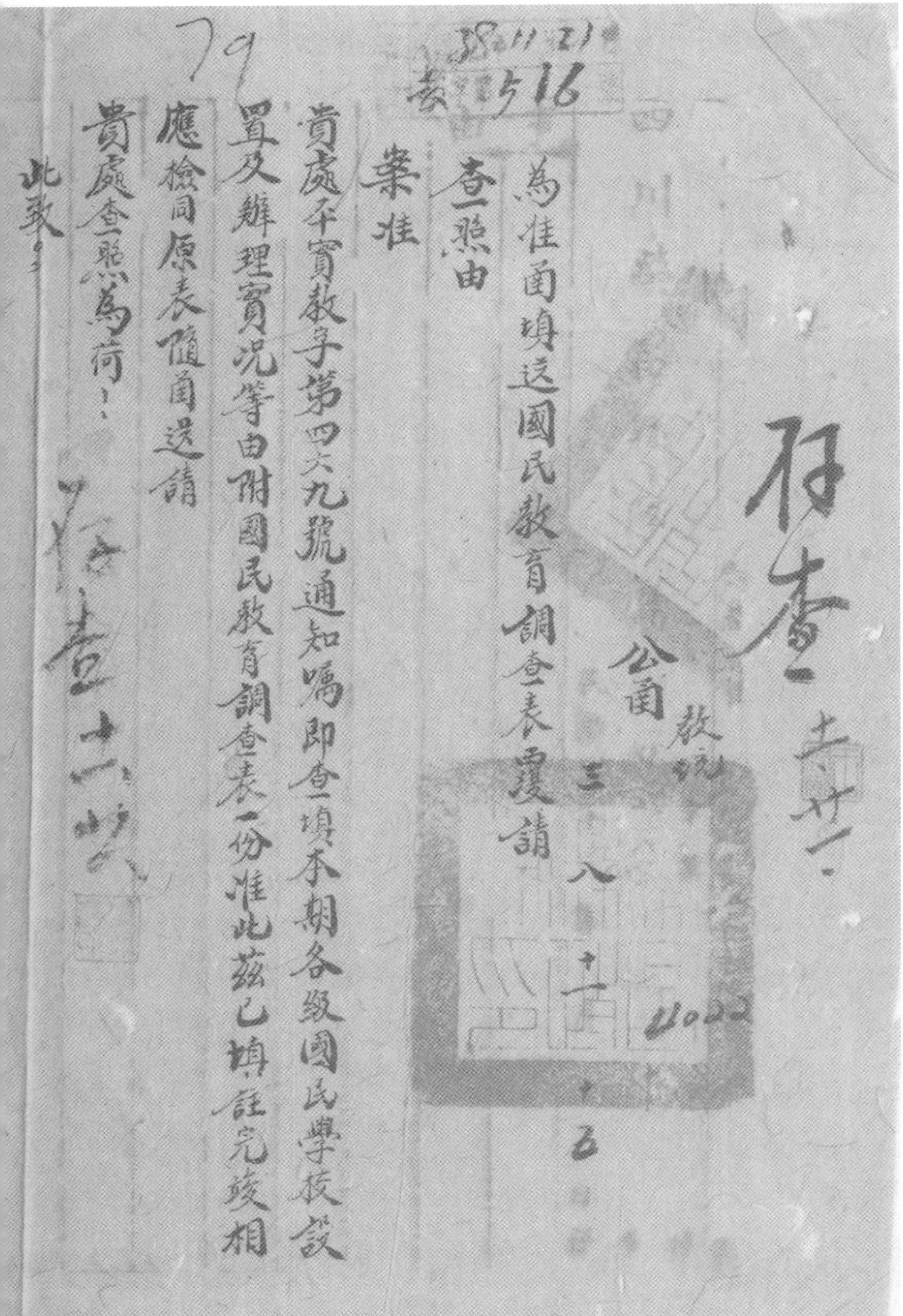

巴县县政府、北碚管理局等为填送国民教育概况调查表事宜致华西实验区总办事处的公函　9-1-103(113)

80

中華平民教育促進會華西實驗區總辦事處

附：國民教育調查表一份

縣長　劉仲[illegible]

巴县县政府、北碚管理局等为填送国民教育概况调查表事宜致华西实验区总办事处的公函 9-1-103(110)

北碚管理局公函

教字第一五九八號
民國卅八年十一月十六日

事由：為准函填送國民教育概況調查表函希查照由

頃准

貴處本年九月廿九日平實教字第三九一號函開：「逕啓者，本處為明瞭貴局本縣各級國民學校設置及辦理之實況，亟需有關是項資料，茲特印製國民教育概況調查表一種，隨文檢附四份，函請貴局惠予按表列各項詳實填註，並請於十月二十日前擲還本處，至紉公誼」等由；准此，自應照辦。查該項國民教育概況調查表業經填註完竣，茲隨函附上該表乙份，即希

存查 十一月十八

巴县县政府、北碚管理局等为填送国民教育概况调查表事宜致华西实验区总办事处的公函　9-1-103(111)

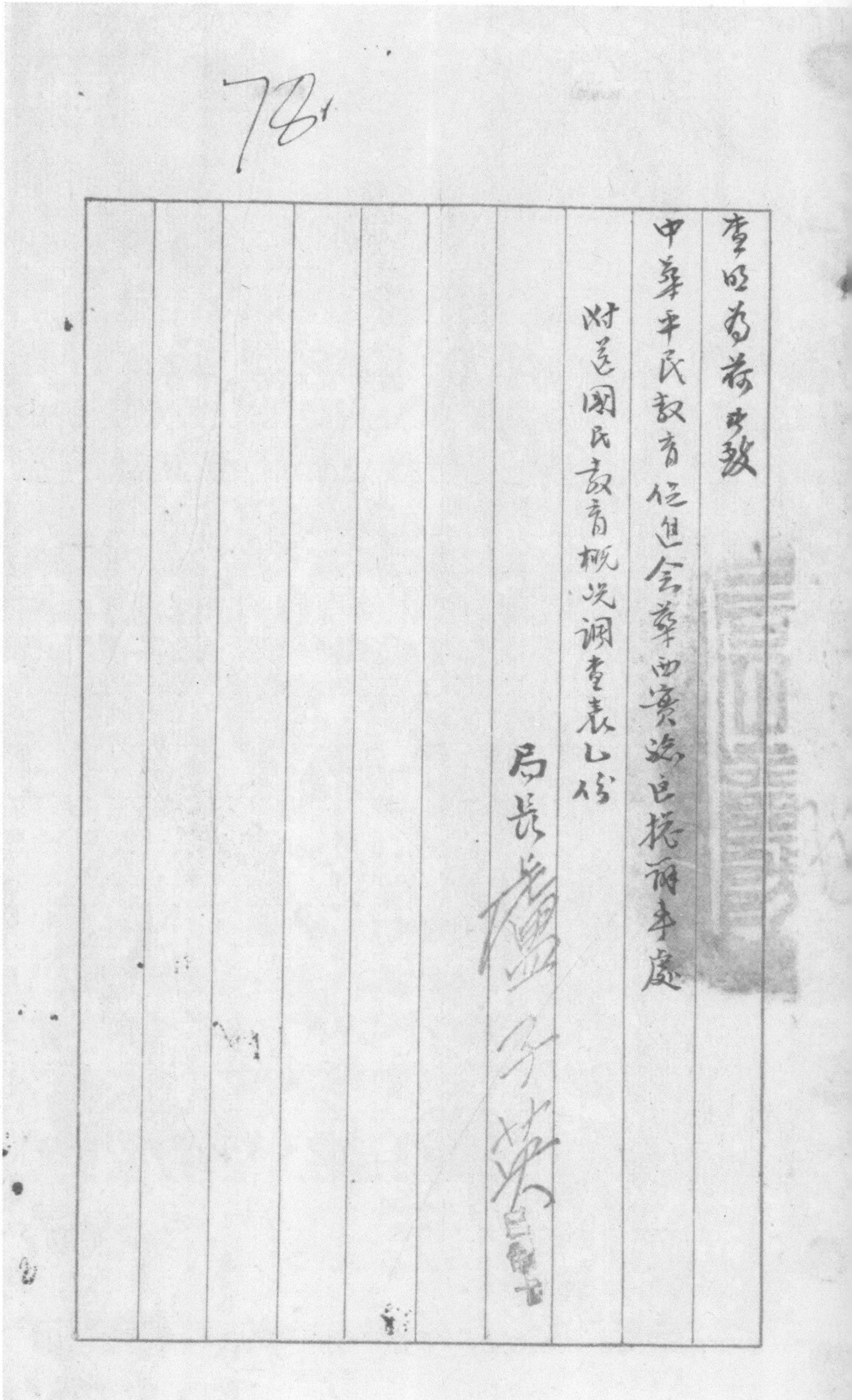

78

查照为荷　此致

中华平民教育促进会华西实验区总办事处

附送国民教育概况调查表乙份

局长　卢子英

巴县县政府、北碚管理局等为填送国民教育概况调查表事宜致华西实验区总办事处的公函 9-1-103(98)

68

收文 民国 38 10 28 書字第 459 號

存查 十·廿

巴縣縣政府公函

秘教總字第四六九號

事由：為准函填註國民教育概況調查表一份請查照由

案准

貴處平实教字第三九一號公函檢附國民教育概況調查表四份囑按表各項分別詳实填註等由附件准民教育概況調查表四份准此茲已分別填註完竣相應檢同原表隨函附上并希

查照為荷

巴县县政府、北碚管理局等为填送国民教育概况调查表事宜致华西实验区总办事处的公函　9-1-103(99)

69

此致

中華平教會華西實驗區總辦事處

縣長　楊[illegible]惠

巴璧实验区璧山县各乡传习工作物品分发一览表（一九四七年三月十九日） 9-1-62(145)

90

巴璧实验区璧山县各乡传习工作物品分发一览表 36年3月19日

处别 数量 品名	青木办事处	城南办事处	河边办事处	来凤办事处（附丁家）	合计	备考
辅导处挂牌	1	1	1	1	4	
辅导处条戳	1	1	1	1	4	
什么是导生制	50本	100本	180本	100本	430本	共印1000本余存公室阅
导生制实际问题	50本	100本	180本	100本	430本	…………
一般教学技术	50本	100本	180本	100本	430本	…………
怎样做导生	50本	100本	180本	100本	430本	…………
国民传习课本	1500本	2000本	1800本	2000本	6300本	共印[illegible]册余存公室阅

總理遺像	30張	100張	180張	100張	410張	共印1000張餘存〇宝閣
黨國旗	30套	100套	100套	100套	330套	由〇宝閣繳發 係校未完
小黑板	30塊	100塊	100塊	100塊	330塊	共做500塊 〇
粉筆	50盒	100盒	100盒	100盒	350盒	由〇宝閣繳發 係校付款未完
點名表	30張	300張	300張	300張	930份	共印3000份餘存〇宝閣
鉛筆	56枝	120枝	120枝	120枝	416枝	共收444枝餘存事務
托版	30塊	100塊	100塊	100塊	330塊	共做500塊餘存事務
傳習處牌	30塊	100塊	100塊	100塊	330塊	……

經手人 [印]

巴璧实验区璧山县各乡传习工作物品分发一览表（一九四七年三月十九日）　9-1-62(146)

璧山第五辅导区民教工作座谈会会议记录（一九四八年三月三日） 9-1-76(125)

61

字第　號第　頁

茲抄送民教工作座談會議紀錄一份即希查照辦理為荷

此致

各鄉鎮長

附會議紀錄一份

[illegible] 三月四日

中華民國　年　月　日

璧山第五辅导区民教工作座谈会会议记录（一九四八年三月三日） 9-1-76(126)

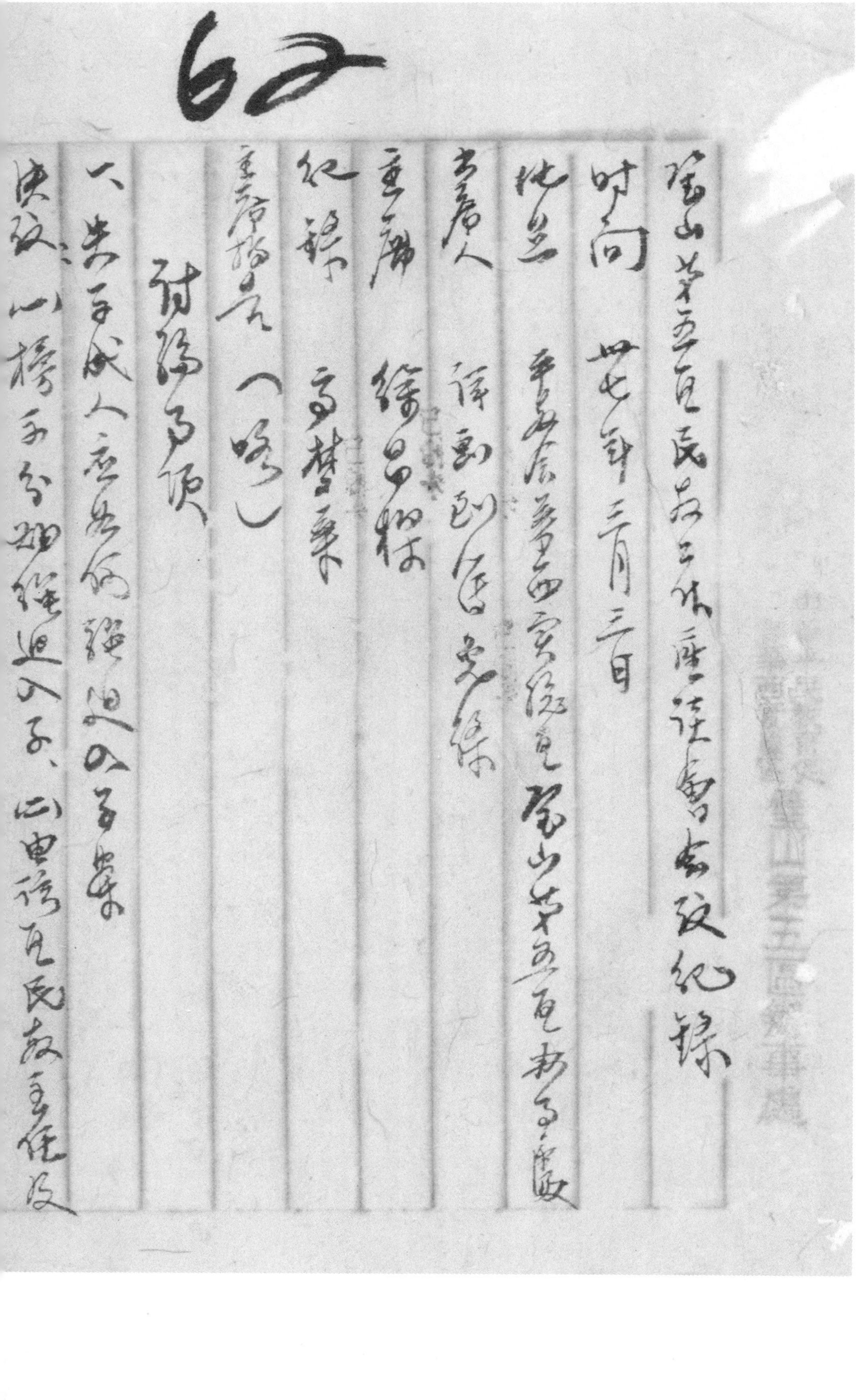

62
璧山第五区民教工作座谈会纪录
时间 卅七年三月三日
地点 华西实验区璧山第五区教导处
出席人 许勤则 傅光缘
主席 徐昌雅
纪录 高楚秉
主席报告（略）
讨论事项
一、失学成人应如何强迫入学案
决议：1.标示各期强迫入学、2.由该区民教主任设法

璧山第五辅导区民教工作座谈会会议记录（一九四八年三月三日） 9-1-76（127）

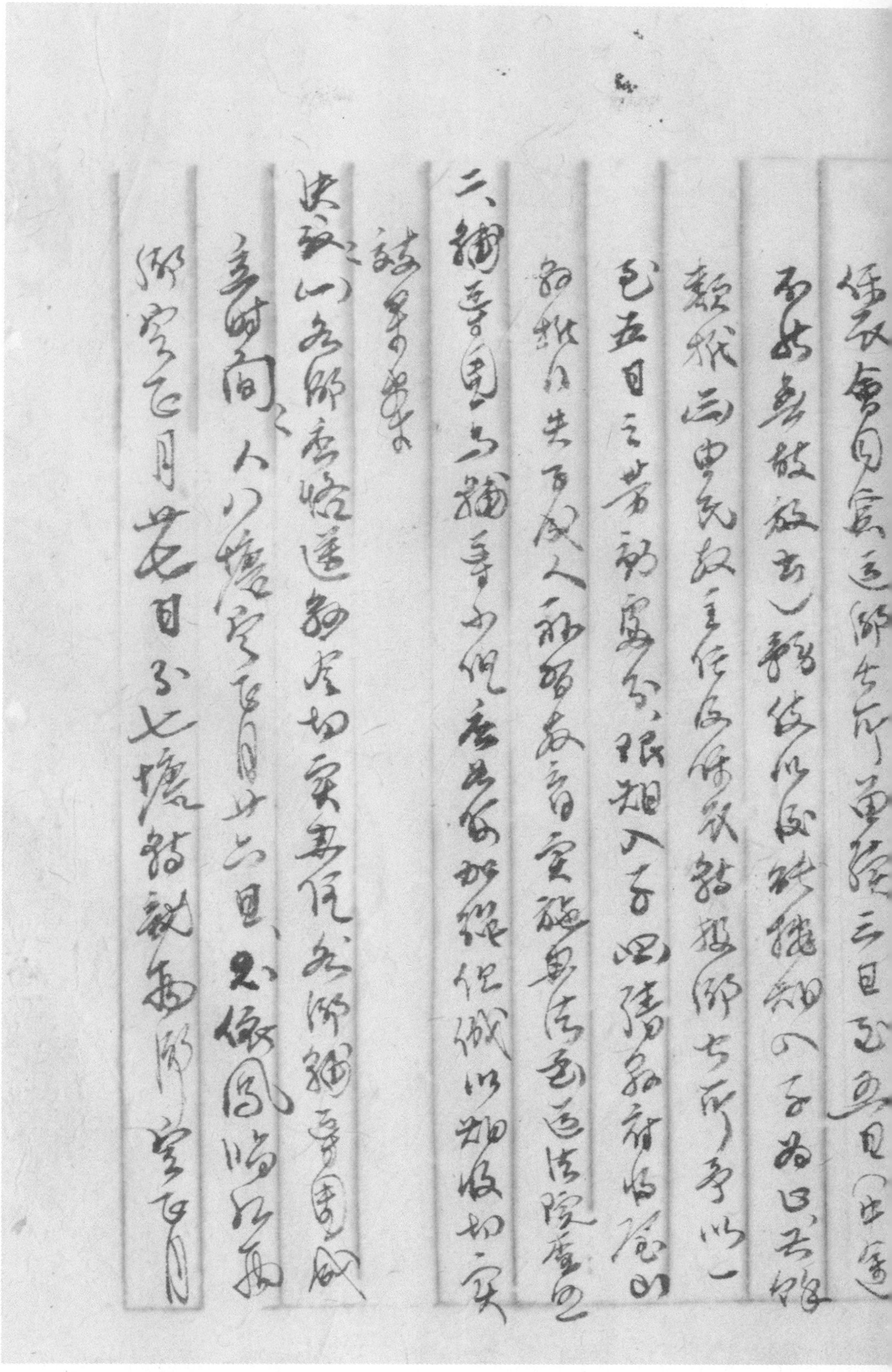

璧山第五辅导区民教工作座谈会会议记录（一九四八年三月三日） 9-1-76(128)

63

如以同日出各乡召开辅导会议之实会时须先之事
各乡民代表教育委员加5名乡所附辅导委员会
主席之前一日各乡召开辅导会议之後，辅导
会议主席一日会待人员参加各乡召开辅导会议
如区出席（二）关於乡公所之民教应由乡公所
负责予以人事方面之配合，并应负其责任
须切实负责辅导，乡长不能时由乡公所
负全责辅导之（三）辅导会须於教育会议
按期呈报
三、辅导主任应由选拔之

决议：推动地方贤达担任学董、乡保甲长、乡民代

表，多设民教班，改进民教，年终举行总考

四、普及民教奖励案

决议：以推动保民大会通过强迫就学，以资实

施，推行成绩优良者，由县府给予奖状

以资鼓励

五、各乡镇民教工作应如何推动案

决议：以各中心校民教工作应与成人教育密切

联系，并注意第八条各项之推动实施，以免民教

主任每十日须开联席会议一次，由乡长主

璧山第五辅导区民教工作座谈会会议记录（一九四八年三月三日） 9-1-76（130）

席：编写员因事不能到时由中心校民教主任兼

席：六、各乡民教主任应组织参观团相互

出外参观民教工作以资观摩和鼓励。

六、第一期考试如何办理案

决议：通知各乡切实办理

五、如何推行乡镇保经济建设计划案

决议：请各辅导员会同乡镇保经济建设组织通知（每月开会时应分组讨论）

八、各乡教员考查表调查完毕应如何办理

临时、

决议：依照该项规定切实办理，务由各学校本期

璧山第五辅导区民教工作座谈会会议记录（一九四八年三月三日） 9-1-76(131)

敬启

主席 [illegible]

纪录 [illegible]

璧山第六辅导区主任何子清呈孙则让关于民教工作座谈会会议记录的报告（附记录一份） 9-1-167(35)

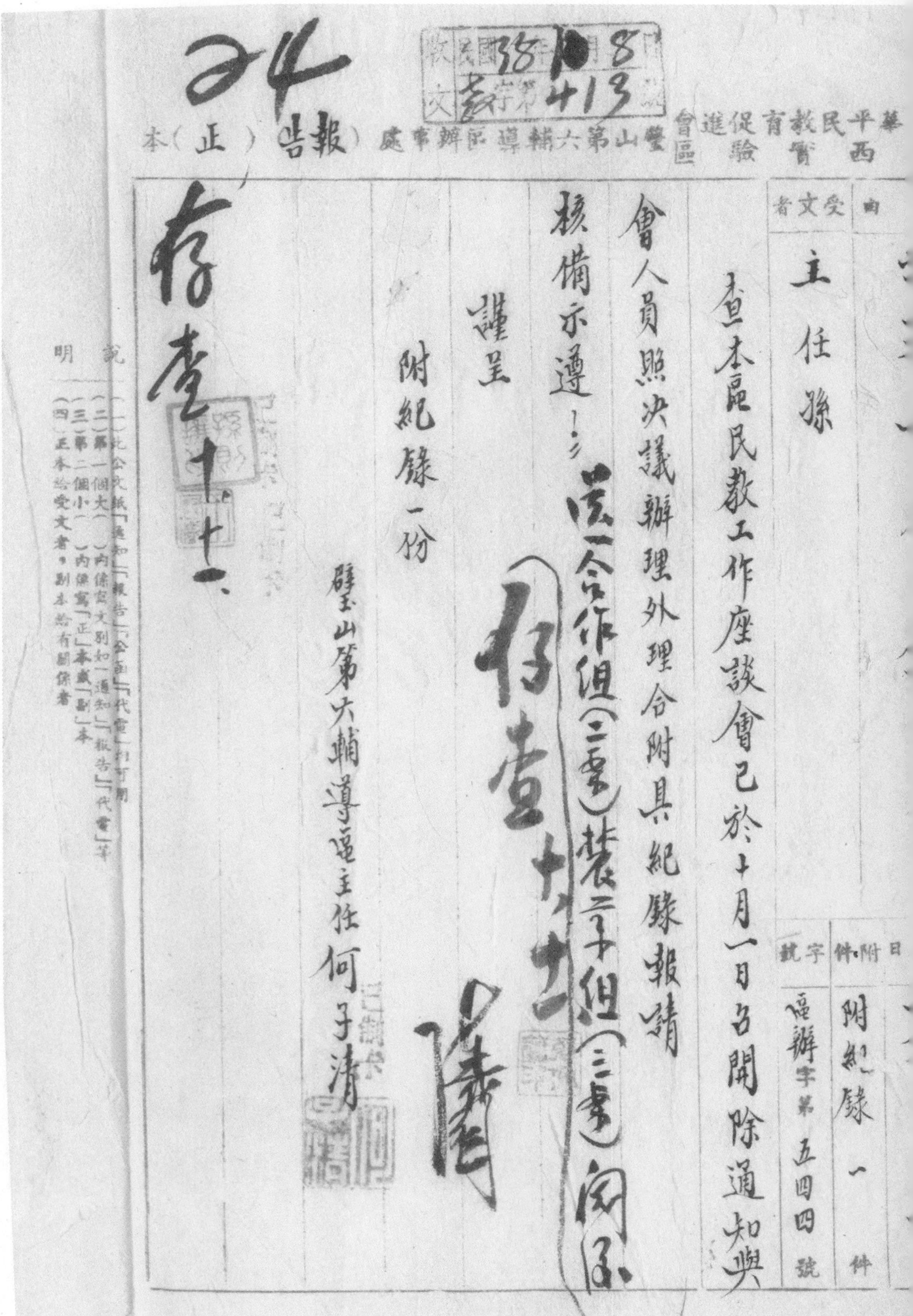
中華平民教育促進會華西實驗區璧山第六輔導區辦事處報告（正）本

收文 民國38年11月8日 教字第413號

受文者：主任孫

查本區民教工作座談會已於十一月一日召開，除通知與會人員照決議辦理外，理合附具紀錄報請核備示遵！

謹呈

附紀錄一份

璧山第六輔導區主任何子清

附件：附紀錄一件

字號：區辦字第五四四號

說明
（一）此公文紙「通知」「報告」「公函」「代電」均可用
（二）第一個大（ ）內依行文別如「通知」「報告」「代電」等
（三）第二個小（ ）內依寫「正」本或「副」本
（四）正本給受文者，副本給有關係者

璧山第六辅导区主任何子清呈孙则让关于民教工作座谈会会议记录的报告（附记录一份） 9-1-167(36)

25

璧山第六輔導區民教工作座談會紀錄

一、時間：三十八年十月八日上午十時

二、地點：八塘中心學校

三、出席人：劉文明等四十八人 詳簽到簿

四、缺席人：龔棚（病假） 羅廷光（病假）

五、主席：何子清

六、紀錄：陳世準

七、報告事項：

（一）主席報告：召開會議情形

（二）出席報告：檢討工作之優劣情形

（三）出席報告：今後民教之方向及作風情形

[illegible]

已制卡

璧山第六辅导区主任何子清呈孙则让关于民教工作座谈会会议记录的报告（附记录一份）　9-1-167(36)

[illegible]

（六）出席報告：民教主任應有之認識作法及出路情形

（七）出席報告：收回中農四號稻種之規定情形

（八）出席報告：傳習處開學時間之規定與準備情形

（九）李輔導員報告：合作社各種書表辦理錯誤各點及應行改正情形

（十）周輔導員報告：導生選拔情形

（十一）出席報告：傳習報之編發及使用情形

（十二）出席報告：自樂君瘧疾丸之配發保管使用報銷情形

（十三）出席報告：導生獎金之意義頒發報銷情形

璧山第六辅导区主任何子清呈孙则让关于民教工作座谈会会议记录的报告（附记录一份） 9-1-167(37)

26

(四)主席報告：農地減租於下午開會研討情形

八、討論事項：

(1)農会合作社案：

決議：1.合作社職員由民教主任輔導員擔任各種機會予以訓練

2.鄉公處應懸掛社牌

3.帳冊應備齊会

4.縣府剔除之理監事指定以候補人遞補者應即督飭辦理

5.縣府核減應退之股金應督飭照退

6.再逾限不繳股金之社員再加警告不聽者應即除名

7.理事主席不負責任者應另選賢能

8.[illegible]

璧山第六辅导区主任何子清呈孙则让关于民教工作座谈会会议记录的报告（附记录一份）　9-1-167(37)

決議：1.各輔導員照第十三次輔導會議關於推廣麥種之配
發選社試種、
2.由繁殖站將麥種適性、種法、收獲期等等作一
簡單說明分送各鄉輔導員以便宣傳並將推
廣數目決定一併通知
3.各鄉領試種社選定由理事主席民教主任會同、
造具領種名冊、分分社員編號、姓名、住址、領
種數目、領種人蓋章、領種如限償還本息備
考各鄉交輔導員查核後由經手出席
派繁殖社員持冊備據並攜同輔導員証
明信函向繁殖站領回分種（領種名冊民教
主任應有底冊

璧山第六辅导区主任何子清呈孙则让关于民教工作座谈会会议记录的报告（附记录一份） 9-1-167(38)

27

4、分標情形民教主任及輔導員隨時查考。

5、賞罰辦法照總處辦理。

(三)加強傳習教育案：

決議：1、民教主任應常舉行示範教學。

2、依規隨時查傳習處。

3、增進導生服務興趣。

4、合作社之一切業務應與傳習處密切聯繫。

(四)實施民教工作競賽案：

決議：1、競賽項目暫定：(1)農地減租 (2)傳習教育 (3)合作社 (4)統計工作

2、競賽簡則，由輔導員擬訂提輔導會議通過實施。

議決議案辦理。

2、保校校長每月應查遍保內之傳習處。

九、閉會

出席　何子清

紀錄　陳世榮

璧山县转龙乡教育建设委员会第一次大会记录（一九四八年六月三日） 9-1-77(5)

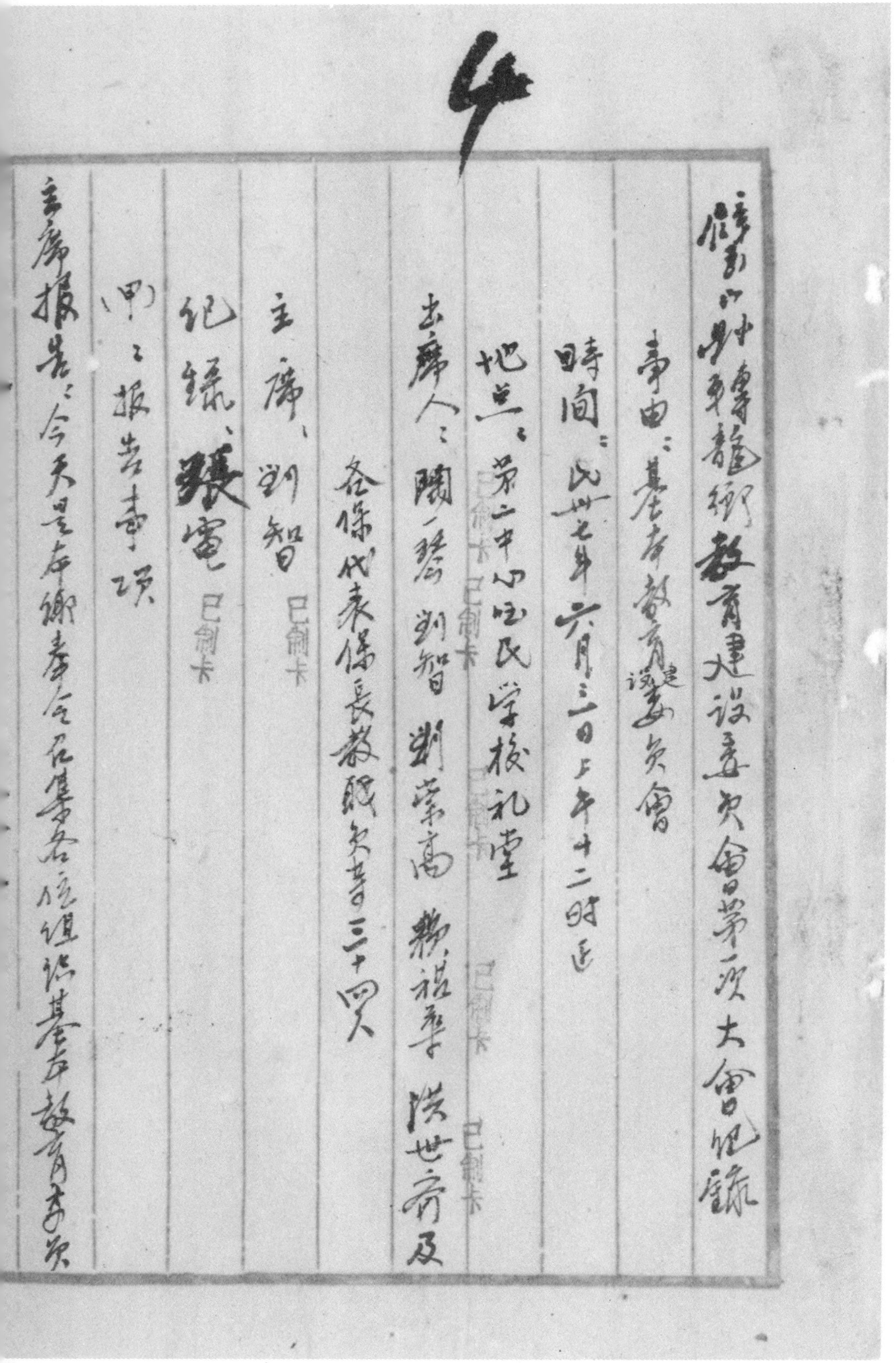

4

璧山縣轉龍鄉教育建設委員會第一次大會紀錄

事由：基本教育建設委員會

時間：民卅七年六月三日上午十二時正

地点：第二中心国民学校礼堂

出席人：陳一琴 劉智 劉榮高 魏祖華 洪世齊及

各保代表保長教職員等三十四人

主席：劉智

紀錄：張電

（甲）報告事項

主席報告：今天是本鄉奉令召集各位組織基本教育委員

璧山县转龙乡教育建设委员会第一次大会记录（一九四八年六月三日） 9-1-77(6)

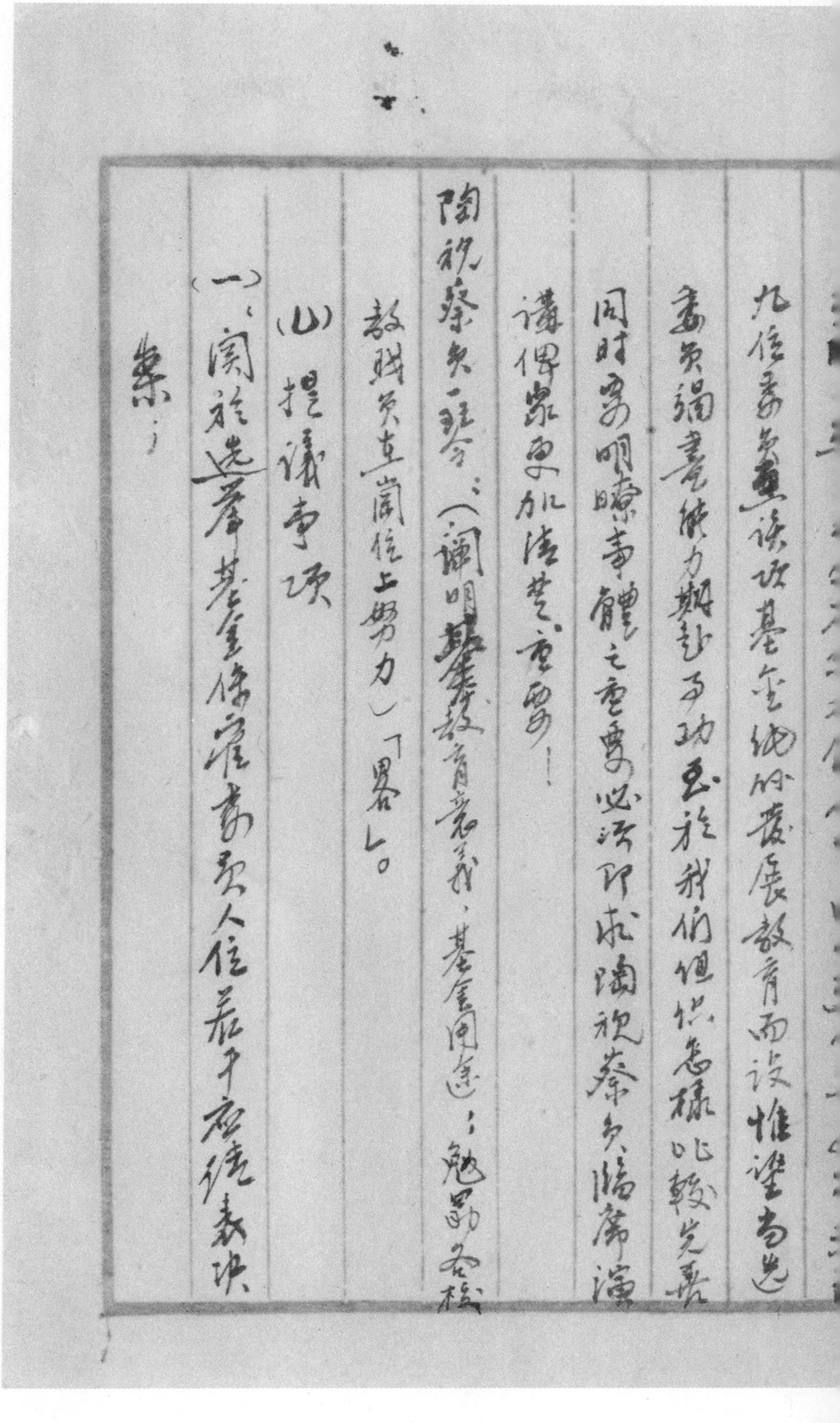
九係委員會該項基金純以發展教育而設惟望各先
委員竭盡能力期於成功。至於我們組織怎樣比較完善
同時要明瞭本團體之重要必須即求陶祝蔡員臨席演
講俾眾更加清楚重要！
陶祝蔡員一鞠躬：（闡明基金教育意義、基金用途；勉勵各校
教職員在崗位上努力）「畧」。
（乙）提議事項
（一）關於選舉基金保管委員人位若干應請表決
案：

璧山县转龙乡教育建设委员会第一次大会记录（一九四八年六月三日） 9-1-77(7)

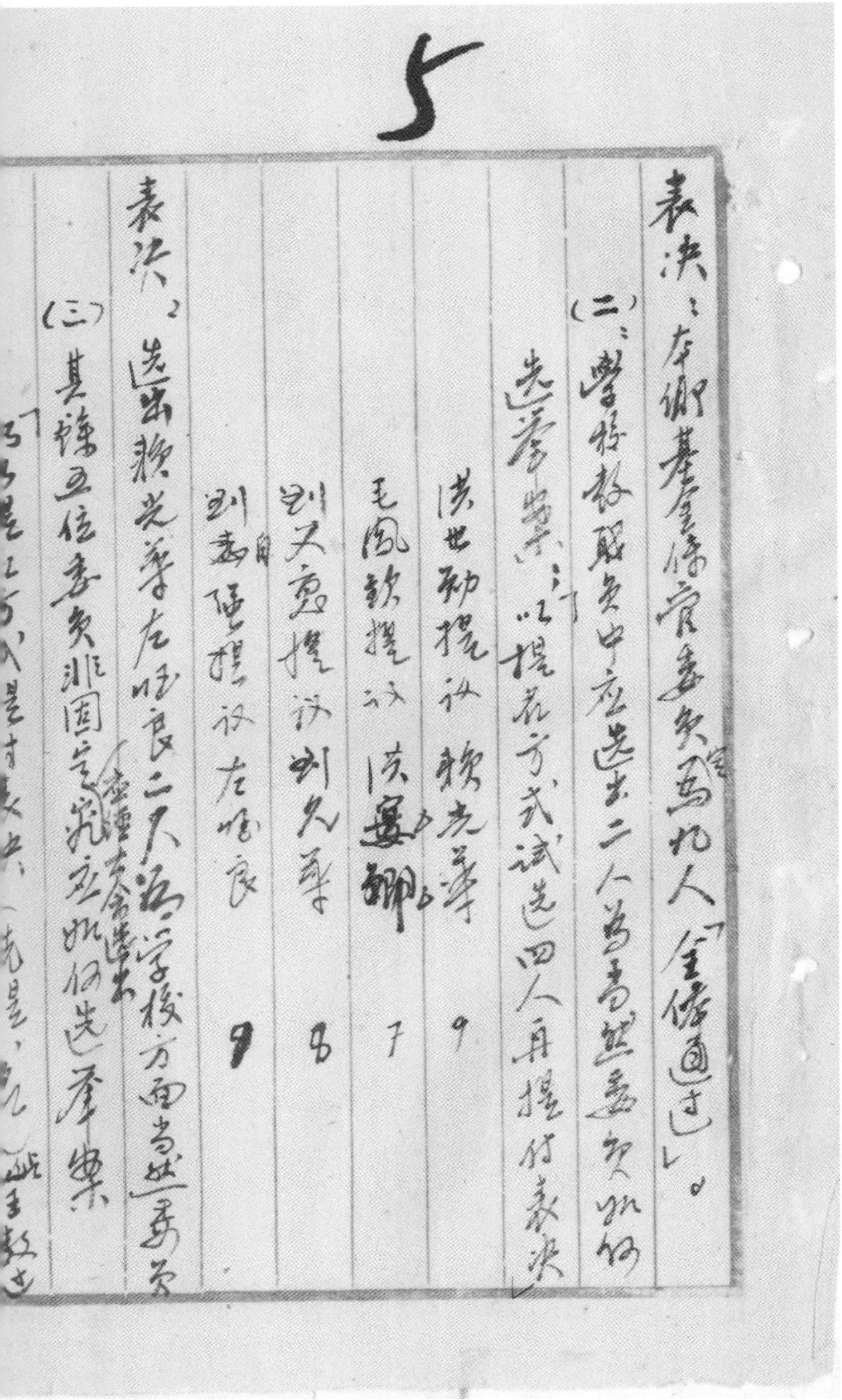

5

表决：本乡基金保管委员为九人，「全体通过」。

（二）：学校教职员中应选出二人为当然委员如何选举案；以提名方式试选四人再提付表决

洪世勋提议 赖光华 9

毛凤韶提议 洪宴卿 7

刘天惠提议 刘允华 8

刘寿臣提议 左以良 9

表决：选出赖光华、左以良二人为学校方面当然委员（经由大会选出）

（三）其余五位委员非固定者应如何选举案

[illegible]

壁山县转龙乡教育建设委员会第一次大会记录（一九四八年六月三日） 9-1-77(8)

張執風 [illegible] [illegible] 卅三人
高純丰 [illegible] [illegible]
劉瑞祥 [illegible] 卅四人
王懷奇 [illegible] 卅三人
劉渭宗 [illegible] [illegible]
劉明彬 [illegible] [illegible]
劉先華 [illegible] [illegible]
洪世勋 [illegible] 卅四人

表決：選舉結果以劉瑞祥卅四票 張執風卅三票 王懷奇卅三票

洪世勋卅四票 劉先華卅五票五人當選為委員

璧山县转龙乡教育建设委员会第一次大会记录（一九四八年六月三日） 9-1-77(9)

6

(四)、今天当选委员不齐可否另行再定期间推选主任委员暨召开二次会议案

表决：定期农历五月初二日由乡公所通知召开会议互推主任委员及推选应分工作。「全体通过」。

(丙)、临时动议

「无」

(丁)、散会

壁山县转龙乡教育建设委员会第一次大会记录（一九四八年六月三日）　9-1-77(10)

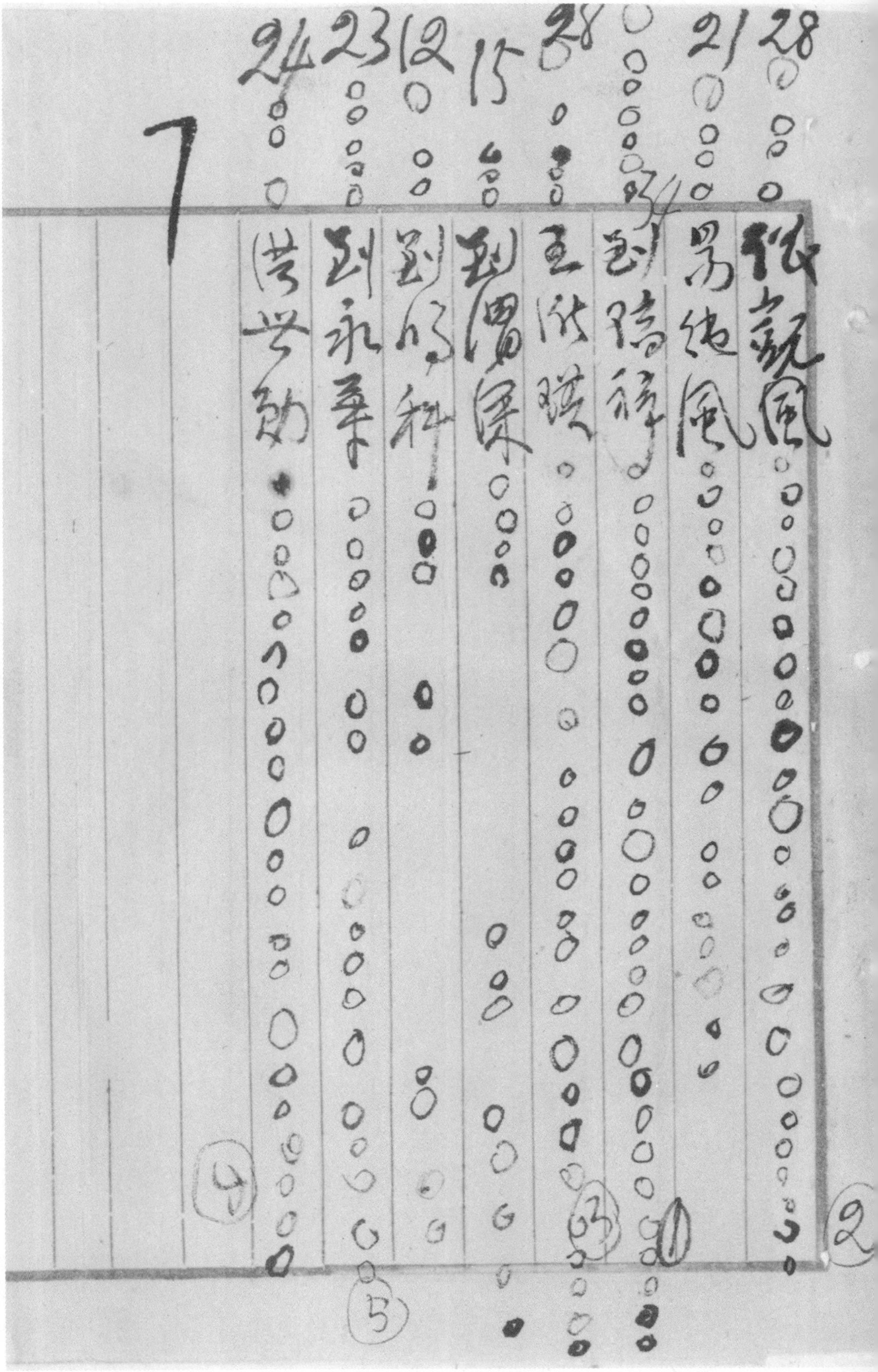

璧山县转龙乡乡务联席会议记录（一九四八年六月二日） 9-1-77(11)

8

轉龍鄉鄉務聯席會議紀錄

時間 卅七年六月二日午前十時

地點 第二中心學校

出席人 劉永華

劉禮華

劉政修

劉自強

劉羲惠

游仲壽

游治文

璧山县转龙乡乡务联席会议记录（一九四八年六月二日） 9-1-77(12)

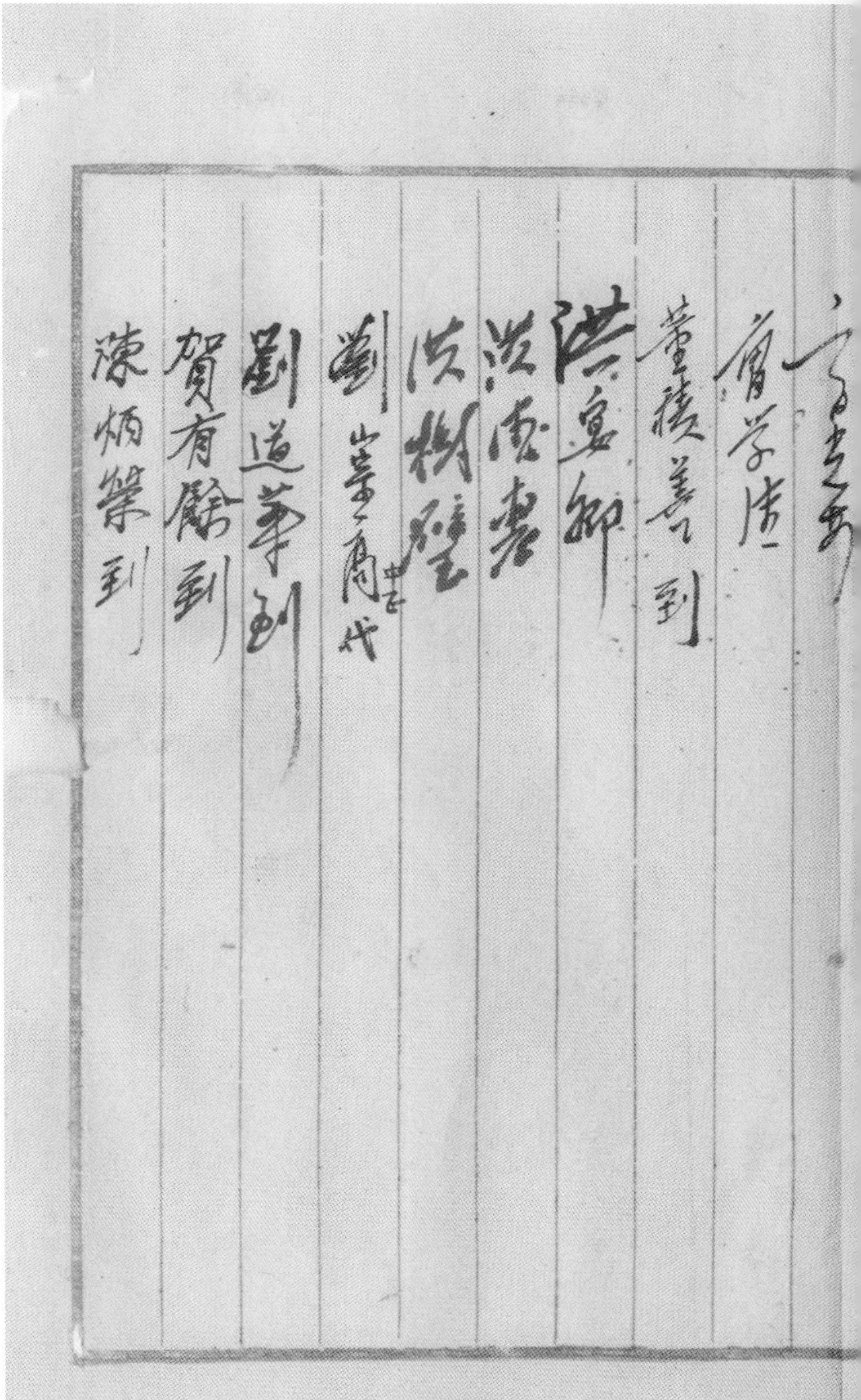

[illegible]

曾学清

董積善 到

洪宣卿

洪德書

洪樹璧

劉崇高 代

劉道華 到

賀有餘 到

陳炳榮 到

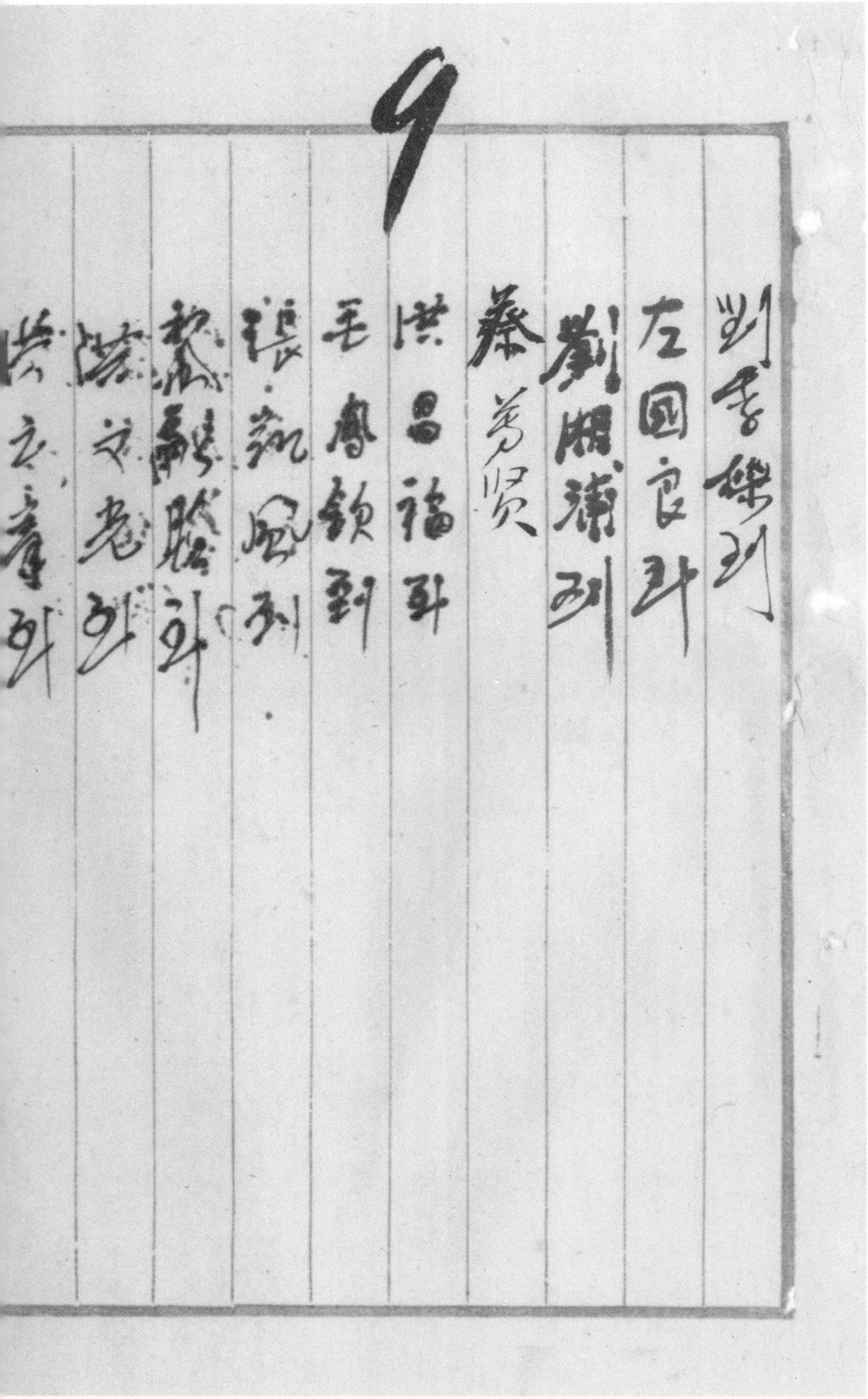
9

劉秀傑到
左國良到
劉湘蒲到
秦万贤
洪昌福到
毛鳳欽到
張純風到
黎毅聰到
陳文堯到
洪亢章到

璧山县转龙乡乡务联席会议记录（一九四八年六月二日） 9-1-77(13)

璧山县转龙乡乡务联席会议记录（一九四八年六月二日）　9-1-77(14)

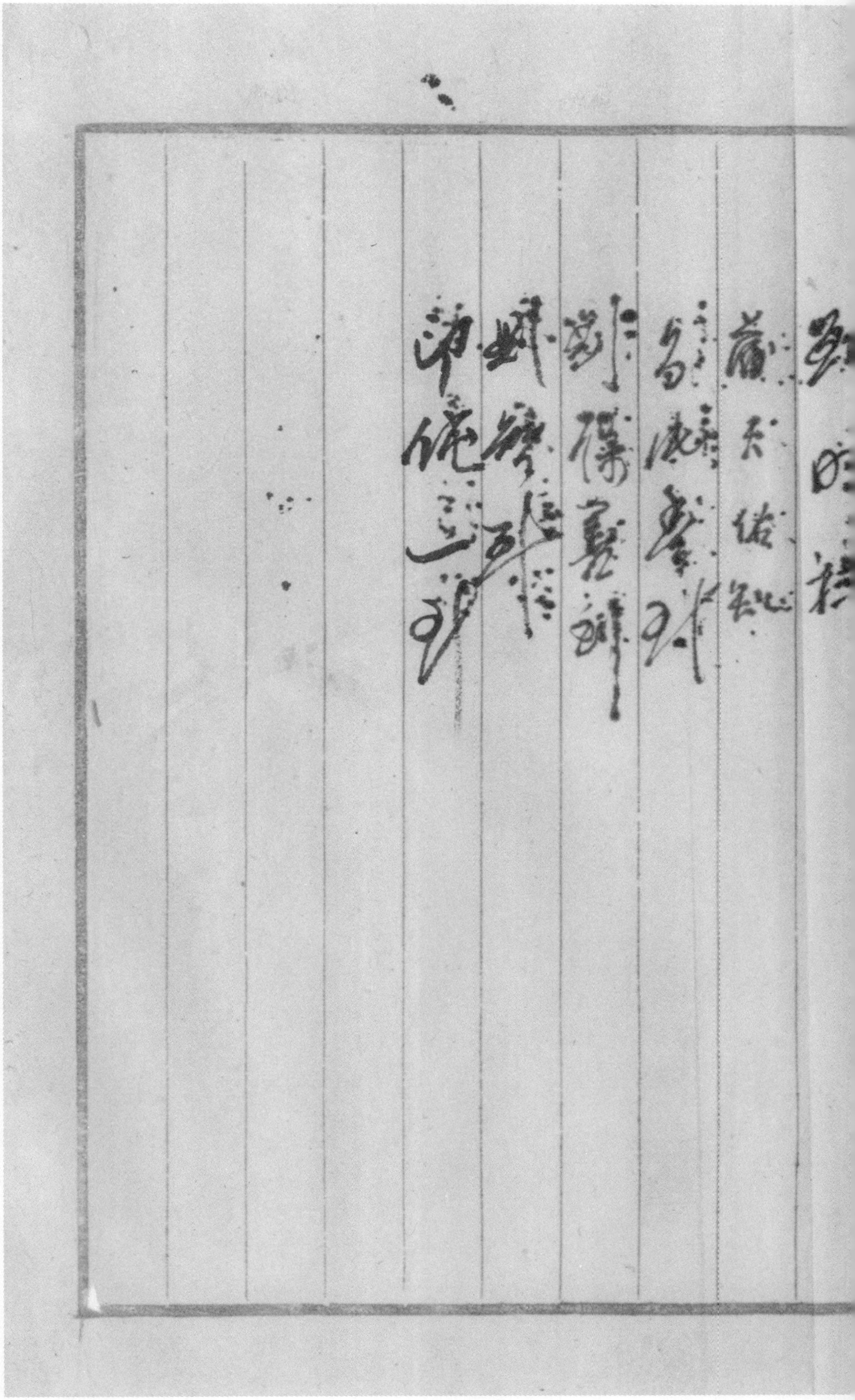

璧山县转龙乡公所乡民代表会向县府呈报选举基本教育建设委员会主任委员选举结果的公函 9-1-77(23)

15

璧山縣轉龍鄉公所 呈 民字第〇一八號
鄉民代表会

為呈報選舉基本教育建設委員會主任委員選舉結果恳請備查由

案奉

鈞府手令內開:原文有案不錄外,以開茲檢發基委會組織及辦事規則一份,仰該鄉長主席會同召集全鄉鎮學校、校長、民教主任、鄉民代表等於六月三日即古曆四月二十四日開聯席会議,遵照附發規則,當日組織成立,隨即分別呈報本府及實驗區第三辦事處備查為要

璧山县转龙乡公所乡民代表会向县府呈报选举基本教育建设委员会主任委员选举结果的公函　9-1-77(24)

附组织及办事规则一份廿周年此遵于六月三日召集
有关人员在第二中心校开成立会除乡长乡民代表
主席及校师代表二人为当然委员外旅选得刘瑞
祥张凯风王煜奇洪世勋刘永华为委员当日因
被选人不齐经各委员一致表决订六月八日在乡公
所大礼堂开第一次委员会推选主任委员选举结
果刘瑞祥以三票当选为主任委员除分呈第五
区办事处处理外具文呈请
钧府俯予备查是否有当静候指令祇遵谨呈
县长　陈

乡长
主席

稿
行

璧山县八塘乡一九四九年七月至十月民教工作座谈会会议记录 9-1-91(4)

民國三十八年七月 日

915

八塘鄉駐鄉輔導員置

會議錄

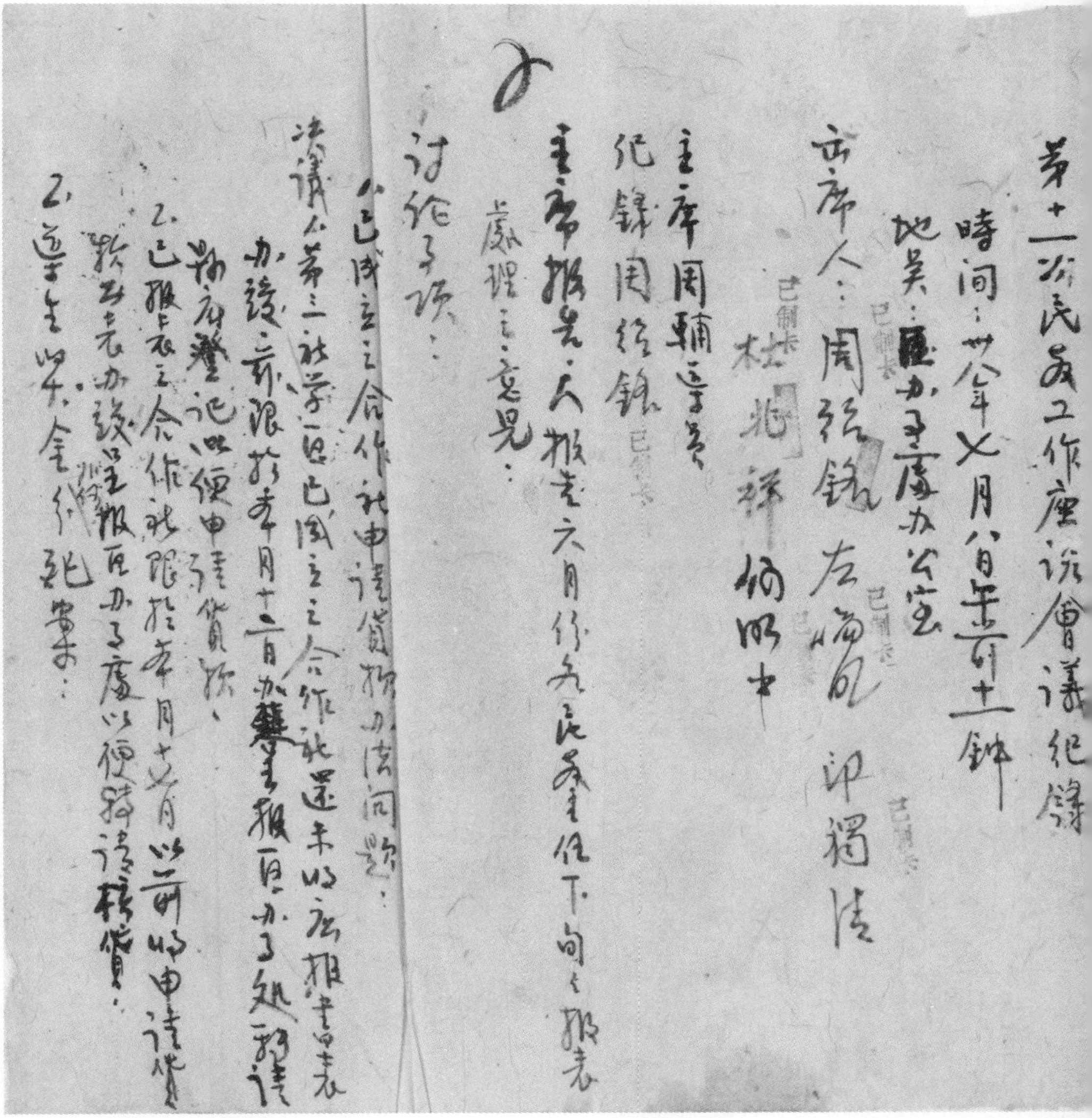
第十二次民教工作座談會議紀錄
時间：卅八年七月八日午前十鍾
地点：區办事處办公室
出席人：周紹銘　左煥文　邱獨清
杜兆祥　何明中
已制卡
主席周輔導員
記錄周紹銘
主席報告：人報告六月份民教工作下向々報告
處理之意見：
討論事項：
1.已成立之合作社申請貸款办法問題：
決議1.第二社學區已成立之合作社還未以表報告由表
办證手續限於本月十二日办妥並報區办事處轉請
務處繼續以便申請貸款。
2.已報到之合作社限於本月十五日以前以申請貸
款手續办證並報區办事處以便轉請核貸。
2.選舉生產合作社事：

璧山县八塘乡一九四九年七月至十月民教工作座谈会会议记录　9-1-91(5)

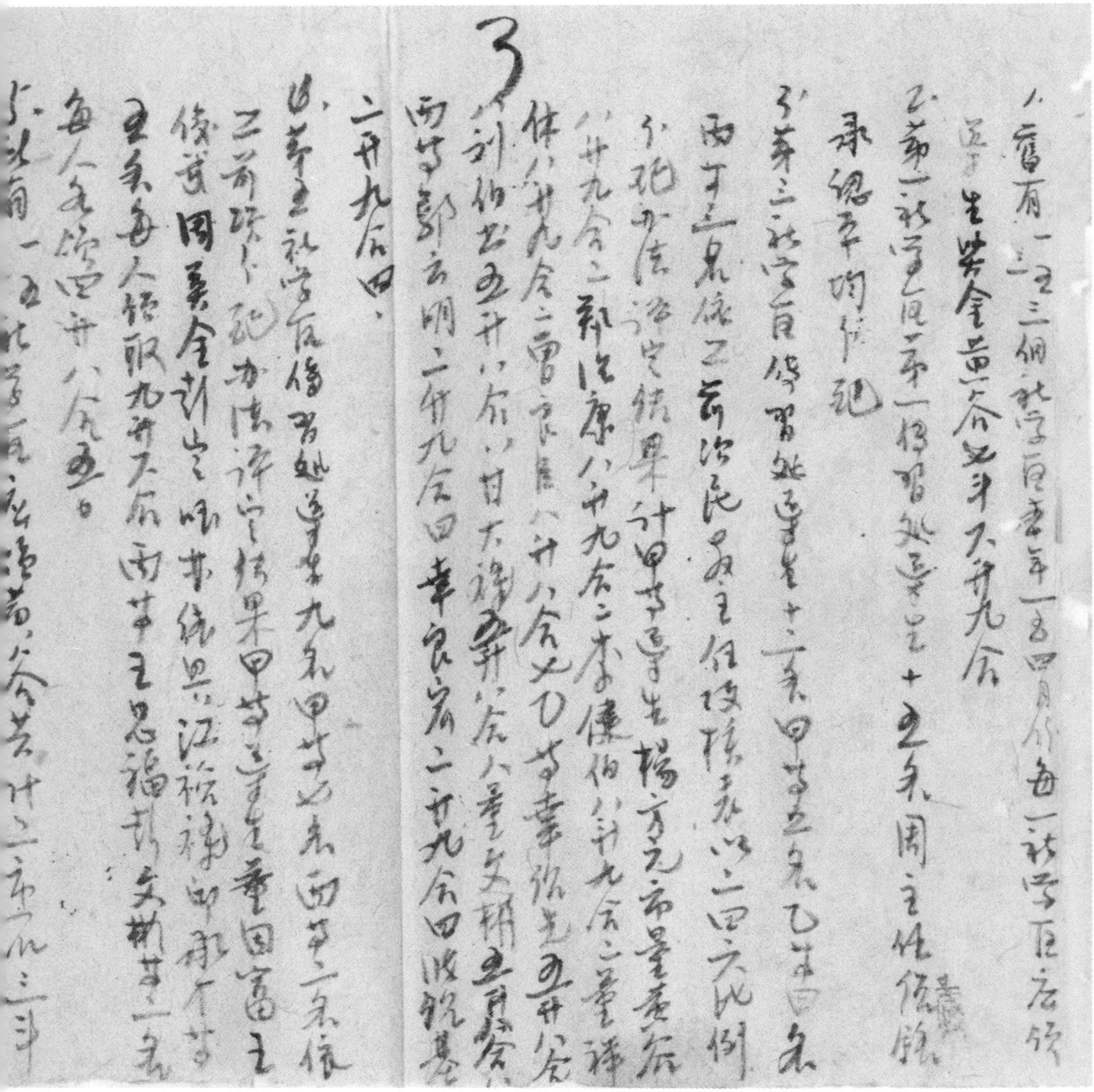

璧山县八塘乡一九四九年七月至十月民教工作座谈会会议记录 9-1-91(6)

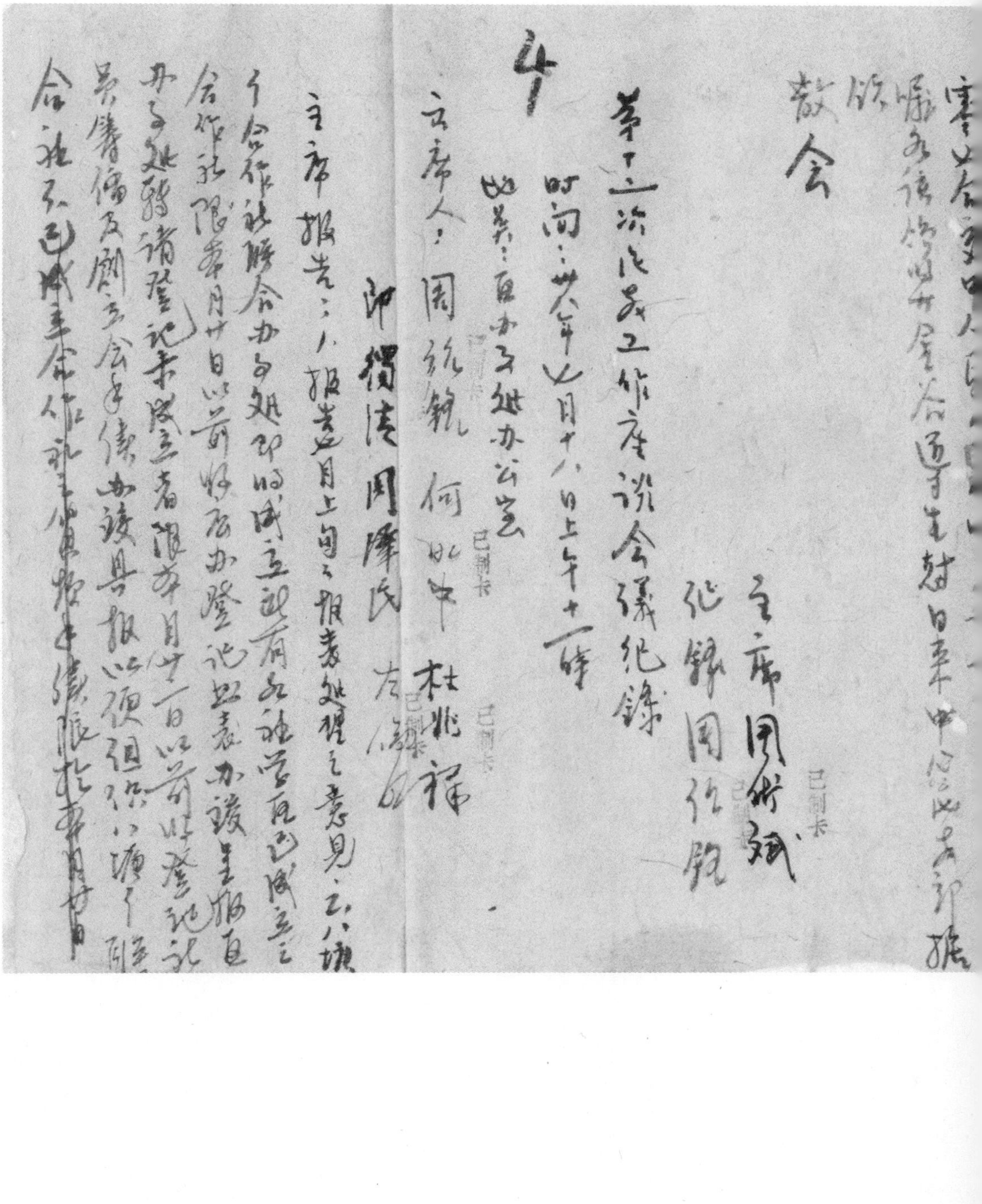

璧山县八塘乡一九四九年七月至十月民教工作座谈会会议记录　9-1-91(7)

寨以各受口人[illegible]

报各保管股以备各区学生於本月中旬以前即据

领取

散会

主席　周術斌

纪録　周信魁

4

第十三次民教工作座谈会议纪録

时间：卅八年七月十八日上午十一时

地点：区公所继办公室

出席人：周纪魁　何比中　杜兆祥

邱猬清　周泽民　左鼎

主席报告：一、报告上月上旬之报表处理之意见。二、八塘乡合作社联合办事处即将成立，现有各社业已成立之合作社限本月廿日以前将前办登记手续表办妥呈报区办事处转请登记，未成立者限本月廿一日以前将登记手续筹备及创立会手续办妥呈报以便组织。三、[illegible]

~~合作社不已成立合作社立即将手续限於本月廿日~~

璧山县八塘乡一九四九年七月至十月民教工作座谈会会议记录　9-1-91(8)

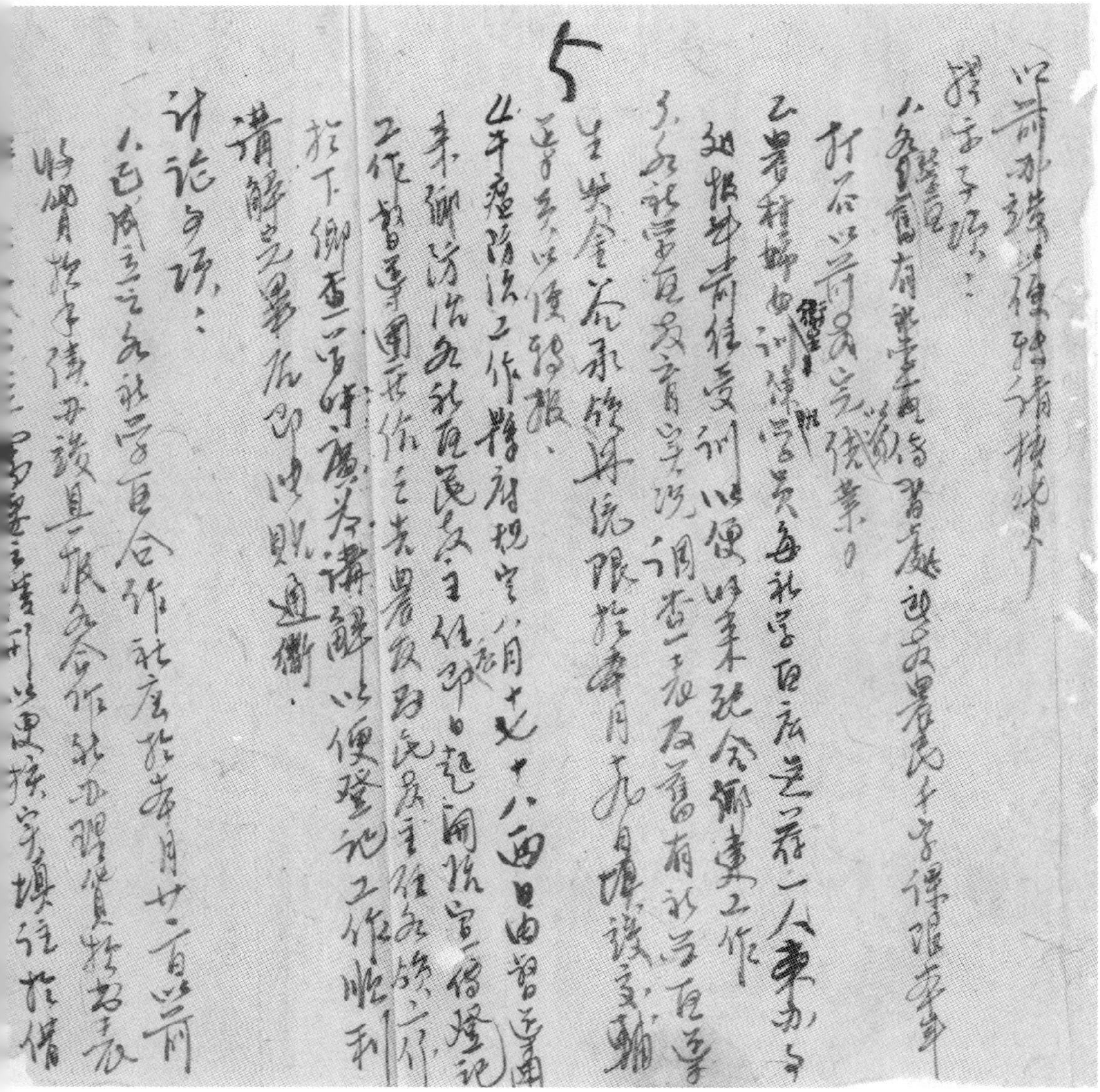
5

以前办理情形请核[illegible]

报告事项：

甲、各辅导区有关识字普及农民千字课课程本年于以前完成结业。

乙、农村妇女训练学员每社学区应荐一人来办事组织于前往受训以便将来配合乡建工作

丙、各社学区教育实况调查一表及旧有社学区学生奖金各承领并统限于本月九日填报交辅导员以便转报。

丁、本年疟防治工作将于规定八月十七、十八两日由督导团来乡防治各社学区及主任即日起开始宣传登记工作，督导团在作之先农民及学区主任各级工作于下乡查一次时请各讲解以便登记工作顺利讲解其影响后即[illegible]通卫。

讨论事项：

甲、已成立之各社学区合作社应于本月廿二日以前将资料[illegible]具报各合作社办理资格书表[illegible]以便接洽填注于借

以作报告
乙、视导传习处中心学校主任应随时下乡视导传习处并督导一切。
临时动议：
八塘乡社学校长具领（四农民读本）数量计二社学校长领去百三十本，四社学校长百四十本，大社学校长百三十本，合需四百本，即日由乡该民校主任具领发交该新校时应将原发之农民千字课本及所施传习课本收回缴交校长，各班主任旧有社学校长将所施新读课本请于校主任尊拿。

散会

主席 周继斌
纪录 周继翰

璧山县八塘乡一九四九年七月至十月民教工作座谈会会议记录 9-1-91(9)

璧山县八塘乡一九四九年七月至十月民教工作座谈会会议记录　9-1-91(10)

7

第十三次民教工作座谈会会议纪录

时间：卅八年七月廿一日上午十一钟

地点：区办事处办公室

出席人：周佑铭　杜兆祥　周泽民　邱独清　何昭中　左佩凤

主席报告：1.报告七月中旬之报表处理之意见已执行，各民教主任暨行家依注意事项，各民教主任应注意办理，以后有关接洽情形务望可来周辅导员处接洽，依此办理。

讨论事项：

1.优良学生报侦报奖案：

决议：各保民教主任应于一周内选报优良学生一名，二人由周辅导员负责查核实际并拟定以特奖。

2.每一个现小耕猪一头为（保证）选择饲养四家案：

决议：由常主席区民教主任杜兆祥于本辅导员区凉水井……七保一……户

璧山县八塘乡一九四九年七月至十月民教工作座谈会会议记录　9-1-91(11)

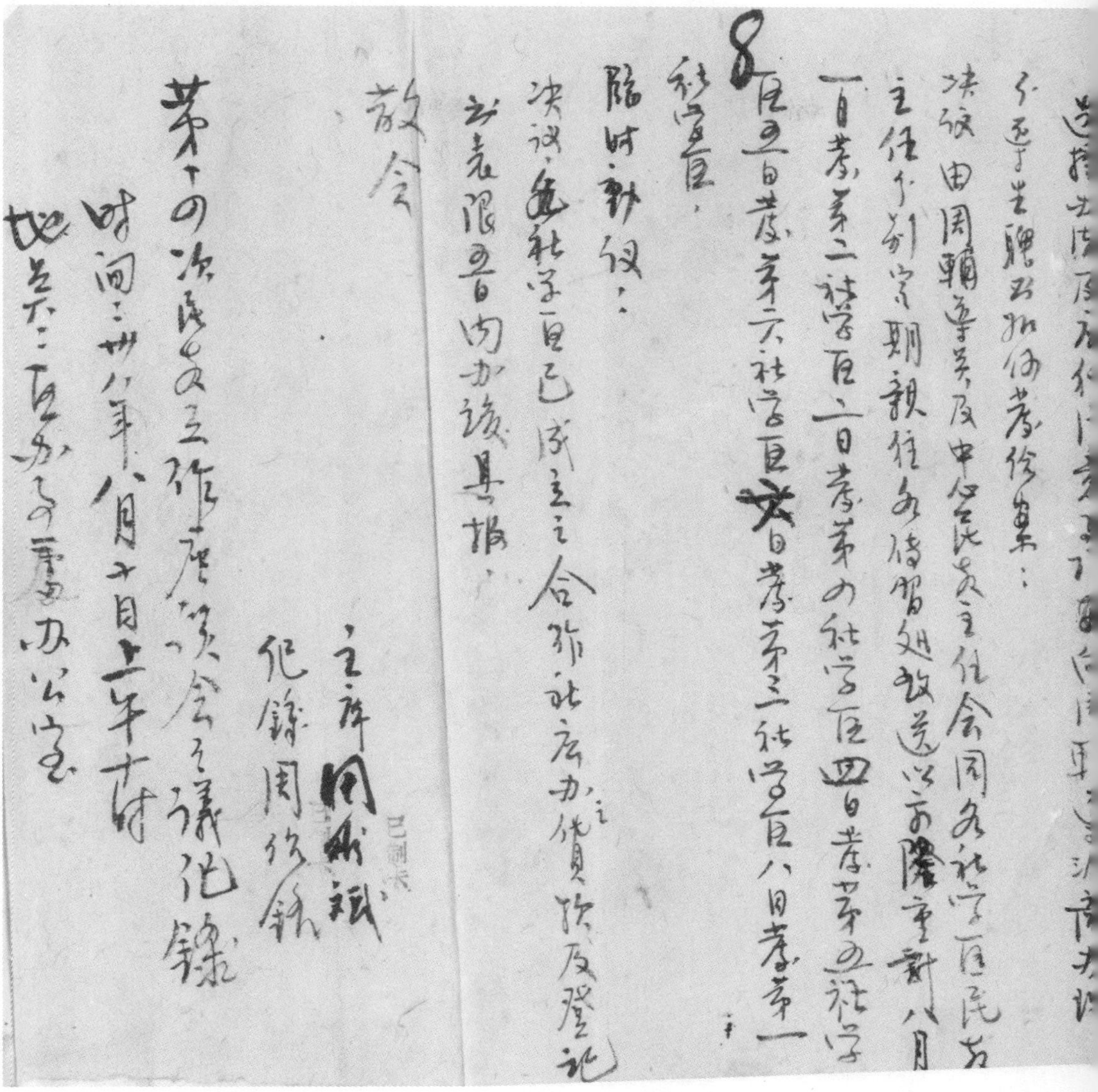
八、选学生聘书报告人案：
决议：由周辑光及中心民教主任会同各社学区民教主任分别定期亲往各借贷处致送以示隆重，新八月一日第二社学区，六日第四社学区，四日第五社学区，五日第六社学区，六日第三社学区，八日第一社学区。
临时动议：
决议：各社学区已成立之合作社应办借贷须及登记者，限五日内办竣具报。
散会
主席 周成斌
纪录 周修铭
已制卡

第十四次民教工作座谈会议记录
时间：卅八年八月十日上午十时
地点：八塘乡民教办公室

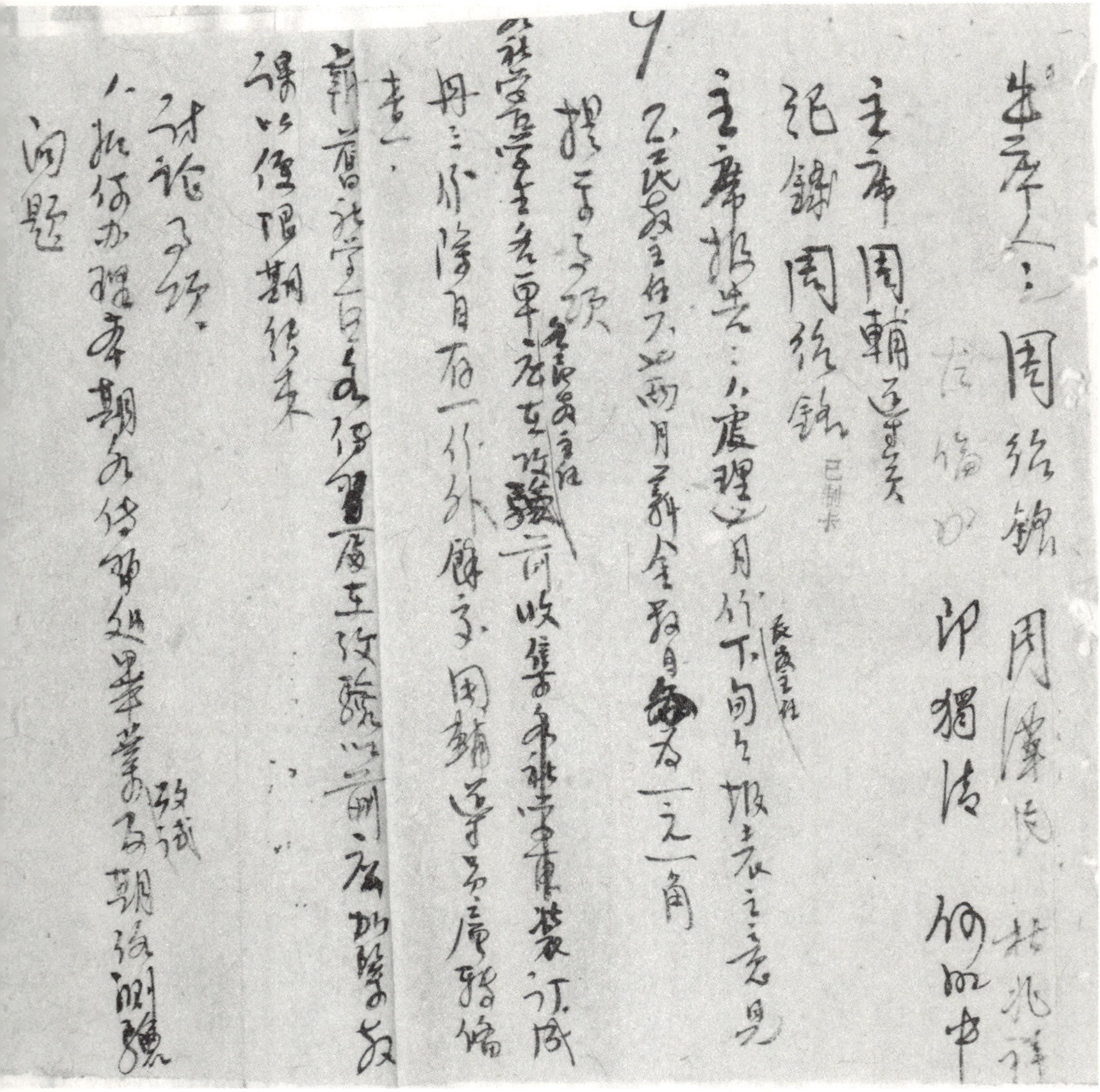
出席人：周紹鎔 周澤民 杜兆祥
左倫如 印獨清 何炳中
主席 周輔逵
紀錄 周紹鎔
已制卡
主席報告：1.處理七月份下旬之報表之意見 民教主任
2.民教主任工作兩月薪金每月為一元一角
提案事項
1.民教學生名單應在[illegible]民教主任[illegible]收集[illegible]裝訂成
冊三份除自存一份外解交周輔逵等負責編
書。
2.新舊民學[illegible]以前[illegible]
[illegible]以便限期結束
討論事項
1.如何辦理本期及[illegible]結業[illegible]下期[illegible]
問題

璧山县八塘乡一九四九年七月至十月民教工作座谈会会议记录　9-1-91(12)

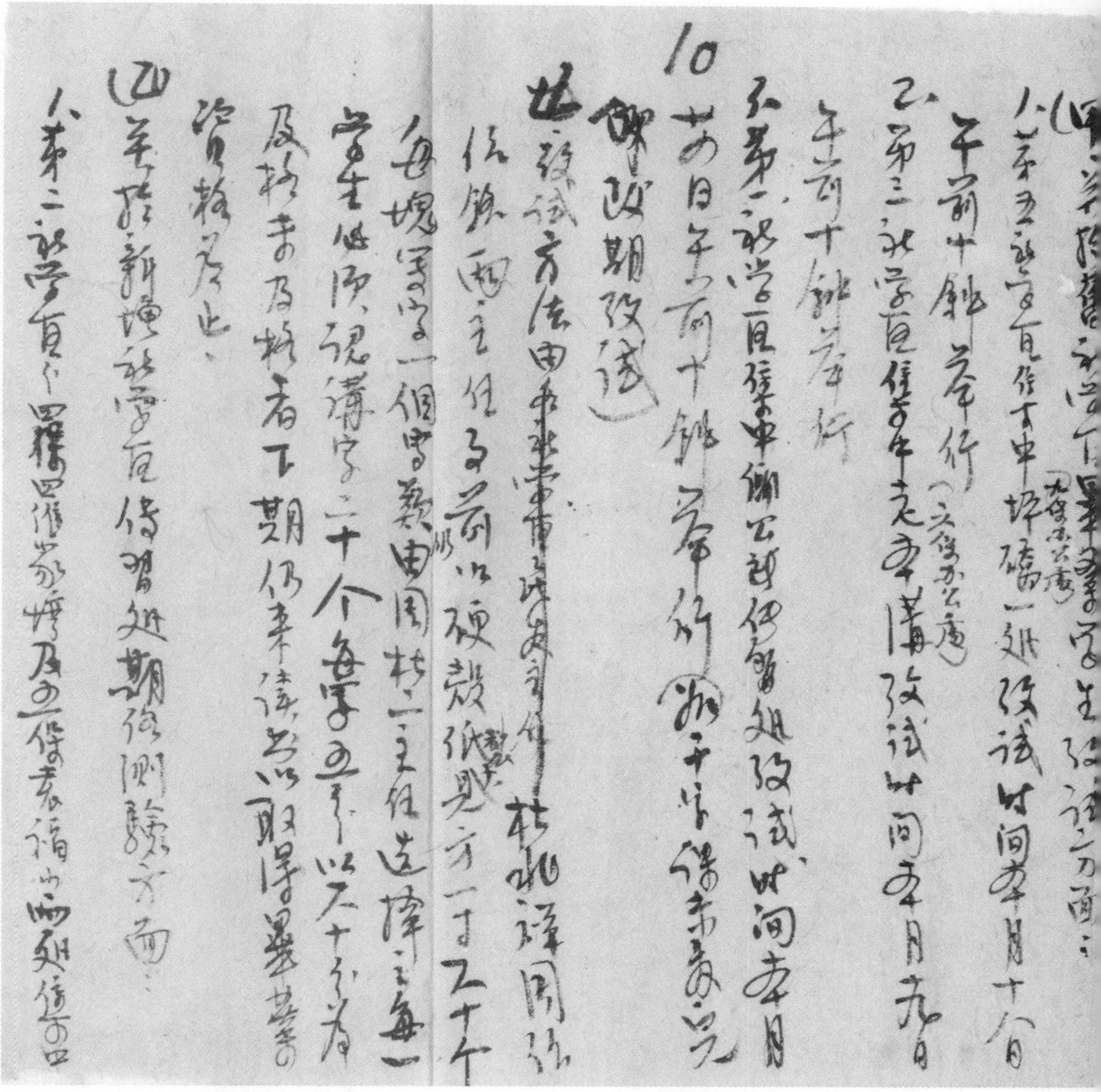

璧山县八塘乡一九四九年七月至十月民教工作座谈会会议记录　9-1-91(13)

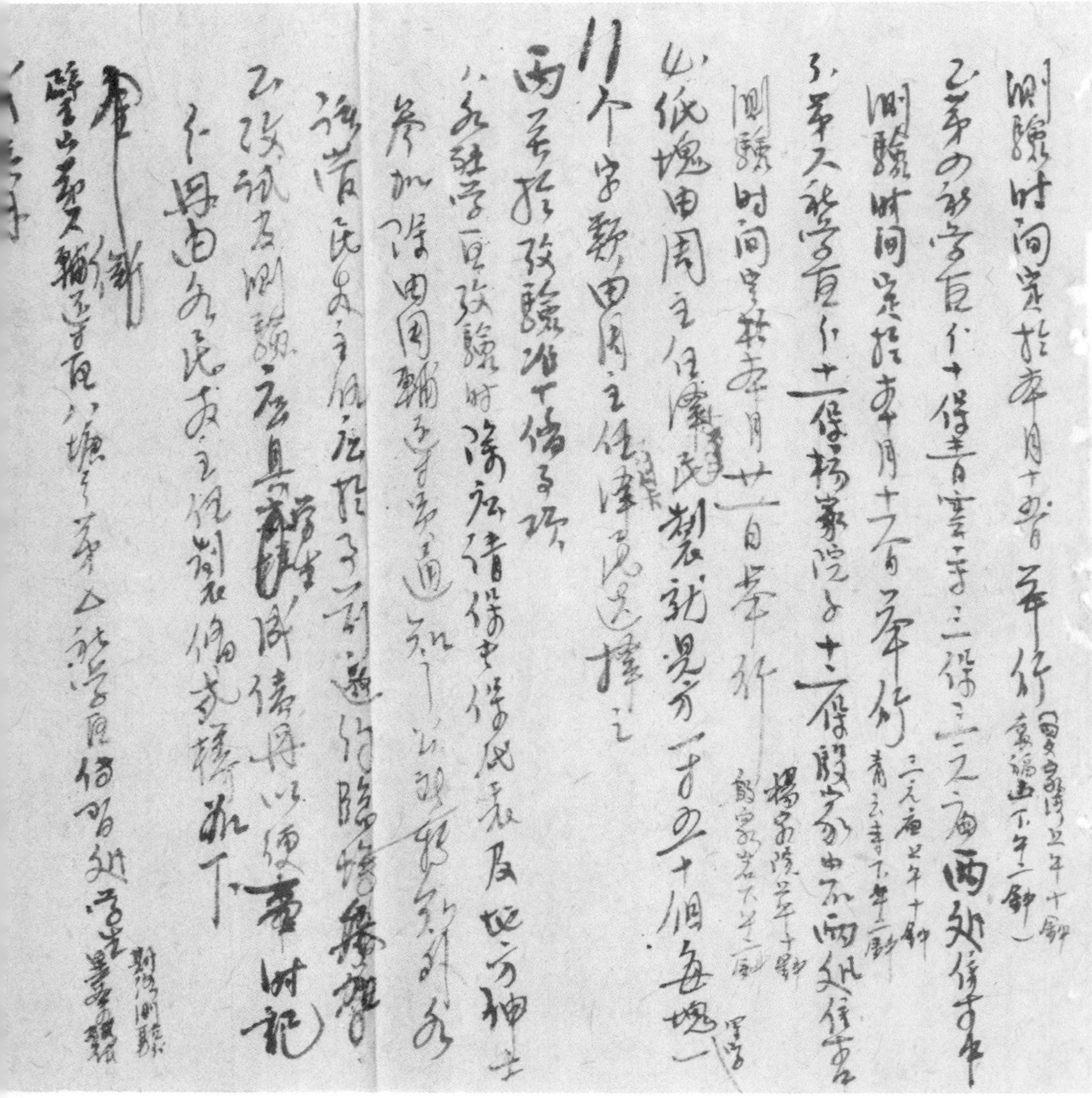

璧山县八塘乡一九四九年七月至十月民教工作座谈会会议记录　9-1-91(14)

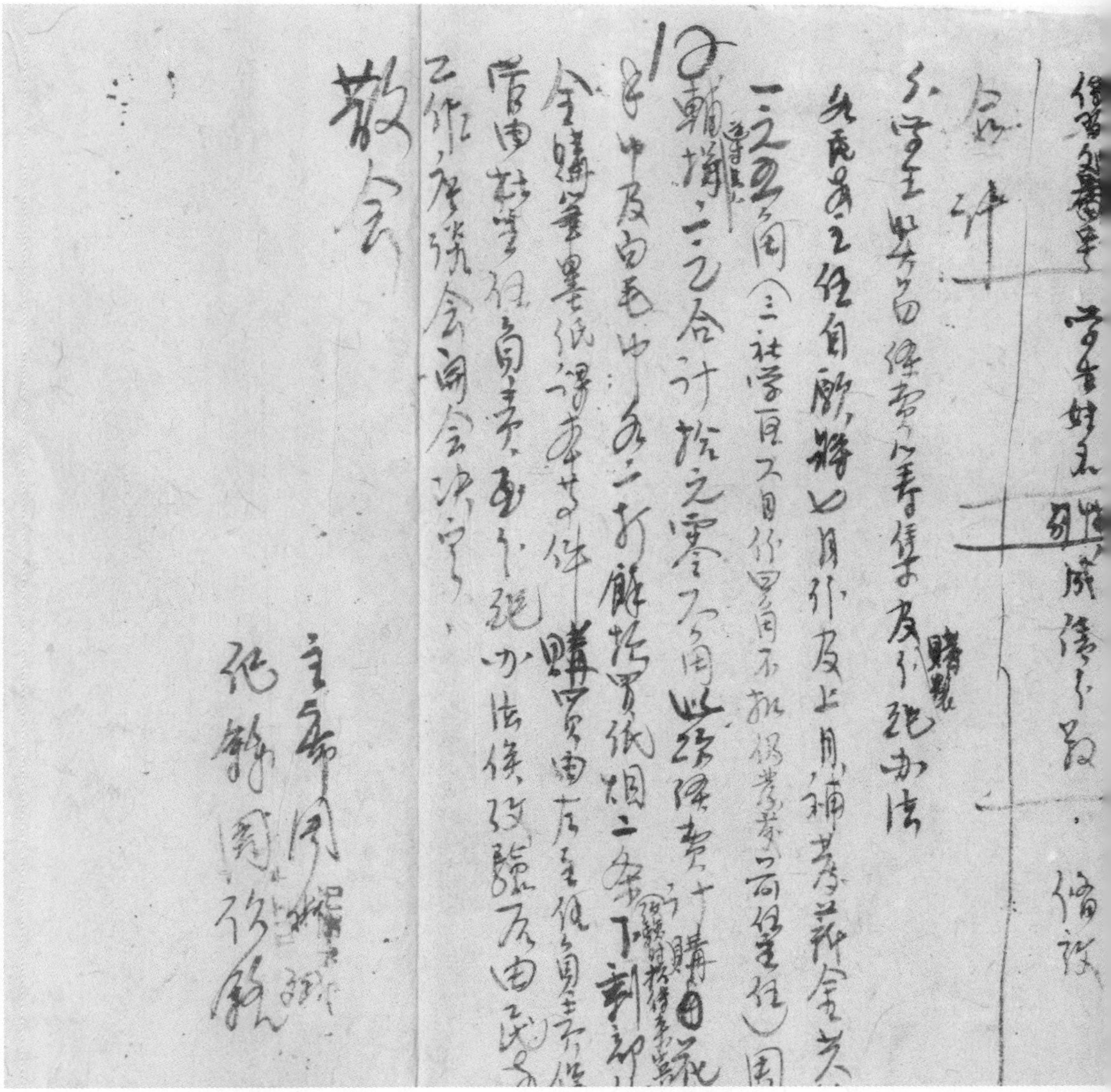

璧山县八塘乡一九四九年七月至十月民教工作座谈会会议记录　9-1-91(15)

璧山县八塘乡一九四九年七月至十月民教工作座谈会会议记录 9-1-91(16)

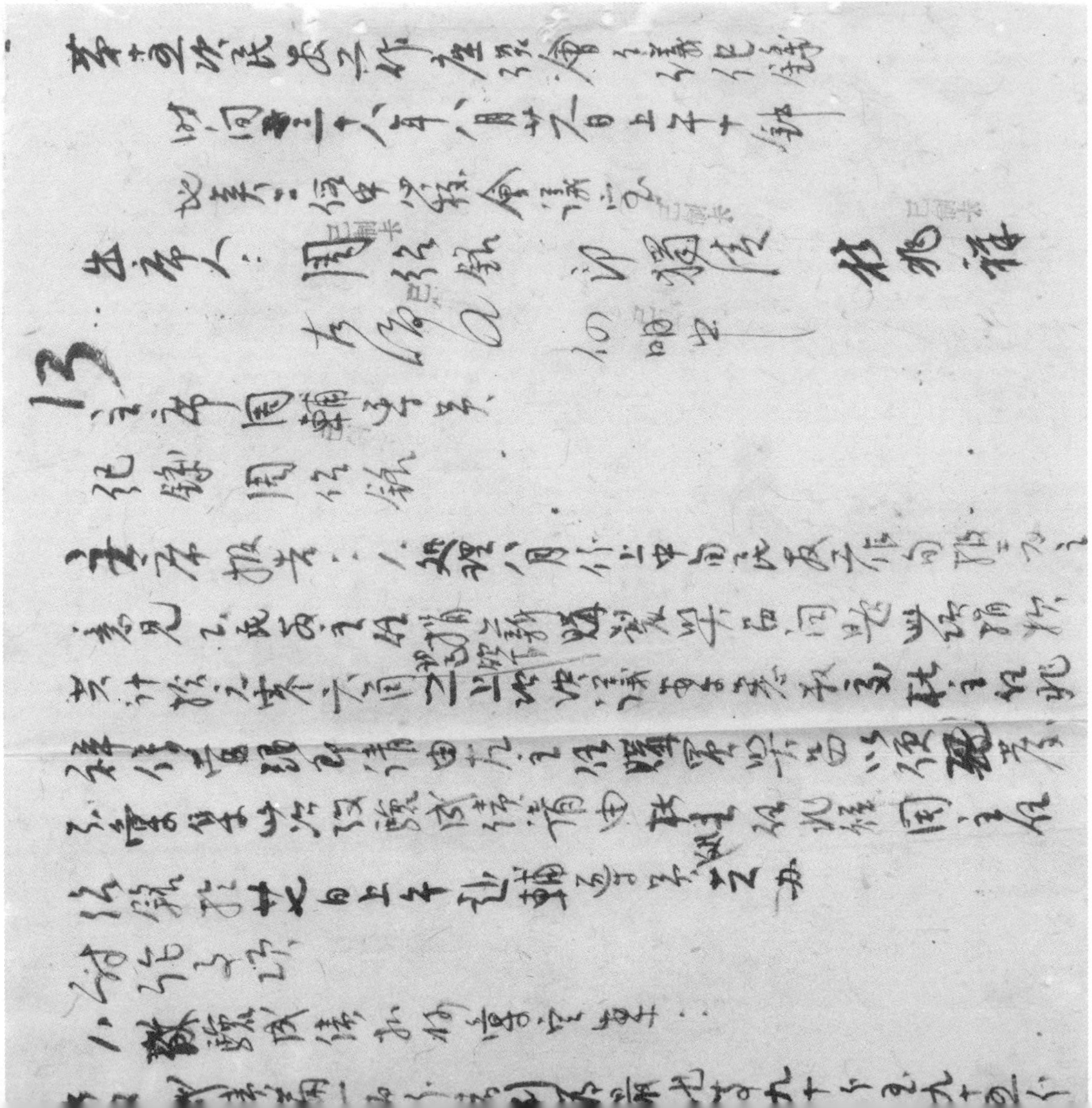
第五次民教工作座談會會議紀錄
時間：三十八年八月廿四日上午十鐘
地點：保中學校會議室
出席人：周任銘 邵獨清 林兆祥 左謂之 何明忠
13
主席：周輔導員
紀錄：周任銘
主席報告：（八）處理八月份工作中有關民教工作向報告為主
意見：民教主任[illegible]
共計[illegible]
祥負責[illegible]
[illegible]
任銘於廿七日上午赴輔導員[illegible]辦
討論事項
八、[illegible]
[illegible]

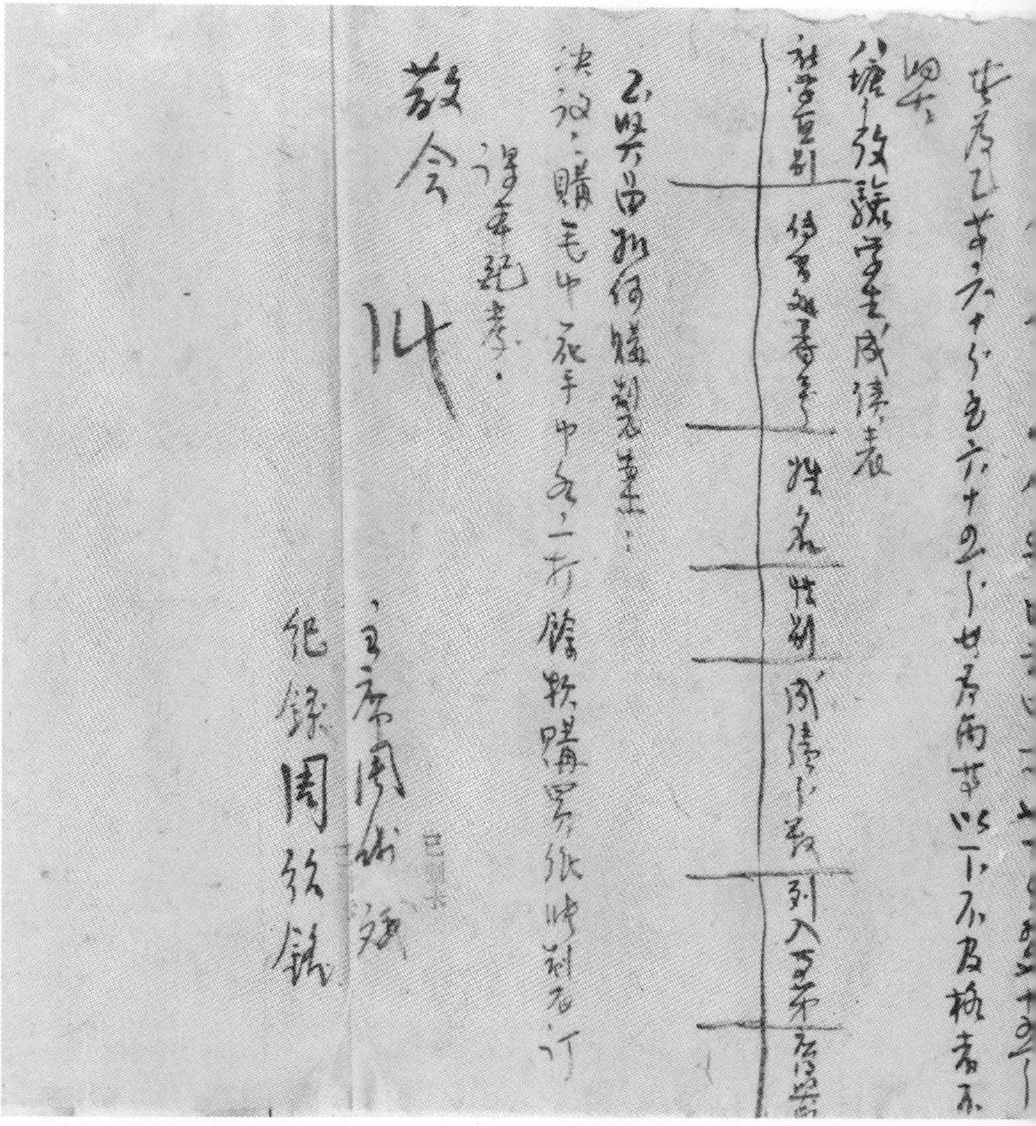

女年龄在六十岁至六十五岁，女年龄十二岁以下不及格者不

要。

八塘乡民教学生成绩表

乡学区别	保名编号班级	姓名	性别	成绩等级	列入等第

三、奖品拟作购制事宜：

决议：购毛巾、花手巾各二打，余款购买纸张制本订

簿本纪念。

散会

主席 周俯铭

纪录 周钦铭

已制卡

璧山县八塘乡一九四九年七月至十月民教工作座谈会会议记录 9-1-91(17)

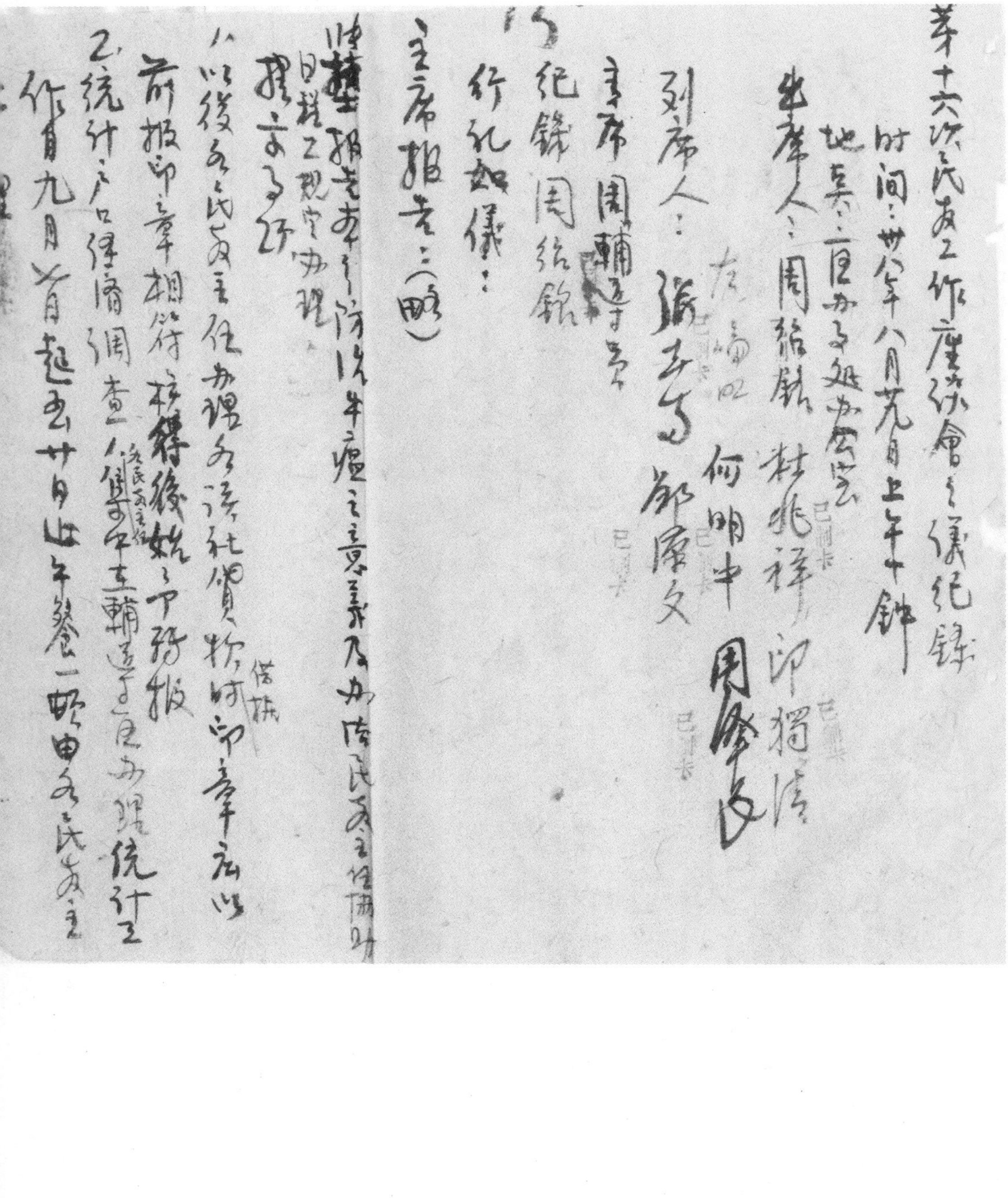

璧山县八塘乡一九四九年七月至十月民教工作座谈会会议记录 9-1-91(18)

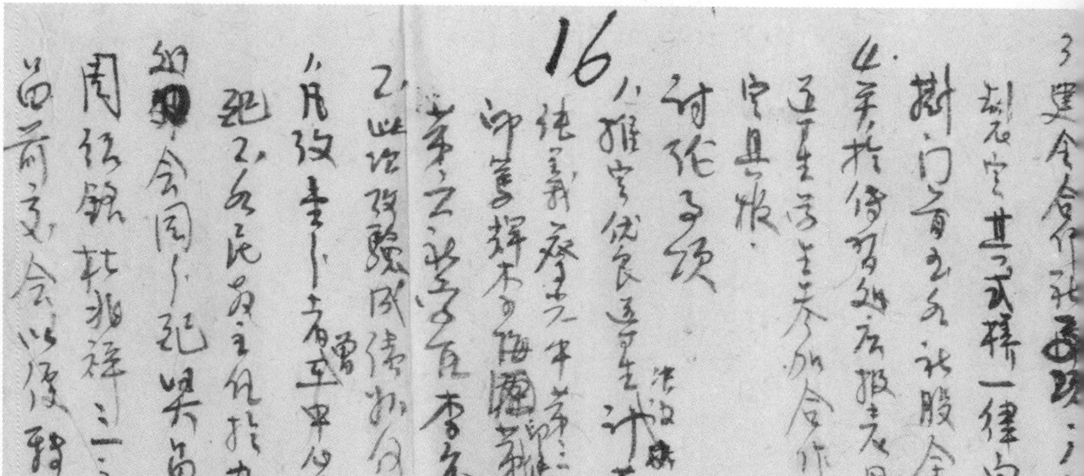
3.建合作社[illegible]：1.由各民教主任[illegible]
划名字其式样一律白底黑字宽六寸高五尺悬
挂门首。2.各社股金应本新谷登场缴齐
4.关于修葺处应报表册事项：计述学生表册、修葺处
述学生参加合作社名册应于下月内送[illegible]
完具报。
讨论事项
1.推定优良述学生计第一社学区王安侠第二学区刘
德义、[illegible]第四社学区
邱[illegible]第五社学区王修武[illegible]
第六社学区李光恒[illegible]。
乙、此次改验成绩如何？结果：
1.民教主任[illegible]二年级以上[illegible]
[illegible]乙、各民教主任于九月一日[illegible]十时至一日[illegible]
[illegible]会同[illegible]结果当[illegible]领取[illegible]
周[illegible]、杜兆祥三人任裁判[illegible]
当前各会以便發薪。

璧山县八塘乡一九四九年七月至十月民教工作座谈会会议记录　9-1-91(19)

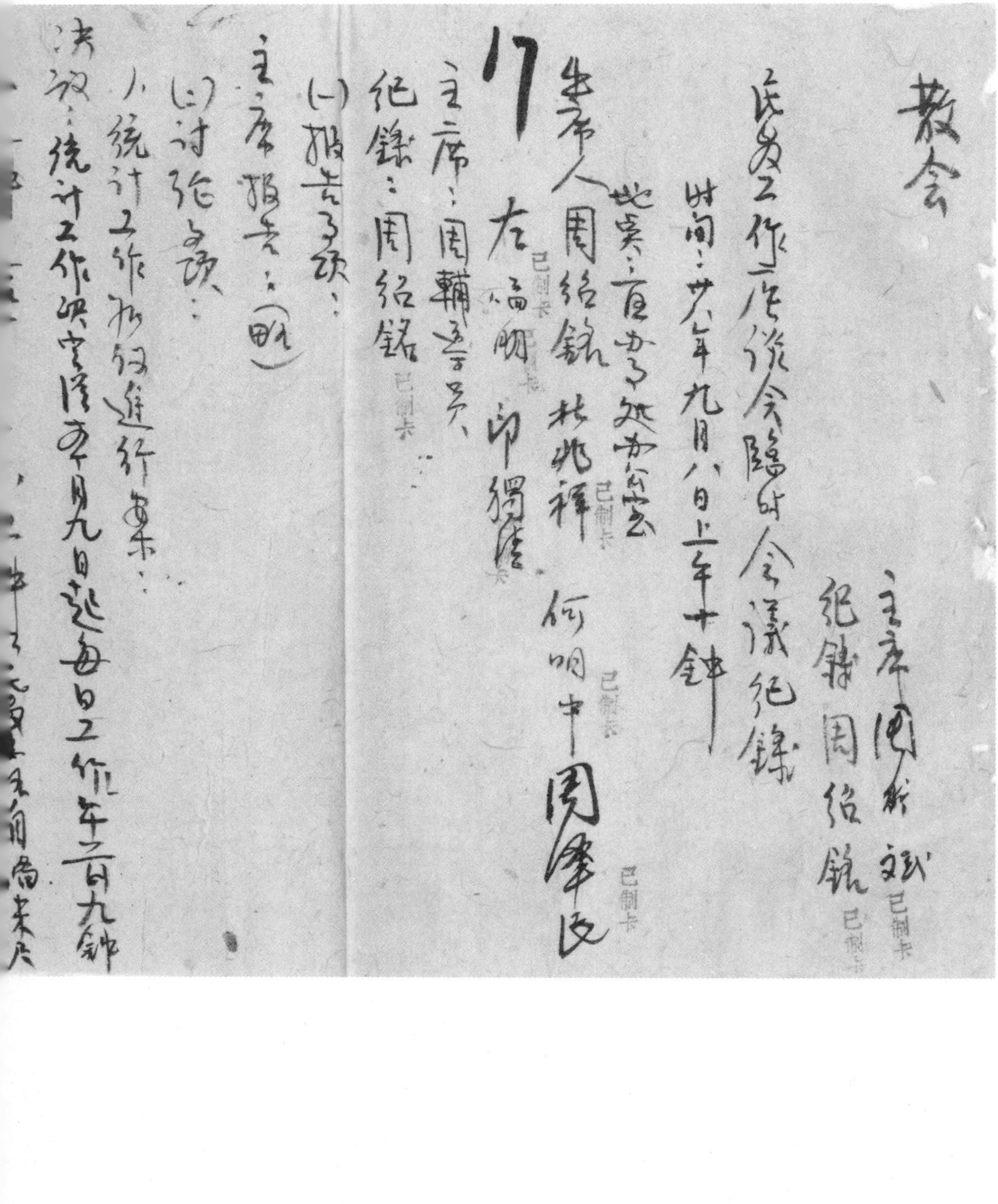

教会

民教工作座谈会临时会议纪录

主席　周[illegible]斌

纪录　周绍铭

时间：卅八年九月八日上午十钟

地点：自治处办公室

出席人　周绍铭　林兆祥　何明中　周肇民

左福明　邓独清

主席：周辅吾先生

纪录：周绍铭

（一）报告事项：

主席报告：（略）

（二）讨论事项：

1.统计工作如何进行案：

决议：统计工作从本月九日起每日工作午二时九钟

璧山县八塘乡一九四九年七月至十月民教工作座谈会会议记录　9-1-91(20)

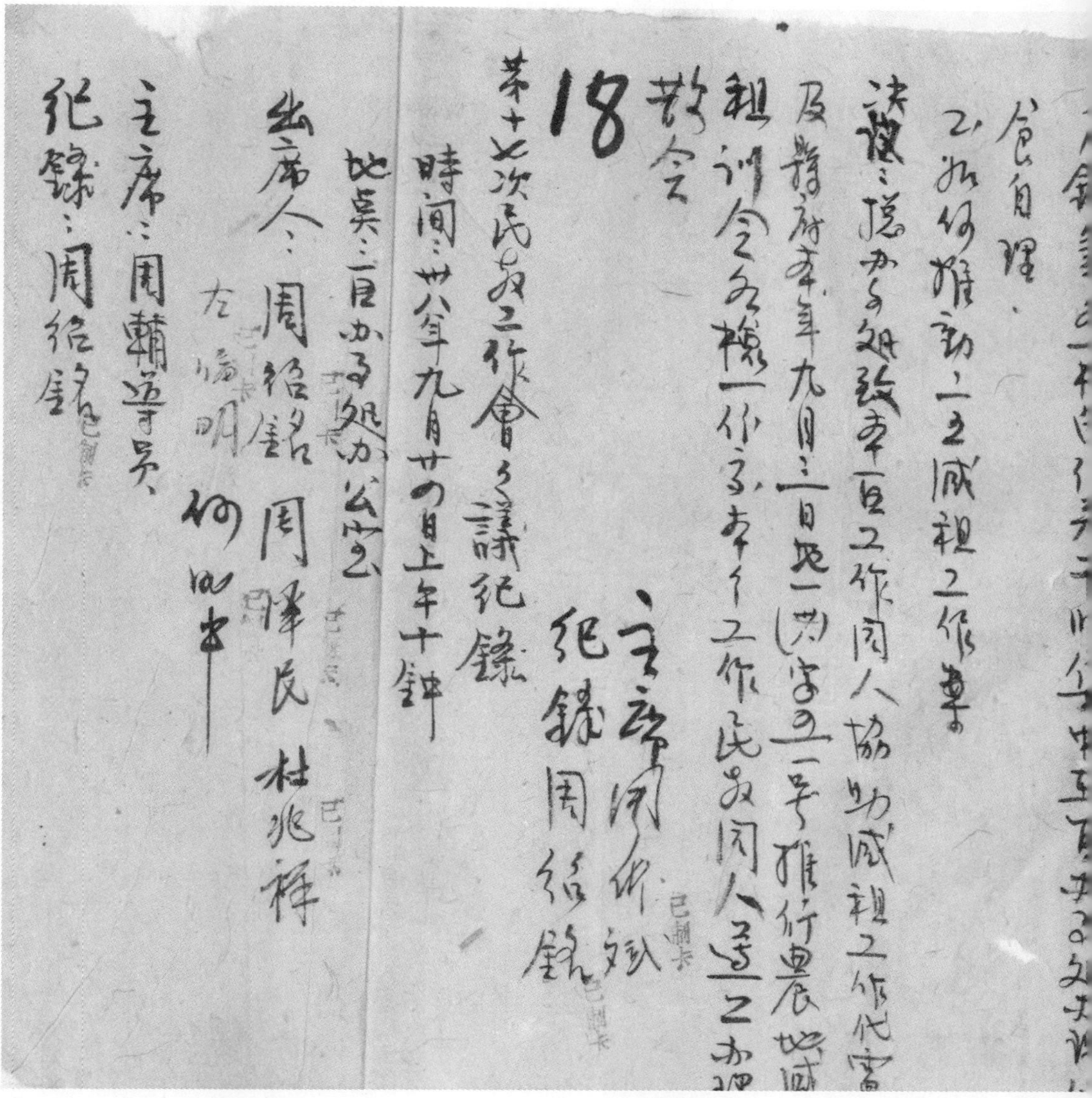
食自理。
2、如何推動二五減租工作案
決議：總幹事組股幹事與工作同人協助減租工作代電
及請本年九月三日起一周內寫五一年推行農地減
租訓令各擬一份寄本村工作民教同人遵照辦理
散會
主席 周作斌
紀錄 周紹銘
18
第十七次民教工作會議紀錄
時間：卅八年九月廿四日上午十鐘
地點：幹事組辦公室
出席人：周紹銘 周澤民 杜兆祥
左倫明 何四本
主席：周輔導員
紀錄：周紹銘

璧山县八塘乡一九四九年七月至十月民教工作座谈会会议记录 9-1-91(21)

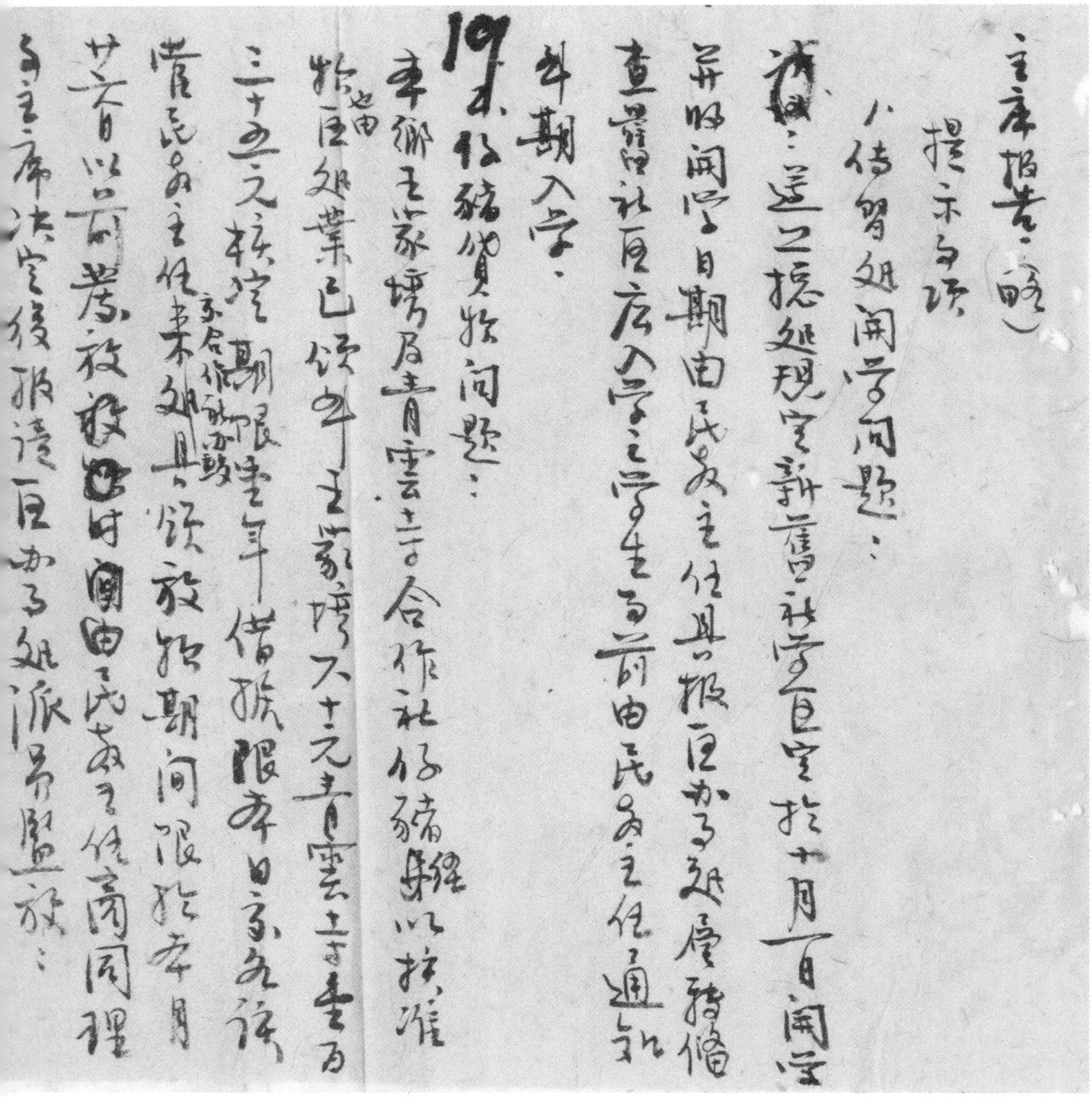

主席报告：（略）

提示事项

一、传习处开学问题：

决议：近之据处规定新旧社学区定于十月一日开学，并将开学日期由民教主任具报区办事处，应积极筹备，直属社区应入学之学生，当前由民教主任通知如期入学。

19 二、仔猪贷款问题：

本乡王家塝及青云寺合作社仔猪贷款经以核准，拨由区处业已领到王家塝六十元，青云寺壹百三十五元，核定（系合作社办理）期限壹年，借据限本日交各该，请民教主任来处具领，发放期间限于本月廿三日以前发放，发放时间由民教主任商同理事主席决定后报请区办事处派员监放。

璧山县八塘乡一九四九年七月至十月民教工作座谈会会议记录 9-1-91(22)

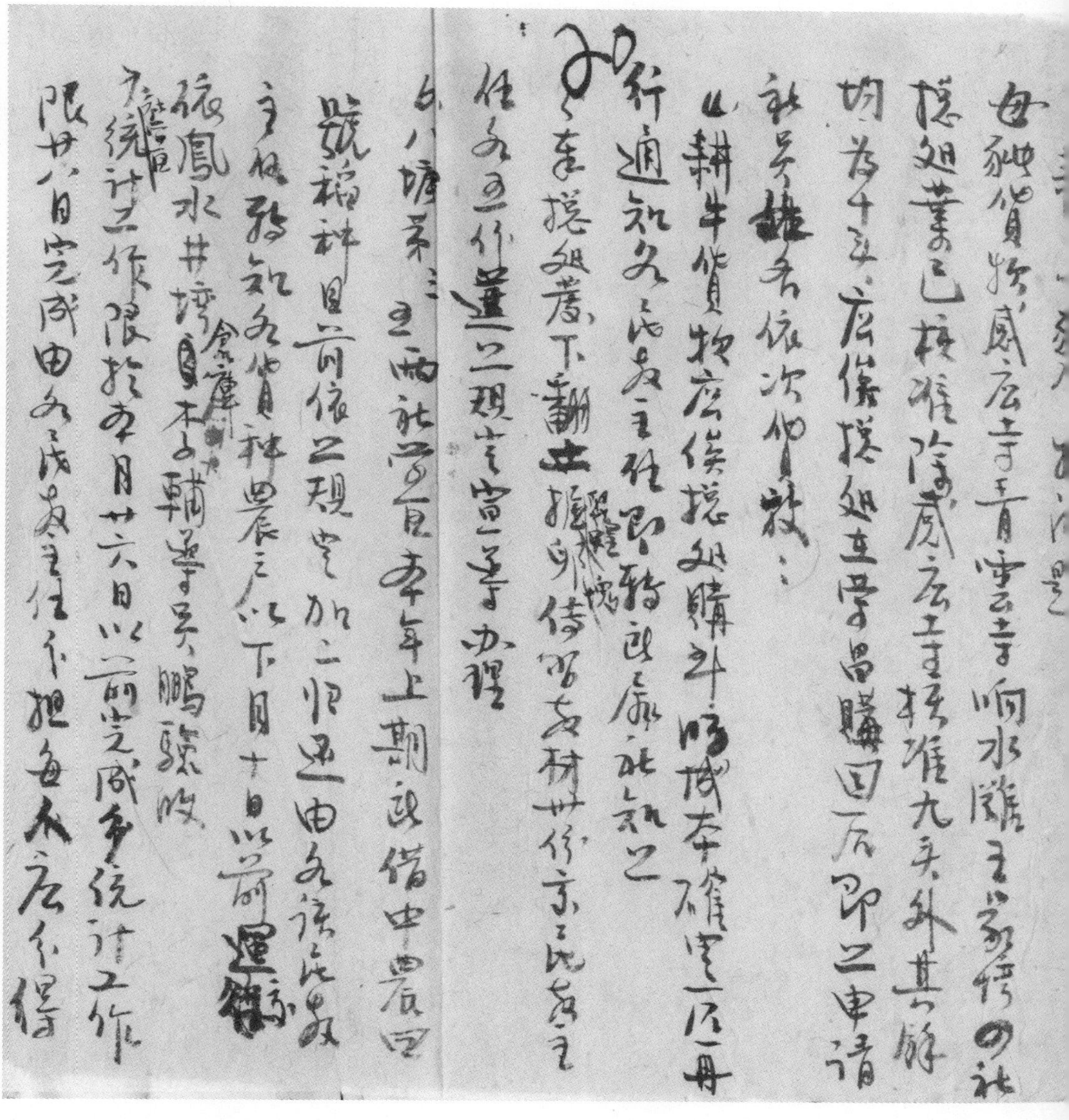

每乡货物，威应寺、青云寺、响水滩、王家祠四社总组业已核准，除威应寺核准九头外，其余均为十头。应俟总组查明，田应即之申请社另雄者依次加货款∴

以耕牛货物应俟总组购买时，由本会汇造一份一册

行通知各民教主任即转社员，社员知之

奉总组发下翻土犁，传习各村卅份，交民教主任分五份，遵照规定宣导办理

6、八塘第三、五两社学员本年上期改借中农田号稻种，目前依照规定加二归还，由各该民教主任转知各货种农民，以下月十日以前运缴凤水井塘仓库，由本乡辅导员吴鹏骧收

7、统计工作限于本月廿六日以前完成，多统计工作限廿八日完成，由各该民教主任负担，每人应得

璧山县八塘乡一九四九年七月至十月民教工作座谈会会议记录 9-1-91(23)

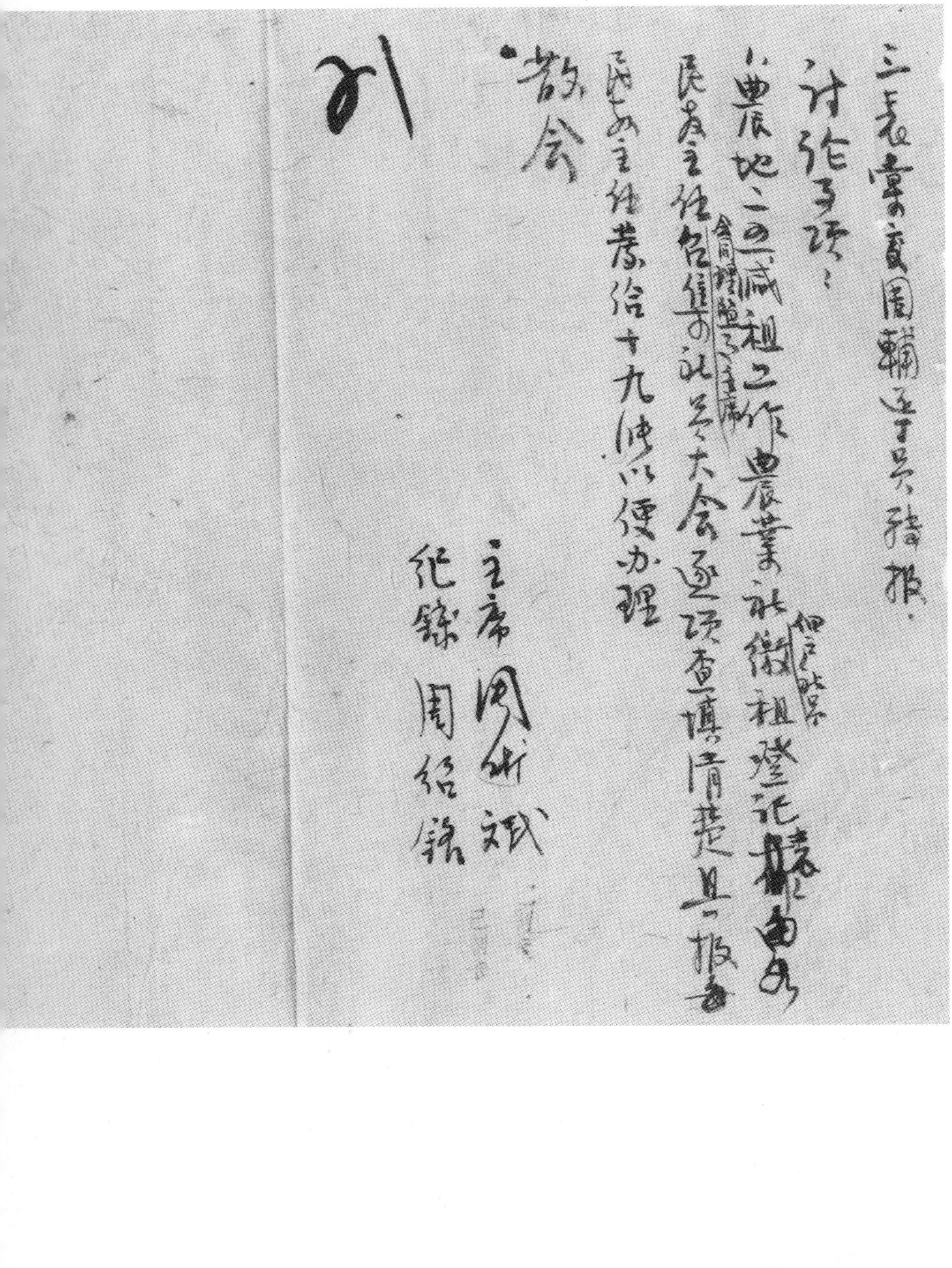

璧山县八塘乡一九四九年七月至十月民教工作座谈会会议记录　9-1-91（24）

三、表章友周辅导员等员转报。

讨论事项：

1、农地二五减租工作：农业社（佃户代表）缴租登记表由各民教主任召集（会同辅导员、主席）社员大会逐项查填清楚呈报县

民教主任最迟于十九日以便办理

散会

主席　周衍斌

纪录　周绍铭

21

璧山县八塘乡一九四九年七月至十月民教工作座谈会会议记录　9-1-91(25)

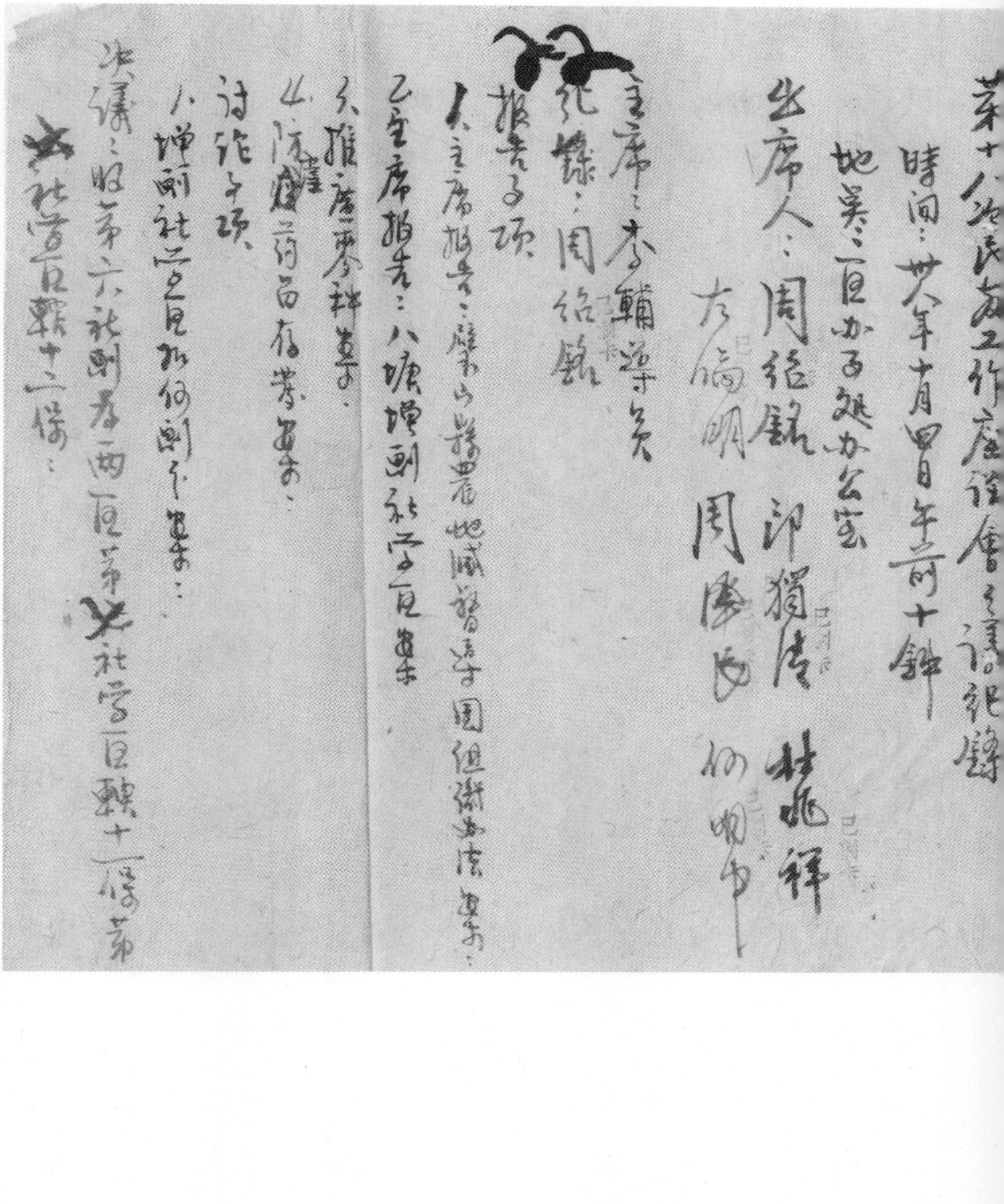

第十八次民教工作座談會議紀錄

時間：卅八年十月四日午前十時

地點：八塘鄉辦公室

出席人：周紹銘　邱獨清　林乾祥　左倫明　周隆□　何明中

主席：李輔導員

紀錄：周紹銘

報告事項

一、主席報告：璧山縣四區地域輔導員組織辦法案；

二、主席報告：八塘增劃社學區案

討論事項

一、推唐季科案、

二、陳□□□□□案、

三、增劃社學區如何劃分案：

決議：將第六社劃為兩區，第□社學區轄十一保，第□社學區轄十二保；

璧山县八塘乡一九四九年七月至十月民教工作座谈会会议记录 9-1-91(26)

乙、如何推廣麥种案：

決议：由第二、三、四社學區試办。

散会

主席 李文錦

紀錄 周紹銘

第十九次民教工作座談會會議紀錄

時間：卅八年十月十日上午九鐘

地点：區办事处办公室

出席人：周紹銘 何明中 杜兆祥

郭獨清 左倫明 劉純銑

李文錦 李紀[illegible]

主席：李輔華先

紀錄：周紹銘

(甲)報告事項

(一)

李副主任报告：今天召集佃佐开会，最重要的是
关于农地减租及租约登记换订新约的各项办法提
出来与佃佐共同研讨。
（丙）问题解答
1.收获数量如何填？
李主任解答：照田面积填写，如因收获数量难以计
算只好不填。
2.押租额怎么填？
李主任解答：照原约减四分之一填写。
3.押租额怎样填，因以前这些押佃有法币、金券、生
洋、铜元等等，到底如何填法为宜。
李主任解答：照原约注明其币类数目之内。
4.租佃时间有未到问题，如原来定期之租约如何填
5.超过民法限期之租约如何填（已超过之期者）
6.不能称以上满期未换约其租佃关系仍之原约
存续者如何办？
李主任解答：第五、六项之原约填第四项，取得双方同意不
定新约。

璧山县八塘乡一九四九年七月至十月民教工作座谈会会议记录　9-1-91(27)

六、租賃期間自 月 日起如何填：
李主任解答：以舊約計算。
以後新減免租如何填：
李主任解答：量田佃租或由主客人另立條件。
不合府規定公合等在橫寫小租底一律剔除不計，又規定雜租二條減的下之一條填入新約法令兩條如何辦：
李主任解答：請示縣府再行通知。
按規定租額大小如何填法：
李主任解答：以糧保寄於縣政府由主佃雙方蓋章，李星斗
乃登記人蓋章。
右解答經朗讀無訛，李主任簽名於後。

杜兆祥　李紹華
邱纘虞　周紹麟
左倫元　劉純銑
周肇昆　周□□

璧山县八塘乡一九四九年七月至十月民教工作座谈会会议记录　9-1-91(28)

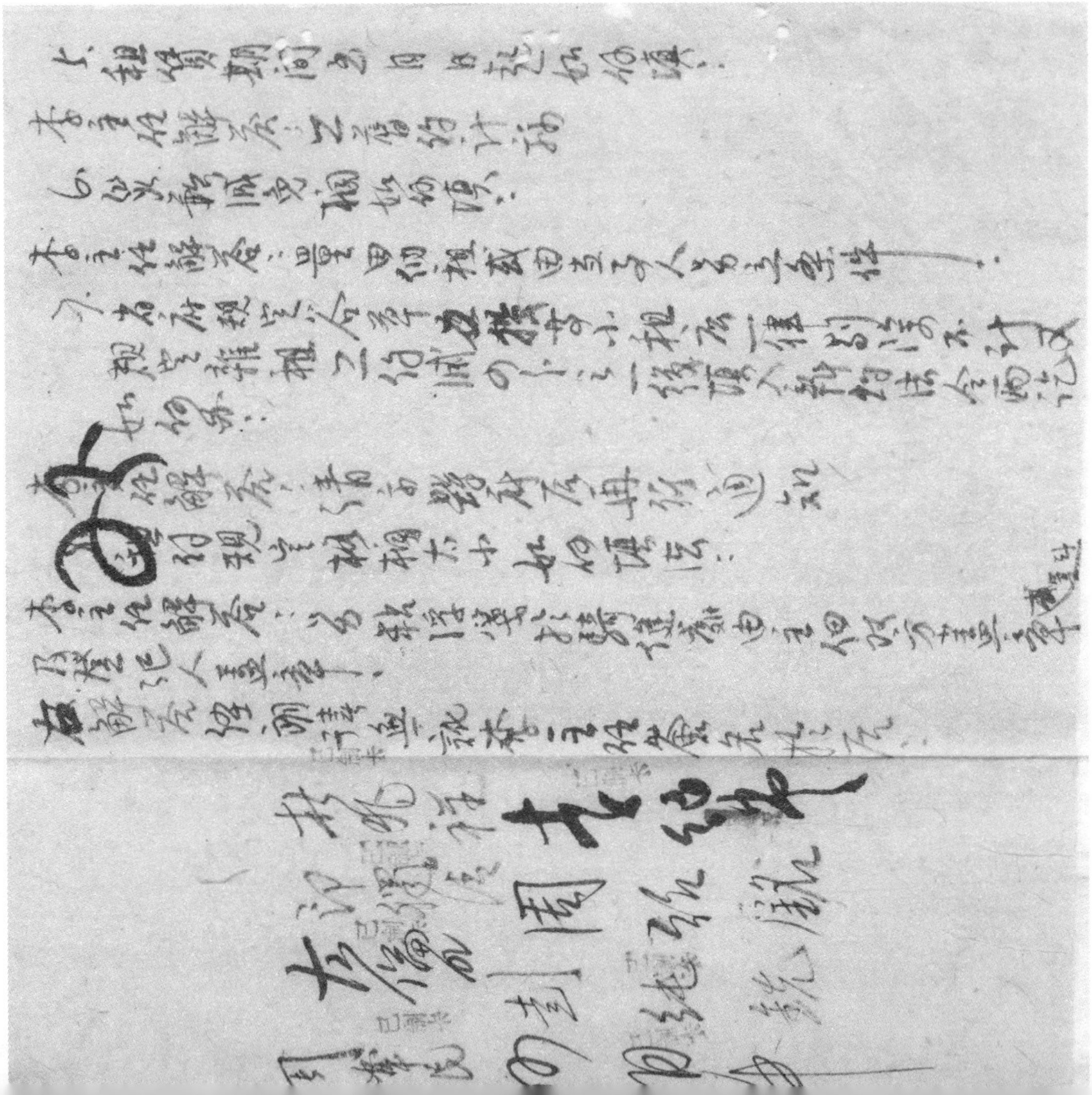

壁山县八塘乡一九四九年七月至十月民教工作座谈会会议记录　9-1-91（29）

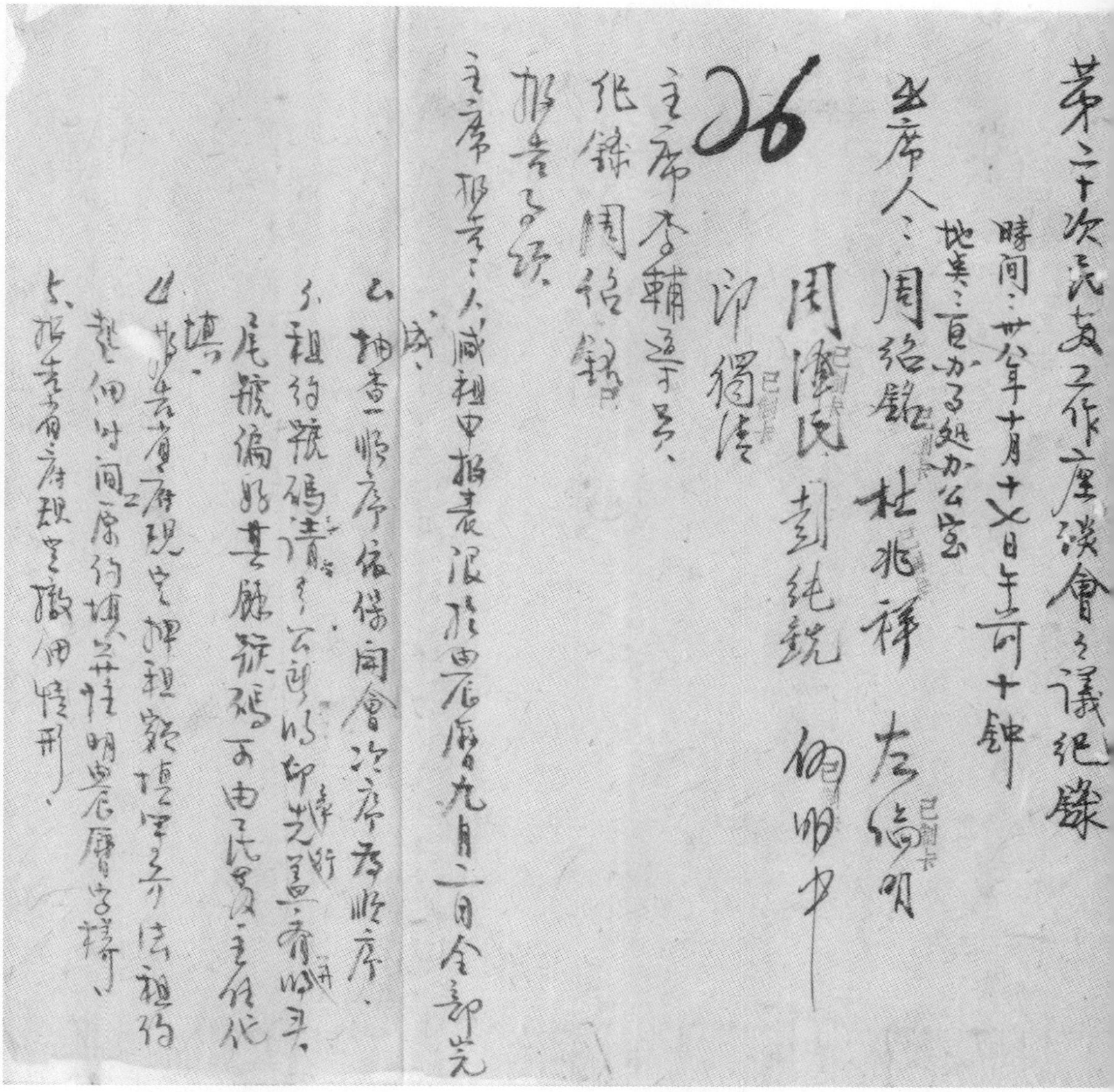

26

第二十次民教工作座谈会会议纪录

时间：卅八年十月十七日午前十钟

地点：区办事处办公室

出席人：周绍铭　杜兆祥　左德明　周泽民　刘纯銑　何明中　邱独清

主席：李辅导员

纪录：周绍铭

报告事项

主席报告：人减租中报表限於本届九月二日全部完成。

1、抽查一般依保甲会次序为顺序、

2、租约號码请乡公所印发并刊，尾號编號其餘號码可由民教主任代填。

3、报告有关现实押租额填写方法，租约起佃时间应约填并注明由届层字样、

4、报告有关现实撤佃情形、

璧山县八塘乡一九四九年七月至十月民教工作座谈会会议记录 9-1-91(30)

27

6、未换约的人由民教主任（每塘）代保长请单交保长盖章代送乡公所以便督催、

讨论事项、

1、乡统计室所得办理案：

决议：俟赋租申报表办理完竣后再行办理、

散会

主席 [illegible]

纪录 周[illegible]

已制卡

已制卡

巴县沧白镇民教工作检讨会第一、二、三次会议记录　9-1-167(47)

35

巴縣滄白鎮民教工作檢討會第一二三次會議記錄

巴县沧白镇民教工作检讨会第一、二、三次会议记录 9-1-167(48)

巴縣滄白鎮民教工作檢討會第一次會議記錄

時間：卅八年六月一日午前八鐘、

地點：滄白鎮第四輔導區办事处

出席人：張明金 [redacted] 張督生 [redacted] 胡國慶 [redacted] 顧熙鈺 [redacted] 金道模 [redacted]

林政之 [redacted] 盧興壽 [redacted] 何希康 [redacted]

主席：張輔導員明金

記錄：林政之 [redacted]

主席報告：今天是滄白鎮民教工作檢討会举行的第一天、諸位同仁都得聚首一堂，個人感到十分欣慰，但是今天開会的意義是將我們工作的实际情形供給大家商討研究、而我们过去的工作未按照所定的日期完成但現在未完的工作、希望諸位同仁克苦趕办、至於今後工作概况就是按時完成農業生產合作社之組織、設立傳習处、與办農田水利等工作、大家知道我们工作的对象是廣大的農民、合作社社員应切实取締地主參入、以免从中操縱、

工作檢討報告：

第一社学區何希康報告：個人自奉令調派本社学區工作、到職後便努力從事於宣傳工作、并拜訪諸位仕紳、希望对華西实験區之工作給予輔助、宣傳同拜訪結果、各農民及

丁十(192×27[illegible]公厘)會用

巴县沧白镇民教工作检讨会第一、二、三次会议记录 9-1-167(50)

37

仕绅都能甚表同情，而对工作上彼等都願乐於给予帮助，此顯視華西实验区之工作目標却能是在改革農村經濟及農村福利，而调查户口工作已於五月一日開始，中經一月的時間始告完成，而据调查结果本社学區内之人民二佰九十餘户，人口五百什餘人，面積超出所規定之社區地畝五分之二，設傳習处十六所，學生卅餘人。

四、第二社学區董道模報告：本區調查工作已按期结束，在調查过程中表面看來，似無多大困難，但詳细考察起来，即發生弊端多數，農民因思想陳腐，智識淺陝，致調查時，他们均不说出他们之实际情形，经再三以婉言解釋实驗區工作之目標

及与渠等之関係，但他们仍然不肯相信，是故調查表中仍多许

多是不实确的，不过我相信以後实验区给与他们许多实际

利益後，他们绝对能够相信实验区是不会害他们的，而本人既

住此区工作，决不让他们这样含糊不清的，我挋躬尽瘁的

幹下去，不论如何我是不管究的。

第三社学区林政之報告：調查工作於五月二日開始，至廿四日告完

結，据調查結果本区内人民二百餘户，设傳習处八所，導生

八人。

第四社学区顧熙鈺報告：調查户口工作於五月一日開始，至廿五日結

束，据調查統計結果，本区人民共一百八十四户，傳習处六所，亦

巴县沧白镇民教工作检讨会第一、二、三次会议记录　9-1-167(52)

38

範傳習处設呂家院，其中苦力最多，故調查工作相当困难，
第五社学區盧興壽報告：調查工作於五月一日開始，至廿日完竣，本區十甲，共二百户，设傳習处八处，導生计十四人。
第六社学區張睿生报告：户口调查於五月一日開始，因甲長不大負責以致影响调查工作，故調查時間延至卅日始告完結，计本區所轄二保，共廿四甲，三百四十户，傳習处廿所，導生廿二人。
第七社学區胡國慶報告：本區情形大致与先前诸同仁相符，调查工作於五月一日開始，經廿餘日告成，计設傳習处八所，導生八人。

討論事項：

巴县沧白镇民教工作检讨会第一、二、三次会议记录　9-1-167(53)

一、请求增加办公费。

决議：呈区办事处轉报核办。

二、请求增加導生奖金。

决议：呈区办事处转报核办。

三、討論会於每社学區輪流举行，「六月十五日第一社学區，七月一日第二社学區，七月十五日第七社学區，八月一日第六社学區，八月十五日第五社学區，九月一日第四社学區，九月十五日第三社学區」。

决議：通过。

四、開会決遵守時間，如無故不到者，除輔導員作為考核工作

38

考績之根據外，另扣全月薪金拾分之一，以作本鎮民教同仁之福利金。

決議：通过。

丁十(193×27)8開)會印

巴县沧白镇民教工作检讨会第一、二、三次会议记录　9-1-167(54)

巴县沧白镇民教工作检讨会第一、二、三次会议记录　9-1-167(55)

40

巴縣滄白鎮民教工作檢討会第二次會議記錄

時間：卅八年六月十五日午前八鐘

地點：第一社学區

出席人：張明金、何希康、顧熙鈺、林政之、胡國慶

張睿生、金道模、

主席：張輔導員明金

記錄：金道模

主席報告：各社学區之農業生產合作社已組織完善，但必須加緊召開理監事聯席会，促進工作效率，使合作社早能貸款。各傳習處導生及学生名冊應加緊造好，以便轉呈辦事處、

工作檢討報告：

第一社学區何希康报告：農業生產合作社已於本月十日成立，到会人數尚為不佳，而且農民对此農業生產合作社之組織亦頗為重視，但合作社之貸款手續我們還不甚清楚，而且農民对貸款一項皆極表殷望，所以我們最希望能早日貸款，以利推行鄉建工作。

第二社学區王道模报告：本區傳習处擬設九所，現已設八所，導生很順利的找到八人，其餘的一所，找不到導生，鄰近之甲内亦不能找到，故餘下的一所形成嚴重問題。

張輔導員答：導生若萬一不能找到，該傳習处即暫緩開学

巴县沧白镇民教工作检讨会第一、二、三次会议记录 9-1-167(57)

但必另覓學生，俟找到後即開學。

第三社學區林政之報告：本區傳習处共设八所，學生与家报者累有变動，但地方人士最希早日發书，他們才相信傳習处真的在作掃除文盲之工作。合作社已正式成立，社員們希能早日貸款。合作社之股金，有少數人太窮，不能繳納，有何办法。

張輔導員答：合作社之股金甚微，若有少數人一時不能繳足，可与該合作社負責人商量，分期繳納，亦甚合所規定。

第四社學區顧熙鈺报告：本社學區共六甲，設有五個傳習处，但本區人民大多係苦力，若傳習处開學叫他們来讀书，根本办不到，故請示輔導員设何办法，農業生產合作社之股金因本地人

巴县沧白镇民教工作检讨会第一、二、三次会议记录　9-1-167(58)

民貧窮，無力繳納、

張輔導員答：各傳習处之授課時間若該傳習处之人民実屬苦力謀生，當然不能耽誤他们的工作，但可採在每日早晨或晚間授課、

第五社学區盧興壽因病请假、

第六社学區張督生報告：傳習处共設八所，農業生產合作社已於本月九日組成，并訂於本月十二日召開理監事聯席会，討論業務计劃及報表事宜，但合作社之理事有地主参入，若取銷資格，則恐对鄉建工作有碍，故请示輔導員若何办法、

張輔導員答：根据華西実驗區農業生產合作社之組織法規

是否容许地主参入的故须切实取缔

第七社学区胡国庆报告：農業生產合作社創立会已於本月十日召開，到會農民共一佰八十馀人，並訂於十六日召開理監事联席会讨论業務计划及呈报事宜、

討論事項：

一、工作問題：

1、保甲長若阻礙鄉建工作如何办法、

决議：全体民教主任联名呈请輔導員及主任，听候合理解决

2、合作社之理監事為地主參入應如何办法、

决議：呈請區主任解决、

巴县沧白镇民教工作检讨会第一、二、三次会议记录 9-1-167(59)

巴县沧白镇民教工作检讨会第一、二、三次会议记录 9-1-167(60)

二、民教生活福利問題：

1、天氣炎熱易生疾病請發救急藥品、

決議：由張輔導員轉呈區办事处轉區本部發給、

2、請發給鄉建工作參考書以資自修、

決議：由張輔導員轉呈區办事处轉區本部發給、

3、請區本部發給福利金

決議：通过

三、民教生活薪金問題：

1、生活高漲，每月薪俸只能供給個人最低之生活費用，家庭之供養費完全沒有，故需款甚亟，急須加薪、

巴县沧白镇民教工作检讨会第一、二、三次会议记录 9-1-167(61)

43

决议：呈请区本部合理调整。

6.每月薪俸多少，请区本部会计处给通知与区办事处。

决议：通过

巴县沧白镇民教工作检讨会第一、二、三次会议记录 9-1-167(62)

44

巴縣滄白鎮民教工作檢討會第三次会議记錄

時間：卅八年七月一日午前八钟

地點：第二社学區

出席人：張明金 林政之 金道模 盧興壽 王敬青
何希康 胡國慶 張睿生

主席：張輔導員明金

记錄：何希康

主席報告：目前应办之工作上次会議记錄应從新推选人分別整理以便呈報，至於工作檢討会不能終斷，仍按照所規定時間每月一日及十五日分別分區舉行，其次各民教主任之旬报表及其他各項呈檢应於每次工作檢討会時繳报。

工作檢討报告：

第一社学區何希康报告：農業生產合作社已早组成，理監事聯席会已於六月十八日召開，各負責人皆很热心合力商討社内業務，并將合作社一切应报文件全部呈報區办事处，並待呈報。

第二社学區金远模報告：自合作社成立推选理監事後，即召集理監事聯席会，但各理監事皆不遵守開会會期，無故不到，迭令亦不能召集開会，不能作何处理。

張輔導員答：通知该保保長轉飭農業生產合作社之各負

巴县沧白镇民教工作检讨会第一、二、三次会议记录 9-1-167(64)

責人急速召開、

第三社学區林政之报告、(一)、社学區内多少數生産農民对合作社之股本無法繳納是否能免繳或请实驗區代繳、(二)、天氣炎热農民易生疾病、请实驗區發給救濟藥品、(三)鄉間有不良分子無故毁謗鄉建工作、请实驗區合法给与輔助、(四)、各種輔導農民之参考书报请实驗區早日配發、

張輔導員答：(一)農業生産合作社之股金係各社員之一保證责任不能免繳、而实驗區是否能代繳、待请示主任、(二)用文呈报办事处轉报區本部發給、(三)請示區主任核办、(四)、请區办事处用文呈报區本部發給、

第四社学區顧熙鈺因病请假、

第五社学區盧興壽報告：本社学區内之合作社早已組成理監事聯席会已经召開，但有少數社員对合作社之股金無法缴納，延至秋收後是否可以。

張輔導員答：轉告各未繳納之農民速與該合作社之負責人商討延至秋收後繳納或分期繳納。

第六社学區張睿生報告：社学區内之保長蔑視鄉建工作，不但不加以輔助，反而加以阻撓，是乃実驗區之工作未與行政配合，希由本处設法補救。而鄉建工作已被社学區内認為共党活動工作，请張輔導員轉呈李主任想出有效的宣傳方法

巴县沧白镇民教工作检讨会第一、二、三次会议记录 9-1-167(66)

46

以糾正農民之錯誤思想、

第七社學區胡國慶報告：該社區內士紳糧户參加合作社，無法阻止，而為生產農民亦不大相信合作社之組織、二、民教工作無力推進，實為礙工作進度，請實驗區能加以政治力量、

張輔導員答：(一)為生產農民不相信合作社之組織，此顯係農民智識淺薄，不甚徹底明瞭合作社與農民之關係，故應積極從事宣傳工作，以使他們了解；(二)請示區主任解決、

討論事項：

一、請實驗區辦事處速通知鄉鎮公所轉飭各保甲長徹底扶助社學區民教主任辦理鄉建工作、

巴县沧白镇民教工作检讨会第一、二、三次会议记录　9-1-167(67)

决議：通过

六、請張輔導員轉告鎮公所召開社学區内之保長及民教主任聯誼会共同商討鄉建工作上所發生之困難、

决議、通过、

璧山第四辅导区办事处向县府呈报民教工作座谈会会议记录（附会议记录） 9-1-216（103）

66

璧山縣第四區辦事處民教工作座談會會議紀錄

璧山第四辅导区办事处向县府呈报民教工作座谈会会议记录（附会议记录） 9-1-216（103）

璧山第四辅导区办事处向县府呈报民教工作座谈会会议记录（附会议记录）　9-1-216（101）

存查

65

收文 民國37年3月12日 平字第052號

中華平民教育促進會華西實驗區璧山第四區辦事處 呈

教字第九號

民國三十七年三月十日

事由：為呈報座談會會議紀錄懇祈鑒核備查由

竊屬區於三十七年三月八日午前十時召集所轄各鄉長鄉民代表主席及各民教主任開第五次民教工作座談會參加者甚為踴躍情緒頗為熱烈所議各項事件均紀錄在卷除將會議紀錄分別通知轄區各鄉公所及各民教主任查照辦理並請縣府備查外理合檢呈紀錄一份隨文懇請

鈞處鑒核備查——

謹呈

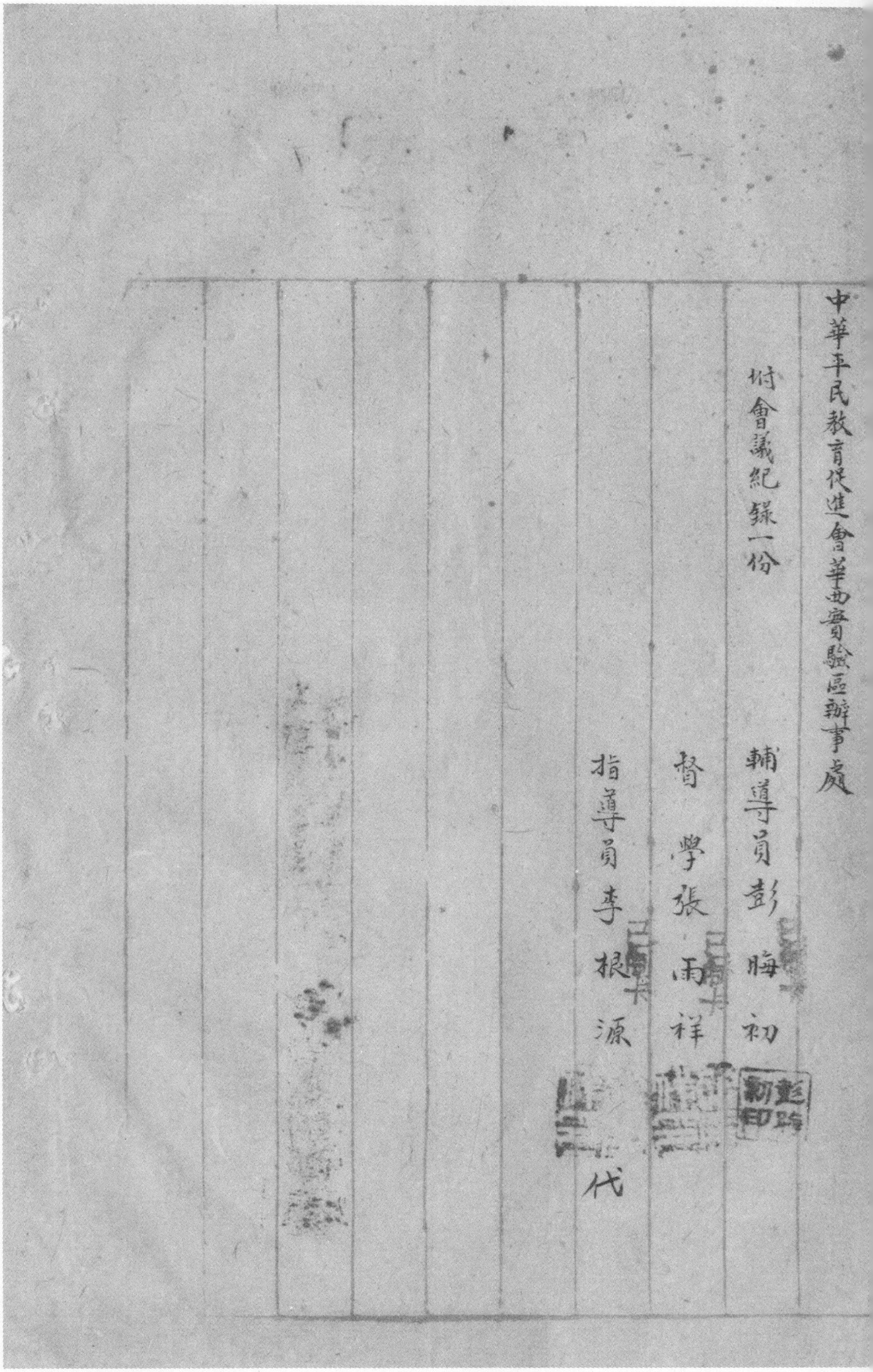
中華平民教育促進會華西實驗區辦事處

附會議紀錄一份

輔導員彭晦初

督學張雨祥

指導員李根源代

璧山第四辅导区办事处向县府呈报民教工作座谈会会议记录（附会议记录）　9-1-216（102）

璧山第四辅导区办事处向县府呈报民教工作座谈会会议记录（附会议记录） 9-1-216（104）

67

壁山縣第四區辦事民教工作座談會議紀錄

時間：三十七年三月八日午前

地點：接龍鄉中心校內

列席人：徐昌樑 張雨祥 李根源 劉茂材

出席人：鄉長四名鄉民代表主席四人民教主任三十三名

主席：黃世輔 省立民教館黃館長世輔 紀錄彭鴻翔

報告：畧

討論事項：

1、輔導團與輔導小組如何組織以期發生效用案

決議：成立輔導團應依照縣府壁山民字第五三號訓令之規

定切實辦理至各鄉成立日期大路鄉訂於古正月二十九日蒲元鄉訂於古正月三十日青木鄉於古正月二十九日接龍鄉訂於古正月二十八日龍谿鄉六塘鄉均訂於古二月初一日各鄉限期成立完竣於成立之第二日起各團務須應即出發切實監督輔導並解決一切困難事項。

2、迭經勸告而終不願入學之失學成人應如何處分案。

決議：依據成人教育實施辦法之規定切實辦理。

3、導生如何獎勵案。

決議：優良導生報請縣府給予獎狀並請省立青木關民教館贈送名人書畫或由各鄉酌情減免勞役粮款。

4、如何擬定鄉鎮經濟建設計劃案。

68

決議：由各鄉成立經濟建設委員會針對當地實際情形擬定計劃
書報請縣府核准實施
5.學齡兒童如何調查強迫入學應如何辦理案。
決議：調查工作由各民教主任協保甲長切實調查並勸導入學
6.第一期成人教育考試如何辦理案。
決議：各學區成立考試委員會由當地士紳及鄉鎮保甲為考試
委員切實認真監考。
7.各學區民教主任如何連繫案
決議：各學區民教主任相互觀摩切實連繫每逢各集場之
期由中心校民教主任召開座談會議一次以資交換意見共

璧山第四辅导区办事处向县府呈报民教工作座谈会会议记录（附会议记录）　9-1-216（107）

改進一切

民教工作分区检讨会综合记录（一九四七年九月） 9-1-264（161）

113

民教工作分區檢討會綜合紀錄

民國三十六年九月九日印

時間：1、朝陽，金剛，龍鳳，九月二日午前八時至午後六時。
2、二岩，澄江，九月三日午前八時至午後五時。
3、白廟，文星，黃桷，九月四日午前八時至午後五時。

地點：1、朝陽鎮第一中心國民學校 2、澄江鎮第一中心國民學校 3、黃桷鎮牛角廟

主席：劉文精

指導人員：
1、華西實驗區——屈鑑農，王秀齋，白秉坤
2、北碚管理局——劉文精，陳紹欽，唐偉，曾國光，黃瑞琛，徐崇陵

出席人員：
各鄉鎮長，各中心國民學校校長，各學校民教部主任

甲 主席報告事項：

一、失學成人調查工作，因各鄉鎮長暨各民教主任之努力調查統計各項工作，均已如期完成。

二、導生選拔與訓練，務須迅速督促辦理。

三、導生傳習，必須切實竭力施行。各校之民教部與小學部應密切聯繫，各校校長應加強督導，以收事半功倍之效。

四、期望各校能將該鄉區內所有失學成人，均能分期入傳習處學習，學齡兒童亦應使其百分之百入學，如學齡兒童家境清貧，得設特別班。並免收書籍課本費，以貫普及教育與免再產生新文盲。如果各校能達到學齡兒童百分之百入學，並能達到規定標準者，本局即獎勵該校校長或教師一百萬元之獎金。（辦法另行公佈）

五、民教部主任辦公費，在各學校辦公費中下開支。各傳習處所需用品，本局統籌分發。如：每處發黑板一塊，國父遺像一幅，黑板一塊，又全期另發粉筆三匣，鉛筆一支，點名冊一本，輔導紀錄簿一本。至於各科教材，則由平教會華西實驗區供給。

六、北碚地方建設五年計劃，併入民教課程之內教學。

七、北碚選刊各項教材，須由民教主任採用，併入教學。

八、各保內應多養母豬並種植桐子，以期增加生產。

乙　討論及決議事項

一、各校民教部主任隸屬於各學校受鄉鎮長及校長之監督指揮。

二、各學區導生缺乏者除由地方選拔智識份子充當義務教師外。或由傳習處學生中選拔成績優良者為導生，以資即知即傳即習即用。並商請所在地中等以上學校學生充導生。

三、各校從四上學年起，一律加授傳習課本，以為將來之候補導生。並使於回家，轉教家庭或鄰近在傳習處讀書之學生。

四、失學成人過多之保，應盡量多設傳習處，以期早日掃除文盲。

五、傳習處名稱定為：「北碚管理局某某鄉（鎮）第幾學區第幾傳習處」

六、如傳習處導生人數有兩人以上者，則需選一人為主任導生。專業機關由管理局函請一齊辦理民教，由該鄉鎮長及學校民教主任聯絡幫助之。

七、實施強迫教育，凡學生故意不入學者先行勸導，勸導無效時，再行強迫。其辦法由局頒發。

八、學生入學，可採取分期辦法，其有特殊情形者，始得依法緩學、免學。

九、學生家庭如住大山上晚間上學不便者，得盡量利用白天讀書，或由導生送教育上門。

十、上課時間每學期須達到一八〇小時，遇農忙期休息，但每月以不超過廿天為原則。

十、在一鄉鎮有幾個中心國民學校者，可分區輔導，但仍須由第一中心國民學校負全責。

十一、學生燈油費，及筆墨紙張由各學區自行設法。

十二、導生如不願供職者，一面盡力勸導，一面由管理局徵聘。

十三、導生訓練，以民教工作討論會方式行之。寓訓練於會議之中。

十四、傳習課本教完後，即實施專課訓練。

十五、民教工作討論會時間，定在九月五日至十一日。

十六、討論會每日二小時，以各區為中心，或分組開會為原則。

十七、傳習處務於九月十五日前，一律開學行課。如有特殊地區，而農事正忙者，可於開學後，再酌放農忙假。

十八、傳習處人數每處至少十八、至多二十八，如有超過此數者，得另增一處，以便教學之實施。

十九、男女是否分班，得視地方情形酌定之。

二十、傳習時間，每日以二小時為原則。

『十二五』国家重点图书出版规划项目
国家出版基金资助项目

国家出版基金项目
NATIONAL PUBLICATION FOUNDATION

晏阳初

民国乡村建设

华西实验区档案选编·教育建设实验 ②

目录

三、民教主任

四、示范国民学校

示范国民学校概述

各县示范国民学校情况

璧山县第五辅导区各乡民教主任联席会议记录（一九四八年七月十三日）　13-1-8(9)

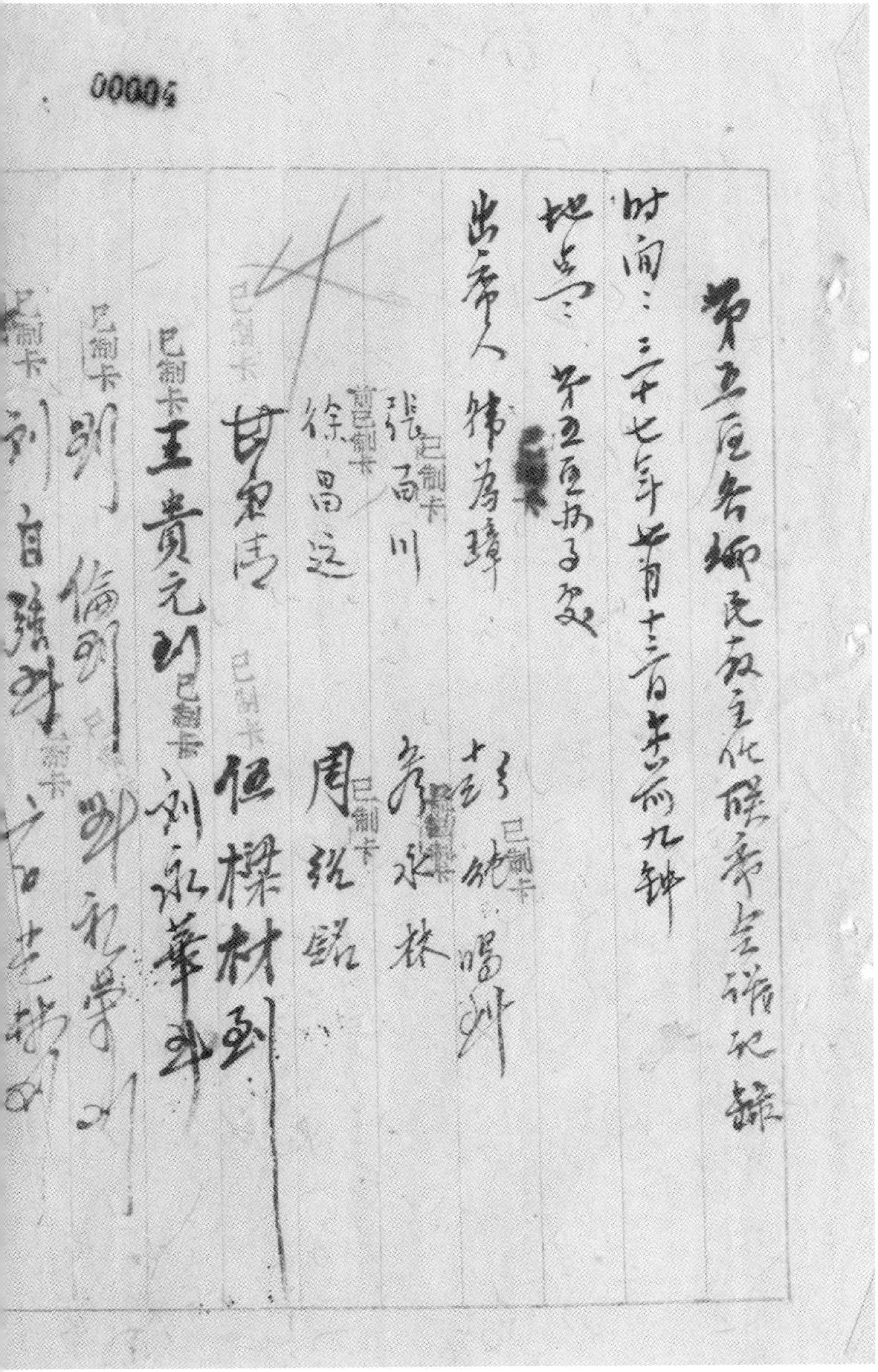
第五区各乡民教主任联席会议记录
时间：三十七年七月十三日上午九钟
地点：第五区办事处
出席人　韩为璋　彭纯阳到
张西川　龚永林
徐昌运　周绍铭
甘和清　伍樑材到
王贵元到　刘永华到
刘伦刚　刘和学
刘自强到　[illegible]

00004

璧山县第五辅导区各乡民教主任联席会议记录（一九四八年七月十三日） 13-1-8(10)

出席：洪[illegible] 刘以[illegible]

主席：陶[illegible]亭

记录：邓作[illegible]

主席报告：此次召集各民教主任出席会议，有三个意义：(一)如何发动人力之发动之说明，(二)规定各项，(三)应如何发展主任之意义，之下设辅导员，负一切行政之责，如何使主任在行政方面之意义，视察、对各乡之行政，有直接督导监核之权，即所举之和指导员、禁烟赌清理方面之工作，如何使主任及辅导员之注意推[illegible]生产工作。(二)福利训练规章，分甲乙丙三组，甲组为学校行政组，乙组为保校长组，丙组为民教主任组，详细办法暂即照所有

璧山四宝阁印制

璧山县第五辅导区各乡民教主任联席会议记录（一九四八年七月十三日） 13-1-8(11)

擬定[illegible]研究計劃、⑫領導本年績、每月五日以前造二份送
區[illegible]處、最遲十五日以前呈案[illegible]、二十五日
以前由各鄉中心民教主任赴縣領取 ⑬ 教學會最近情形 [illegible]
表團經費欠缺、徒具虛名、現正[illegible]有辦法、由[illegible]使[illegible]
起來了、各鄉負責者、最近對於民教主任及國民學校教師 有些起勁 ⑭
[illegible]全有此[illegible]、其辦法、以獎人數佔全人數三分之一、民教主
任從[illegible]起、國民學校教師從下[illegible]期起、每期分為二次[illegible]
至少五十分之以上、其詳細辦法、[illegible]各鄉[illegible]有[illegible]全文[illegible]
⑮、補助[illegible]學[illegible]、[illegible]增[illegible]地方[illegible]、似須[illegible]起見
將簡師[illegible]期[illegible]範、[illegible]試[illegible] ⑯ 領發獎金[illegible]

甲等奬二名：一、張万川，二、刘葆華，各一百六十元。乙等五名：八、曹安村，

九、胡吳強，十、韓得祥，十一、黄秉清，十二、劉偉，各四十萬元。

合作社事項：此次核准一百五十億，以三十億作放貸，以一百二十億

作織布貸款，請專員飭知各鄉全體合作社主任組織起來，以待

款來即辦。

討論事項：

1、規定六月二十日各保實業進行識字競賽，以提高識字競賽。

各區是否照辦。

2、復學考試、如何辦理案。

決議：分區考試，時間由十八日起至二十二日止，並於二十四日辦[illegible]

璧山四寶閣印製

璧山县第五辅导区各乡民教主任联席会议记录（一九四八年七月十三日）　13-1-8(13)

以前將教科書冊撥至[呈]區辦公處　教材方面、最主要是識字、總
結算、視各鄉情形而定、

华西实验区所属社学区民教主任甄选训练办法　9-1-170(71)

40

平民教育促進會華西實驗區所屬社學區民教主任甄選訓練辦法

一、華西實驗區所屬各社學區之中心國民學校或國民學校均設專任民教部主任一人。

二、各民教部主任由各該輔導區商同縣政府甄選訓練合格後列冊送請各該縣政府分別委派。

三、民教部主任之甄選標準如左：

1. 鄉村師範、高級農業學校、高中畢業曾任教師二年或參加教師檢定合格者；

2. 品行端正，願服務鄉村，富熱忱，性格誠懇，健康能吃苦者。

3. 有領導才能者。

四、民教部主任之甄選採用考選方式，以各輔導區分別辦理為原則。

五、民教部主任考選之科目如左：

1. 口試。

2. 筆試：國文、數學、教育通論、常識等。

試題由各輔導區自擬

六、民教部主任之訓練以集中各輔導區訓練為原則。

七、民教部主任之訓練時間暫定為十天至十五天。

八、民教部主任之訓練機構[illegible]各輔導區民教部[illegible]

华西实验区所属社学区民教主任甄选训练办法　9-1-170(72)

任兼任之。

2. 班主任之下設總务教务訓導三股，各股設股長一人，幹事一人至三人，由該輔導區工作人員分别兼任之。

九、民教部主任之訓練科目暫定如左：

1. 鄉村建設概論
2. 平教運動簡史
3. 華西實驗區工作目標與作法
4. 合作社之組織與輔導
5. 合作社業务常識
6. 社學區概況調查須知
7. 社學區國民教育的實施
8. 導生傳習之理論與實際
9. 鄉村衛生工作
10. 怎樣做民教部主任

各科教學時數及教材大綱另訂之

十、民教部主任之訓練方法如左：

1. 演講　2. 討論　3. 實習及報告

十一、民教部主任訓練經費：

1. 訓練班辦公費由各輔導區辦事處造具預算報請總辦事處核發。
2. 受訓學員膳食費由各該員薪津項下扣除。

十二、本辦法自公佈之日施行

怎样做民教部主任讨论大纲 9-1-5(75)

怎樣做民教部主任討論大綱

一、民教部主任的時代使命是什麼？

1. 促進民主政治——以掃除文盲工作，鏟除民主政治之障礙條件，[redacted]式，培養民衆之民主生活；以導生傳習辦法，培植民衆之民主領袖。
2. 改造社會經濟——以輔導推進合作社組織，解決土地問題，引[redacted]設，達成改造社會經濟之目的。
3. 提高民衆知能水準——以民衆教育工作，培養民衆知識力，組織[redacted]，健康力，期直接間接提高民衆知能水準——生活水準。

二、民教部主任的中心工作是什麼？

1. 舉辦社學區調查——明瞭社學區社會背景，藉作教育與建設工作[redacted]。
2. 辦理傳習教育——普及民衆基本教育。
3. 輔導合作社活動——通過組織教育 達成組織生產。（使教育[redacted]組織，變建設組織成爲教育組織）

4. 協助社學區衛生工作——協助衛生員（或保健生）推進衛生工作。

5. 推進鄉村基層文化——輔導地方民衆之文化團體，並推進社教工作。

三、怎樣舉行社學區調查？

1. 何謂社學區（合作社社區與國民教育學區合一詞）
2. 社學區劃定的條件（如地形，人口，面積，經濟條件等）
3. 社學區調查的目的（如：明瞭區內文盲人數，合作社合格社員戶數，導生人選及確定合作社業務……以為將來施教組社的根據）
4. 調查時應注意事項（如態度，側面調查方法等）
5. 調查後應整理統計何項資料（如佃戶自耕戶統計，文盲統計，導生人選統計等）

四、怎樣辦理傳習教育？

1. 組織教育與導生傳習（在教學組織方面是教育組織即建設組織；在教學內容方面是傳、習、用三者之連鎖合一；在教學方法方面，是有組織的導生傳習活動）
2. 傳習處設置條件（如鄉里戶數，文盲人數，導生住處等）
3. 導生選拔辦法（如選拔標準，徵聘辦法）
4. 導生訓練辦法（如定期集中方式，開會方式，個別方式）

怎样做民教部 主任讨论大纲 9-1-5(77)

五、怎樣組導合作社？

1. 輔導組社工作（如組社步驟，表報問題等）
2. 輔導社務活動（如理監事人選問題，社內職員訓練講習，日常社務輔導等）
3. 輔導業務活動（如協助管理，技術指導，業務計畫等）
4. 推行社員教育（如文盲社員加入傳習處辦法，非文盲社員施教辦法等）

六、怎樣協助衞生工作？

1. 衞生員（或保健生）選拔問題
2. 衞生教育問題
3. 防疫問題

七、怎樣推進鄉村基層文化活動？

1. 與地方民衆文化娛樂團體工作連繫問題
2. 發動本地知識青年參加鄉建工作問題
3. 推行社會教育問題

怎样做民教部 主任讨论大纲　9-1-5(77)

为民教主任请求发给服务证及证章的相关公函　9-1-167(39)

报告

發文 实 字第一三一號

附件

中華民國卅八年九月廿一日發

中華民國 年 月 日收

收文 字第 號

事由：為民教主任需要服務証請示办法由

近因時局緊張，各民教主任紛紛請求發給服務証俾明身份，

(復查)查是項服務証究應如何办理，敬乞

示遵。

謹呈

主任孫

查民教主任既經輔導有証章，又省縣府委令已足表明身份，[illegible]另發服務証

385

为民教主任请求发给服务证及证章的相关公函　9-1-167 (39)

區主任　王秀參

为民教主任请求发给服务证及证章的相关公函　9-1-167 (40)

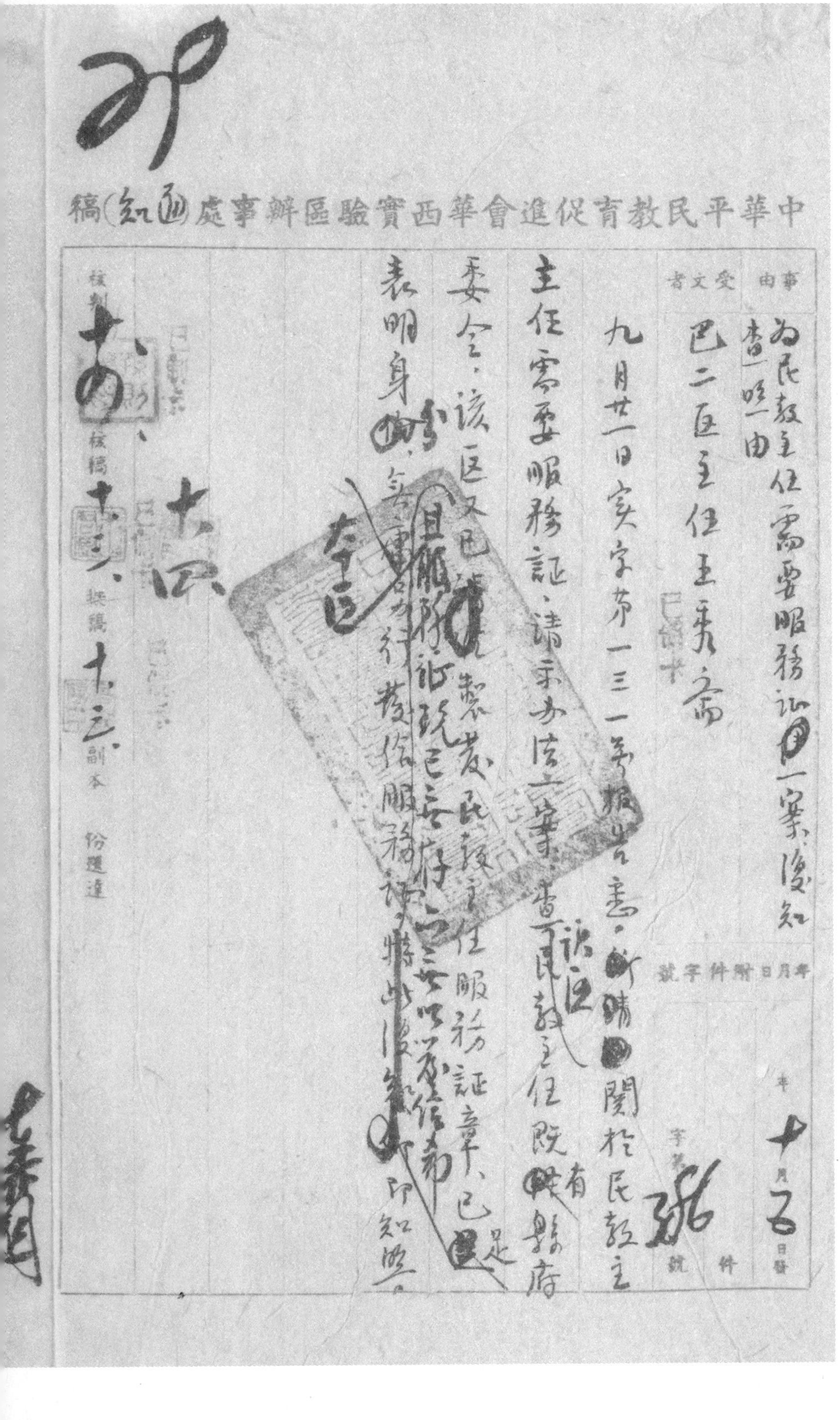
中華平民教育促進會華西實驗區辦事處（知）（函）稿

事由：為民教主任需要服務証一案，復知查照由

受文者：巴二區主任王秉斎

九月廿一日實字第一三一号報告悉。所請關於民教主任需要服務証，請求發給一案，查民教主任既有縣府委令，該區又已製發民教主任服務証章，已足表明身份，[illegible]特此復知。

印知照

十月　日發

字第　號

核判 十四　核稿 十三　撰稿 十三　副本　份送達

为民教主任请求发给服务证及证章的相关公函　9-1-167(42)

字第　號第　頁

中華平民教育促進會華西實驗區巴縣第一輔導區辦事處報告　卅八人字第一八號

中華民國三十八年九月廿七日

事由：為據各鄉民教主任請求發給服務證及證章一案，報請核示由

案據各鄉輔導員報稱：值此戡亂時期，各地清查戶口及來往行人身份，極為嚴格，民教主任在鄉工作，殊感不便，迭請發給服務證及證章前來，以免發生身份不明之誤會等情；經查確有給證保護之必要，理合報請

鈞處核賜統籌發給！

謹呈

31

中華平民教育促進會華西實驗區總辦事處

職　喻純堃

中華平民教育促進會
華西實驗區巴縣第一輔導區辦事處用箋

为民教主任请求发给服务证及证章的相关公函　9-1-167(41)

30

中華平民教育促進會華西實驗區辦事處（函）（通知）

事由	为请发给民教主任服务证章一案，復知查照由
受文者	巴县第一辅导区主任俞
年月日附件字號	十月五日發　字第393號

九月廿七日人字第一〇八号报告悉，所请发给民教主任服务证章，应由该区办事处自行设计证章形式，统一制发，所需费用准照其他各区成案由该主任自行摊筹，并希将证章式样造具一枚以备查。至请发给民教主任服务证一节，查民教主任既有县府委令，该区復又请准制发证章，已足表明身份，无庸另行发给。特此復知，併仰知照。

兼主任　孫○○

已制卡

为民教主任请求发给服务证及证章的相关公函　9-1-167（44）

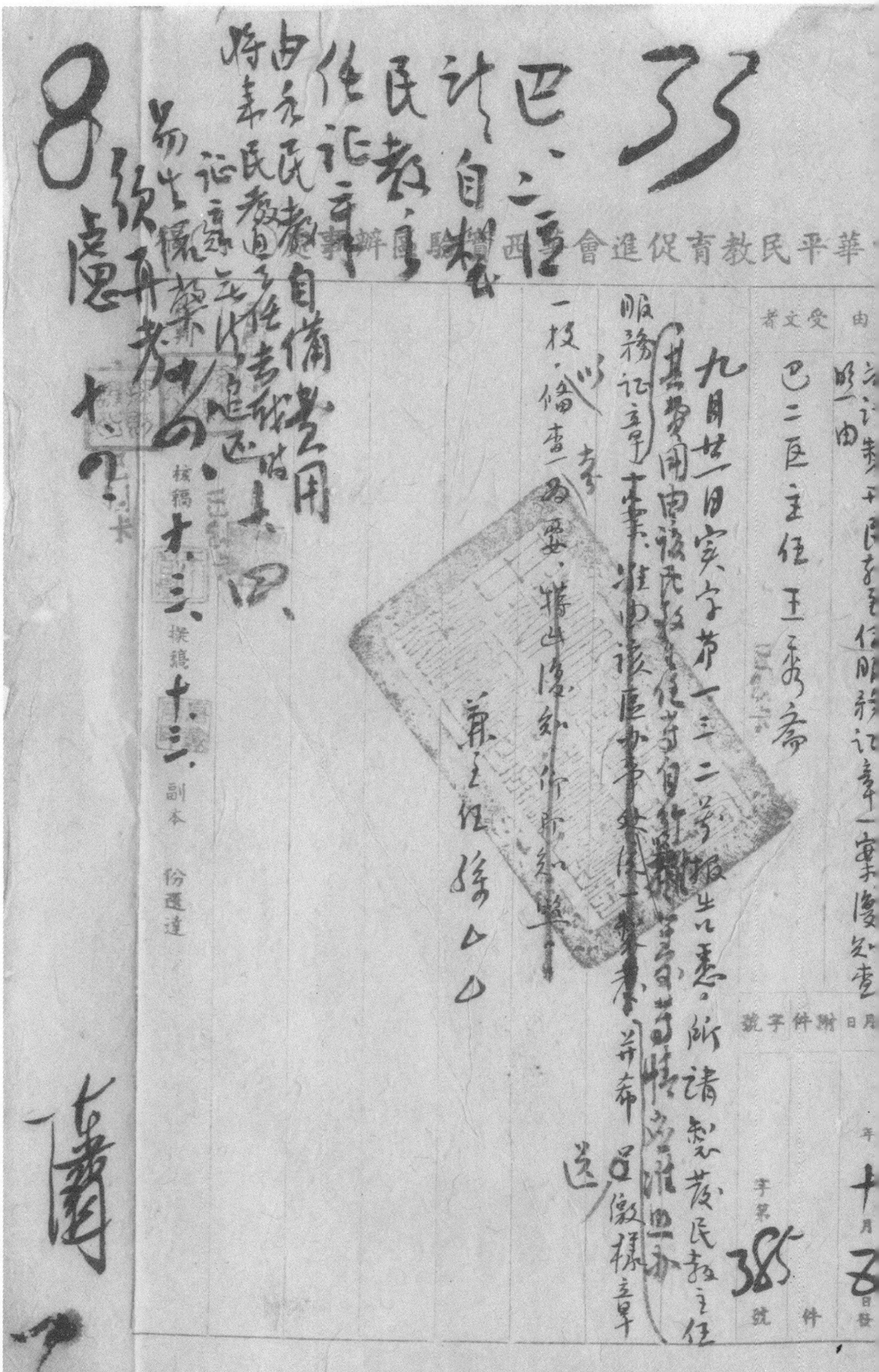

为民教主任请求发给服务证及证章的相关公函　9-1-167（125）

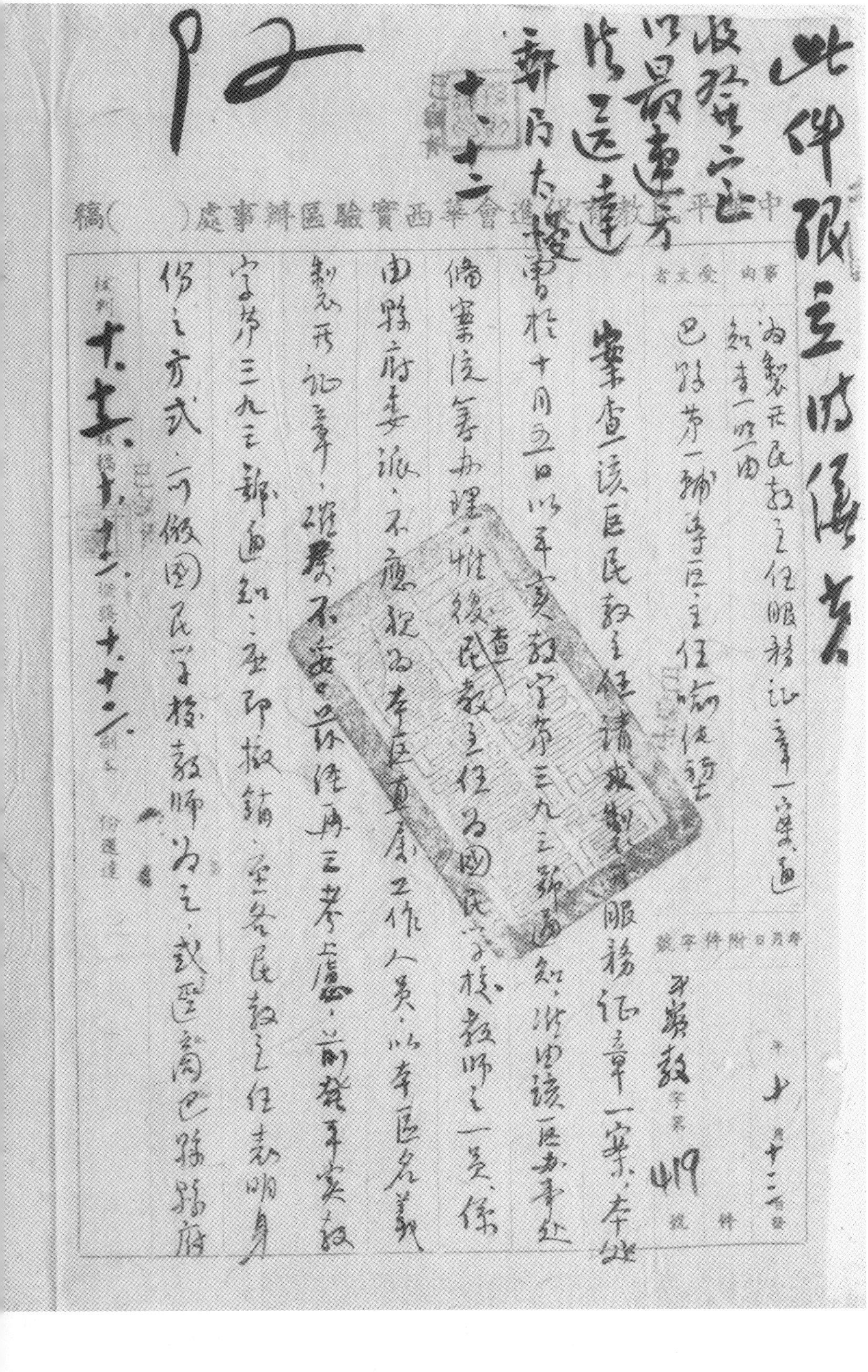
此件限立時繕發　以收發文字最速件送達　郵局大樓　十一、十二

中華平民教育促進會華西實驗區辦事處（　）稿

事由：為製發民教主任服務證章一案函知查照由

受文者：巴縣第一輔導區主任喻任聲

案查該區民教主任請求製發服務證章一案，本處業於十月五日以辛教字第三九三號函知，准由該區辦事處備案後籌辦理，惟後民教主任為國民學校教師之一員，係由縣府委派，不應視為本區直屬工作人員，以本區名義製發證章，殊屬不妥，茲經再三考慮，前發辛實教字第三九三號通知，並即撤銷，至各民教主任表明身份之方式，可仿國民學校教師為之，或逕商巴縣縣府

核判　十一、十一
核稿　十一、十一
擬稿　十一、十二
副本　份遞達

年月日附件字號：十一月十二日發　辛實教字第419號

为民教主任请求发给服务证及证章的相关公函　9-1-167（126）

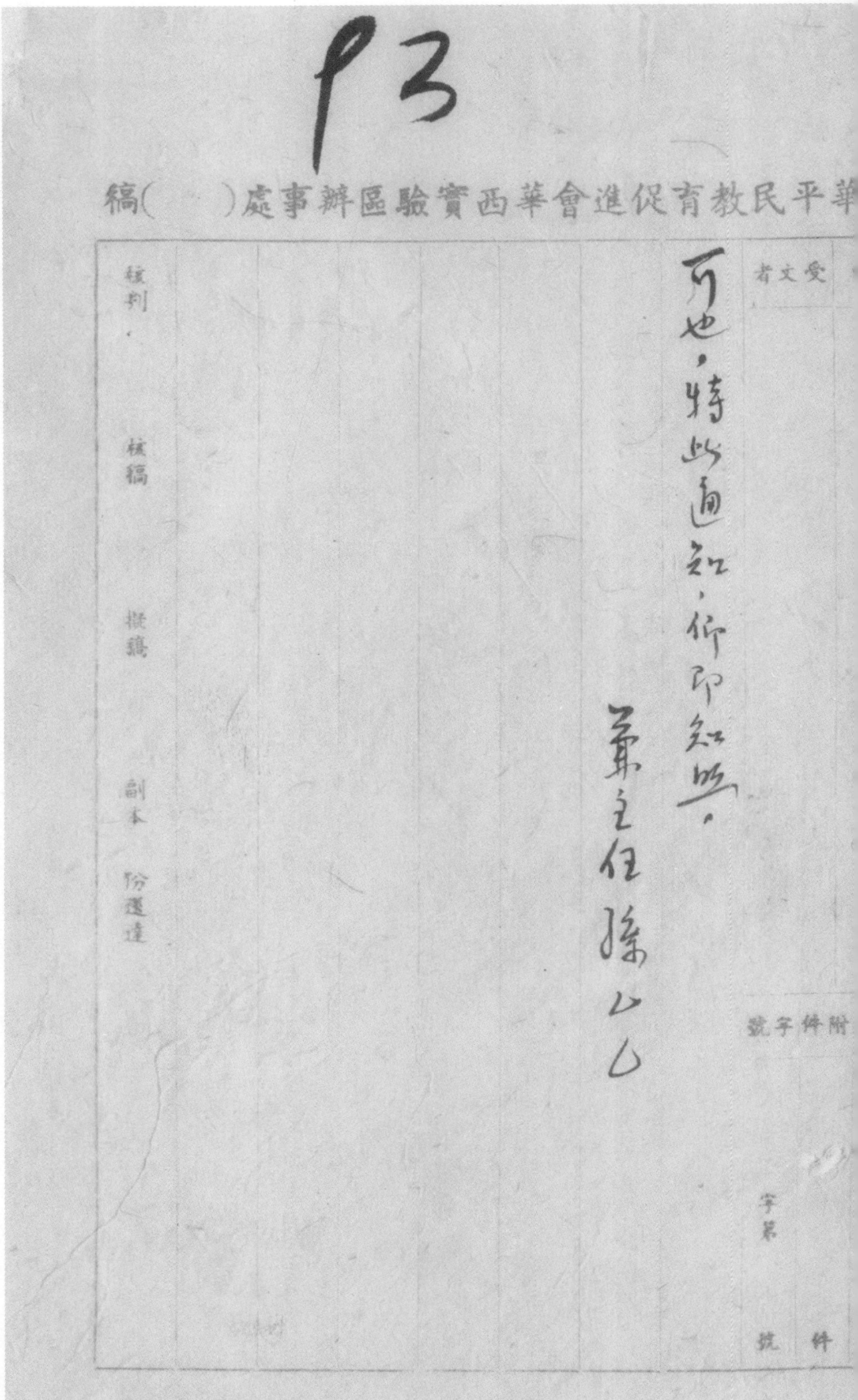

華平民教育促進會華西實驗區辦事處（　　）稿

受文者

附件字號

字第　號

件

核判

核稿

擬稿

副本　份送達

可也，特此通知，仰即知照。

兼主任孫○○

为民教主任请求发给服务证及证章的相关公函　9-1-167(127)

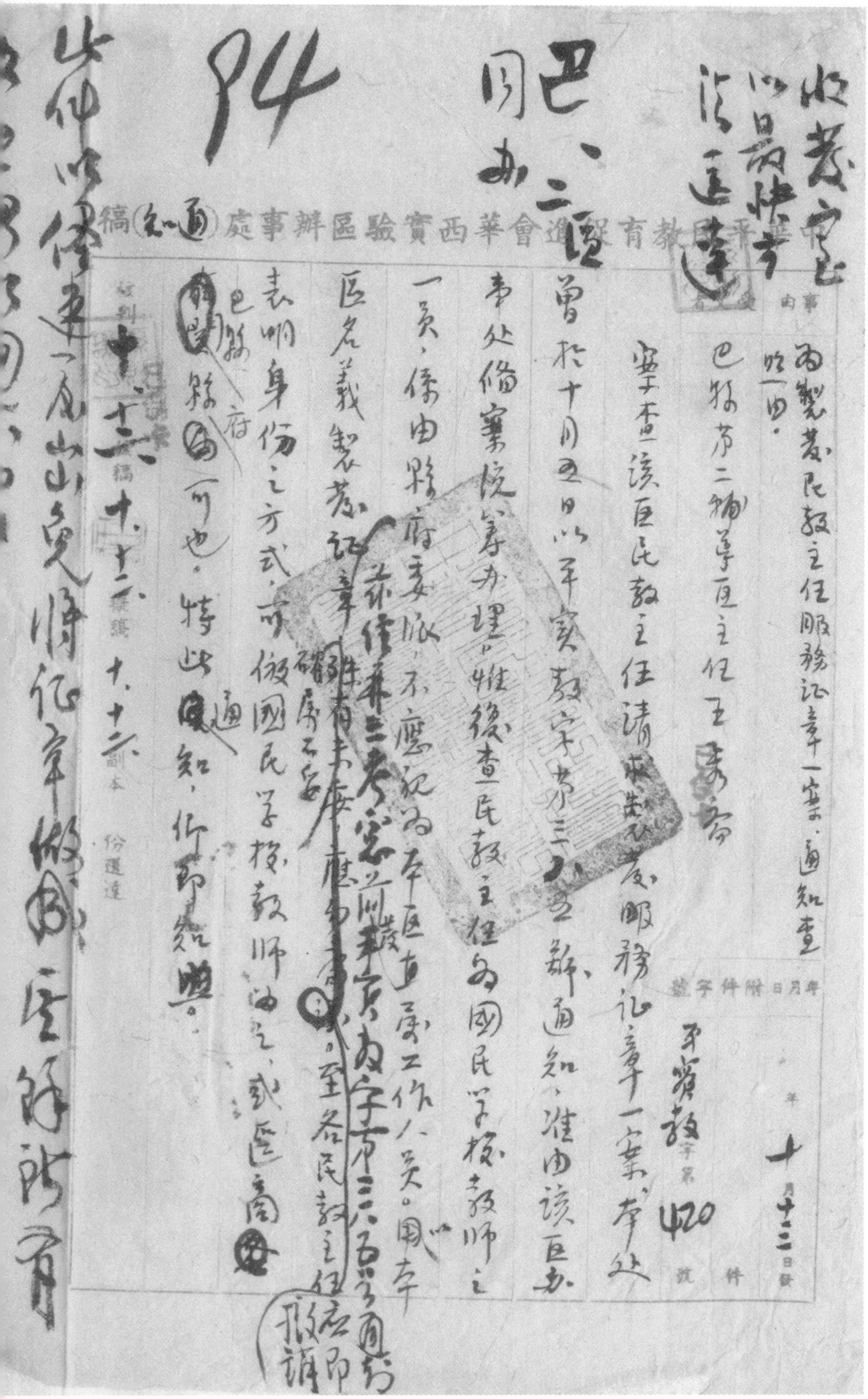
中華平民教育促進會華西實驗區辦事處（通知）稿

事由：為製發民教主任服務證章一案，通知查照由。

巴縣第二輔導區主任王

案查該區民教主任請求發服務證章一案，本處曾於十月五日以平實教字第三八〇號通知，准由該區辦事處備案後籌辦理。惟後查民教主任為國民學校教師之一員，係由縣府委派，不應視為本區直屬工作人員。因本區名義製發證章，殊有未妥，應表明身份之方式，可做國民學校教師辦法，或區商。特此通知，仰即知照。

十一月十二日發
平實教字第420號

为民教主任请求发给服务证及证章的相关公函　9-1-167 (124)

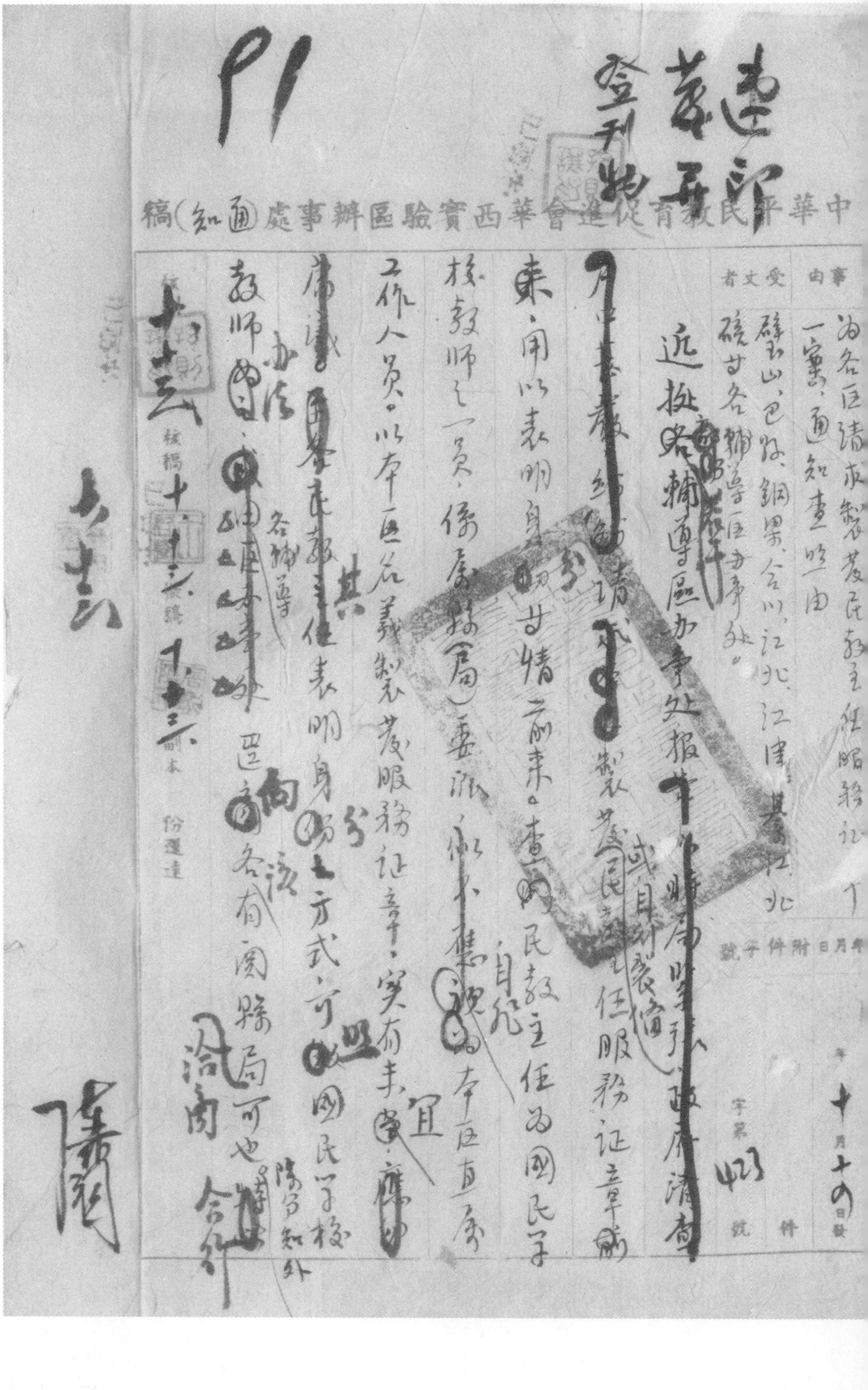
中華平民教育促進會華西實驗區辦事處（函）知稿

事由

受文者

年　月　日　附件　字號

核稿　繕寫　校對　副本　份選達

璧山县丁家乡第九保民教传习处呈报教师资历表的函　9-1-167 (73)

璧山縣丁家鄉第九保民教傳習處呈　正教字第三號

事由　為呈報教師資歷表仰祈鑒核備查由

查本保民教班自開學迄今已達二十四日理合具文連同教師資歷表隨文賫呈　鈞座懇予鑒核備查

謹呈

視察　郎

輔導員王　請轉

民教主任　何正中

中華民國三十七年十二月二十八日

璧山縣丁家鄉第九保民教傳習處民國三十七度第一期民教主任資歷表

姓名	性別	年齡	籍貫	學歷	經歷	到職年月	備考
何垂中	男	三八	四川璧山	江津中學畢業	曾任本縣中興鄉六七兩保副保長兼國民學校校長卌年中興第六保保長二年中興第五保保代表二年中興張家祠信用合作社理事主席四年又任中興丹鳳等鄉各小學教導十六年等職	三十七年十二月一日到職	三十七年十二月廿六日奉到民教主任委狀

交區本部存查以憑核發薪公費

华西实验区总办事处关于各区民教主任不得兼任其他职务的通知　9-1-167 (75)

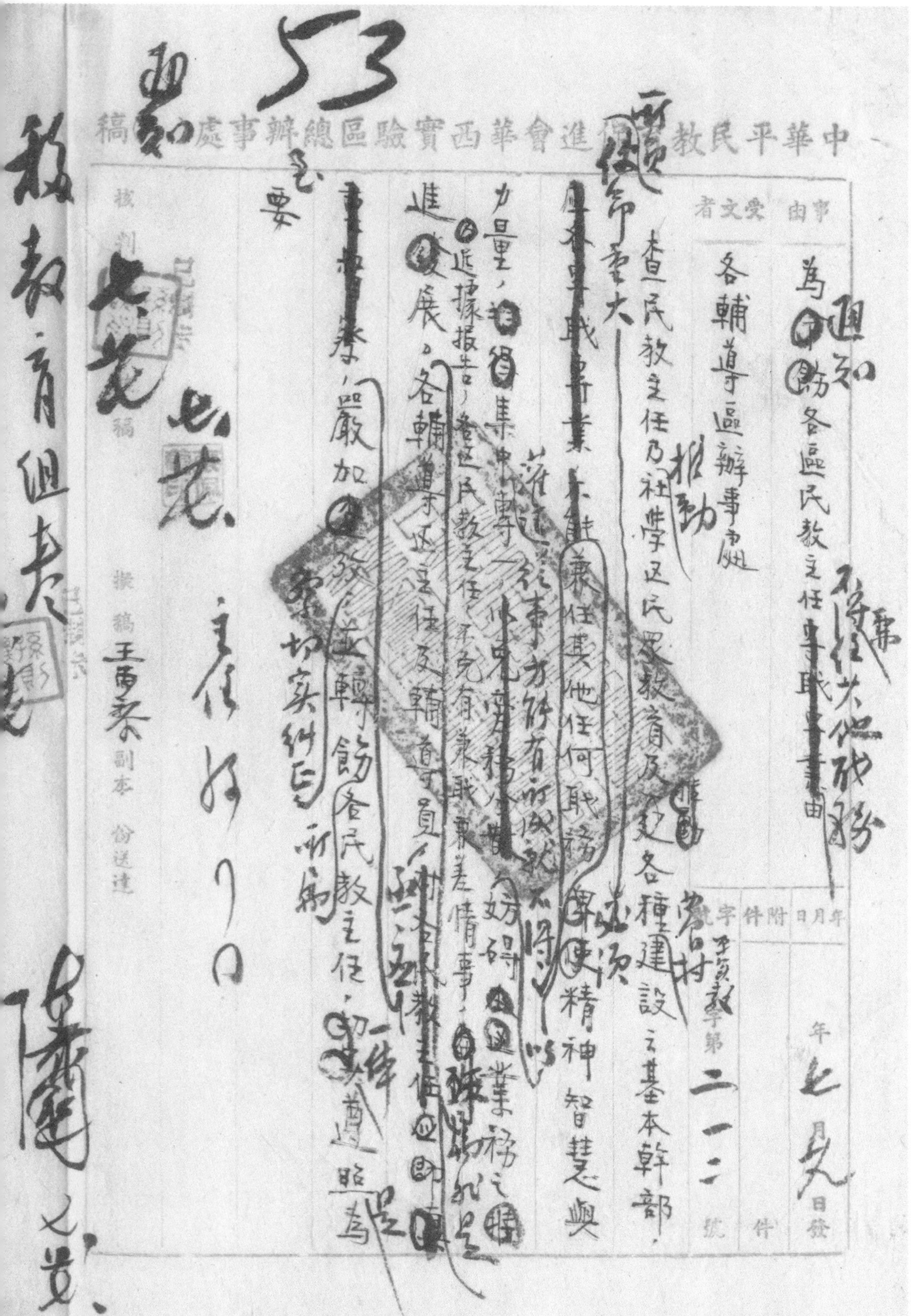
中華平民教育促進會華西實驗區總辦事處稿

事由：為通知飭各區民教主任不得兼任其他職務事由

受文者：各輔導區辦事處

年　月　日發

字第二一二號

华西实验区总办事处关于各区民教主任不得兼任其他职务的通知　9-1-167（76）

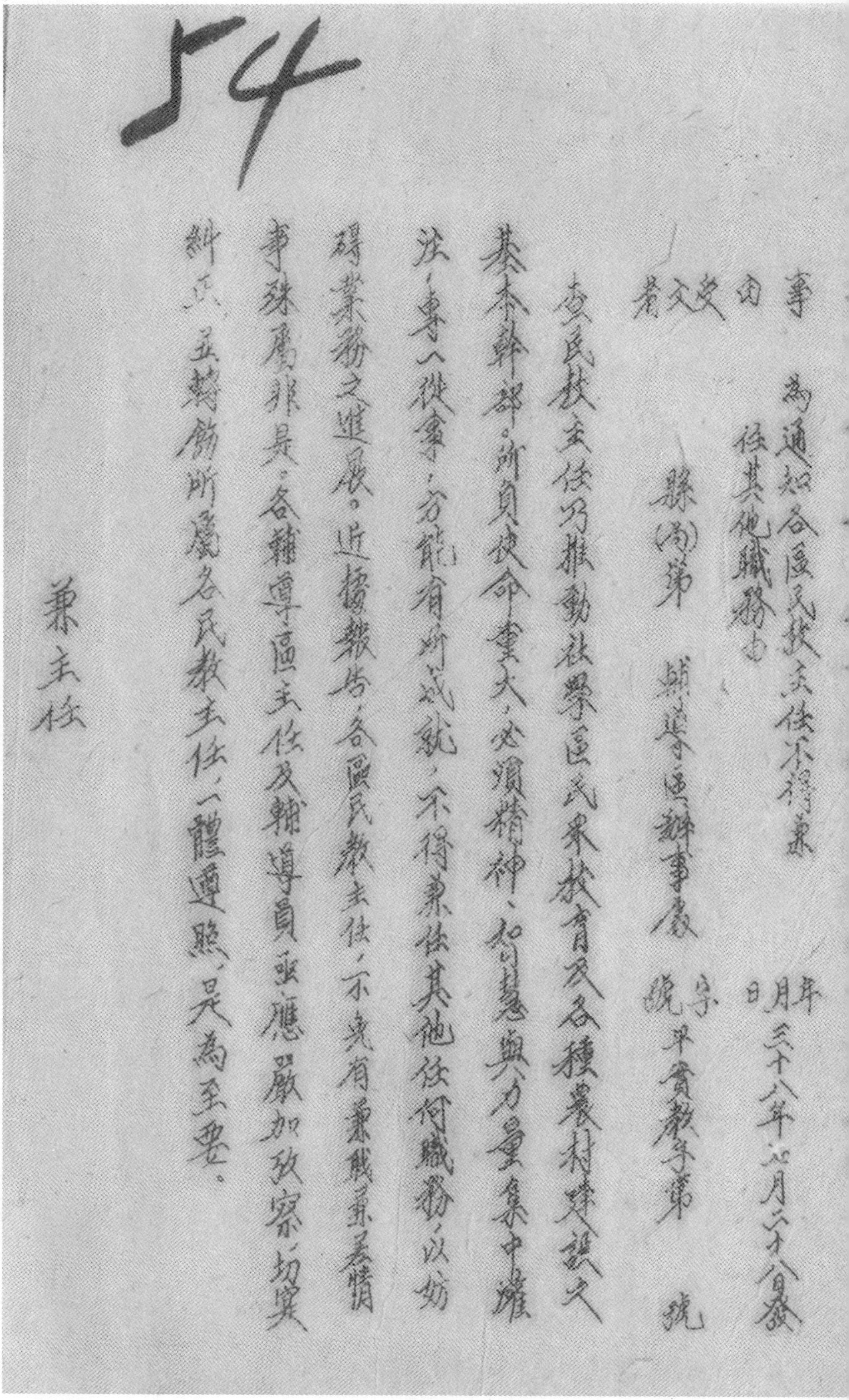

54

事由　為通知各區民教主任不得兼任其他職務由

年月日　三十八年二月二十八日發

字號　平實教字第　號

受文者　縣(局)第　輔導區辦事處

查民教主任乃推動社學區民眾教育及各種農村建設之基本幹部。所負使命重大，必須精神、智慧與力量集中灌注，專心從事，方能有所成就，不得兼任其他任何職務，以妨礙業務之進展。近據報告，各區民教主任，不免有兼職兼差情事，殊屬非是。各輔導區主任及輔導員亟應嚴加考察，切實糾正，並轉飭所屬各民教主任，一體遵照，是為至要。

兼主任

璧山县大路乡第七保办公处呈华西实验区总办事处关于民教学校已经开学的函　9-1-167 (78)

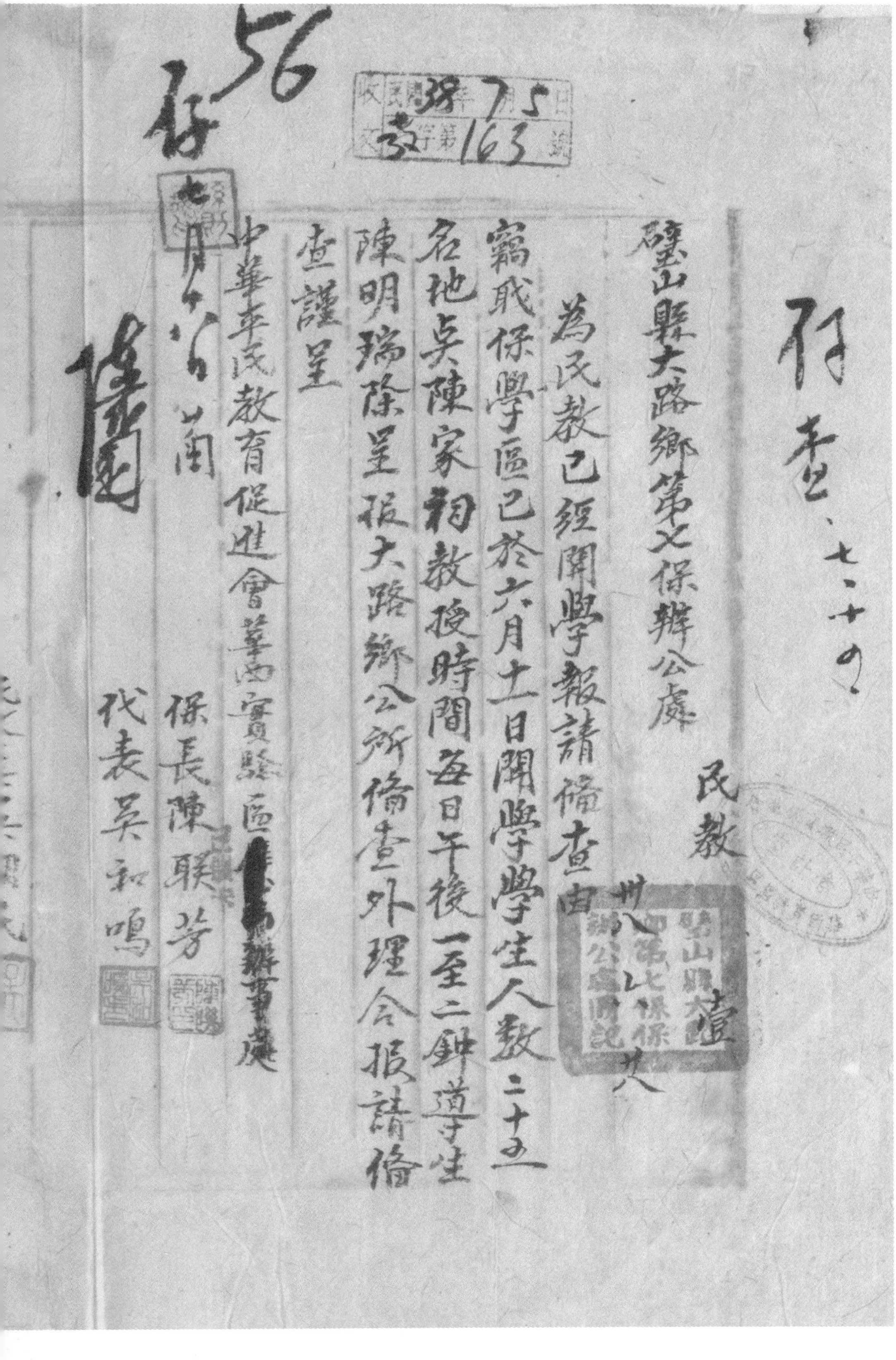

行查、七、十九

民教

璧山縣大路鄉第七保辦公處

為民教已經開學報請備查由

竊職保學區已於六月十五日開學學生人數二十五名地點吳陳家祠教授時間每日午後一至二鐘導生陳明瑞除呈报大路鄉公所備查外理合报請備查謹呈

中華平民教育促進會華西實驗區[redacted]辦事處

保長陳联芳

代表吳和鳴

卅八　七　十八

存

七月六日

56

巴县第十二辅导区主任阎毅敏呈孙则让关于本区民教主任缴送工作日记情况的报告　9-1-167(85)

收文　民國38年6月25日　教字第148號

報告　三八年六月八日于巴縣十二區辦事處

謹將本區民教主任五月份工作日記計　份報請

鑒核

謹呈

主任孫

巴縣十二輔導區主任閻毅敏

附工作日記清冊一份

巴县第十二辅导区主任阎毅敏呈孙则让关于本区民教主任缴送工作日记情况的报告　9-1-167 (79)

57

存查

報告　三八年七月九日于巴縣十二區辦事處　毅節字第七六號

謹將本區六月份民教主任日記除永盛鄉劉朝宗未繳及涂天齊興書記何思珍暫時對調工作缺六、外計四四本再本區仁學鄉吳成英馮有才補繳五月份日記二本合共四六本理合備文連同日記送請

鑒核

謹呈

主任　孫

附日記一束計四六本

巴縣第十二輔導區主任　閻毅敏

巴县第十二辅导区主任阎毅敏呈孙则让关于本区民教主任缴送工作日记情况的报告　9-1-167(80)

5-8

中華平民教育促進會華西實驗區巴縣十二輔導區民教主任工作日記交紀冊

姓名	鄉別	日記 已繳	日記 未繳	備攷
蔡明倫	八鳳	繳		
馮有藻	〃	〃		
陳朝鑫	〃	〃		
劉朝宗	〃	〃		
陳友香	〃	〃		
姚舜夫	〃	〃		
姚鐵濤	〃	〃		
蔡明倫	〃			

巴县第十二辅导区主任阎毅敏呈孙则让关于本区民教主任缴送工作日记情况的报告　9-1-167(81)

巳制卡	徐德琛	〃	〃
巳制卡	曾炳麟	〃	〃
巳制卡	穆琮琰	马空	〃
巳制卡	穆乔鑫	〃	〃
巳制卡	李锡伯	〃	〃
巳制卡	穆介泉	〃	〃
巳制卡	贾永富	马熙	〃
巳制卡	雷光华	〃	〃
巳制卡	郑寿源	〃	〃

巴县第十二辅导区主任阎毅敏呈孙则让关于本区民教主任缴送工作日记情况的报告　9-1-167 (82)

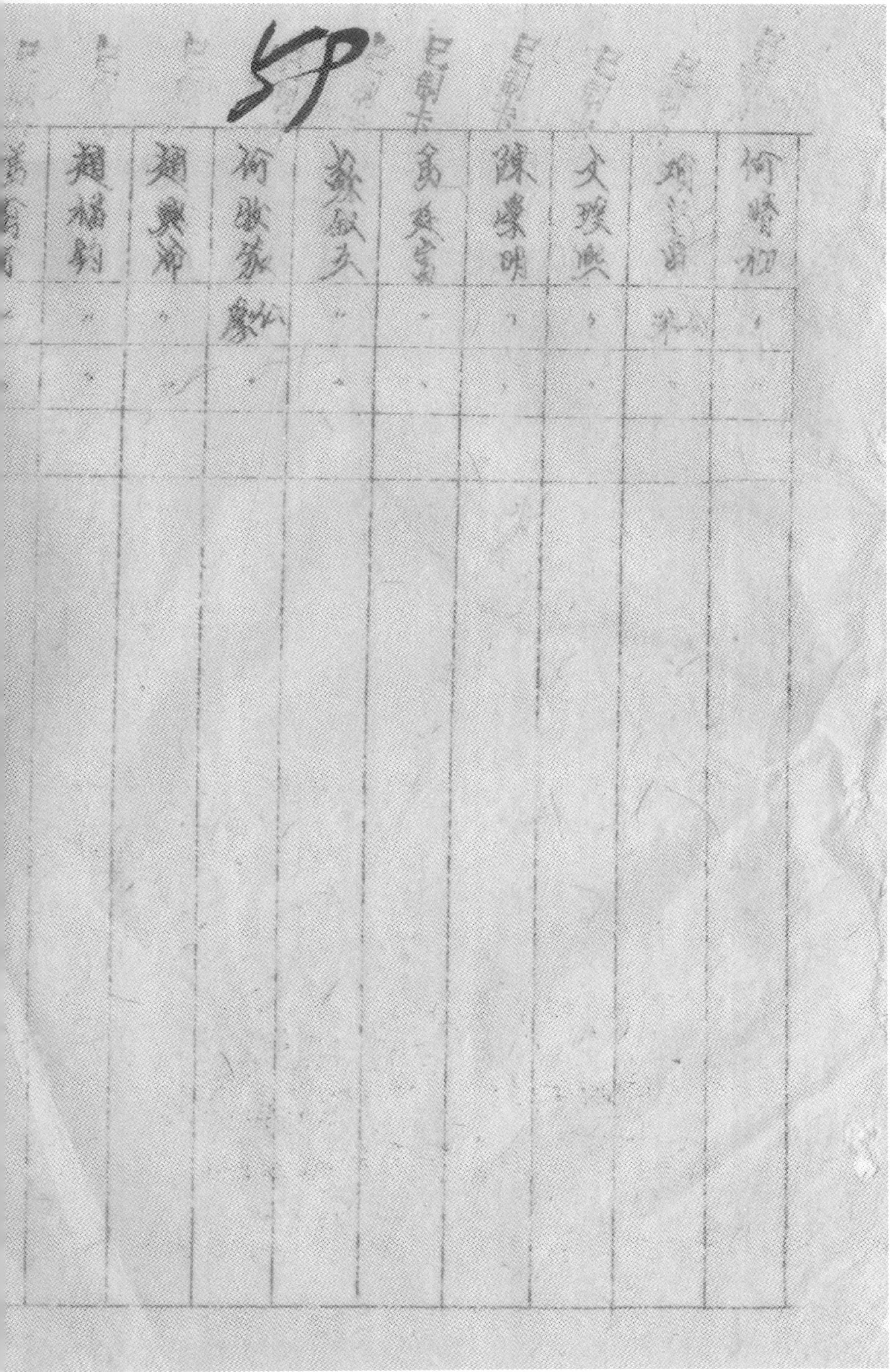

巴县第十二辅导区主任阎毅敏呈孙则让关于本区民教主任缴送工作日记情况的报告　9-1-167(83)

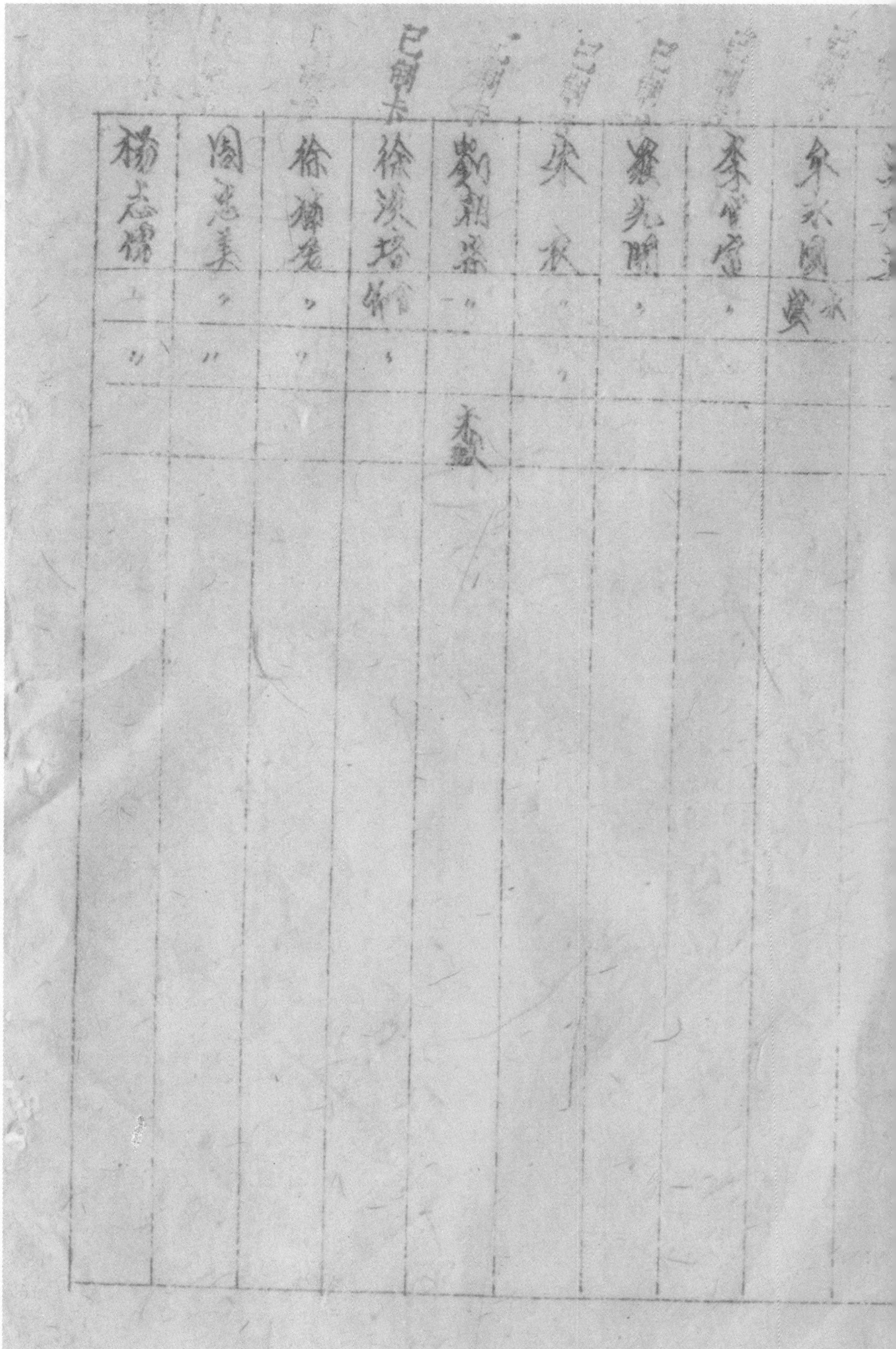

姓名			备注
余永國	永賢		[illegible]
李[illegible]定	〃		已[illegible]
羅光開	〃		已[illegible]
宋[illegible]	〃	〃	已[illegible]
劉朝崇	一〃		未繳
徐汝增	俗	〃	已酬卡
徐[illegible]堯	〃	〃	[illegible]
周思美	〃	〃	[illegible]
楊応[illegible]	〃	〃	[illegible]

巴县第十二辅导区主任阎毅敏呈孙则让关于本区民教主任缴送工作日记情况的报告 9-1-167(84)

涂天齐	〃	〃	未交 因出外对调
罗天琳 谢龙岗	〃	〃	
文贤图	〃	〃	
杨桧舒	〃	〃	
赵荣光	〃	〃	
周必琪	〃		
黄学发	〃	〃	
程自强	〃	〃	

合计四八人 已缴日记四十四人（阙如改缴二本）

65

全銜通知稿

平實教第三一一號
三十八年三月廿三日發

茲檢發民教主任旬報表拾份。希即轉飭各民教主任[illegible]依式按期填報二份，送[illegible]輔導員存轉，已辦事處彙[illegible]攷核為要

此致

□縣(局)第□輔導區主任○○○

蕭主任如○○

华西实验区各辅导区民教主任需填报的旬报表　9-1-167(90)

華西實驗區　　縣第　　輔導區　　鄉第　　社學區民教主任旬報表

月　日	工作紀要	問題及意見	輔導員意見
附註			

民教主任＿＿＿＿　　　　三十八年　月　日填報

說明：本表由民教主任每十日填報二份，送輔導員存轉呈办公处。

綦江第一辅导区为请补发民教主任工作旬报表、工作日记格式及合作社贷款办法呈总办事处的报告及总办事处回函　9-1-167(116)

85

58年9月15日　字第359

報告　綦一總　85
民國三十八年九月

事由　為請補發民教主任工作旬報表及工作日記及合作社貸款辦法由

查民教主任工作旬報表及工作日記格式，間曾由
鈞處規定通知各輔導區照辦，惟本區迄未奉到是項格式。又合作社貸款办法，前據
鈞處朱幹事澤蕃函告，曾於四月廿七日以平賓合字第七五號通知撿發，當即查案，并未奉到，經函請朱幹事代為查案補發去訖。茲因工作急需，理合具文報請

钧處分别迅賜補發以利工作之進展謹呈

兼主任孫

主任程岳

綦江第一辅导区为请补发民教主任工作旬报表、工作日记格式及合作社贷款办法呈总办事处的报告及总办事处回函　9-1-167(113)

中華平民教育促進會華西實驗區總辦事處函稿

事由：為補發民教主任工作旬報表、工作日記及合作社貸款辦法一案，復知查照由。

受文者：綦一區主任程岳

附件：民教主任工作旬報表格式、工作日記及合作社貸款辦法各一份

年九月十五日發　字第三五九號

一、綦一總字第八五號報告備悉。

二、檢發民教主任工作旬報表格式暨「辦理農業生產合作社申請貸款事項注意要點」各一份，希查收。

三、民教主任工作日記格式，本處並未最後規定，可採普通日記方式記載。惟內容方面須包括：1.工作預定、2.工作進度、3.問題與心得、4.其餘要點。

四、民教主任工作日記及旬報表，應由輔導員按時（每月

核稿　九、十四

擬稿　九、十四

副本　份送達

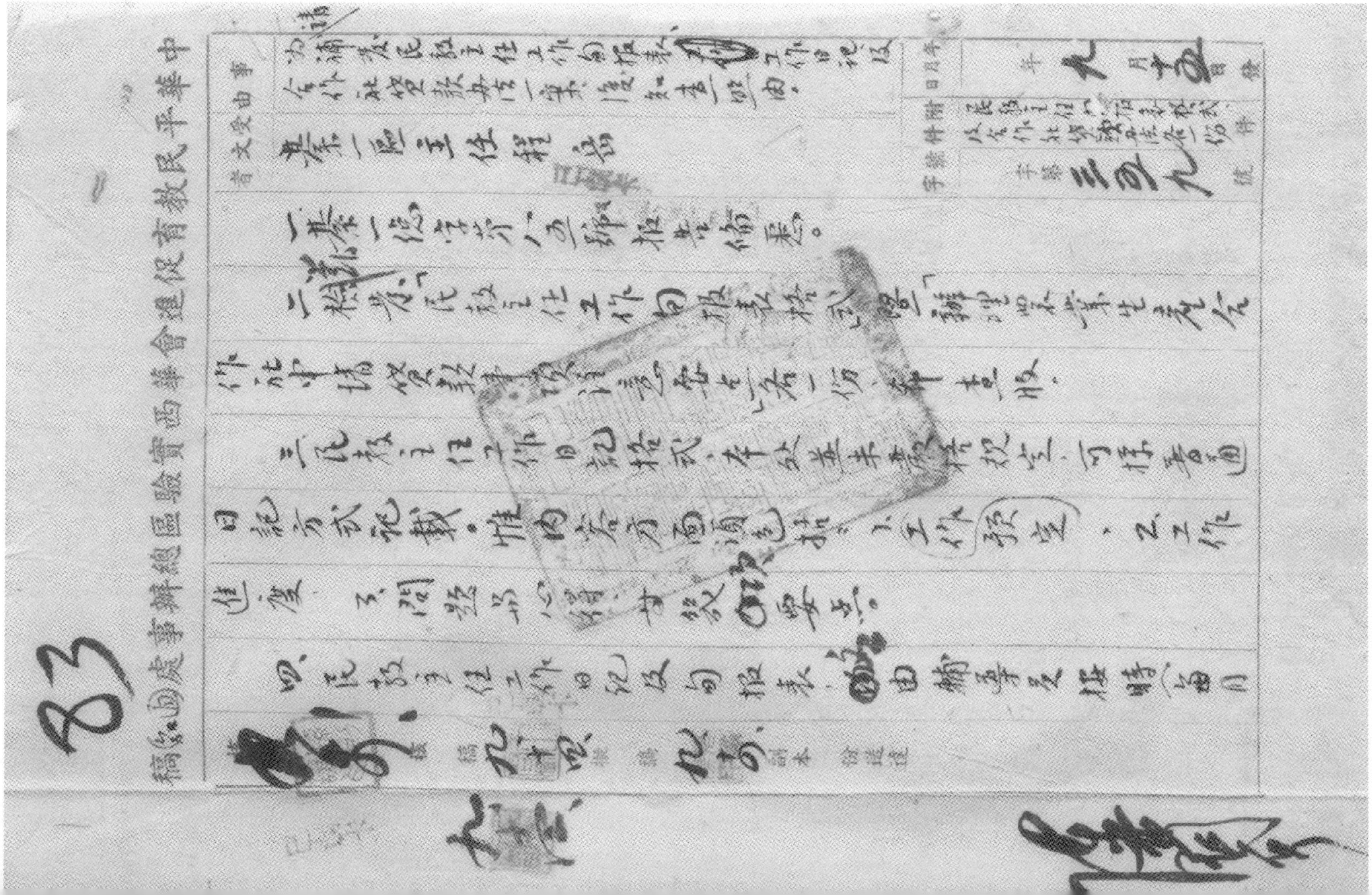

84

華平民教育促進會華西實驗區總辦事處（　）稿

由　受文者

附件　字號　日

字第　號　件

每旬收集，並加注意後彙送總區办事处備查。本处得隨時調閱之。

以上各節，即　督飭各級工作人員，切實遵办為要。

兼主任　孫△△

核判

核稿

擬稿

副本　份送達

綦一总区为请补发民教主任工作旬报表及工作日记及合作社贷款办法呈孙则让的报告及孙则让回函 9-1-167(114)

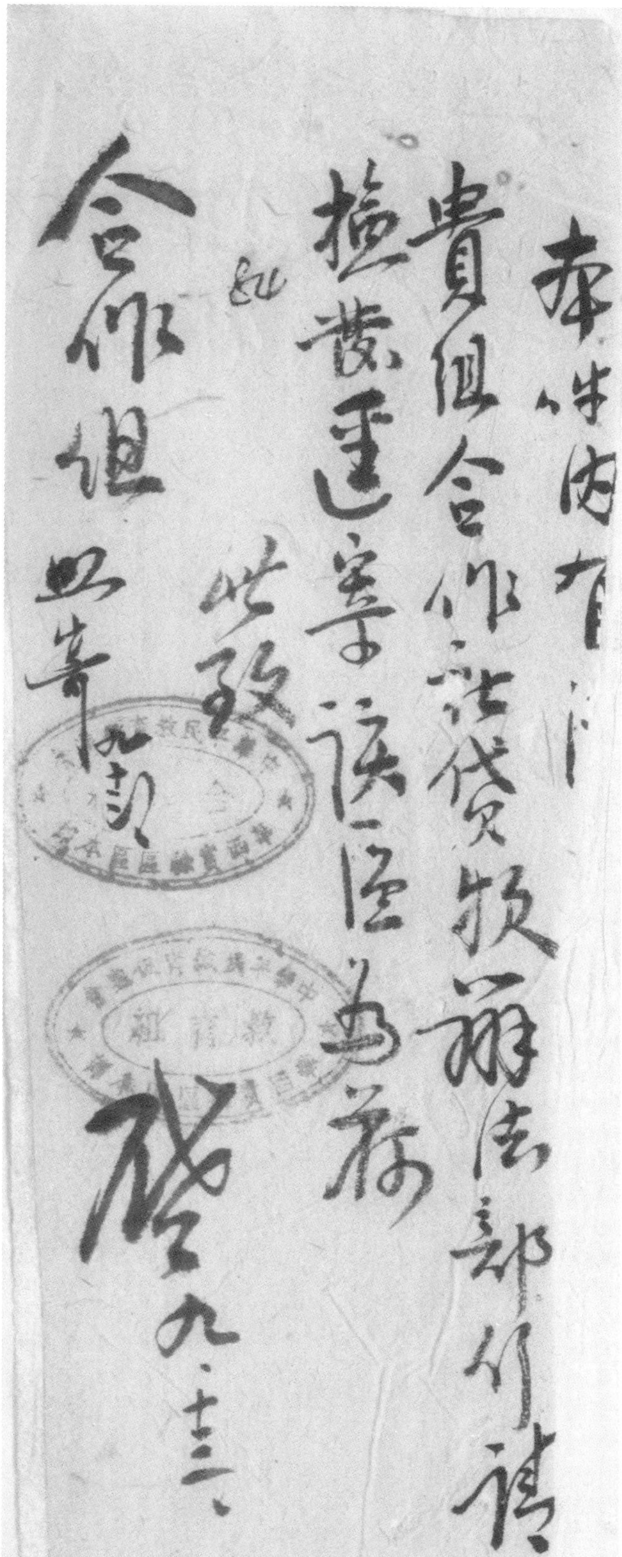
奉件内有
贵组合作社贷款办法，即行请
检发还寄该区为荷
此致
合作组
四专九区
孙 九、十三、

华西实验区总办事处关于民教主任旬报表不必填报总处致璧山第五辅导区主任张的山的通知　9-1-167(86)

中華平民教育促進會華西實驗區總辦事處（手抄）稿

事由	通知民教主任旬報表嗣後不必填報總處由
受文者	璧山第五區主任張的山
字號	華實教字第〇四八號
附件	件
月日	年五月九日發

三十八年四月三十日璧五字第四三〇六號表報均悉。查民教主任旬報表前經三十八年三月廿三日華實教字第三一一一號通飭各民教主任依式按期填報二份送輔導員及區辦事處以憑考核在案。是項表報僅供各輔導員、區主任對民教主任考勤考績之用，嗣後不必填報總處，仰希知照為要。

主任　孫〇〇

核判　[illegible]
擬稿　[illegible]
副本　份送達

已發

巴县第六辅导区办事处呈孙则让关于工作进度表相关事宜的报告　9-1-167(87)

促進平民教育華西實驗區　巴縣第六輔導區辦事處用箋

報告　巴六輔字第二一號
三十八年三月十三日

查按照奉頒工作進度表遵於二月二十六日在長生鄉召開工作座談會并於三月九日起偕同輔導幹事親赴各鄉計於三月九日在惠明民鄉十日在棟青鄉十一日在廣陽鄉十二日在迎龍鄉分別召集各鄉鄉長鄉代會主席中心學校校長各保保長保民代表保校校長及熱心地方教育之士紳舉行工作座談會除人事上之介紹及工作説明外並詳細討論各種重要問題相互交換意見以作將來擬具因地制宜辦法之參考各鄉人士對本區工作皆具熱列歡迎之忱對住鄉輔導員尤予以多方協助將來工作可望順利展開理合將上述情形備文呈報

鈞處鑒核

巴县第六辅导区办事处呈孙则让关于工作进度表相关事宜的报告　9-1-167(88)

64

中華平民教育促進會華西實驗區　巴縣第六輔導區辦事處用箋

謹呈

主任 孫

中華平民教育促進會華西實驗區巴縣第六輔導區辦事處

主任 王宗耀

璧山区大路乡辅导员朱治中为设置民教工作联合办公室及解决相关经费问题呈总办事处报告及总办事处回函　9-1-167(111)

報告　三十八年九月二日　于大路鄉

窃職鄉地僻璧北交通殊多不便加之幅員廣大共轄十四保倍之其他鄉鎮經職與地方人士會商為加強工作效率便利各社學區工作進行與商討及獲得地方人士之協助就事实之需要起見擬在鄉鎮所在地設置民教工作联合办公室、致室内設備及文具等費擬請鈞座轉函教專會補助地圖統計用紙、及文具等可否再就民教福利經費項下核撥三十元購置設備用具是否有當理合具文報告

璧山区大路乡辅导员朱治中为设置民教工作联合办公室及解决相关经费问题呈总办事处报告及总办事处回函　9-1-167（112）

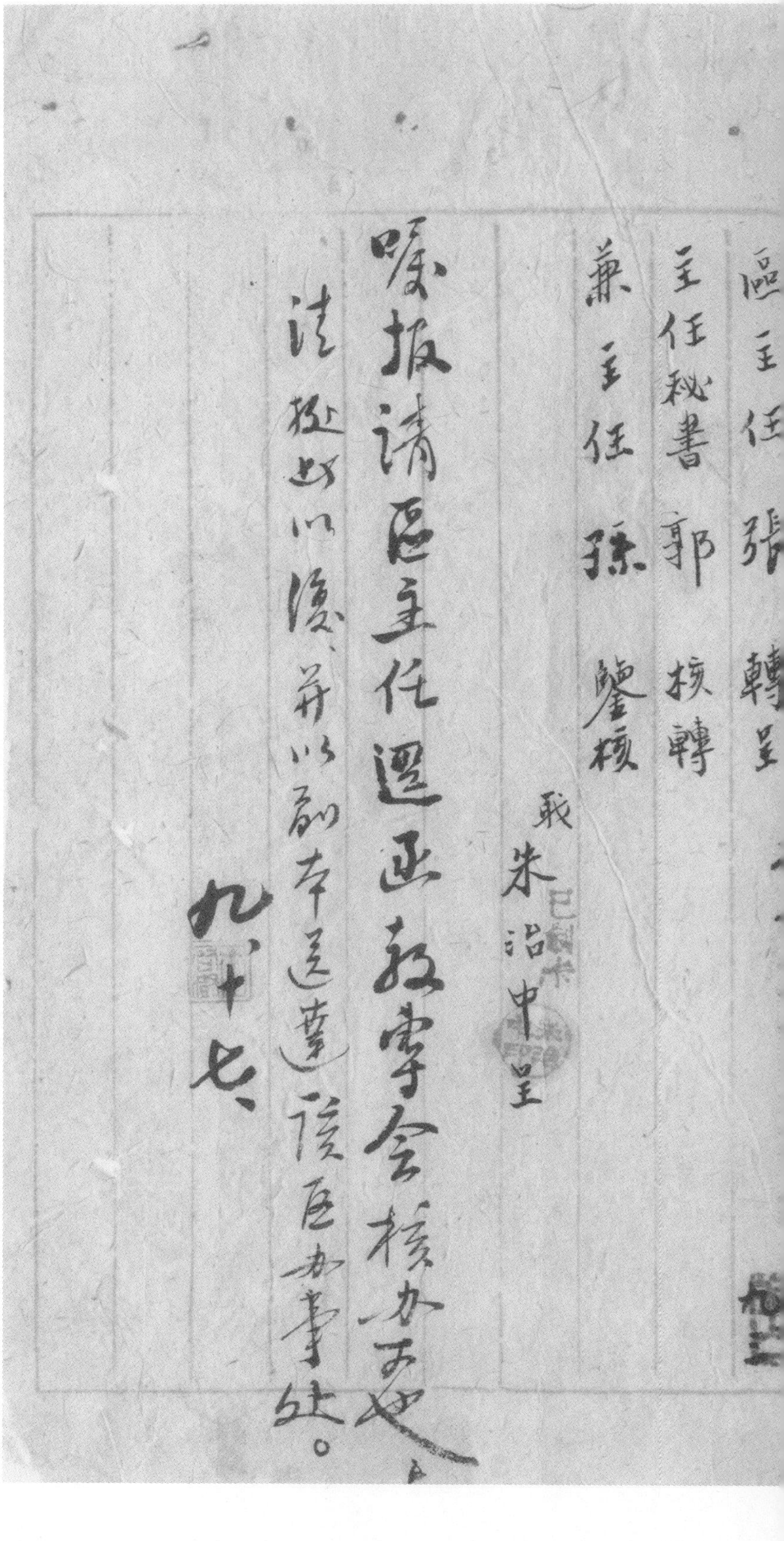
區主任張 轉呈
主任秘書郭 核轉
兼主任孫 鑒核
職 朱治中 呈
囑報請區主任選派教學會核辦為要，
該擬款以後，并以副本送（葉）該區辦事處。
九、十七

璧山区大路乡辅导员朱治中为设置民教工作联合办公室及解决相关经费问题呈总办事处报告及总办事处回函　9-1-167 (110)

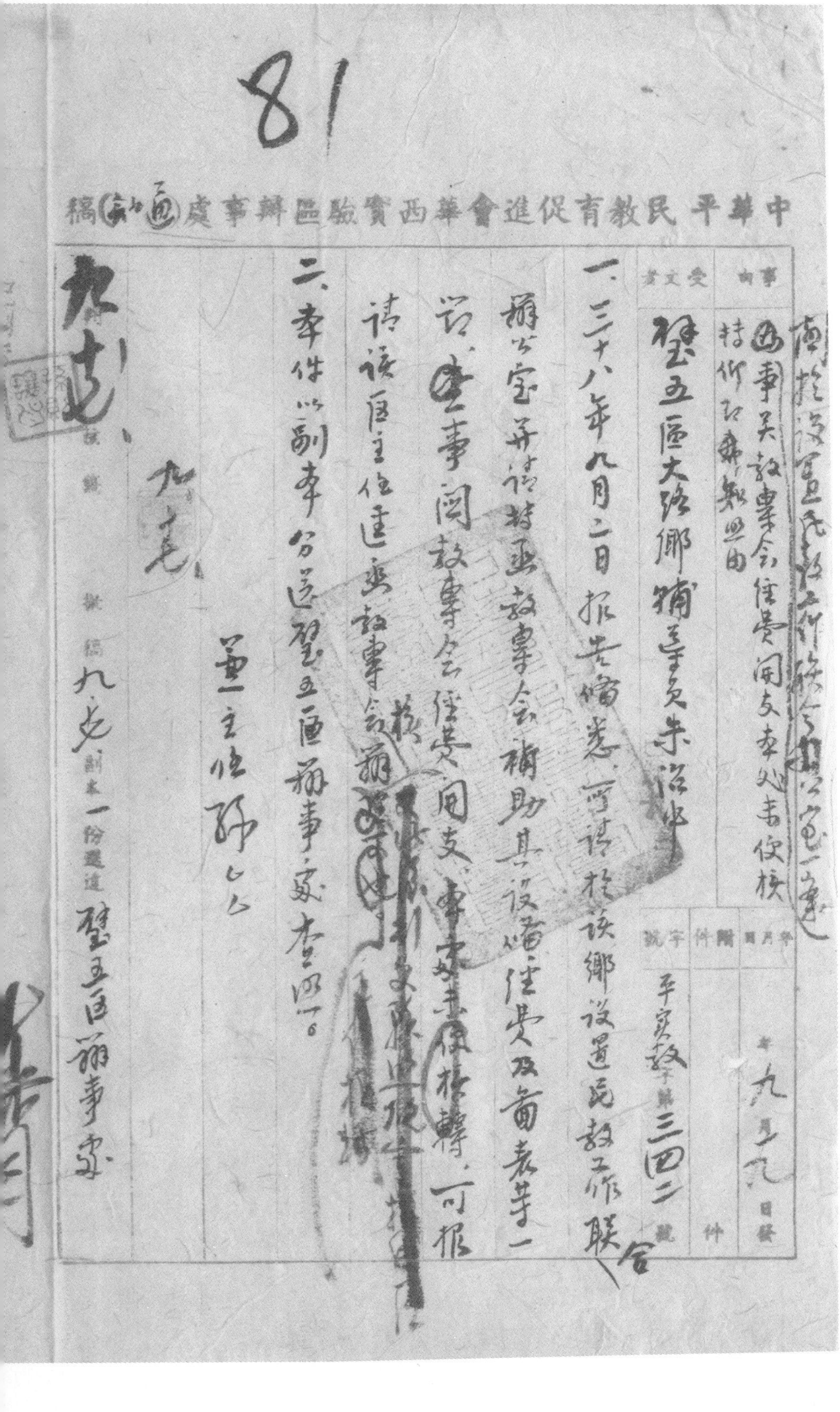

中華平民教育促進會華西實驗區辦事處稿

事由：函覆關於設置民教工作聯合辦公室一案[illegible]

受文者：璧五區大路鄉輔導員朱治中

一、三十八年九月二日報告備悉。所請於該鄉設置民教工作聯合辦公室並請教事會補助其設備經費及簡表等一節，查事關教事會經費問題，本處未便核轉，可根請該區主任逕與教事會接洽。

二、本件以副本分送璧五區辦事處查照。

主任 孫〇〇

副本一份送達璧五區辦事處

字號：平實教字第三四二號

孙则让回复巴县第四辅导区主任李灿东关于民教工作检讨会记录的函　9-1-167(117)

86

中華平民教育促進會華西實驗區總辦事處稿（通行）

受文者：巴縣第四區主任李燦東

三十八年八月一日巴四輔字第二九號報告暨附件均悉。所報該區各鄉民教工作檢討會議紀錄一案，應准備查，即希知照為荷。

主任孫○○

附件字號：平教字第二七八七一號

核　八卅

核稿　八廿

擬稿　八、九

副本　份送達

八卅

铜梁第一辅导区主任康兴璧为拟订本区民教部主任服务准则送呈孙则让的报告（附服务准则）及孙则让回函　9-1-167(121)

88

收文 民國38年10月5日 字第409號

事由	為擬訂本區民教部主任服務準則送呈核示由
擬辦	
批示	

中華平民教育促進會華西實驗區銅梁第一輔導區辦事處報告

銅字第一八四號

附服務準則一件

中華民國三十八年九月廿九日

茲為提高本區各民教部主任工作效率並整

一種業已由本各輔導員及各民教部主任共同遵
守外理合檢同原準則一份送請
鈞處察核示遵
謹呈
華西實驗區主任孫
附服務準則一份
主任　康興璧

铜梁第一辅导区主任康兴璧为拟订本区民教部主任服务准则送呈孙则让的报告（附服务准则）及孙则让回函　9-1-167(118)

87

中華平民教育促進會華西實驗區銅梁第一輔導區民教部主任服務準則　卅八年九月廿六日公佈

（一）關於推行工作部份

一、本區各民教部主任主要工作為調查社學區組織户口詳情，選拔導生舉辦導生訓練，推行民衆教育，籌組農業、職業及其他專業生產合作社及聯繫有關辦事項

二、民教部主任對於前条所列各項工作務須秉承區主任及該管輔導員之指示，依照規定期限達成任務

三、民教部主任辦理民衆教育，以嚴格自兼一導生擬一個傳習處以資示範，計辦社學區內其餘傳習處，並切實督促期收實效

四、民教部主任對於指定工作於規定限期內未能完成時，應於限期前報區主任及該管鄉鎮輔導員查實分別情節輕重予以記過記大過或停職

五、民教部主任對於區主任及駐鄉鎮輔導員協辦事項應負責推行，並受其監督指揮

六、民教部主任不得兼職兼薪

手续项及经用表册图书物交清楚后始能离职并于离职之日止
借发薪津

二、新任民教部主任经讨论候区主任遴派或经地方士绅及该管辅导员推荐（经区主任）
均须事先呈遣试用后经区主任审查合格由区办事处正式通知代理后
始能到职并自到职之日起给予薪津

三、新任民教部主任代理期间至一个月如在代理期内经查明服务勤
慎能力相当时即由区办事处呈请铜梁县政府正式加委派如经区主
任或该管辅导员查明能力不胜任者即由区办事处通知
解职另选合格人员充任

四、民教部主任如有重要事件必须请假者应事先具报告经批准者
始能离职如请假在三日以内者须经辅导员可查核情形予以照准
如在三日以上非经呈报区办事处核准者不得先行离职

五、民教主任非经请假核准而擅离职守如离职一日者记过一次三日者
记大过逾三日者即予停职

铜梁第一辅导区主任康兴壁为拟订本区民教部主任服务准则送呈孙则让的报告（附服务准则）及孙则让回函　9-1-167(120)

88

(三)关于奖惩部分

一、民教部主任在服务期间如有优良成绩或特殊表现者，由本处考核情节分别予以嘉奖、记功、记大功之奖励，或呈请县府从优奖叙。

二、民教部主任如成绩低劣，请假过多，或品行不检者，由本处分别情节轻重予以申诫、记过、记大过或免职之处分，并报请县府备查。

三、民教部主任任务重大，为民表率，必须习劳耐苦，勤慎从公，并严守纪律，敦笃品行，树立良好风尚，以为乡村建设人员之模范，如有因循敷衍、怠忽职守或言行无状不堪任职者，本处决从严议处，不稍宽假。

(四)附则

一、本准则未规定事项，由本处随时以通知补充之。

二、本准则自公布之日施行，并报县府及华西实验区总办事处备案。

铜梁第一辅导区主任康兴璧为拟订本区民教部主任服务准则送呈孙则让的报告（附服务准则）及孙则让回函　9-1-167(122)

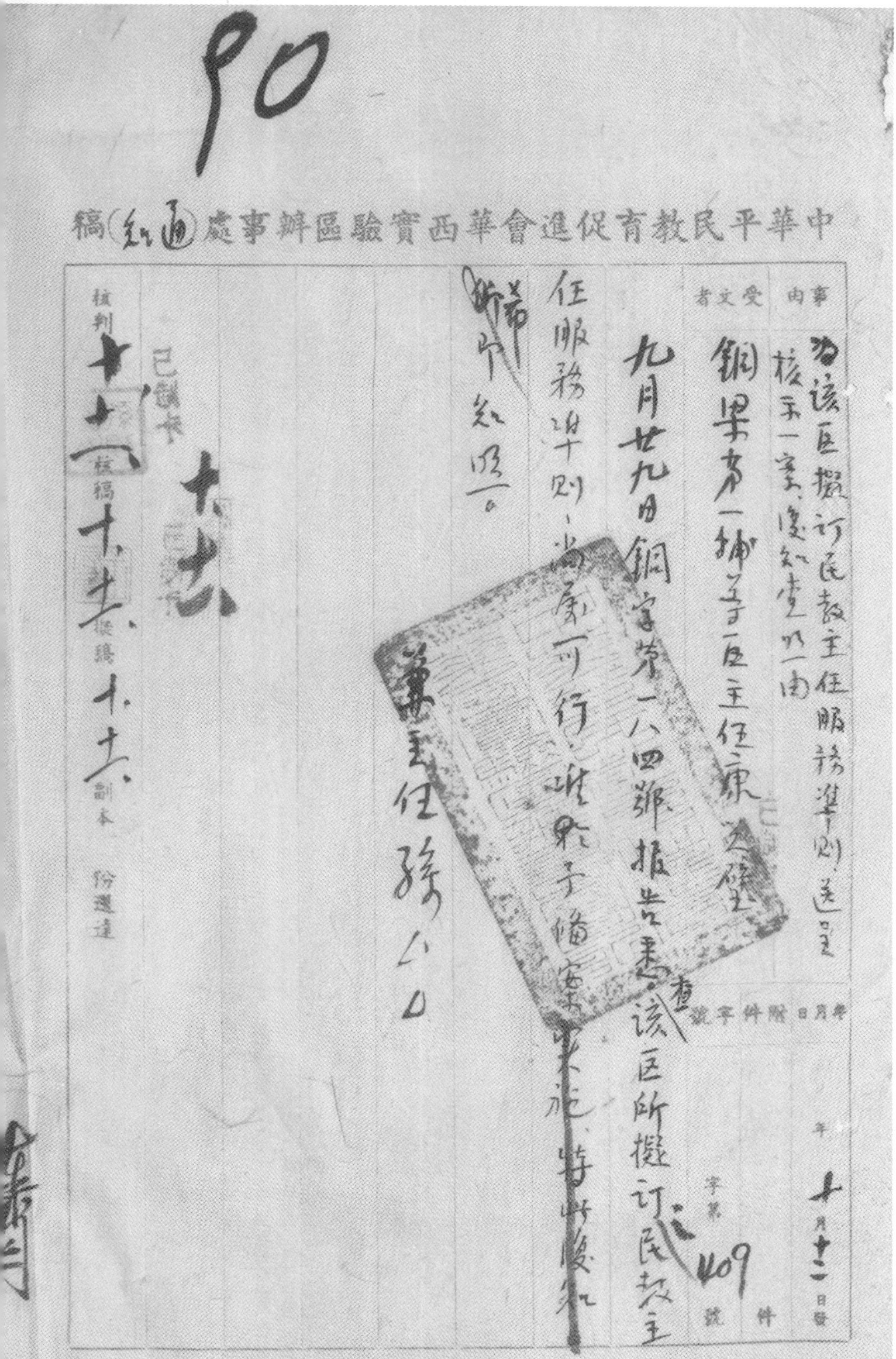
90

中華平民教育促進會華西實驗區辦事處稿（通知）

事由：為該區擬訂民教主任服務準則送呈核示一案復知查照由

受文者：銅梁第一輔導區主任康興璧

九月廿九日銅字第一八四號報告悉。查該區所擬訂民教主任服務準則，尚屬可行，准予備案實施，特此復知。

主任 孫○○

核判 十、十一　核稿 十、十二　擬稿 十、十

十月十二日發　字第409號

铜梁第一辅导区主任康兴璧为拟订本区民教部主任服务准则送呈孙则让的报告（附服务准则）及孙则让回函　9-1-167 (123)

·51

華平民教育促進會華西實驗區辦事處（　）稿

由	受文者	
	通知、仰即知照。	
	第主任孫ムム	

附件字號

字第　號

件

核判

核稿

擬辦

副本　份送達

一九四九年一月至十二月华西实验区民教主任薪米预算书 9-1-54 (135)

華西實驗區民教主任薪米預算書 38年1月至12月

月	普通民教主任			中心民教主任兼輔導示範區民教主任			合計	備註
	人數	每人每月薪米	每月共計數	人數	每人每月薪米	每月共計數		
1	494	2市石	988市石	215	6市石	1,290市石	2278市石	
2	949	〃〃	1,898〃〃	320	〃〃	1,820〃〃	3718〃〃	
3	1,005	〃〃	2,010〃〃	380	〃〃	2,280〃〃	4,290〃〃	
4	1,359	〃〃	2,718〃〃	385	〃〃	2,310〃〃	5,028〃〃	
5	1,415	〃〃	2,830〃〃	397	〃〃	2,382〃〃	5,212〃〃	
6	1,415	〃〃	2,830〃〃	414	〃〃	2,484〃〃	6,314〃〃	
7	1,467	〃〃	2,934〃〃	458	〃〃	2,748〃〃	5,682〃〃	
8	1976	〃〃	3952〃〃	1024	〃〃	6144〃〃	10096〃〃	

77

9	2,976	〃〃	3,952〃〃	1,024	〃〃	6,144〃〃	10,096〃〃	
10	2,976	〃〃	3,952〃〃	1,024	〃〃	6,144〃〃	10,096〃〃	
11	2,976	〃〃	3,952〃〃	1,024	〃〃	6,144〃〃	10,096〃〃	
12	2,976	〃〃	3,952〃〃	1,024	〃〃	6,144〃〃	10,096〃〃	
共計		35,968市石				46,034市石	82,002市石	

附註：農復會計撥款90,000市石，自卅八年一月至十二月計支付民教主任薪米82,002市石，尚餘7,998市石，留作傳習處結業學生受繼續教育之民教部高級班之需。

北碚管理局黄桷镇高级民众学校主任导师服务规程　9-1-191(175)

115

北碚管理局黄桷镇高级民衆学校主任導師服務規程

一、本校主任導師，應受本鎮駐區輔導人員及本校校長之監督指導。

二、主任導師，負主持全班（成人或婦女班）一切例行及臨時事宜之責，其例行及臨時事項如下：

（一）協助校長聘請導師、

（二）催請導師按時到校上課、

（三）商同校長及導師訂定單元教学實施辦法、

（四）協助校長製表訂各種統計圖表及實用冊籍、款章辦法、

(六)考查学生性行勤惰（举行個别談話、清查聽課学生）

(七)管訓全班学生、

(八)收發学生用品、

(九)為缺席導師代課、

(十)填写工作日誌及週誌、

(十一)協助校長及導師領導学生活動、

(十二)登記学生成績

(十三)参加各種會議、

（十四）主持全班班務，並協助校長處理全校對內對外一切事宜、

（十五）處例其它一切例行及臨時事項、

三、主任導師受聘後，須忠誠服務，切實盡責，不得有苟且敷衍之行爲、

四、主任導師不得無故缺席，如有重大事故，須經校長准許始可，但請假後，須覓妥全校人員代理、

五、本規程如有未盡事項，得隨時修改之、

六、[illegible]

北碚管理局黄桷镇高级民众学校主任导师服务规程　9-1-191(177)

北碚管理局黄桷镇高级民众学校主任导师服务规程　9-1-191（177）

巴县第十二辅导区主任阎毅敏呈孙则让关于本区民教主任请假规则报告（附请假规则）　9-1-108(174)

30

報告　三八年六月一六日于巴縣十二區辦事處　毅節字第六四號

事由　為擬定本區民教主任請假規則提交輔導會議通過施行報請核備由

本文　查本區民教主任近來因故請假頗有不乏人，深恐漫無限制貽誤事功，乃擬定請假規則九條，提交本區六月十三日輔導會議研討通過施行，理合備文連同請假規則報請鑒核備查。

謹呈

巴县第十二辅导区主任阎毅敏呈孙则让关于本区民教主任请假规则报告（附请假规则） 9-1-108(174)

主任孙

巴縣十二輔導區主任閻毅敏

重慶恒裕紙號出品 地址林森路二〇號

巴县第十二辅导区主任阎毅敏呈孙则让关于本区民教主任请假规则报告（附请假规则） 9-1-108(175)

中华平民教育促进会华西实验区巴县第十二辅导区民教主任请假规则

一、本区民教主任之请假，悉依本规则办理。

二、本区各乡民教主任，不论公私，不经请假，或请假未经核准而擅离职守者，为旷职，旷职一日扣攷勤一分。

三、请假时间之限制如左：

（一）事假全年累积不得超过三周，一月以内不得超过三日，逾期每日扣攷勤一分。

（二）病假必须经医生证明，病愈即销假，如有特殊情形准假以一月为限，如一月不愈即须请人代理职务。

（三）直系尊亲属及配偶丧假不得超过一个月

（四）婚假以三月为限

（五）生产假期以四十日为限

將各級假條及其他有關事由報由區分事處核辦

五、如請假在三日以上者須由其管輔導員核轉區分事處轉呈主任核准

後始得離職否則以曠職論

六、其管輔導員轉呈請假時必須附請假者在本年內已請各種假若干日附

代課明以備區主任核批時之參攷否則不予批准其責任由轉請人負

七、在一月以內曠職三日者記過一次五日者記大過一次十日者停薪留職一月十二

日者撤職

八、全年未曠職及請假者於年終考核時加總成績五分

九、本規則經輔導會議通過後施行並報請總辦事處備查

131

璧山第六辅导区主任何子清为本区民教主任奖惩暂行规则呈孙则让的报告（附奖惩规则）　9-1-108（169）

報告　區辦字第 90 號
民國三十八年五月二十三日

事由：為根據輔導會議擬定本區民教主任獎懲規則請　鑒核示遵由

查此次召開輔導會議，出席人員咸謂民教主任之獎懲宜有規定以資遵循，爰提案作成決議，由本處擬定民教主任獎懲暫行規則呈奉核准施行等語紀錄在卷，茲查照決議擬定規則呈賫鈞處請予鑒核令遵！！

謹呈

主任孫

璧山第六輔導區主任　何子清

璧山第六辅导区主任何子清为本区民教主任奖惩暂行规则呈孙则让的报告（附奖惩规则）　9-1-108(170)

128

璧山第六輔導區民教主任奬懲暫行規則

第一條　本區民教主任之奬懲除另有規定外，悉依本規則辦理。

第二條　本規則之奬勵如左：

一、嘉奬　二、記功　三、記大功　四、給奬狀　五、給奬章　六、升職

過有特別勳績者得報請　總處核奬。

第三條　本規則之懲罰如左：

一、申斥　二、記過　三、記大過　四、罰薪　五、撤免

過有特殊過犯者得逕予撤免。

第四條　本規則採功過相抵主義

第五條　本規則所定獎懲除依成績規定而為獎懲外得專就特交事項單獨考核而為獎懲。

第六條　本規則呈奉　總處核准施行

合川第一辅导区主任马醒尘与孙则让关于本区民教主任请假规则的往来函（附请假规则）　9-1-108(180)

135

報告　合一字第四號
中華民國卅八年七月三日

事由：為呈報本區民教主任請假規則六條送請鑒核指導由

查本區民教主任四十七人均已按照規定分別到各該管社學區服務，已于六月十五日合一字第三十三號報告在案。茲為便于管理起見，經本月區務會議制定請假規則六條，送請鑒核指導。

謹呈

華西實驗區主任孫

合川第一辅导区主任马醒尘与孙则让关于本区民教主任请假规则的往来函（附请假规则）　9-1-108(181)

附华西实验区合川第一辅导区民教主任请假规则一份

主任马醒尘

（印：马醒尘印）

已抄

合川第一辅导区主任马鹏生与孙则让关于本区民教主任请假规则的往来函（附请假规则） 9-1-108 (182)

中華平民教育促進會華西實驗區合川第一輔導區民教主任請假規則

一、本區民教主任之請假悉依本規則之規定辦理

二、本區民教主任未經請假而離開崗位者為曠職，曠職一日以上（二日在內）警告，三日以上（七日在內）記過，七日以上（七日在內）記大過並按日扣薪，十四日（十四日在內）以上撤職

三、請假必須繕具假条呈驗鄉輔導員批准，但假期超過五日以上則須由輔導員轉呈區主任批准，非經批准不得離職

四、請假時間限制如下：

1. 事假全年四星期不得超過三週

乙. 病假必須經正式醫生証明，病愈即銷假，事病假期一個月為限，逾期不銷

假者宜予撤退職

3. 直系尊親及配偶之喪假不得過十日
4. 婚假以十日為限
5. 生產假期以四十日為限
前項請假銷假由輔導員負責攷查如請假期滿既不續假又不到職者以曠職論輔導員知情不報者與請假人負同等責任
五、全年不曠職不請假者于年終攷核時由區主任予以嘉獎或記功
六、本規則經本區務會議議決通過施行之並呈報總辦事處核准施行之

合川第一辅导区主任马醒尘与孙则让关于本区民教主任请假规则的往来函（附请假规则） 9-1-108(179)

中華平民教育促進會華西實驗區總辦事處稿（田-分）

134

事由	所报该区民教主任请假规则各条均尚可行，应准照办。
受文者	合川第一輔導區主任馬醒塵
年月日發	七月十六日
字號	平实教字第一〇八九號
附件	

三十八年七月三日合一字第四〇號報告暨附件民教主任請假規則均悉。查所擬各條均尚可行，應准照辦。希即知照。

兼主任 孫〇

核判 已制卡
擬稿 七、十六
七、十八
副本 份送達

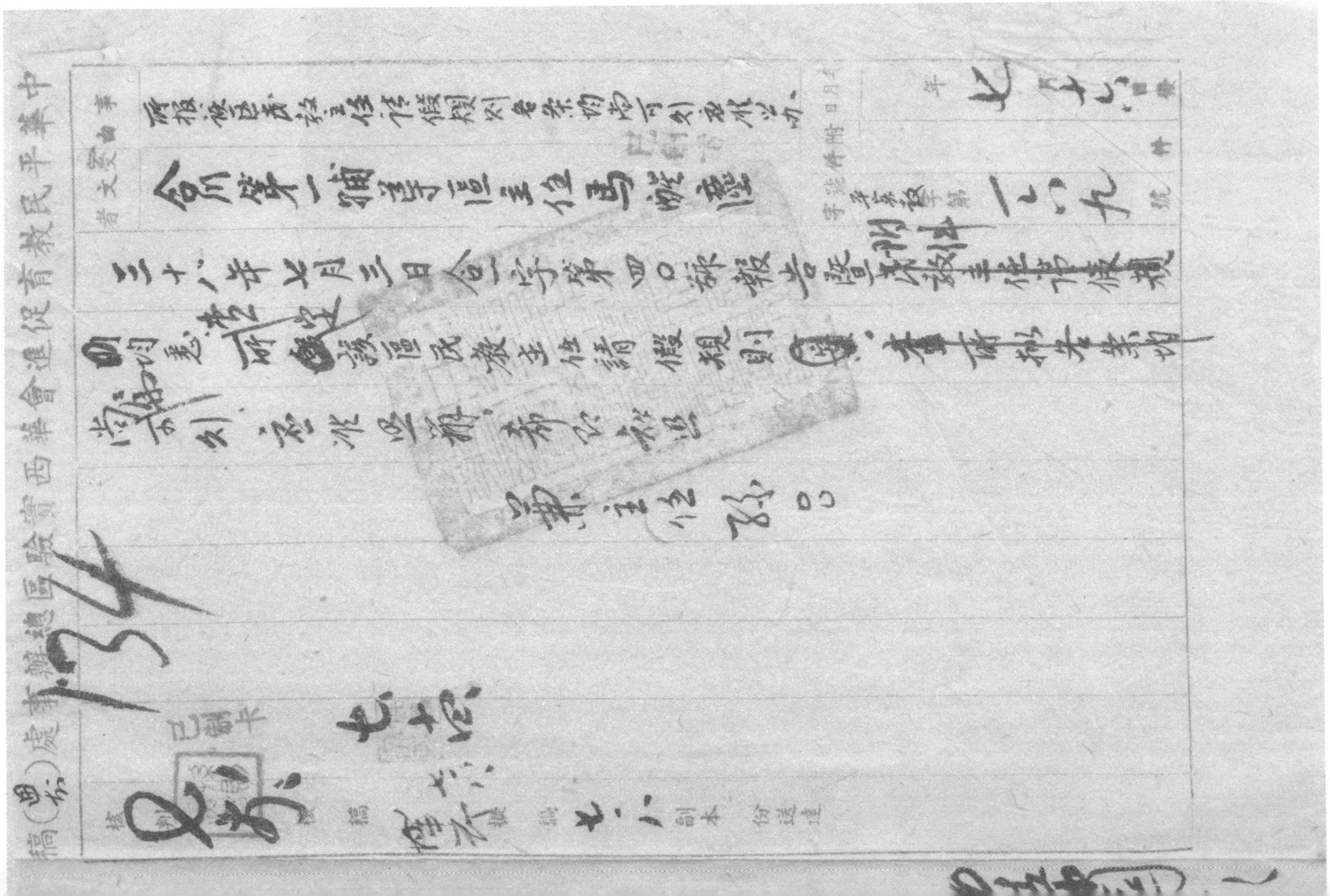

壁山县第五辅导区接龙乡第四社学区民教主任江泊浪一九四九年三月至四月旬报表　9-1-167(68)

華西實驗區壁山縣第五輔導區接龍鄉第四社學區民教主任旬報表

月	日	工作紀要	問題及意見	輔導員意見
3	1	午後二時於保辦公處召開保甲長會議決定本年度繼續教育訂本月三日先後展開	各傳習處之導生請求減免地方雜款	已指示該主任開導學生，學生無免雜費之規定，應盡義務[illegible]。
3	2	午前十時假保辦公處召開導生會議分期開學	各傳習處之學生期望農村貸款迅予辦理	
3	3	午後二時展開第一傳習處		
3	4	午後二時展開第二傳習處		
3	5	午後四時展開第三傳習處		
3	6	午後四時展開第四傳習處		
3	7	午後二時視查第一傳習處實到男女學生二十五名		
3	8	午後二時視查第二傳習處實到男女學生一十五名		
3	9	午後四時視查第三傳習處實到男女學生一十七名		
3	10	午後四時視查第四傳習處實到男女學生二十二名		
附註				

民教主任　江泊浪（江泊浪印）　　三十八年三月十日填報

璧山县第五辅导区接龙乡第四社学区民教主任江泊浪一九四九年三月至四月旬报表　9-1-167（72）

華西實驗區璧山縣第五輔導區接龍鄉第四社學區民教主任旬報表

月 日	工作紀要	問題及意見	輔導員意見
3 11	午後二時於第一傳習處考試學生常識問答		
3 12	午後二時於第二傳習處考試學生常識問答		
3 13	午後四時於第三傳習處考試學生常識問答		
3 14	午後四時於第四傳習處考試學生常識問答		
3 15	午後二時於第一傳習處個別考試學生識字多寡		
3 16	午後二時於第二傳習處個別考試學生識字多寡		
3 17	午後四時於第三傳習處個別考試學生識字多寡		
3 18	午後四時於第四傳習處個別考試學生識字多寡		
3 19	午前十至十二時召集各導生開檢討會		
3 20	午前八時起午後五時止挨户調查有未入過傳習處之失學成人者勸導立即入校		
附註			

民教主任　江泊浪　（印：江泊浪印）　　三十八年三月二十日填

璧山县第五辅导区接龙乡第四社学区民教主任江泊浪一九四九年三月至四月旬报表　9-1-167 (71)

華西實驗區璧山縣第五輔導區接龍鄉第四社學區民教主任旬報表

月/日	工作紀要	問題及意見	輔導員意見
3/21	午前挨户調查未入傳習處之失學成人午後視查各傳習處有否缺席學生		
3/22	午後二時於第一傳習處舉行學生檢討會		
3/23	午後二時於第二傳習處舉行學生檢討會		
3/24	午後四時於第三傳習處舉行學生檢討會		
3/25	午後四時於第四傳習處舉行學生檢討會		
3/26	午後於第一傳習處舉行學生識字競賽		
3/27	午後於第二傳習處舉行學生識字競賽		
3/28	午後於第三傳習處舉行學生識字競賽		
3/29	午後四時第四傳習處舉行學生識字競賽		
3/30	午前十至十二時召開各導生聯席會		
附註			

民教主任　江泊浪（印：江泊浪印）　三十八年三月三十日填報

壁山县第五辅导区接龙乡第四社学区民教主任江泊浪一九四九年三月至四月旬报表　9-1-167 (70)

48

華西實驗區璧山鄉第五輔導區接龍鄉第四社學區民教主任旬報表

月 日	工作紀要	問題及意見	輔導員意見
4 1	午後於第一傳習處教練平教同志歌		
4 2	午後於第二傳習處教練平教同志歌		
4 3	午後於第三傳習處教練平教同志歌		
4 4	午後於第四傳習處教練平教同志歌		
4 5	午後視查第一傳習處實到學生二十五名		
4 6	午後視查第二傳習處實到學生一十五名		
4 7	午後視查第三傳習處實到學生一十八名		
4 8	午後視查第四傳習處實到學生二十四名		
4 9	午前十至十二時召開導生座談會互相交換意見		
4 10	午後於第一傳習處教導學生練習國歌		
附註			

民教主任　江泊浪（印：江泊浪印）　　三十八年四月十日填報

璧山县第五辅导区接龙乡第四社学区民教主任江泊浪一九四九年三月至四月旬报表　9-1-167(69)

華西實驗區璧山縣第五輔導區接龍鄉第四社學區民教主任旬報表

月/日	工作紀要	問題及意見	輔導員意見
4/11	午後於第二傳習處教導學生練習國歌	現值農忙時期導生與學生均請停課	已指示該主任，[illegible]農忙之時間不能停課，只能縮短授課時間
4/12	午後於第三傳習處教導學生練習國歌		
4/13	午後於第四傳習處教導學生練習國歌		
4/14	午後於第一傳習處教導學生作簡單的算法		
4/15	午後於第二傳習處教導學生作簡單的算法		
4/16	午後於第三傳習處教導學生作簡單的算法		
4/17	午後於第四傳習處教導學生作簡單的算法		
4/18	本日上午協同彭主任祚明於第五保種牛痘下午在第六保當天共種八十八名		
4/19	上午八時同彭祚明往第三保種牛痘連兩所私塾學校當天共種一百一十五名		
4/20	上午九時起於區辦事處種牛痘當天共種一十九名		
附註			

民教主任　江　泊　浪（江泊浪印）　　三十八年四月二十日報填

璧山县第六辅导区八塘乡第一社学区民教主任周绍铭一九四九年四月至十月旬报表　9-1-91(31)

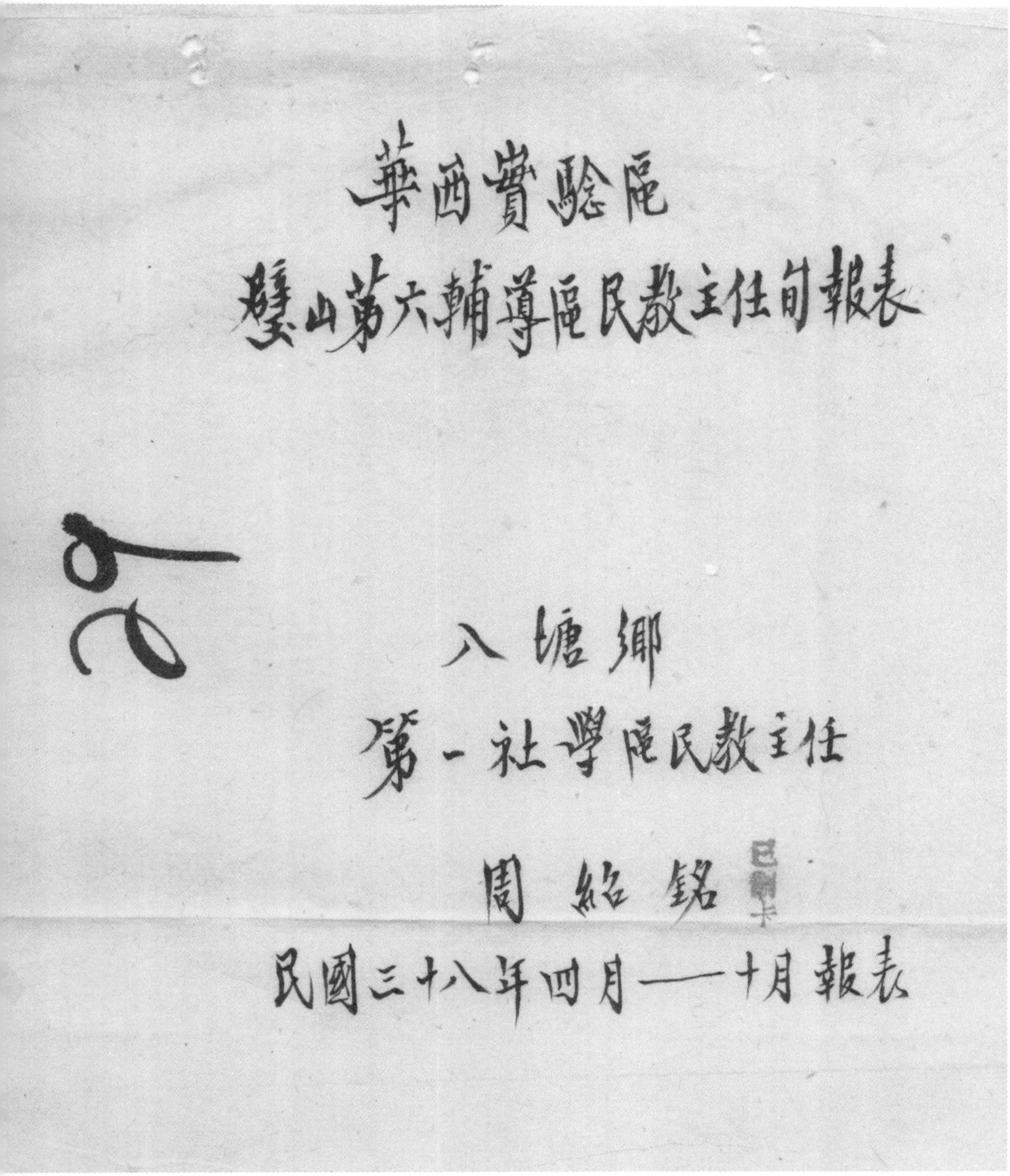

29

華西實驗區
璧山第六輔導區民教主任旬報表

八塘鄉
第一社學區民教主任
周紹銘
民國三十八年四月——十月報表

璧山县第六辅导区八塘乡第一社学区民教主任周绍铭一九四九年四月至十月旬报表　9-1-91(32)

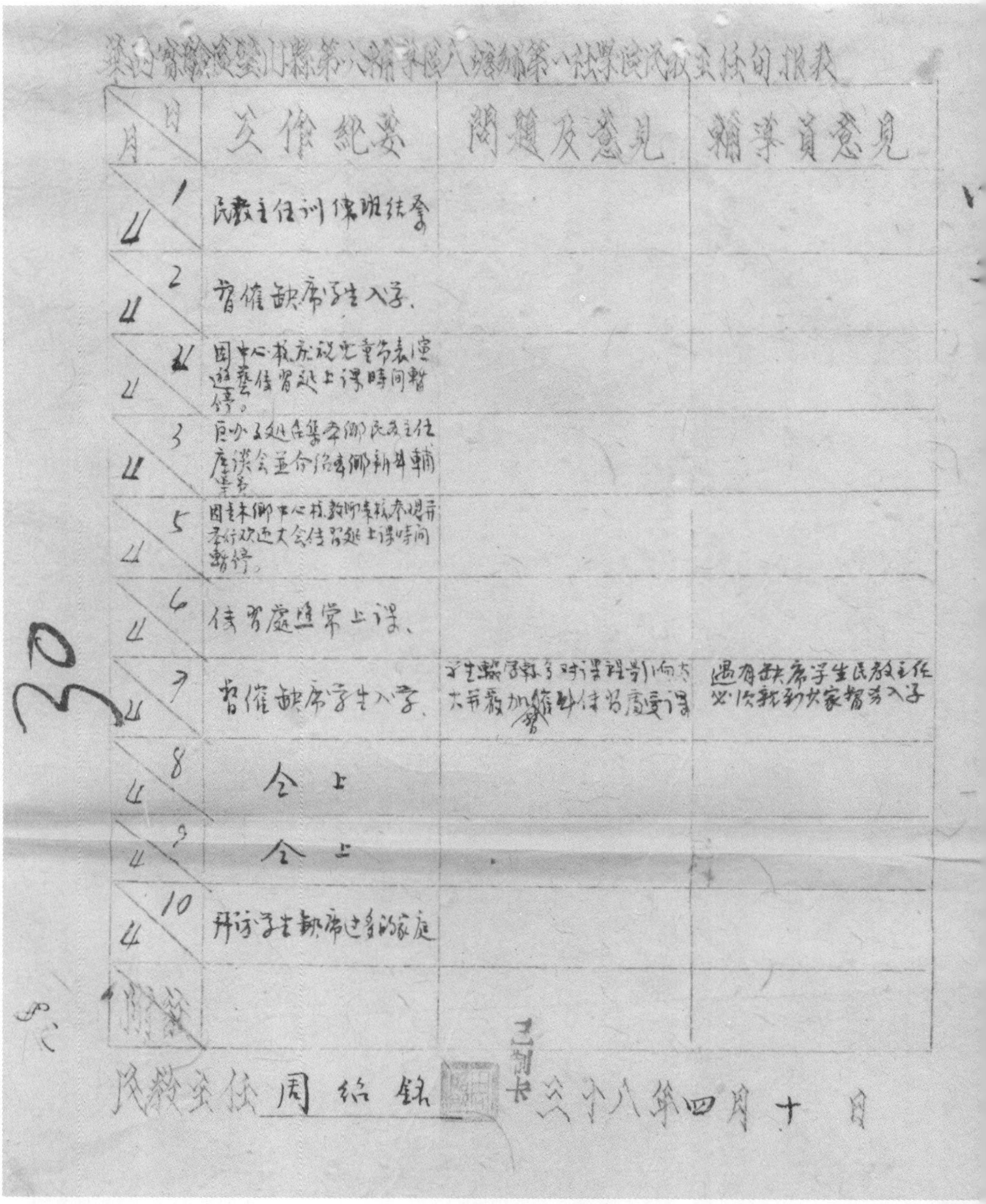

月/日	工作纪要	问题及意见	辅导员意见
4/1	民教主任训练班结业		
4/2	督催缺席学生入学。		
4/[illegible]	因中心校庆祝儿童节表演游艺，传习处上课时间暂停。		
4/3	至办事处集本乡民教主任座谈会并介绍本乡新任辅导员		
4/5	因本乡中心校教师来校参观并举行欢迎大会，传习处上课时间暂停。		
4/6	传习处照常上课。		
4/7	督催缺席学生入学。	学生家长多对课程影响太大，希望加紧传习处授课	遇有缺席学生民教主任必须亲到其家督劝入学
4/8	仝上		
4/9	仝上		
4/10	访问学生缺席过多的家庭		
附注			

民教主任 周绍铭　卅八年四月十日

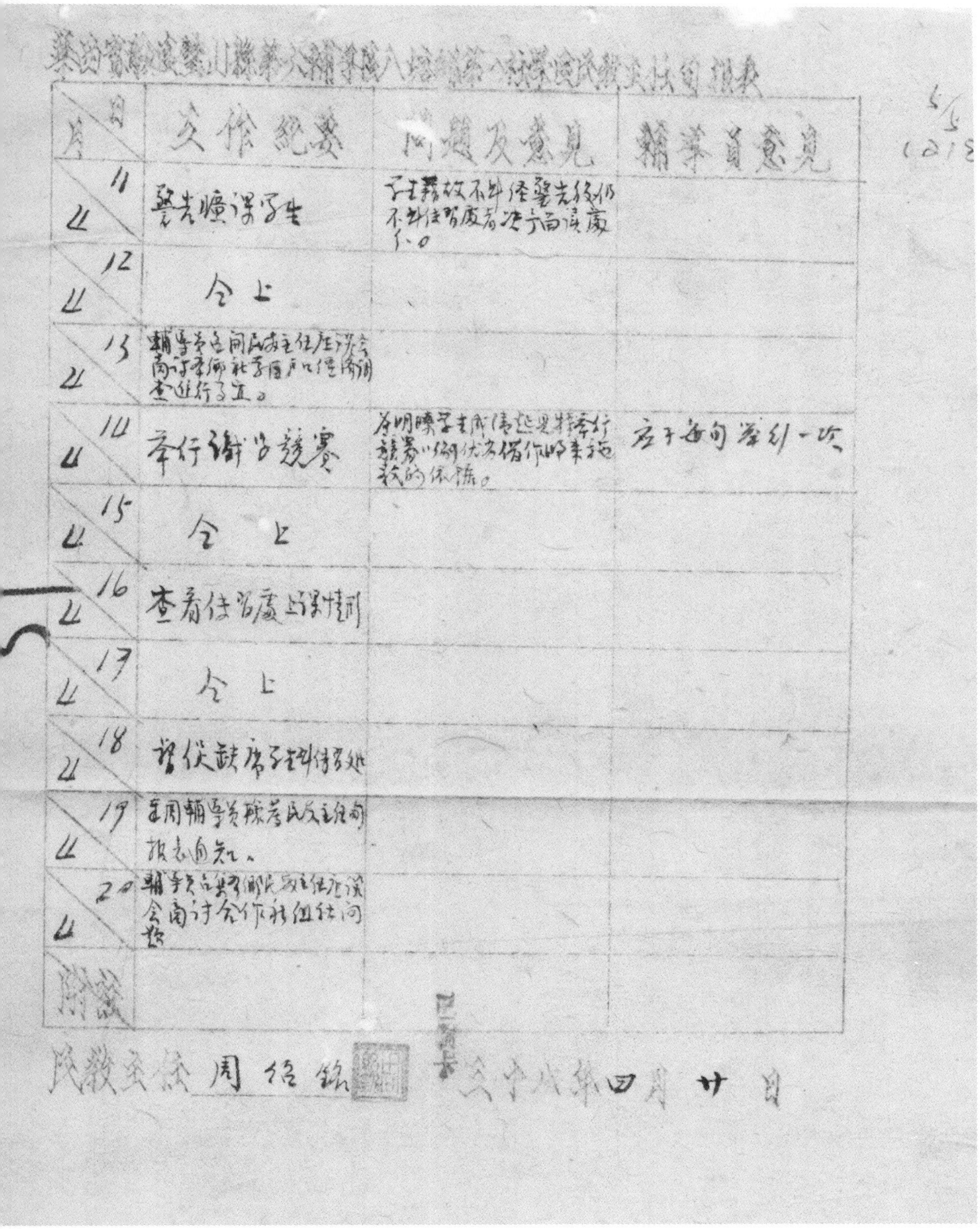

[illegible]璧山县第六辅导区八塘乡第一社学区民教主任旬报表

月/日	工作纪要	问题及意见	辅导员意见
4/11	督查旷课学生	[illegible]	
4/12	仝上		
4/13	辅导员召开民教主任座谈会商讨本乡社学区户口[illegible]		
4/14	举行识字竞赛	[illegible]	应于每旬举行一次
4/15	仝上		
4/16	查看[illegible]		
4/17	仝上		
4/18	[illegible]		
4/19	本周辅导员[illegible]		
4/20	辅导员[illegible]民教主任座谈会商讨合作社组织问题		
附注			

民教主任 周绍铭 卅八年四月廿日

璧山县第六辅导区八塘乡第一社学区民教主任周绍铭一九四九年四月至十月旬报表 9-1-91(33)

璧山县第六辅导区八塘乡第一社学区民教主任周绍铭一九四九年四月至十月旬报表　9-1-91(34)

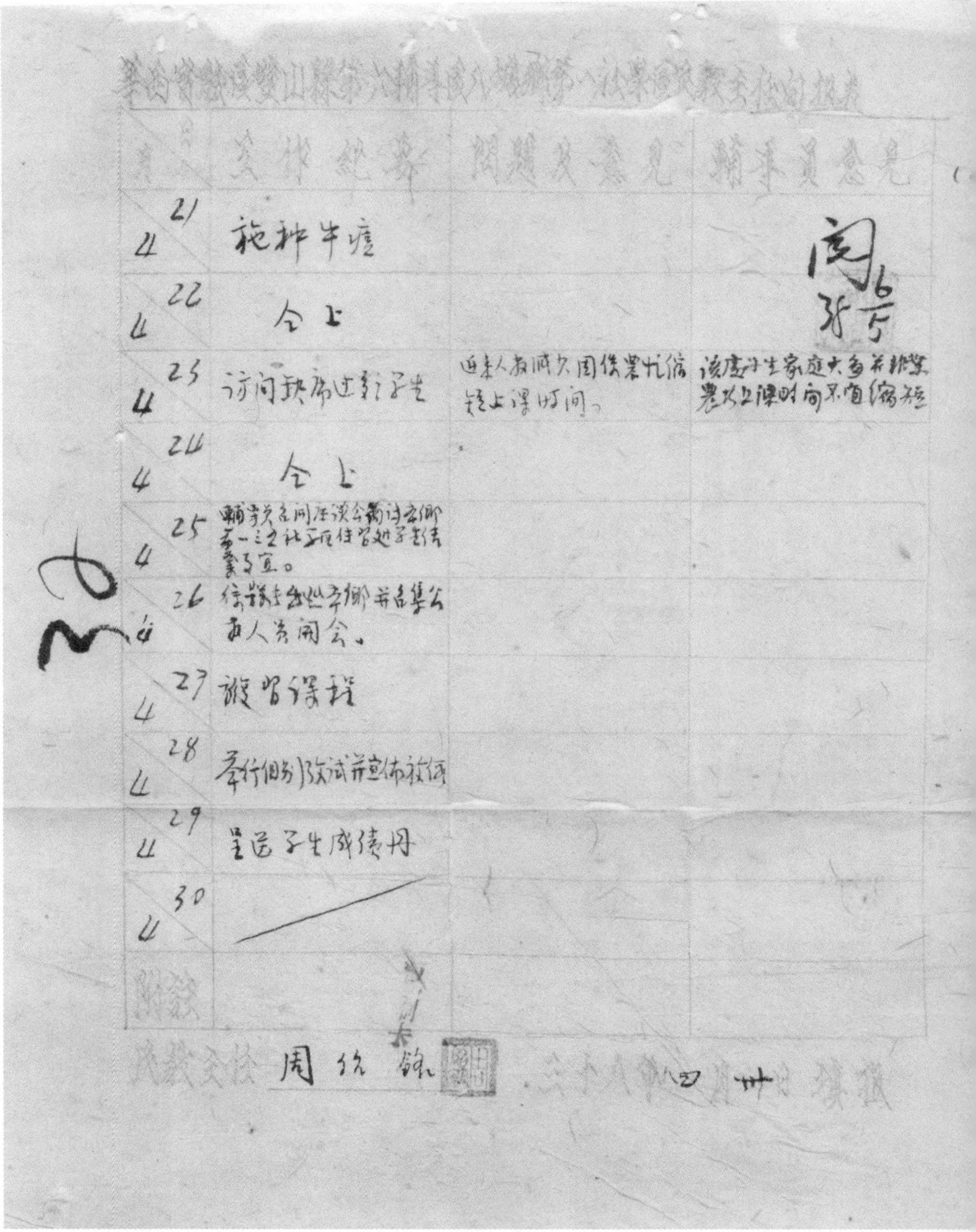

月日	工作纪要	问题及意见	辅导员意见
4 21	施种牛痘		阅
4 22	仝上		
4 23	访问缺席过多学生	近来人数减少因农忙缩短上课时间。	该处学生家庭大多为农业，农忙上课时间宜缩短
4 24	仝上		
4 25	辅导员在同任谈[illegible]乡第一二三社学区住[illegible]事宜。		
4 26	[illegible]本乡并召集公[illegible]人员开会。		
4 27	[illegible]		
4 28	举行個别测试并宣布[illegible]		
4 29	呈送学生成绩册		
4 30			
附录			

民教主任 周绍铭 卅八年四月 日填

璧山县第六辅导区八塘乡第一社学区民教主任周绍铭一九四九年四月至十月旬报表　9-1-91(35)

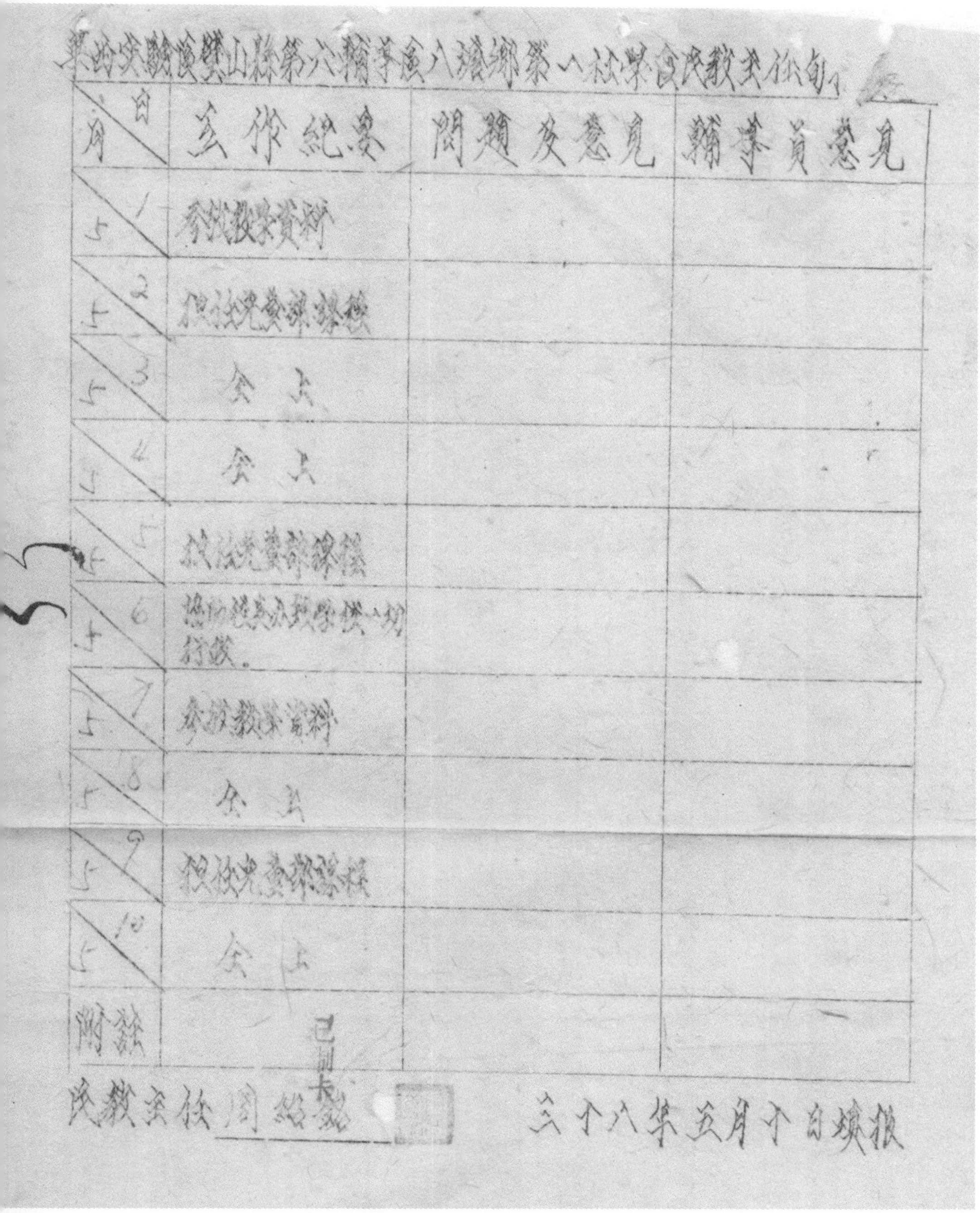

[illegible]璧山縣第六輔導區八塘鄉第一社學區民教主任旬[illegible]

月 日	工作紀要	問題及意見	輔導員意見
5/1	參考教學資料		
5/2	[illegible]		
5/3	仝上		
5/4	仝上		
5/5	[illegible]		
5/6	[illegible]行政。		
5/7	參考教學資料		
5/8	仝上		
5/9	[illegible]		
5/10	仝上		
附註	已詢卡		一

民教主任 周紹銘　三十八年五月十日填報

璧山县第六辅导区八塘乡第一社学区民教主任周绍铭一九四九年四月至十月旬报表　9-1-91(36)

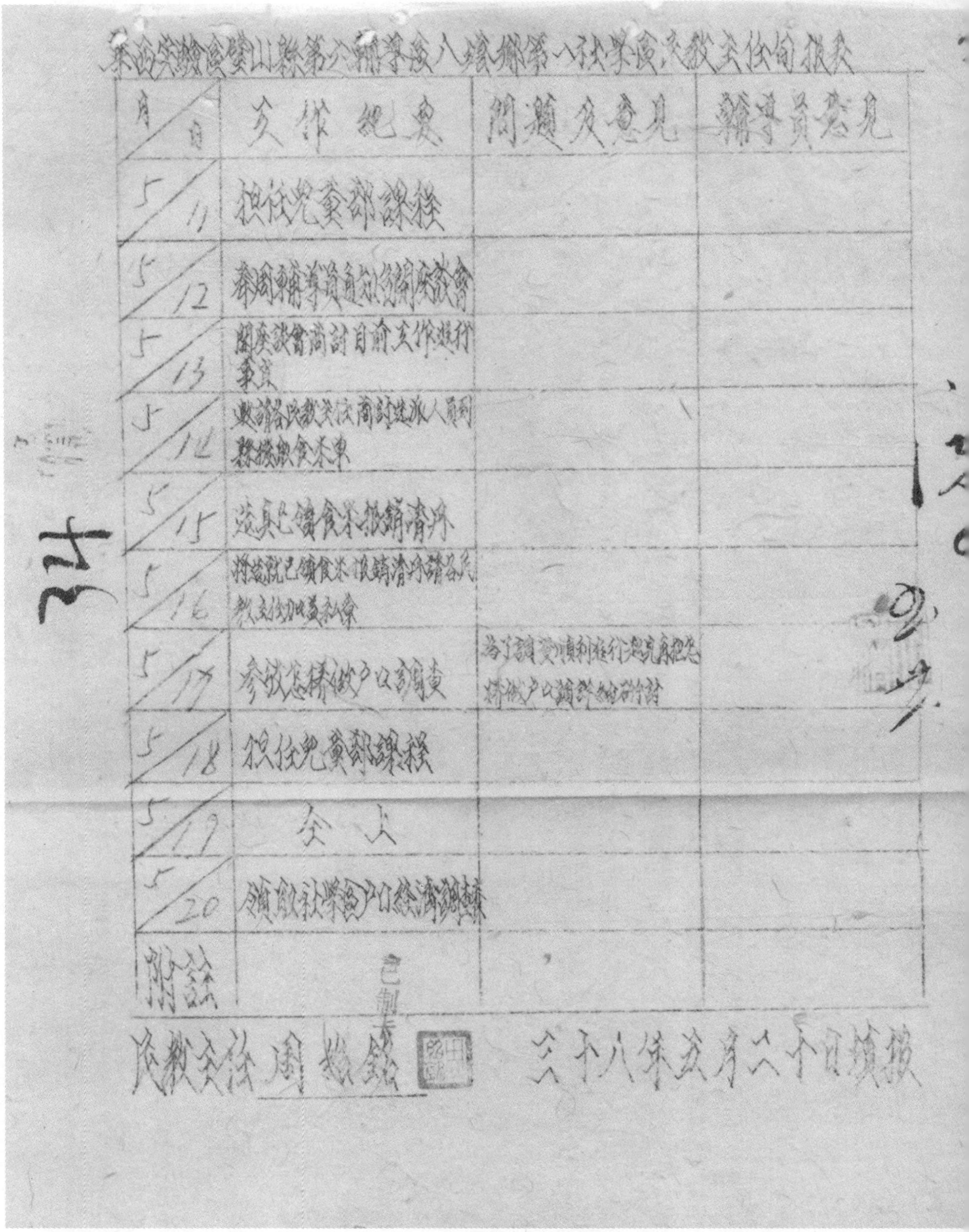

華西實驗區璧山縣第六輔導區八塘鄉第一社學區民教主任旬報表

月	日	工作紀要	問題及意見	輔導員意見
5	11	檢查兒童部課程		
5	12	參加輔導員通知傳習處會議		
5	13	開傳習處會商討目前工作進行事宜		
5	14	邀請各民教主任商討造冊人員所需伙食米束		
5	15	送交已領食米總額清冊		
5	16	將送交已領食米額清冊請各民教主任加蓋私章		
5	17	參加總幹事戶口會議	為了領受慎重進行起見當把各[illegible]戶口調查表格研討	
5	18	檢查兒童部課程		
5	19	仝上		
5	20	領取社學區戶口統計調查表		
附註				

民教主任　周紹銘　（印）　　卅八年五月二十日填報

34

璧山县第六辅导区八塘乡第一社学区民教主任周绍铭一九四九年四月至十月旬报表　9-1-91(37)

华西实验区璧山县第六辅导区八塘乡第一社学区民教主任旬报表

月/日	工作纪要	问题及意见	辅导员意见
5/21	[illegible]		
5/22	[illegible]		
5/23	继续调查		
5/24	[illegible]		
5/25	[illegible]		
5/26	[illegible]		
5/27	[illegible]		
5/28	[illegible]		
5/29	参考教案资料		
5/30	[illegible]		
附记			

民教主任周绍铭　卅八年五月三十日填报

璧山县第六辅导区八塘乡第一社学区民教主任周绍铭一九四九年四月至十月旬报表　9-1-91(38)

華西實驗區璧山縣第六輔導區八塘鄉第一社學區民教主任旬報表

月／日	工作紀要	問題及意見	輔導員意見
6／1	户口經濟調查		
6／2	擬定兒童部課程		
6／3	户口經濟調查	[illegible]	
6／4	仝上		
6／5	參加第三次輔導會議		
6／6	户口經濟調查		
6／7	仝上		
6／8	仝上		
6／9	擬定兒童部課程		
6／10	1.民教班開學 2.擬定兒童部課程 3.户口經濟調查		
附註			

民教主任周紹銘 [seal]　　三十八年六月十日填報

璧山县第六辅导区八塘乡第一社学区民教主任周绍铭一九四九年四月至十月旬报表　9-1-91(39)

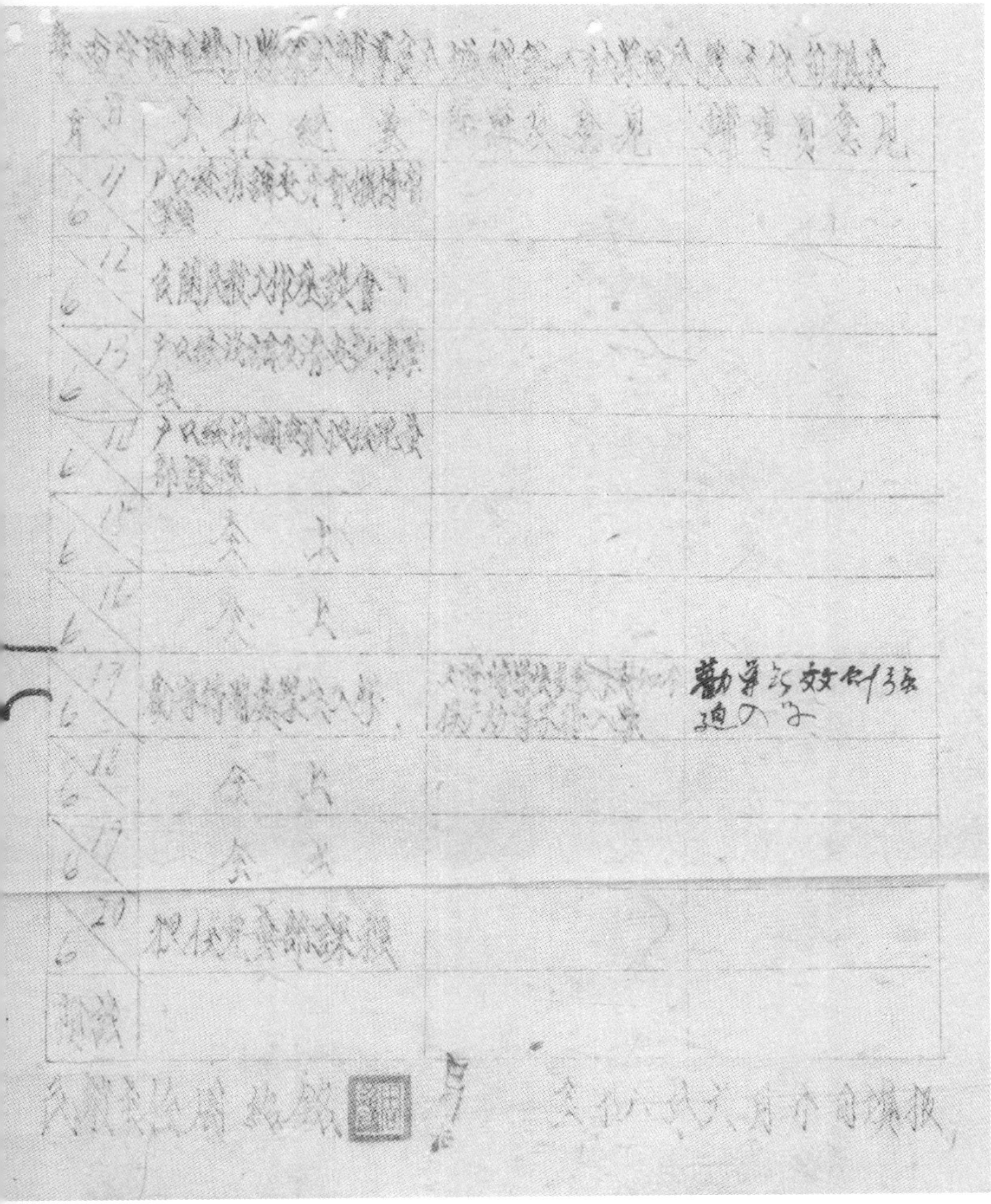

月日	工作纪要	[illegible]	[illegible]
6/11	[illegible]		
6/12	[illegible]		
6/13	[illegible]		
6/14	[illegible]		
6/15	仝上		
6/16	仝上		
6/17	[illegible]	[illegible]	[illegible]
6/18	仝上		
6/19	仝上		
6/20	[illegible]		
[illegible]			

璧山县第六辅导区八塘乡第一社学区民教主任周绍铭一九四九年四月至十月旬报表　9-1-91(40)

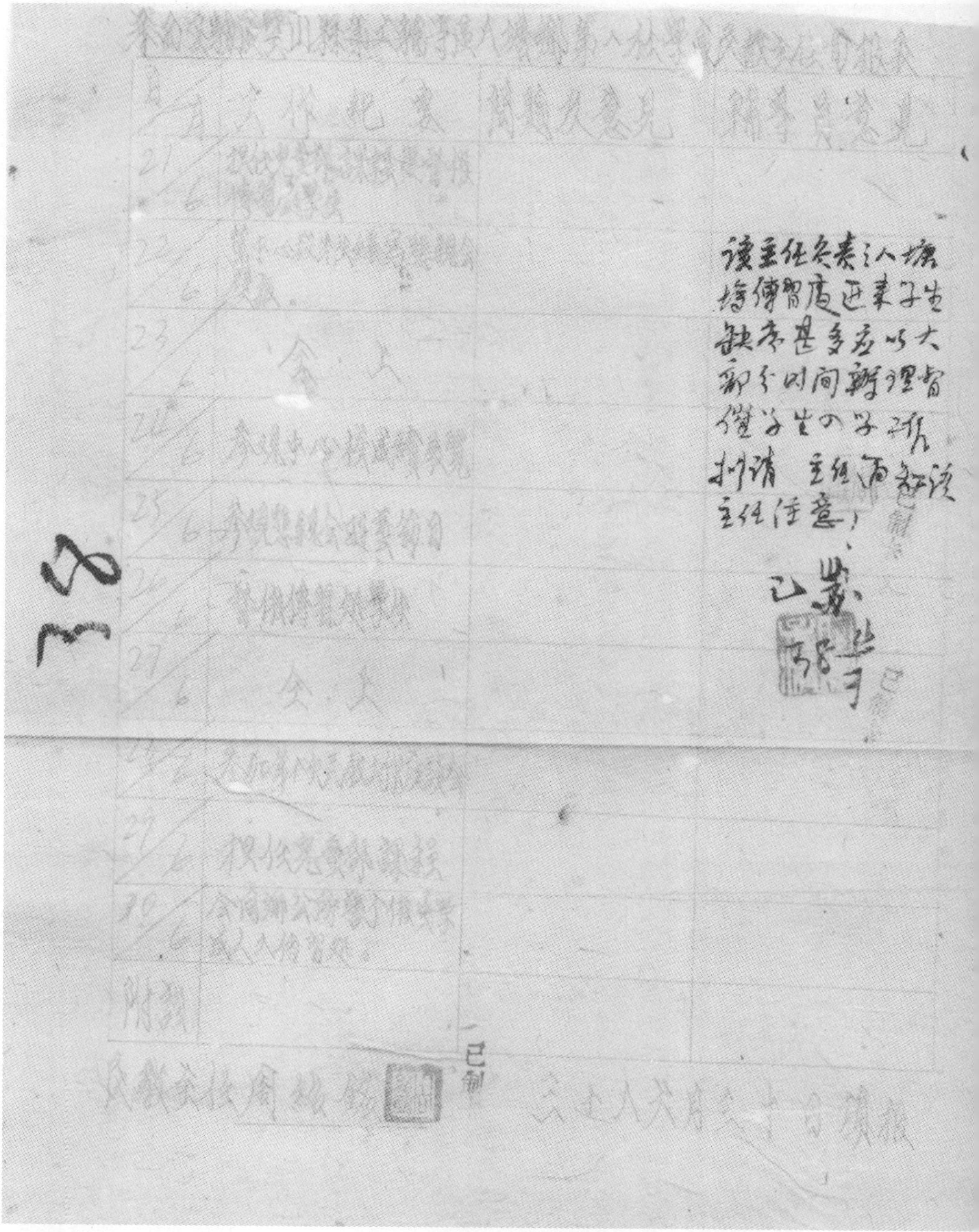

日	月	工作纪要	问题及意见	辅导员意见
21	6	[illegible]		
22	6	[illegible]		
23	6	仝上		
24	6	[illegible]		
25	6	[illegible]		
26	6	[illegible]		
27	6	仝上		
[illegible]	6	[illegible]		
29	6	[illegible]		
30	6	[illegible]		
附注				

璧山县第六辅导区八塘乡第一社学区民教主任周绍铭一九四九年四月至十月旬报表　9-1-91(41)

[illegible]璧山县第六辅导区八塘乡第一社学区民教主任旬报表

日/月	工作纪要	问题及意见	辅导员意见
1/9	参加县辅导大队[illegible]会		[illegible]
2/9	[illegible]	[illegible]	
3/9	仝上		
4/9	[illegible]		
5/9	[illegible]		
6/9	仝上		
7/9	[illegible]		
8/9	[illegible]		
9/9	[illegible]		
10/9	仝上		
附注			

15/9
（435）

民教主任周绍铭　[seal]　已制表

三十八年九月十日填报

璧山县第六辅导区八塘乡第一社学区民教主任周绍铭一九四九年四月至十月旬报表　9-1-91(42)

第六區璧山縣第六輔導區八塘鄉第一社學區民教主任旬報表

月日	工作概要	困難及意見	輔導員意見
7/11	參加第十八次民教工作座談會		本旬該主任工作尚屬努力。
7/12	担任兒童部課程並举行期終測試		
7/13	仝上		
7/14	分配導生獎金食米		
7/15	担任傳習處課程		
7/16	傳習處遷移辦公地點佈置環境督催學生入學		
7/17	更改傳習處上課時間		
7/18	參加民教工作座談會		
7/19	尋覓導生詳催傳習處遷移學生		
7/20	仝上		
附註			

民教主任周紹銘（印）　[illegible]下旬填報

璧山县第六辅导区八塘乡第一社学区民教主任周绍铭一九四九年四月至十月旬报表　9-1-91(43)

華西實驗區璧山縣第六輔導區八塘鄉第一社學區民教主任旬報表

日/月	工作紀要	問題及意見	輔導員意見
21/7	[illegible]		該主任本旬工作尚屬努力
22/7	督導傳習處[illegible]		
23/7	仝上		
24/7	[illegible]		
25/7	[illegible]		
26/7	[illegible]	[illegible]	
27/7	仝上		
28/7	[illegible]		
29/7	督導[illegible]		
30/7	仝上		
附註			

民教主任周紹銘　已閱

三十八年七月卅日填報

8/8
(606)

閱
八.六

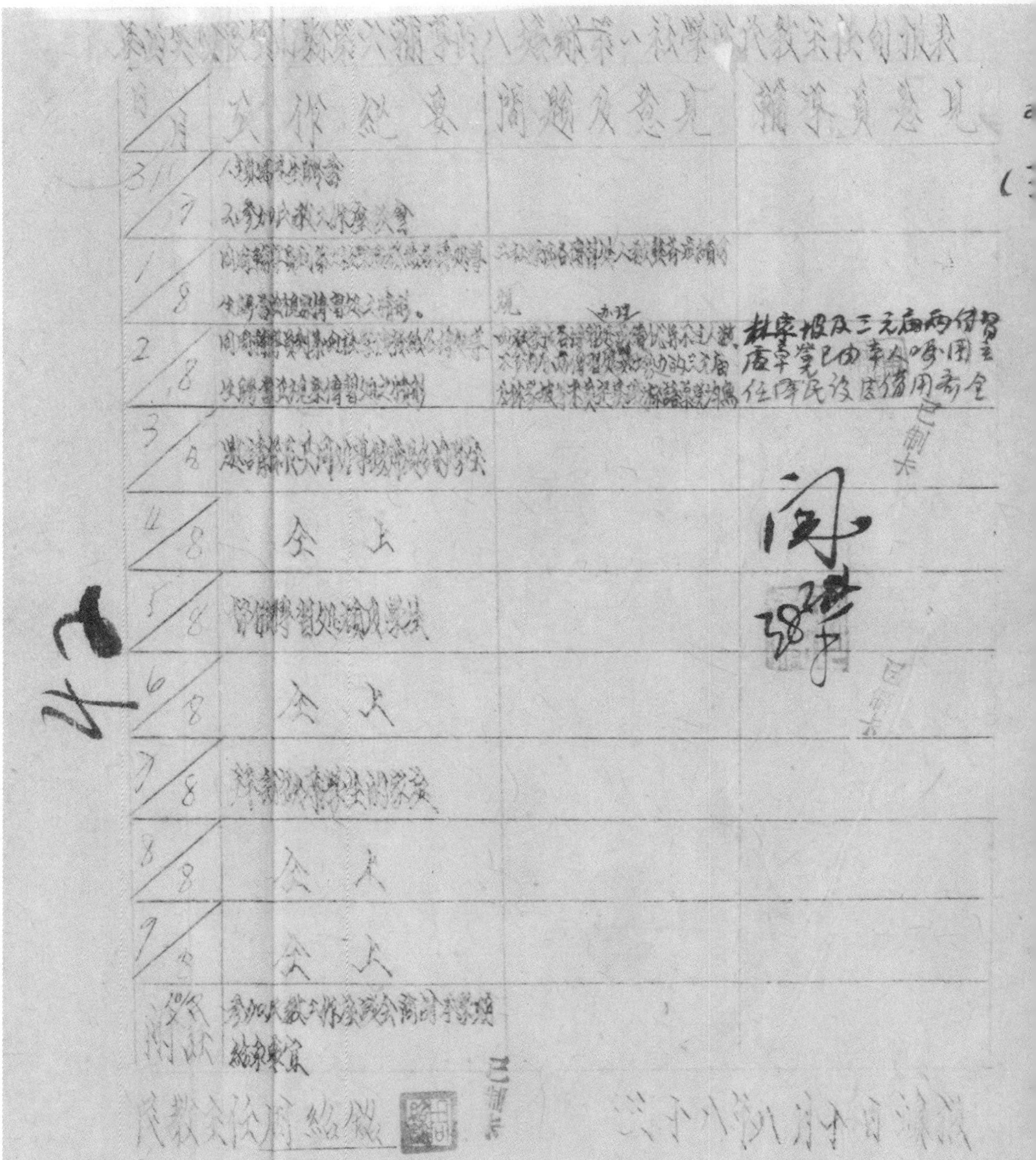

月日	工作纪要	问题及意见	辅导员意见
3/1 7	[illegible]		
1/8	[illegible]	[illegible]	
2/8	[illegible]	[illegible]	林家坝及三元庙两附习唐宇棠已由本人呼周主任停民?[illegible]
3/8	[illegible]		
4/8	仝上		
5/8	[illegible]		
6/8	仝上		
7/8	[illegible]		
8/8	仝上		
9/8	仝上		
10/8 附注	[illegible]		

民教主任周绍铭

璧山县第六辅导区八塘乡第一社学区民教主任周绍铭一九四九年四月至十月旬报表　9-1-91(44)

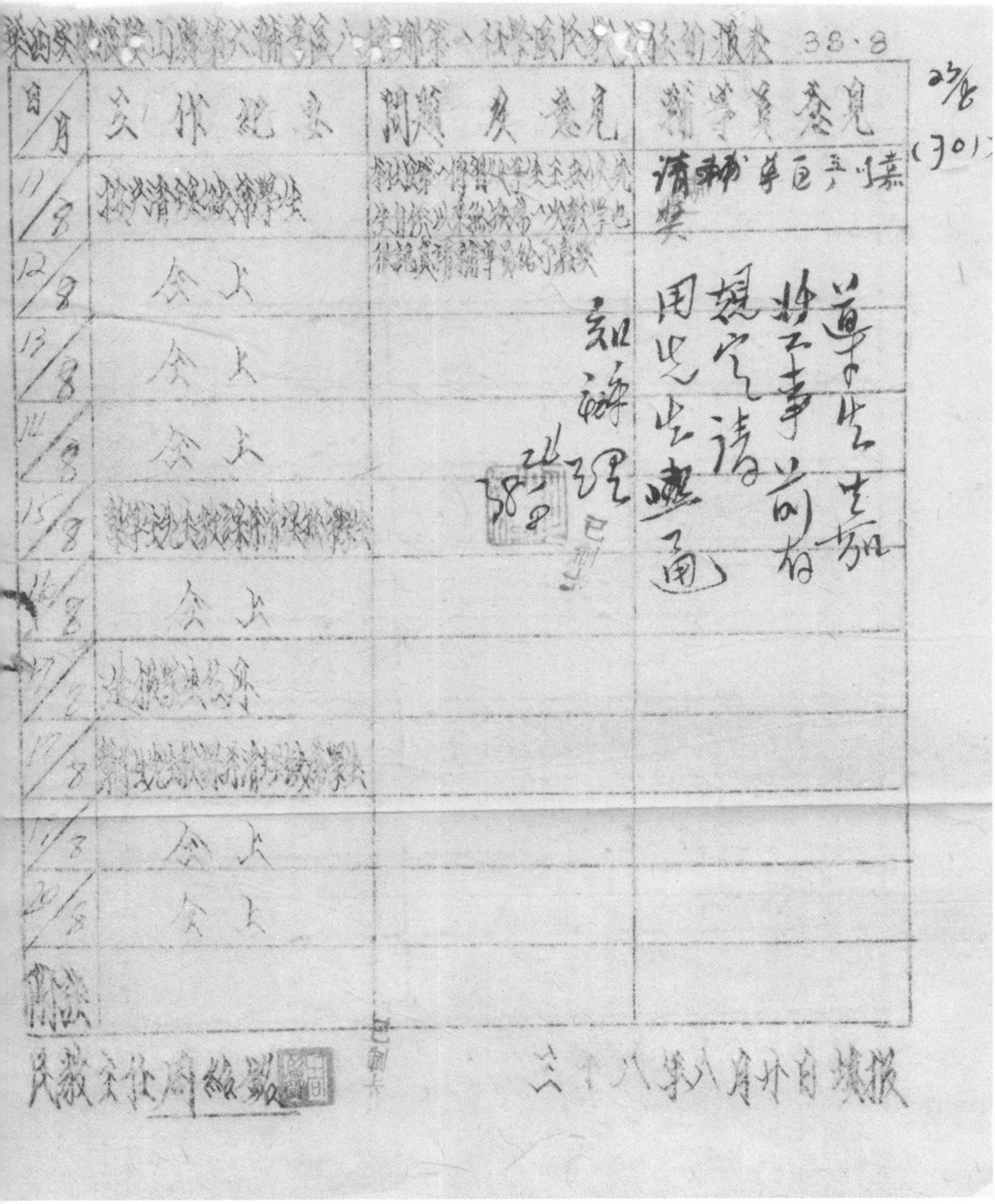

璧山县第六辅导区八塘乡第一社学区民教主任旬报表 38·8

日/月	实施纪要	问题及意见	辅导员意见
11/8	[illegible]	[illegible]	[illegible]
12/8	仝上		
13/8	仝上		
14/8	仝上		
15/8	[illegible]		
16/8	仝上		
17/8	[illegible]		
18/8	[illegible]		
19/8	仝上		
20/8	仝上		
附注			

民教主任周绍铭　　填报日期八月廿三

璧山县第六辅导区八塘乡第一社学区民教主任周绍铭一九四九年四月至十月旬报表　9-1-91(45)

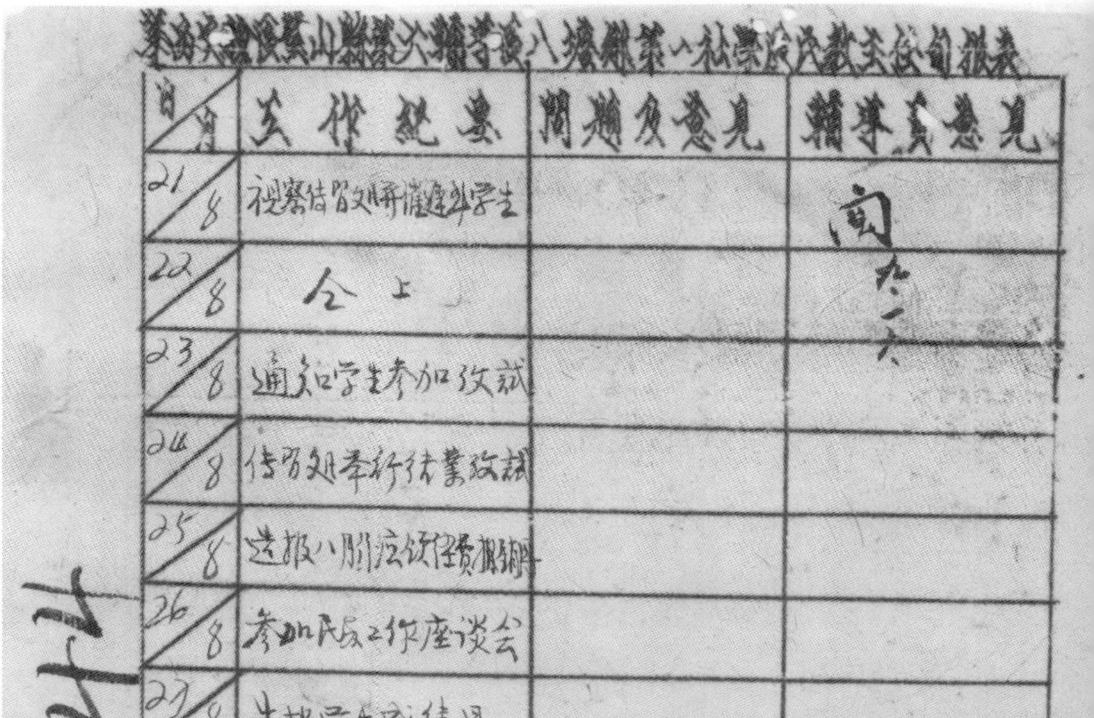

璧山县第六辅导区八塘乡第一社学区民教主任周绍铭一九四九年四月至十月旬报表　9-1-91(46)

47

璧山县第六辅导区八塘乡第一社学区民教主任旬报表

日期	工作纪要	困难及意见	辅导员意见
8/21	[illegible]		阅
8/22	仝上		
8/23	通知[illegible]参加[illegible]		
8/24	[illegible]		
8/25	[illegible]		
8/26	[illegible]		
8/27	[illegible]		
8/28	[illegible]		
8/29	[illegible]		
8/30	[illegible]		
附录	[illegible]		

民教主任周绍铭（印）

卅八年八月卅日填报

璧山县第六辅导区八塘乡第一社学区民教主任周绍铭一九四九年四月至十月旬报表　9-1-91(47)

[illegible]

日/月	工作纪要	问题及意见	辅导员意见
1/9	分配社学区优良学生奖品		阅 九、一六
2/9	分别发给优良学生奖品		
3/9	赴中心校办理招生事宜		
4/9	仝上		
5/9	阅读点携办理户口统计		
6/9	仝上		
7/9	发行户口调查表		
8/9	参加临时工作座谈会		
9/9	办理户口经济调查统计		
10/9	仝上		
附注			

民教主任周绍铭（印）　三十八年九月十日填报

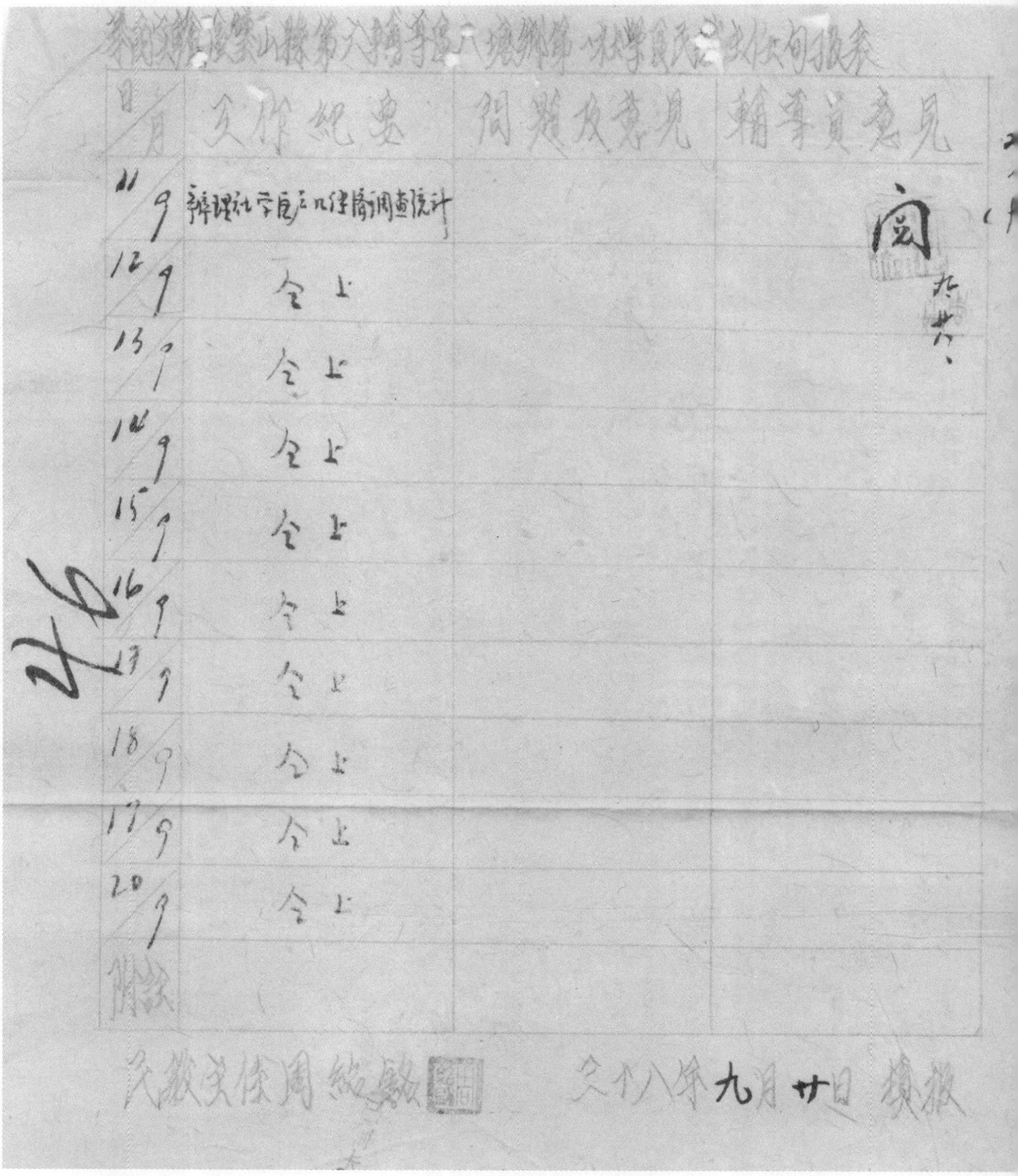

璧山縣第六輔導區八塘鄉第一社學區民教主任旬報表

月/日	工作紀要	問題及意見	輔導員意見
9/11	辦理社學區戶口保甲調查統計		閱 九廿六
9/12	仝上		
9/13	仝上		
9/14	仝上		
9/15	仝上		
9/16	仝上		
9/17	仝上		
9/18	仝上		
9/19	仝上		
9/20	仝上		
附註			

46

民教主任周紹銘　　卅八年九月廿日　填報

璧山县第六辅导区八塘乡第一社学区民教主任周绍铭一九四九年四月至十月旬报表　9-1-91(48)

璧山县第六辅导区八塘乡第一社学区民教主任周绍铭一九四九年四月至十月旬报表 9-1-91(49)

21	呈报社学区户口经济调查统计		
22	担任儿童部课程		
23	仝上		
24	办理中心校一切杂务		
25	仝上		
26	仝上		
27	参加民教工作座谈会		
28	清查社学区失学成人		
29	仝上		
30	担任儿童部课程		

阅

九卅

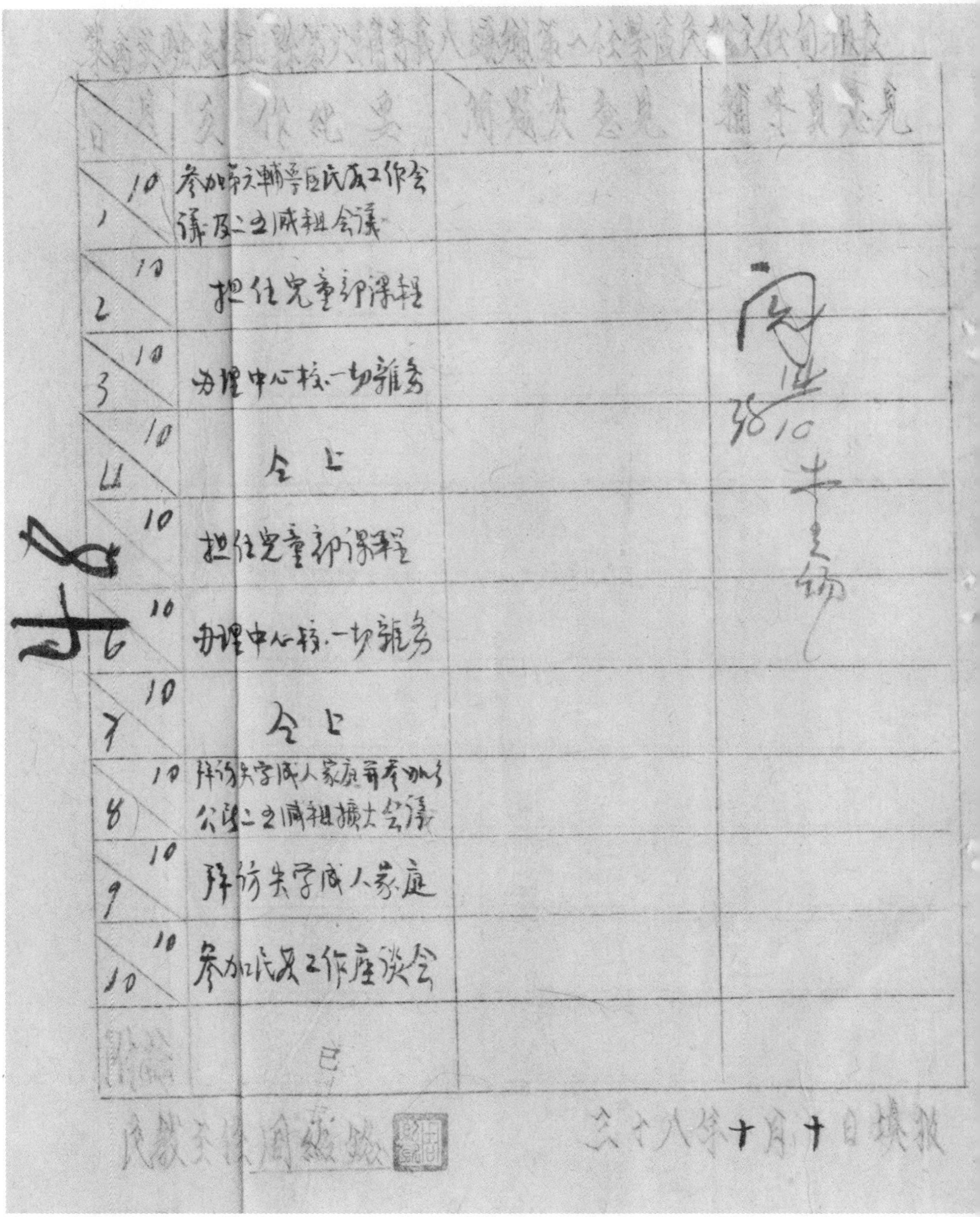

日/月	工作纪要		
1 / 10	参加第六辅导区民教工作会议及二三减租会议		
2 / 10	担任儿童部课程		[illegible]
3 / 10	办理中心校一切杂务		
4 / 10	仝上		
5 / 10	担任儿童部课程		
6 / 10	办理中心校一切杂务		
7 / 10	仝上		
8 / 10	拜访失学成人家庭并参加乡公所二五减租扩大会议		
9 / 10	拜访失学成人家庭		
10 / 10	参加民教工作座谈会		
附注	已		

民教主任周绍铭（印）　三十八年十月十日填报

璧山县第六辅导区八塘乡第一社学区民教主任周绍铭一九四九年四月至十月旬报表　9-1-91(50)

璧山县第六辅导区八塘乡第一社学区民教主任周绍铭一九四九年四月至十月旬报表　9-1-91(51)

华西实验区璧山县第六辅导区八塘乡第一社学区民教主任旬报表

25/10
(1067)

日/月	工作纪要	视导员意见	辅导员意见
11/10	会同保长访失学成人家庭		
12/10	民教班正式行课		周
13/10	办理中心校各项表册		已阅 38/10
14/10	全上		
15/10	据户劝导学生入学		
16/10	全上		
17/10	参加民教工作座谈会		
18/10	督催逃学学生		
19/10	担任儿童部课程		
20/10	担任儿童部课程并催逃学学生		
附注	已		

民教主任周绍铭　三十八年十月廿　日填报

璧山县第六辅导区八塘乡第一社学区民教主任周绍铭一九四九年四月至十月旬报表 9-1-91（52）

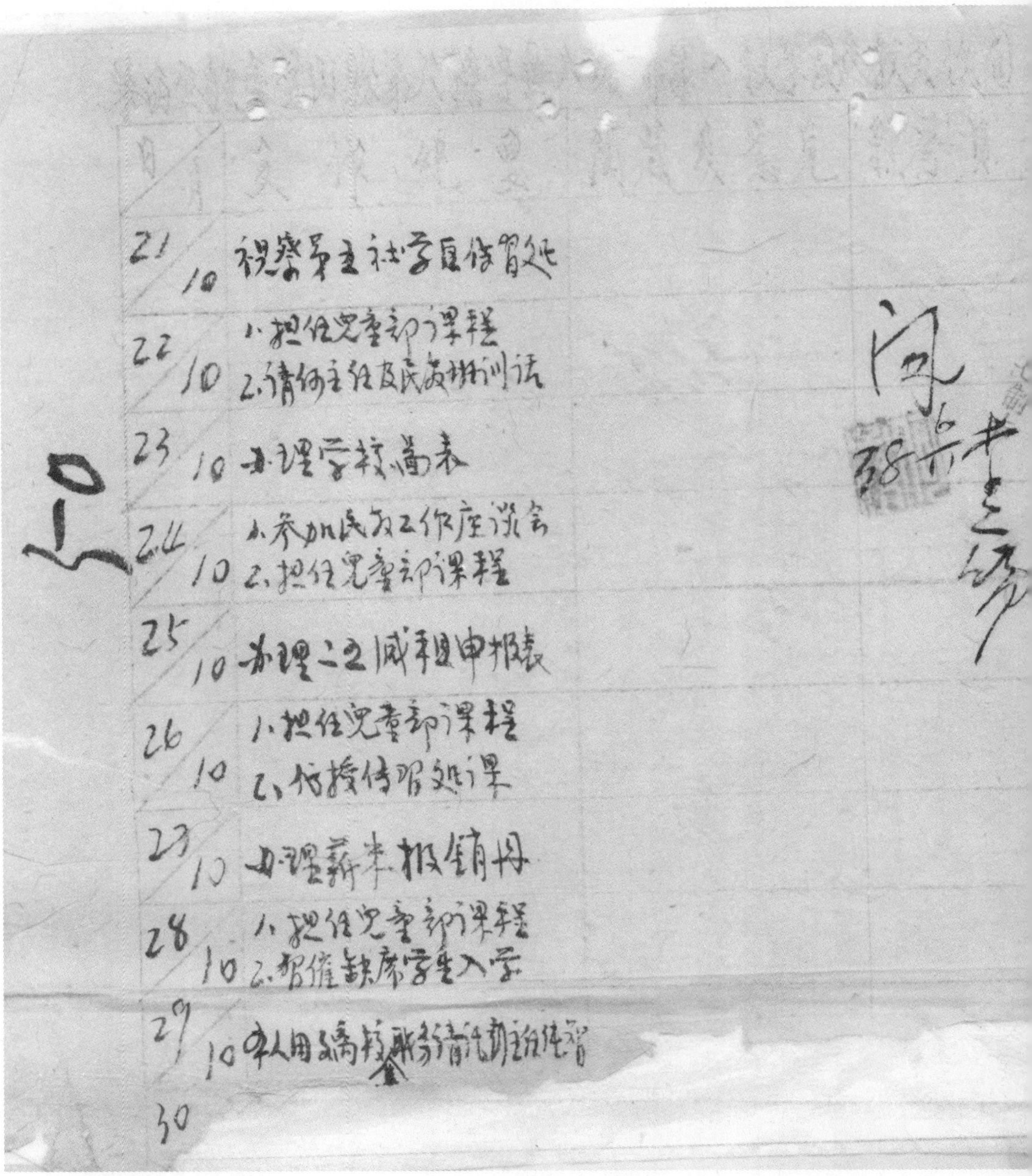

日	月	工作事项
21	10	视察第五社学区[illegible]
22	10	1.担任儿童部课程 2.请领主任及民教班训[illegible]
23	10	办理学校[illegible]表
24	10	1.参加民教工作座谈会 2.担任儿童部课程
25	10	办理二五减租申报表
26	10	1.担任儿童部课程 2.代授传习处课
27	10	办理薪米报销册
28	10	1.担任儿童部课程 2.督催缺席学生入学
29	10	[illegible]
30		

阅 6.28

巴县歇马乡辅导员彭莅北与华西实验区本部关于歇马乡民教部主任到职情况及薪金发放等问题的往来函　9-1-184（18）

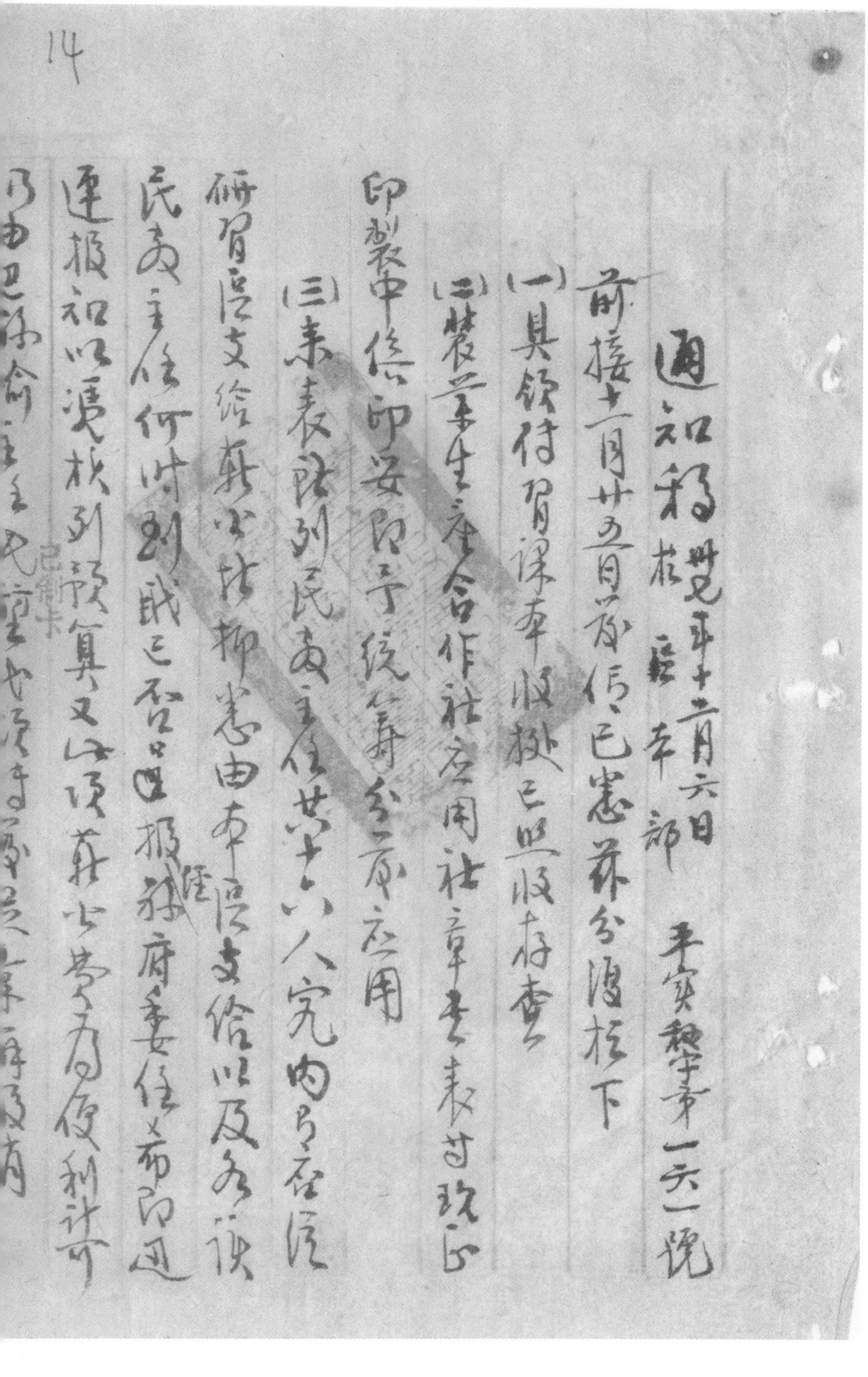

（四）前[illegible]吴再[illegible]佰辅导员职务前
已承不再另承陈通知喻主任初照外时印切實
工作

此致

彭辅导员蓰北

秉主任務○○

已制卡

印缮　承　十二、六

務刹讓

已制卡

巴县歇马乡辅导员彭莅北与华西实验区本部关于歇马乡民教部主任到职情况及薪金发放等问题的往来函　9-1-184（15）

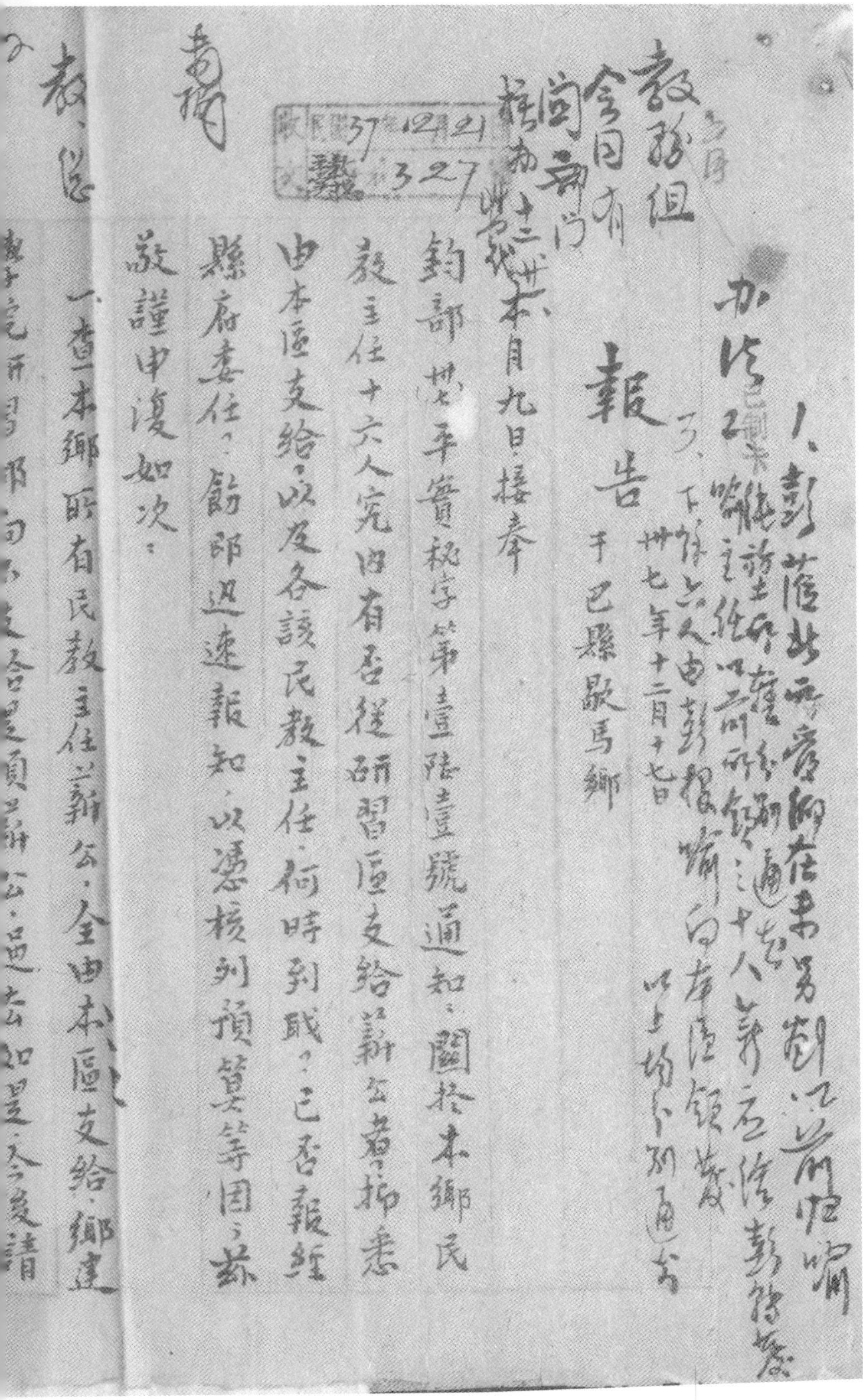
教務組
報告　於巴縣歇馬鄉
卅七年十二月十七日
鈞部卅七年實秘字第壹陸壹號通知：關於本鄉民教主任十六人究竟有否從研習區支給薪公費抑悉由本區支給，以及各該民教主任何時到職？已否報經縣府委任？飭即迅速報知，以憑核列預算等因；茲謹申復如次：
一、查本鄉所有民教主任薪公，全由本區支給，鄉建

報

仍[illegible]

二、查本鄉第五、第九、第十四各學區民教主任，自本年二月起即付缺如，第十一學區民教主任左巨桂亦於二月請假，除第十一學區業由縣府直委張顯楷、鍾克己於本年九月到職外，其餘三個學區，自職於本年十月奉調返院以來，鑒於工作亟待開展，未便聽其久事虛懸，特物色王朝偉、王穎生、余明華三君接充，並已於本年十一月初到職。惟以當時職名義尚未確定，不便對外行文，關於各該員請委事，只得請託鄉長函請喻主任轉縣辦理，而鄉長又因公務繁忙，

巴县歇马乡辅导员彭莅北与华西实验区本部关于歇马乡民教部主任到职情况及薪金发放等问题的往来函　9-1-184（16）

13

教、总、用是呈转遵。兹各该员业已到职月余，工作甚为勤奋，而薪公各费，分文未得。应请分别补发，俾便策励工作。

综上各缘由，理合造具本乡民教主任一览表，将各该员年资及到职时间详细填注，随文呈请鉴核。

又前报民教主任表，对各该员籍贯，小有错误，兹特更正如本表，合并声明。

谨呈。

巴县歇马乡辅导员彭莅北与华西实验区本部关于歇马乡民教部主任到职情况及薪金发放等问题的往来函　9-1-184（17）

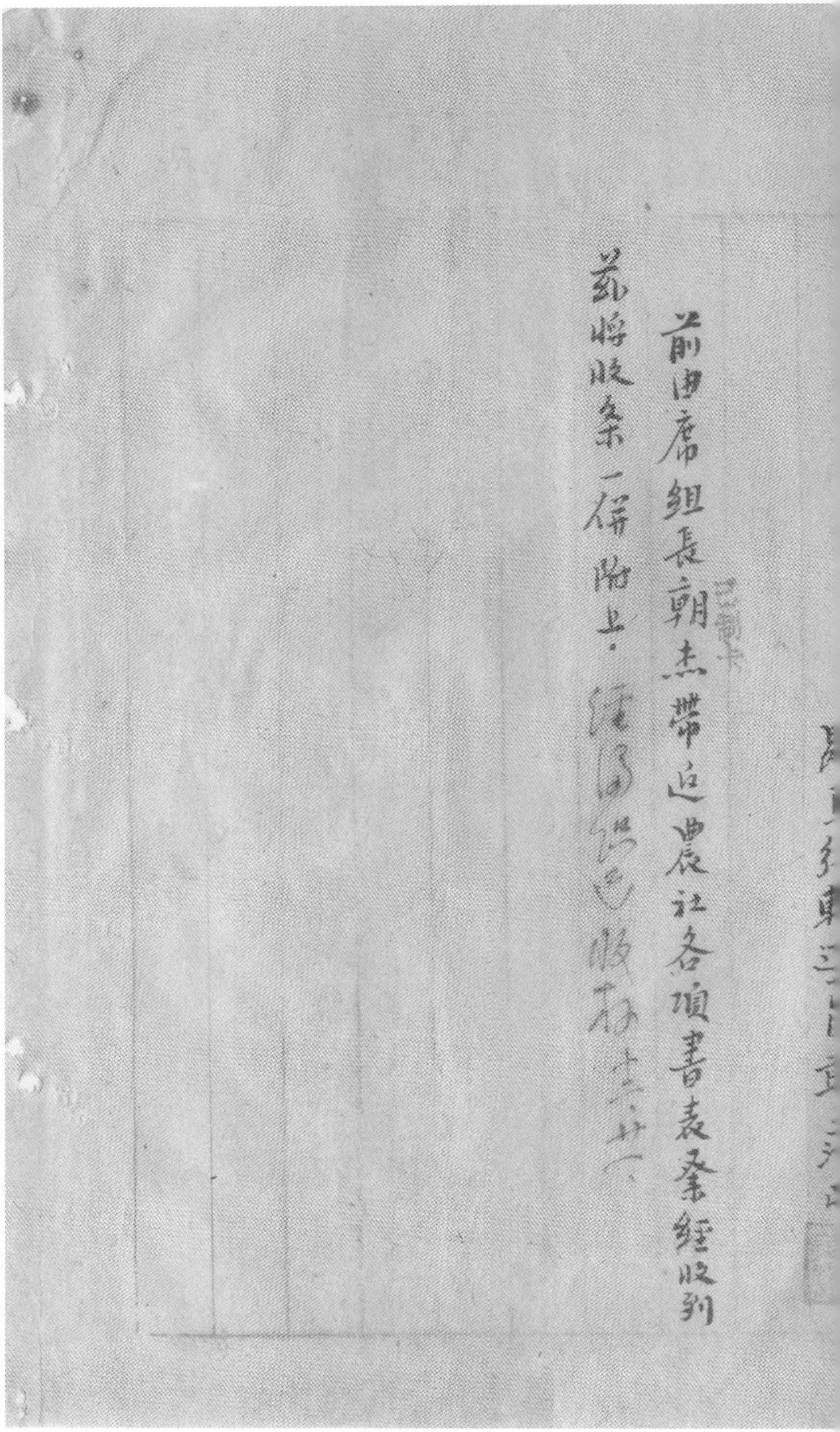
前由席組長朝杰帶回農社各項書表業經收到
茲將收条一併附上，請閱後收存　十二、廿八
已制卡

巴县歇马乡辅导员彭蓰北与华西实验区本部关于歇马乡民教部主任到职情况及薪金发放等问题的往来函　9-1-184（13）

平实教字第二〇二号

衔通知稿　卅七年十二月廿五日　于区本部

全

一、十二月十七日报告已悉。

二、巴县歇马乡所有民教部主任薪公费仍由本区支给。卅一十二两月份薪已发给，计大米薪额数于巴县第一辅导区办事处，应由该员向喻主任洽领。

三、歇马乡新添之民教部主任薪公费名额，仰即报喻主任向本区领发为要。

此致

彭辅导员蓰北

已补卡

华西实验区给巴县第一辅导区关于彭蕰北任歇马乡辅导员的通知　9-1-184（14）

平实教字第二〇三号

銜通知稿　卅七年十二月廿一日　于區本部

全

一、巴縣歇馬鄉除鄉建學院研習區所轄學區外，其餘學區在未另行區劃以前仍歸於巴縣第一輔導區管轄，屬該同志輔導。

二、本部已派彭蕰北君兼任巴縣歇馬鄉輔導員

三、歇馬鄉所有民教部主任薪公費仍由該同志領轉、

此致

巴縣第一輔導區副主任純塾

兼主任孫〇〇

璧山县河边乡第九保示范国民学校校长余绳祎呈孙则让关于本校新增教职工之薪金食米补发一事的函　9-1-184（30）

已办、

簽呈　三十七年十二月二十六日　于河邊鄉九保校

竊查本校自於本年十一月份改為示範國民學校以來學生突增至二百餘名分六班授課除原有教員二人及原校長改任兒童部主任兼教員共三人外增聘教師三人分任講授以前任校長孫朝雲到職未久即行離校新增教員名額未經呈報有案以致應領之薪金食米全由校方各處挪借墊付現屆學期將終上述挪借之數亟應歸還且寒假為期短促教員名額如不早日核定對來春教師之聘請學生之招收班次之設置均無從進行用特簽請

璧山县河边乡第九保示范国民学校校长余绳祎呈孙则让关于本校新增教职工之薪金食米补发一事的函　9-1-184（31）

將給伙從歸還並示下年校務之指行

謹呈

主任孫

輔導員兼校長余繩禕 簽

已制卡

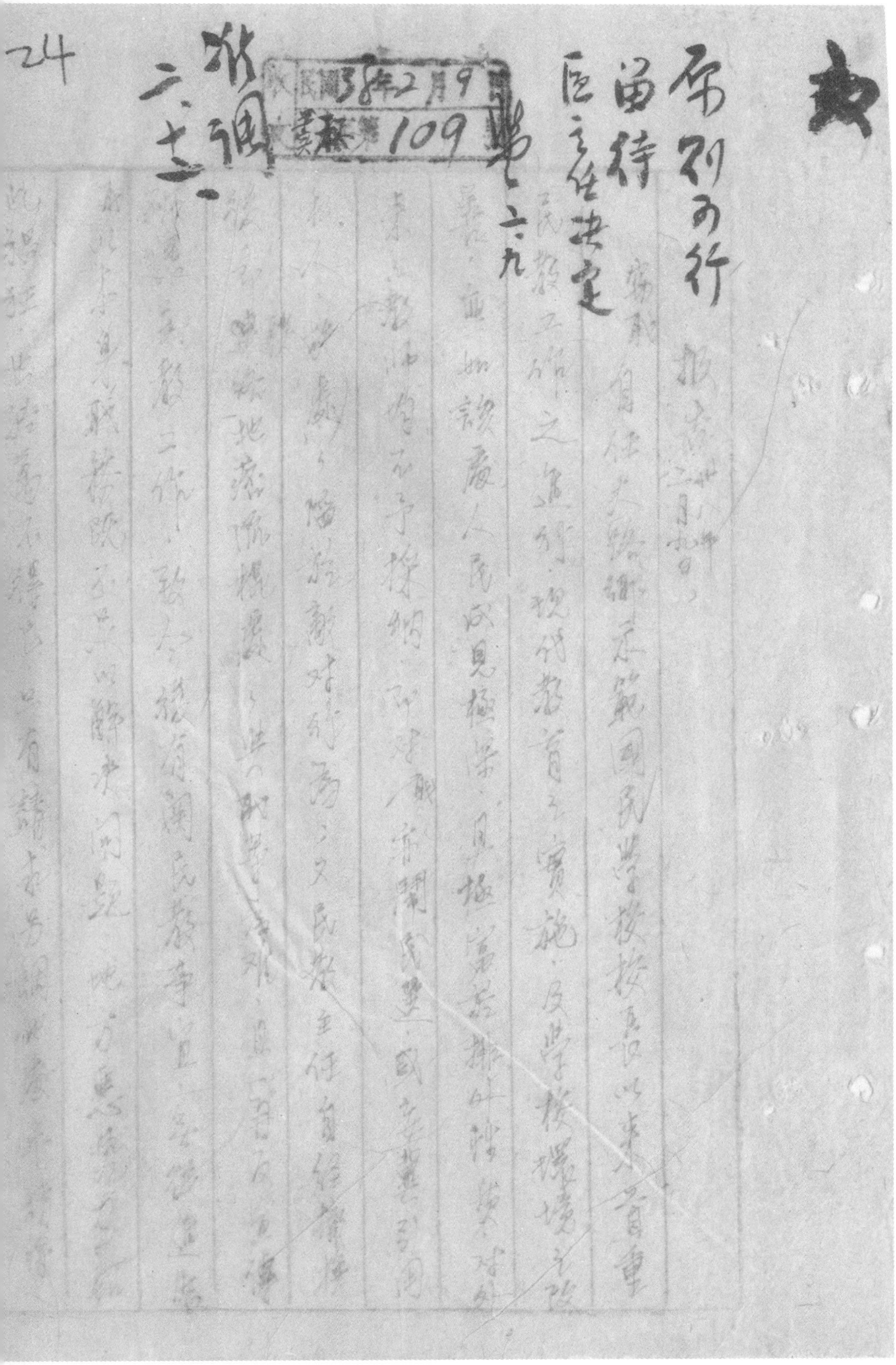

华西实验区总办事处与璧山县政府关于大路乡第十三保示范国民学校校长何质彬调任一事的往来函　9-1-184（34）

华西实验区总办事处与璧山县政府关于大路乡第十三保示范国民学校校长何质彬调任一事的往来函　9-1-184（35）

华西实验区总办事处与璧山县政府关于大路乡第十三保示范国民学校校长何质彬调任一事的往来函　9-1-184（33）

全衔公函稿

平实教第一〇七号
三十八年二月二十日发

查本区辅导员兼大路乡第十三保示范国民学校校长何质彬，现已另派工作，所兼校长一职，本区不另派员兼任，相应函请

贵府查照，迅予派员接充为荷

此致

璧山县政府

兼主任孙则让

速缮发 二十九

华西实验区总办事处与璧山县政府关于大路乡第十三保示范国民学校校长何质彬调任一事的往来函　9-1-184（37）

存查

26

报告　卅八年二月廿五日于民教事處

竊職自奉令調派巴縣第四區服務後即趕辦結束并準
備移交惟值新任校長尚未委下而巴縣輔導區亟待展
開工作之際出於不得已只好將職校一切圖書用具及校印
等交由大路鄉十三保保長鄧茂榮代管并向新任校長
辦理移交除將鄧茂榮收據隨同檢寄備查外理合具文
呈請鑒核示遵　謹呈
璧山第四區辦事處　轉
華西實驗區總辦事處

擬准備查　職 張炳

職 大路鄉示範校校長 何質彬 呈

（附收據一紙）

华西实验区总办事处与璧山县政府关于大路乡第十三保示范国民学校校长何质彬调任一事的往来函　9-1-184（38）

璧山大路鄉示範校校長何質彬因奉令調派巴縣第四區工作，該校用具圖書校印等暫由本鄉十三保保長鄧茂榮代管，俟後該校新任校長到職即辦理移交不誤，

此致

何輔導員質彬

大路鄉十三保保長鄧茂榮

卅八年三月二十四日

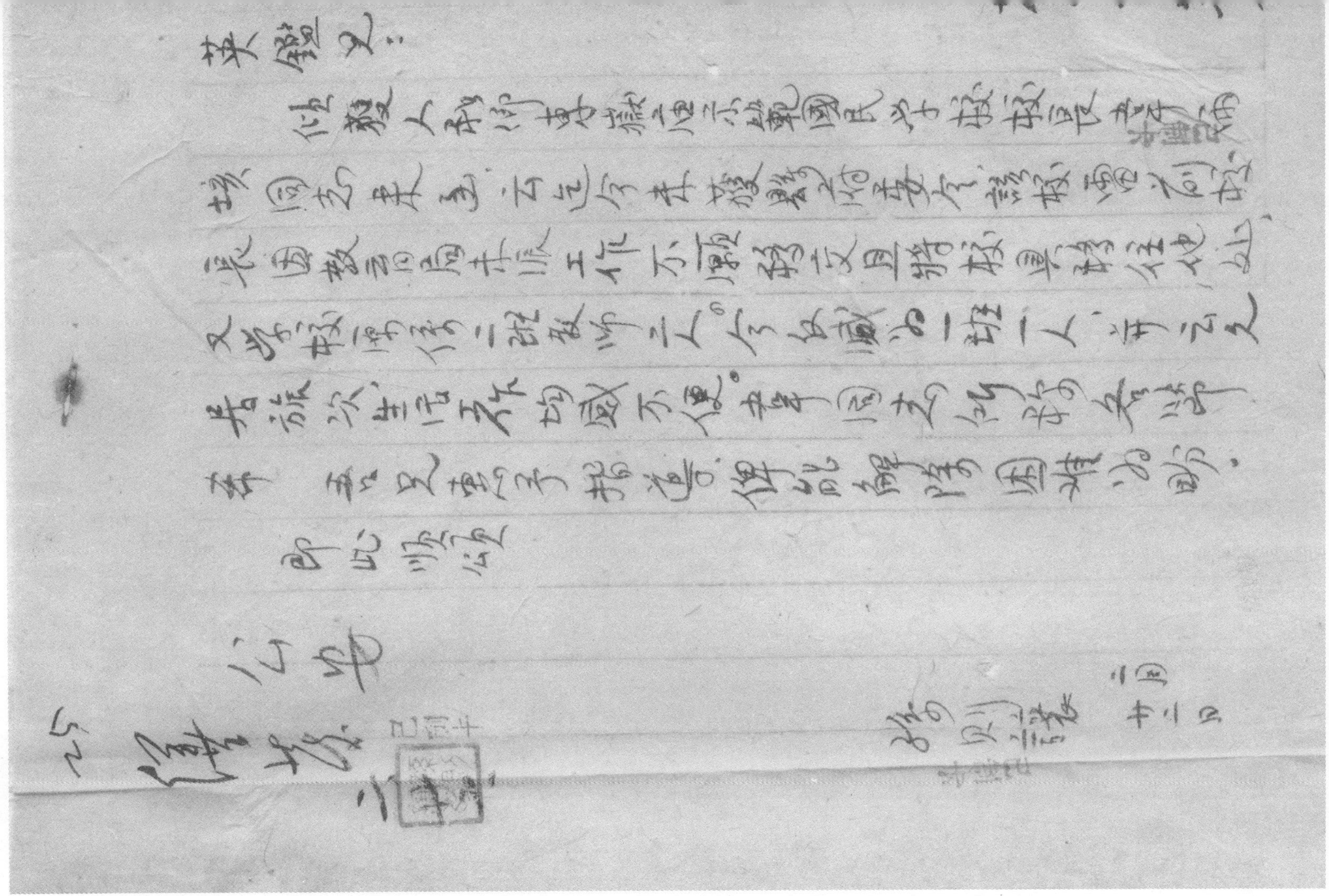

孙则让致胡英鉴关于人和乡东岳庙示范国民学校校长任职困难问题的函 9-1-184（36）

英鑑兄：

頃獲人和鄉東嶽廟示範國民学校校長李[illegible]瑞同志來函，云：近今承蒙縣府委令，該校需前校長因教育局未派工作，不願移交，且將校具移往他處，又学校原係二班教師二人，今只減為一班一人，并云之居旅次，生活工作均感不便。該同志所稱各節，希吾兄惠予指導，俾能解除困難為盼。

即此順頌

公安

孫則讓

二月廿二日

25

已閱

巴县第八辅导区主任朱镜清与孙则让关于核发民教部主任招考及训练期间所需经费、教材等事的往来函　9-1-184（41）

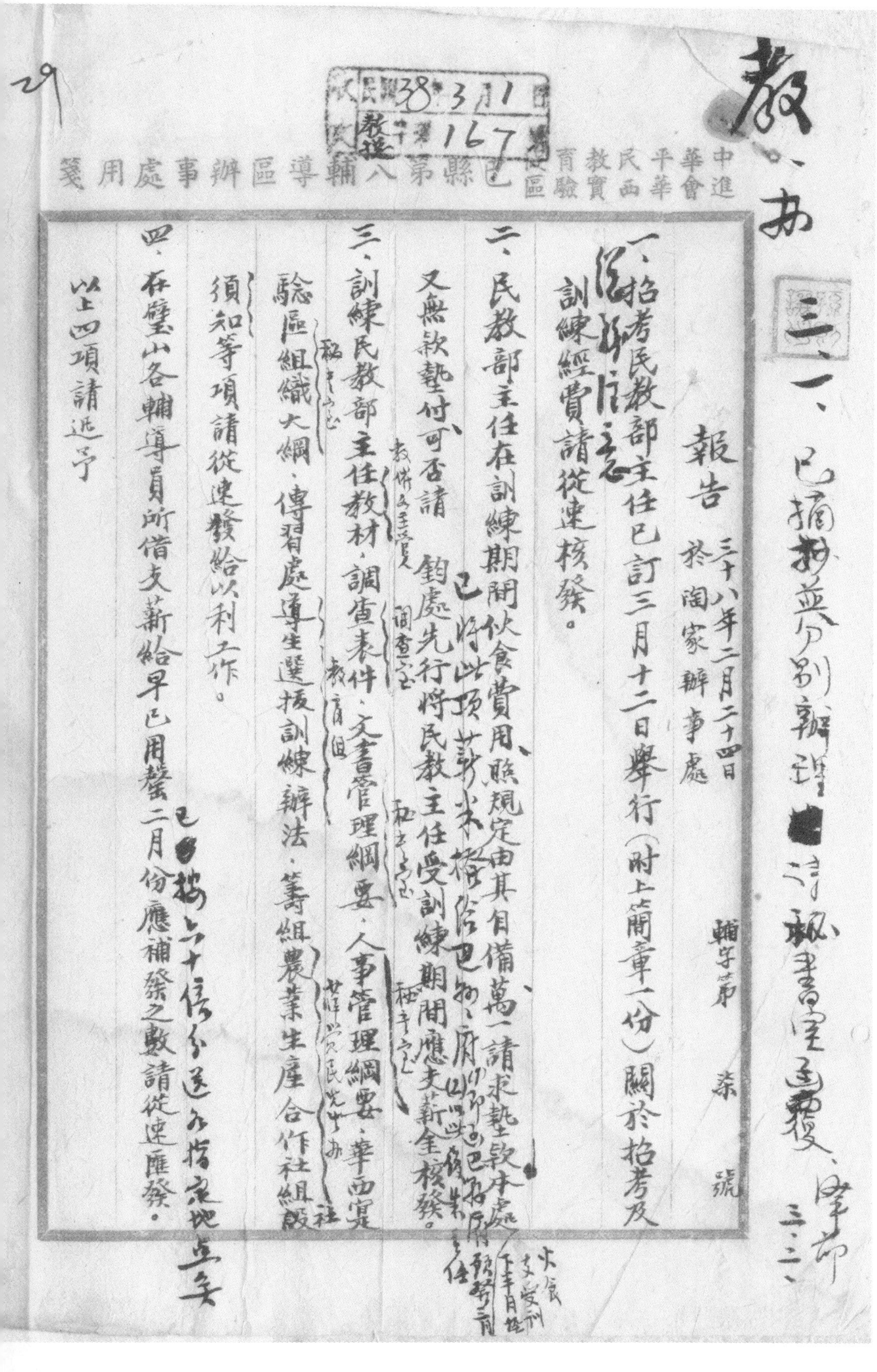

中華平民教育促進會華西實驗區
巴縣第八輔導區辦事處用箋

民國38年3月31日
教字第167號

教、办

三、一、已摘抄並分別辦理 [redacted] 請秘書室通覆、巫節 三、二、

報告　輔字第　號
三十八年二月二十四日　於陶家辦事處

一、招考民教部主任已訂三月十二日舉行（附上簡章一份）關於招考及訓練經費請從速核發。

二、民教部主任在訓練期間伙食費用，照規定由其自備，萬一請求墊款，本處又無款墊付，可否請　鈞處先行將民教主任受訓練期間應支薪金核發。

三、訓練民教部主任教材、調查表件、文書管理綱要、人事管理綱要、華西實驗區組織大綱、傳習處導生選拔訓練辦法、籌組農業生產合作社組織須知等項請從速發給以利工作。

四、在璧山各輔導員所借支薪給早已用罄，二月份應補發之數請從速匯發。

以上四項請迅予

30

中華平民教育促進會華西實驗區巴縣第八輔導區辦事處用箋

核示！、

謹呈。

主任孫

附簡章一份。

輔導委員兼主任朱鏡清

已制卡

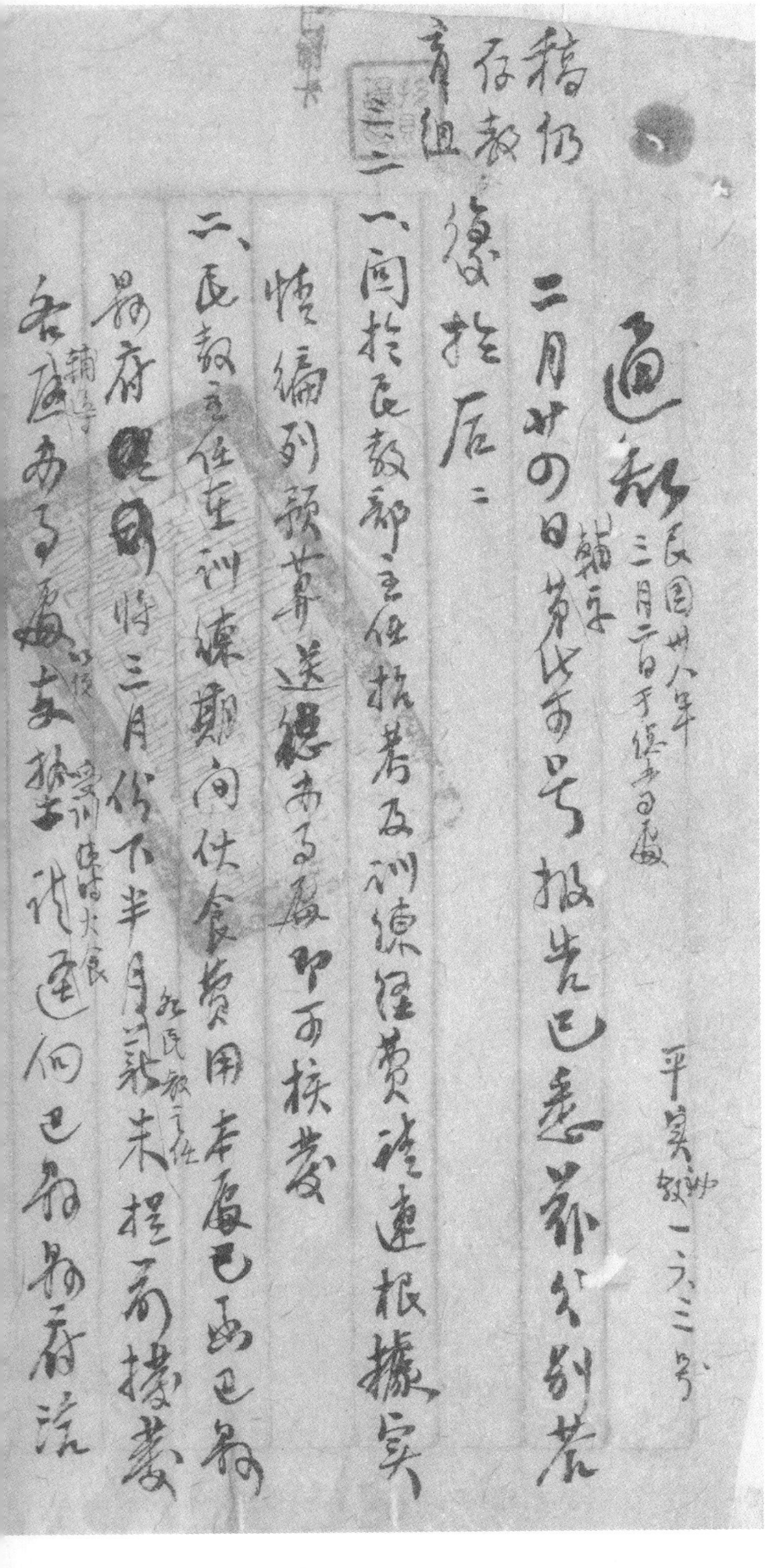

平実教一六二号

通知　民国廿八年三月二日于歇马场

二月廿四日第十五号报告已悉，兹分别答覆于后：

一、关于民教部主任招考及训练经费，请速根据实情编列预算送达本处，即可核发。

二、民教主任在训练期间伙食费用，本处已函巴县县府，自三月份起按月就（？）未提前拨发。

各区辅导……转达何巴县县府洽

稿仍存教育组

巴县第八辅导区主任朱镜清与孙则让关于核发民教部主任招考及训练期间所需经费、教材等事的往来函　9-1-184（39）

分别缮印，以省开学期费，至不误应用。

四、二月份五、六两月薪津已拨六十元，连前派员送达合指定

地点矣。想此时均已领讫矣。

萍生

调查表随后寄呈。此复

会章收讫

敬颂

教绥

弟　三、三

主任孙　11/6

缮发之二

秘书室致教育组关于璧山各示范国民学校校长变动的通知　9-1-184（43）

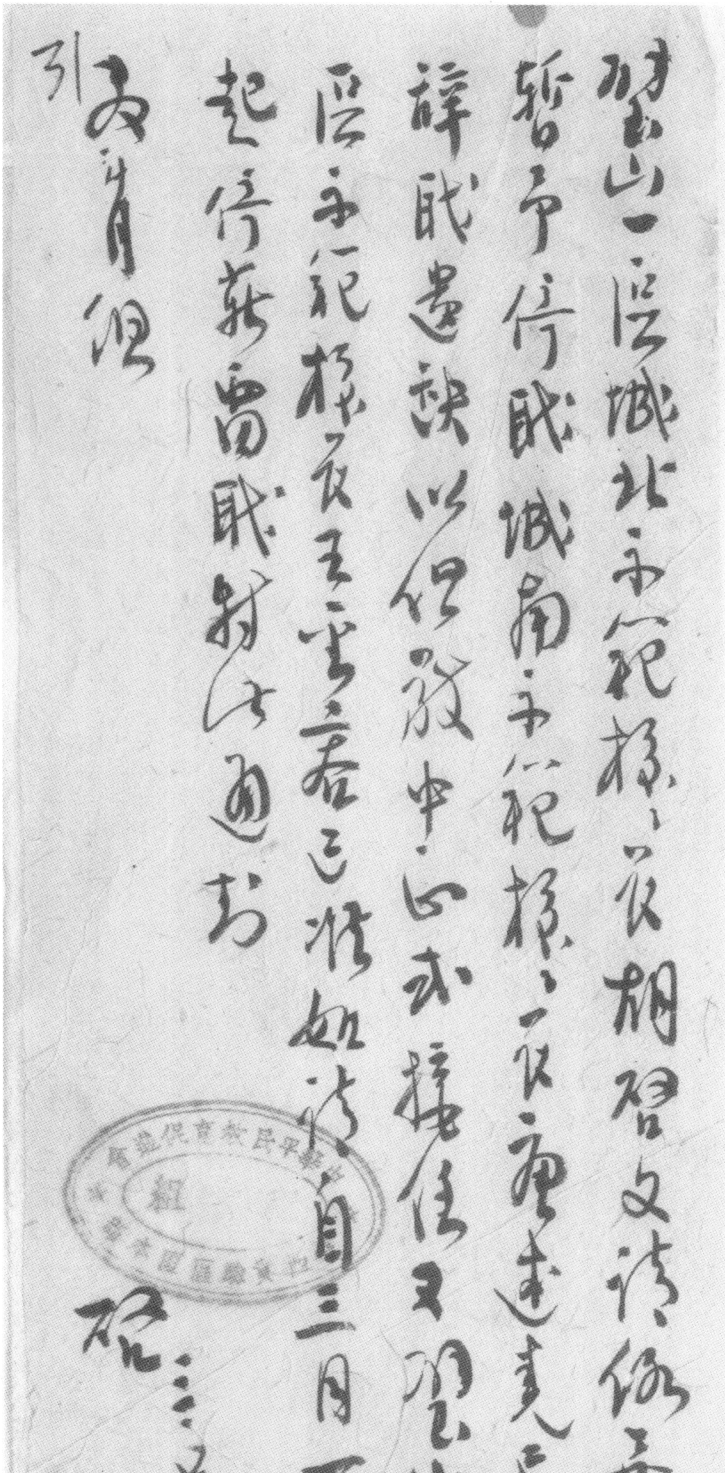
璧山一区城北示范校校长胡习文请假，委员暂予停职；城南示范校校长庞述尧已准辞职，遗缺以伍毅中心校校长又璧山三区示范校校长王云章已准如请自三月一日起停薪留职，特此通知
此致
教育组
秘　三、八

秘书室致教育组关于璧山各示范国民学校校长变动的通知　9-1-184（49）

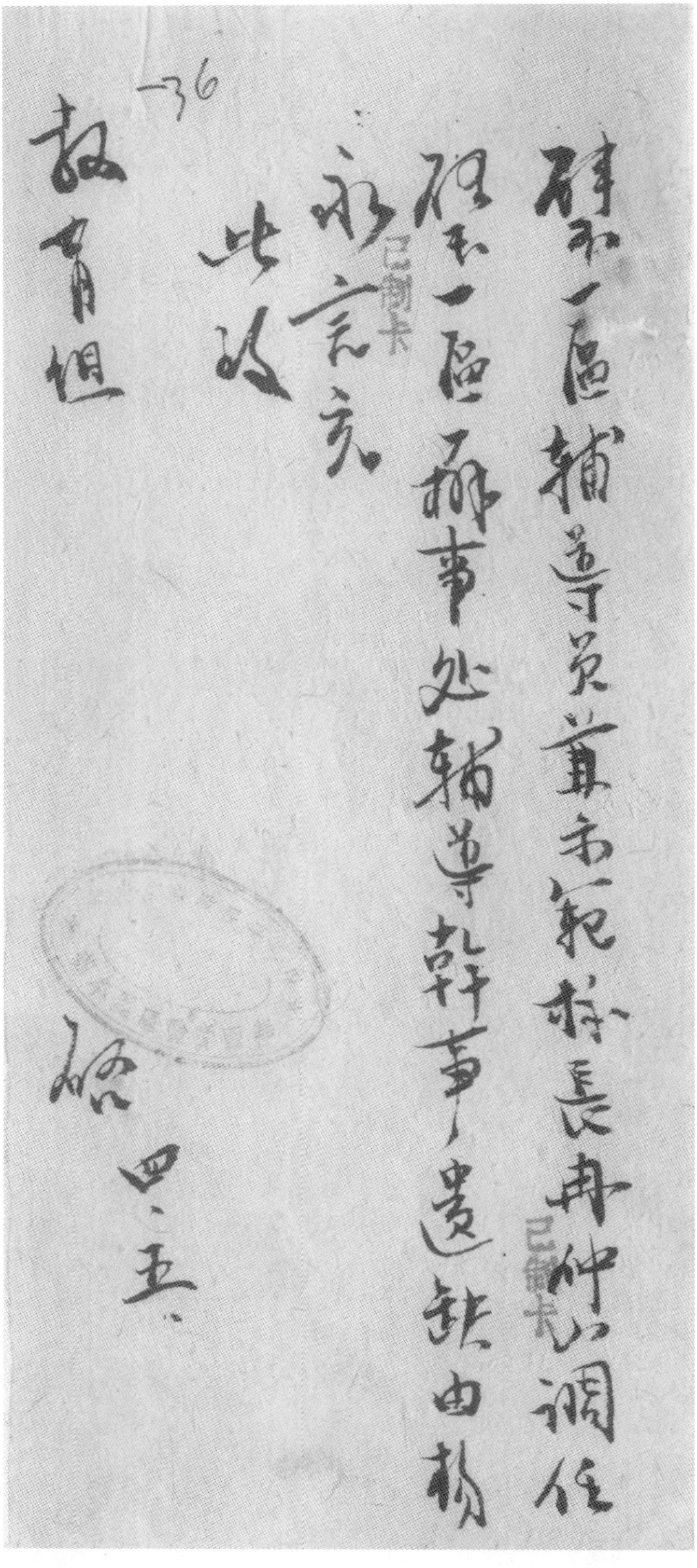
璧山一區輔導員兼示範校長冉仲山調任
璧山一區辦事處輔導幹事，遺缺由楊
永言充
此致
教育組
秘
四、五

秘书室致教育组关于璧山各示范国民学校校长变动的通知　9-1-184（53）

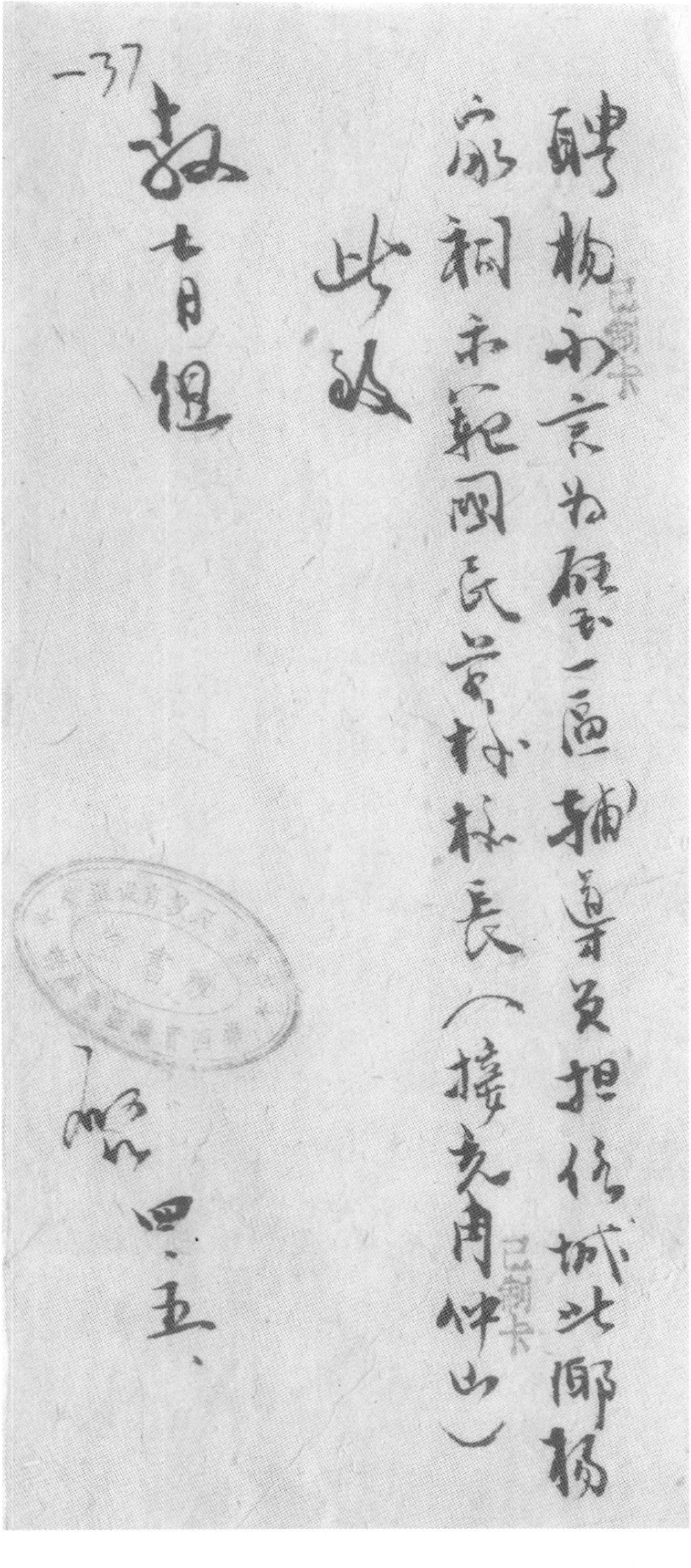
-37
聘杨永言为璧山一区辅导员担任城北乡杨
家祠示范国民学校校长（接充冉仲山）
此致
教组
秘 四、五

华西实验区总办事处、璧山第六辅导区主任何子清、璧山县政府关于重申前令辅导员兼有督学指导员职权以利工作问题的往来函　9-1-184（46）

俟督学来后会商定　五.廿

报告　區辦字第　　號
民國三十八年五月十九日

事由：為繕呈會議決議請轉洽縣府重申前令輔導員兼有督學指導員職權以利工作由

查輔導工作與行政配合推動易宏實效早為鈞處所洞見故於三十七年洽由璧山縣政府訂行輔導員兼有指導員及督學職權之服務規程并明白頒給兼自治輔導員之命令施行日久保甲及輔導員人事變動殊大實重申前令必要茲錄決議如左：

（四）如何加强保甲對民教之責任感以利進行案：

決議：：呈請　總處轉洽縣府重申輔導員兼自治輔導員兼有指導員督學職權之命令。（一）面由縣府令知鄉鎮

存查

华西实验区总办事处、璧山第六辅导区主任何子清、璧山县政府关于重申前令辅导员兼有督学指导员职权以利工作问题的往来函　9-1-184（47）

2、以後　總處調動本區輔導員人事亦速洽縣令新
任輔導員兼自治輔導員仍令附服務規程以資遵守。
3、多召集保甲長會議
4、關於鄉保甲長之控制應從加強聯系做起萬不得已始
實施懲罰關於懲罰鄉長及特殊區域之保甲人員必
須透過　縣府為之決不直接處罰至獎勵不妨從多
但宜以事實為據不可及濫
等語紀錄在卷理合錄請
鈞處鑒核俯准洽辦仍請示遵。

华西实验区总办事处、璧山第六辅导区主任何子清、璧山县政府关于重申前令辅导员兼有督学指导员职权以利工作问题的往来函 9-1-184（48）

35

谨呈

主任孙

璧山第六辅导区主任 何子清

已制卡

函县府：：函请抄原令备

查並指覆

五廿日

华西实验区总办事处、璧山第六辅导区主任何子清、璧山县政府关于重申前令辅导员兼有督学指导员职权以利工作问题的往来函　9-1-184（50）

36

璧山县政府公函

卅六民一字第一六三号

卅六年五月廿日

事由：函巫请督饬辖属各乡自治辅导员认明责任切实工作由

迳启者：查本府派驻各乡镇自治辅导员兼有督学指导员及合作指导员之职，凡所有乡镇保甲长、学校校长、民教主任、合作社理监事等均应接受其辅导，乃有少数乡镇长、校长、合作社理监事等不明究竟，往往不出席辅导员所召集之辅导会议，而辅导员等亦不参加乡镇、学校机关工作会议，似此各自为政，互不相关，影响自治工作之[illegible]

貴主任查照并轉飭轄區各輔導員認明

責任切實工作為荷

縣長 徐中齊

已制卡

璧山四寳閣文具部刊紙號印製

华西实验区总办事处、璧山第六辅导区主任何子清、璧山县政府关于重申前令辅导员兼有督学指导员职权以利工作问题的往来函　9-1-184（51）

华西实验区总办事处、璧山第六辅导区主任何子清、璧山县政府关于重申前令辅导员兼有督学指导员职权以利工作问题的往来函　9-1-184（44）

32

中華平民教育促進會華西實驗區總辦事處

事由	為奉明文規定輔導員兼有督學指導員職權無須由縣府重申前令由
受文者	璧山第六輔導區何主任子清
年月日	卅八年六月十六日發
附件	無
字號	平實教第〇八六號

三十八年五月十九日區輔字第七五號報告備悉，所請轉函縣府重申輔導員兼有督學指導員職權，查璧山縣府於五月二十日致各輔導員通令，業經明文規定，本會派駐各鄉輔導員兼有督學指導員及合作指導員等職權，時隔未久，事實無須再轉函縣府重申前令，用特通知，即希查照。

华西实验区总办事处、璧山第六辅导区主任何子清、璧山县政府关于重申前令辅导员兼有督学指导员职权以利工作问题的往来函　9-1-184（45）

33

中華平民教育促進會華西實驗區總辦事處（　）稿

事由	受文者

核判

核稿

擬稿

副本　份送達

年月日	附件	字號
年　月　日發	件	字第　號

37

簽呈 卅八年三月十五日于巴縣十二區辦事處

竊職　查奉
鈞部通知囑於程主任未到之先仍希按照工作進度表進行工作，查辦事處已籌備就緒，連日分赴馬鬃、一品、石馬、永興等各鄉接洽商討今後工作之推行，今歐陽輔導員到此，即與之共商招訓民教主任事宜，曾以電話向楊縣長思慈先生請示，準備先行招訓永興、百節、一品三鄉民教主任，賡即展開工作，殊奉楊縣長電覆，暫且等待程主任駕莅再辦，為此曾於本月八日及十四日先後函呈
部秘書核示，前經（各在案）迄未奉到覆示，致使職在此間進退維谷，理合簽呈
核示祇遵
謹呈
主任孫
巴縣十二區幹事 田荆輝 謹呈

巴县十二区干事田荆辉呈孙则让关于是否招训民教主任的函　9-1-184（52）

辅导员王渊呈孙则让关于其到职日期的报告　9-1-184（54）

為呈報到職日期請予鑒核備查由

民國卅八年元月廿二日　號

案奉

鈞處三十八年元月日導字第九十捌號聘書內開：

「茲聘王渊為本區輔導員此聘」

等因奉此遵於元月三日参加講習並於同月二十二日前赴指定工作區域（第三區）報到除工作鄉鎮及學校另由區辦事處具報外理合將到職日期報請

擬存查

辅导员王渊呈孙则让关于其到职日期的报告　9-1-184（55）

78

鈞處鑒核備查

謹呈

中華平民教育促進會華西實驗區辦事處主任孫

職王渊[illegible]

璧山县第五辅导区呈请免任民教主任一览表 13-1-1(23)

璧山縣第五區呈請免任民教主任一覽表

鄉別	原任民教學區主任姓名	變動原因	擬請繼任人	呈報日期
八塘	四 彭闓源	以患病沈重呈請辭職	邱義心	卅七年元月十六日
依鳳	七 胡正興	以任保校校長不能兼任呈請辭職	吳朝政	卅七年元月廿三日
七塘	五 伍朝翰	以能力薄弱工作不能推進呈請辭職	責由第二保保長劉仁[illegible]辦理	卅七年三月九日
臨江	六 羅重光	以體弱多病不能勝任呈請辭職	責由第八保保長萬[illegible]東兼辦理	卅七年三月九日
七塘	一 彭燮陽	以家事糾紛呈請辭職	責由第一保保長趙[illegible]辦理	卅七年三月九日
轉龍	一 王德政	以家務浩繁工作乏力難長呈請辭職	責由第二保保長[illegible]兼理	卅七年三月十五日
總[illegible]	彭化[illegible]	[illegible]	由[illegible]負責	

璧山县第五辅导区呈请免任民教主任一览表 13-1-1(23)

璧山县第六辅导区民教主任登记表　13-1-3(2)

中華平民教育促進會華西實驗區

璧山縣第六輔導區依鳳鄉民教主任登記表

民國三十八年三月一日

學區別	姓名	性別	年齡	籍貫	學歷	經歷	到職年月	備註
第一學區	張百川	男	30	璧山	中央軍校特訓班畢業 璧山民教訓練班畢業	曾任合川軍官隊軍需	三十六年十月	
第二學區	徐昌遠	男	24	璧山	私立民建高中畢業 璧山民教訓練班畢業	曾任銅梁山鳳峰鄉中心校教員 依鳳鄉中心校教員	三十六年十月	
第三學區	周定御	男	24	璧山	私立兑澤高級中學畢業	曾任轉龍中心校教員	三十八年三月	
第四學區	韓為璋	男	23	璧山	民建高中畢業 璧山民教訓練班畢業		三十六年十月	
[illegible]	[illegible]	[illegible]	[illegible]	璧[illegible]	萬縣[illegible]中學畢業 [illegible]	曾任司法行政部核准特設司法會[illegible]		

璧山县第六辅导区民教主任登记表　13-1-3(3)

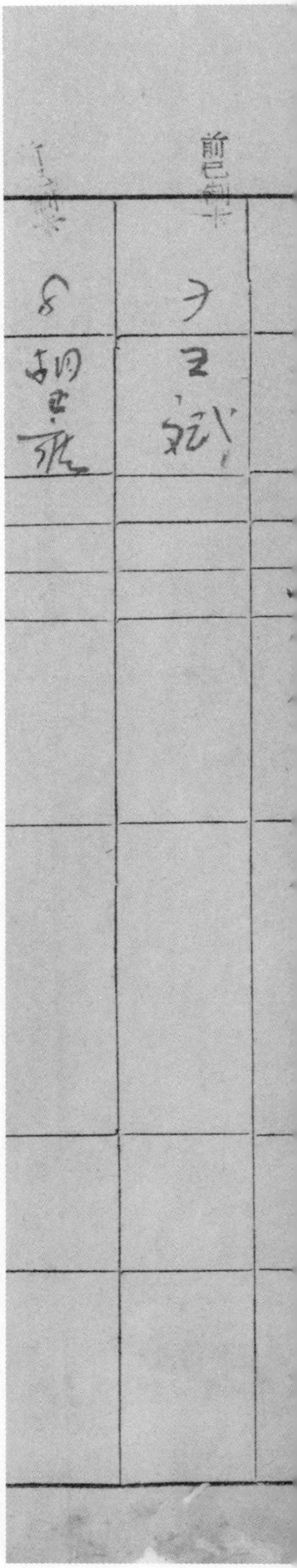

7	王斌
8	[illegible]

璧山县第六辅导区民教主任登记表　13-1-3(4)

中華平民教育促進會華西實驗區

璧山縣第六輔導區轉龍鄉民教主任登記表

民國三八年三月四日

學區別	姓名	性別	年齡	籍貫	學歷	經歷	到職年月	備註
二	王德政	男	三八	璧山	璧山縣立中學畢業	曾任澄江轉龍中心校教職員暨轉龍鄉民教主任	三十八年二月	
三	曾光林	男	二六	璧山	合川濂溪中學畢業及璧山民教訓練班畢業	曾任轉龍鄉中心校及保國民校教職員現任民教主任	三十六年十一月	
四	洪德惠	男	三十	璧山	合川中學畢業及璧山民教人員訓練班畢業	曾任轉龍鄉公所幹事及第九保國民學校校長	三十六年十月	
五	劉良海	男	三六	璧山	北碚私立兼善中學畢業及璧山縣民教人員訓練班畢業	曾任轉龍鄉中心校教職員及鄉公所會計	三十八年二月	
						曾主轉龍鄉公所幹	三十八年	

璧山县第六辅导区民教主任登记表　13-1-3(5)

壁山县第六辅导区民教主任登记表　13-1-3(6)

0000003

中華平民教育促進會華西實驗區

壁山縣第六輔導區臨江鄉民教主任登記表

民國三十八年三月　日

學區別	姓名	性別	年齡	籍貫	學歷	經歷	到職年月	備註
第一學區	甘秉洪	男	29	壁山	合川縣立初中畢業 重慶私立五行高中肄業 民教幹部講習班畢業 暑期講習	曾任臨江鄉財產保管委員會總務組長一年 中心校教員壹年	民國三十六年十月	
第三學區	甘偉全	男	22	壁山	壁山第三初中畢業 民教幹部訓練班畢業	曾任中心校教員二年 民教主任一年	民國三十八年三月	
第五學區	羅興隆	男	25	壁山	壁山縣立簡易師範畢業 民教訓練班畢 暑期講習	曾任七塘中心校教員 北碚管理局保校教員 計四期	民國三十五年十月	
	文景福							

璧山县第六辅导区民教主任登记表　13-1-3(7)

[illegible]								
6	罗以光							
7	甘晨夫							

璧山县第六辅导区民教主任登记表　13-1-3(8)

中華平民教育促進會華西實驗區
璧山縣第六輔導區七塘鄉民教主任登記表

民國三十八年三月十日

學區別	姓名	性別	年齡	籍貫	學歷	經歷	到職年月	備註
第一學區	趙德馨	男	四三	璧山	璧山縣立舊制中學修業	現任七塘鄉第一保長又兼任第一學區民教主任	卅七年八月	
第四學區	王貴元	男	五三	璧山	璧山縣立舊制中學畢業國音講習班畢業民教訓練會國民教師暑期講習畢業	前曾任依鳳六塘澄江鎮各初級小學校長又任璧山縣國民兵團少尉事務員縣政府軍事科一級事務員又任龍溪鄉第三保校校長現任七塘四保學校主任	民教主任從三十六年十月份到職	
4	[illegible]							
2	[illegible]							
3	[illegible]							

已制卡　已制卡　5　未統計

璧山县第六辅导区民教主任登记表　13-1-3(9)

8	杨坤华	
7	刘昌湘	已调走

0000005

中華平民教育促進會華西實驗區

璧山縣第六輔導區八塘鄉民教主任登記表

民國三八年三月　日

學區別	姓名	性別	年齡	籍貫	學歷	經歷	到職年月	備註
第一學區	周紹銘	男	二八	璧山	重慶市私立適存高級商業學校畢業	曾任八塘鄉中心國民學校教員	三十七年六月	
第二學區	彭紀鳴（右倫明）	男	三二	璧山	合川舊制中學畢業	曾任本鄉中心校教員	三十六年九月	
第四學區	周澤民	男	四五	璧山	璧山縣初級中學畢業	曾任八塘保國民學校長教員及臨江保國民學校長教員	三七年十一月	
3	[illegible]							

已制卡

璧山县第六辅导区民教主任登记表　13-1-3(11)

华西实验区总办事处为颁发示范国民学校工作说明纲要给秘书室的通知及所附示范国民学校工作说明纲要草案　9-1-24(17)

（中）華平民教育促進會華西實驗區總辦事處（通知）（正）本

由

受文者：秘書室

查本區自舉辦示範國民學校以來迄已經年惟各級工作人員及社會人士對於示範國民學校之設置目的辦理原則暨工作要項等等多仍未盡明瞭茲為易於了解及增進工作效率起見特頒發示範國民學校之工作說明綱要一種希各級工作人員切實遵照辦理為要

附件：示範國民學校之工作說明綱要 一件

字號：平實教字第四三五號

傳閱 十七

劉

已閱

說明：
（一）此公文紙「通知」「報告」「公函」「代電」均可用
（二）第一個大（ ）內係寫文別如「通知」「報告」「代電」等
（三）第二個小（ ）內係寫「正」一本或「副」一本
（四）正本給受文者，副本給有關係者，如輔導區主任因公報告總辦事處，必要時以副本給縣（局）政府

华西实验区总办事处为颁发示范国民学校工作说明纲要给秘书室的通知及所附示范国民学校工作说明纲要草案　9-1-24(18)

112

示範國民學校之作說明綱要草案　民三十八年十月一日

一、設置目的

(一)教育為建設的手段之示範表證——建設必須通教育以教育作手段啟迪民智運用民力然後才能使建設之作之推進加強力量增進效率穩固基礎故教育的內容亦應即是各項建設計劃與活動的過程示範國民學校之設置即在實踐此一理論實現示範表證之事實

(二)學校為建設的領導中心之示範表證——建設須以教育作手段是須以教育促進各種組織以推動建之作學校應是各項組織的中心亦應是各項建設活動的指揮所示範國民學校之設置即在實踐此一理論實現示範表證之事實。

(三)國民教育整頓方案之實驗——自新縣制頒佈實施國民教育進未走入正軌近年來一部份措施與作法更共

[illegible]

1、鼓勵各校發揚實驗精神從事基本教育之設計與創造（經核准的設計與實驗總處可酌量補助其經費）

2、校各項建設活動中輔導有關各單位工作人員及民衆亦從各有關單位及民衆之活動中研討得失以求改進。

（二）示範國民學校要能領導其他社學區及保校

1、在兒童部及民教部之工作方面對其他社學區應能發生示範領導之作用。

2、示範國民學校應為本社學區各項建設活動之中心

（三）示範國民學校應以經濟的方法去辦理

1、示範國民學校在人力物力財力各方面應不比普通保校特優

2、須能利用現有環境以增加設備

3、能於普通情況之下善於運用表現特殊成績以供普通保校之模倣與改進

（四）示範國民學校要能逐漸整理其他保校

1、示範國民學校期能逐漸整理該區或該鄉其他保校

113

2、每整理一所具相當規模後即移他校再事整理，原校交由縣府委派優良師資接辦。

(三) 示範國民學校在行政体系上應按一般國民學校同樣辦理。

1、示範國民學校仍係縣府主辦，華西實驗區各級機構及人員只立於協助與輔導地位。

2、辦理示範國民學校在學校名稱上不須標出示範之名義。

三、工作要項

(一) 兒童部

1、行政方面：

(1) 小學組織系統的研究與實驗
(2) 校舍與環境的改進和設計
(3) 教學設備與教具的研究與改進
(4) 經費增籌運用的研究與實驗
(5) [illegible]導的研究

华西实验区总办事处为颁发示范国民学校工作说明纲要给秘书室的通知及所附示范国民学校工作说明纲要草案　9-1-24(21)

(1)學齡兒童全部入學的督導
(2)適應目前鄉村兒童入學的需要對學級與課程編製的研究與實驗
(3)小學教材的研究與實驗
(4)小學課程教法的研究與實驗

3、訓導方面

(1)小學訓導制度的研究與實驗
(2)兒童課外活動的研究與實驗

(二)民教部

1、示範國民學校所在社學區與本鄉其他社學區各項建設活動之密切配合與領導

(1)一般社學區之各項之工作由駐鄉輔導員專責推動但須與示範國民學校校長取得密切聯繫
(2)示範校所在社學區所應辦各項建設之工作由示範國民學校校長專責推動但須與駐鄉輔導員取得密切聯繫

114

(3) 全鄉國民教育之輔導及研究事項由示範國民學校校長與鄉輔導員共同負責

(4) 示範國民學校校長直接指揮監督示範校所在社學區民教主任從事各項建設活動

2、示範國民學校所在社學區傳習教育的輔導

(1) 社學區戶口經濟調查統計的輔導

(2) 社學區內成人文盲掃除計劃之擬訂與推動

(3) 傳習處設置和全區生產技術的輔導

(4) 導生教學技術的輔導

(5) 學生參與建設活動的引發與輔導

(6) 配合其他建設活動推辦特種傳習教育的研究與設計

3、示範國民學校所在社學區合作業務的輔導

(1) 組社工作

I 社員資格調查與社員訓練的輔導

II 合作社籌備與成立的輔導

(2) 社務工作

(3)[illegible]

Ⅰ、業務計劃擬訂的輔導與審核

Ⅱ、辦理貸款的輔導

Ⅲ、貸款用途的督導

4、示範國民學校所在社學區農業工作的輔導

(1)與農業推廣繁殖站密切連繫進行繁殖推廣等之工作

(2)辦理減租保佃工作

(3)興辦小型水利工程的輔導

(4)農作物病虫害防治工作的配合

(5)家畜病疫防治工作的配合

5、示範國民學校所在社學區衛生工作的輔導

(1)各項衛生工作推動的輔導

(2)教育與衛生工作配合進行的研究

四、使命與展望

(1)完成教育為建設的手段之示範表證

华西实验区总办事处为颁发示范国民学校工作说明纲要给秘书室的通知及所附示范国民学校工作说明纲要草案　9-1-24(24)

(二)完成學校為建設的領導中心之示範表證

(三)為基本教育實驗出一種實用的新制度

(四)逐漸整頓及充實其他國民學校以解決私塾問題——

減滅私塾進而奠定新教育之基礎

——完——

示范国民学校工作说明　9-1-130 (215)

127

怎样办理示范国民学校

示范国民学校工作说明

一、设置目的

二、设置与撤销　1.条件、2.办法、3.程序

三、学校组织与师资、

四、校舍、设备与经费、

五、办理原则

六、工作要项

七、使命与发展

小、设置与撤销办法　×　×　×

二、1.设置条件：：

2.设置办法：a.由各有关乡地方人士或乡镇负

[illegible]

府請將原示範校改設示範國民學校，其每鄉鎮至少設示範校

一所，(註二)

4、撤銷條件：a、辦理示範國民學校違背本府辦法者(註三)，撤銷該校示範名義，移其他優良學校接辦。

b、地方人士辦理不力，成績不良，不能當示範

作用者，

c、地方人士不熱心合作者，

5、辦法：a、由縣政府或地方人士根據事實，向國民學校撤銷多件

申請撤銷，b、依照撤銷，c、由縣政府酌量情形撤銷，

銷。

註一）核定原則根據省頒本省各縣示範國民學校設置辦法第二條

設置條件辦理。

註二）根據本省示範國民學校設置辦法之設。

註三）示範國民學校辦理設施詳見本府示範國民學校

設置辦法，及示範國民學校工作說明(附件)及其他有關資料。

註四）示範國民學校標準詳見設置辦法等資料(1)、

註五）設備標準見設置辦法等資料(1)、示範國民學校

示范国民学校工作说明纲要草案（一九四九年九月十六日） 9-1-130(217)

128

示範國民學校工作説明綱要草案

三十八年九月十六日

一、設置目的

(一)、教育為建設的手段之示範表证。

(二)學校為建設的領導中心之示範表证。

(三)國民教育整頓方案之實驗。

二、辦理原則：

(一)經濟原則：

1、利用現有環境以經濟方法的增加設備。

2、能以最低條件，創造最高成績。

(二)普通原則：

1、示範校在人力、物力、財力各方面，應不以普通保特優。

2、能於普通情況之下，善於運用，表現特殊成績，以供普通保校之摩倣與改進。

3、示範校名義仍與普通保校一般（校牌不用示範字樣），惟期其實際能產生示範作用而已。

（三）實驗原則：

1、鼓勵各校從事基本教育之設計與創造，以期發揚實驗精神。

2、經核准之教育設計與實驗，從處得酌量補助其經費。

（四）民教育原則：

1、從各項建設活動中輔導有關各單位與工作人員及民眾。

示范国民学校工作说明纲要草案（一九四九年九月十六日） 9-1-130(219)

129

2、從各項建設活動，向有関各單位及民众學習，以教育自已。

（五）中心原則：

1、示範校成為本社學區各項建設活動中心。

2、本社學區成為全鄉各項活動領導中心。

（六）示範原則：

1、在兒童部及民教部工作方面，对其他保校及社学區，起示範領導的作用。

（七）整理原則：

1、示範校期能逐漸整理該鄉其他保校。

2、每整理一所畧具規模後，即移他校再事整理，將原校之使命应要以优良师资[illegible]力。

三、工作要项

(一)儿童部

1、行政方面：

(1)学校组织系统的研究与实验。

(2)校舍与环境的设计和改进之研究与实验。

(3)教学设备制具的研究与改进。

(4)经费增筹、运用之研究与实验。

(5)教师素质之增进、与进修辅导之研究。

(6)其他像校之辅导。

130

2、教務方面、

(1)學級與課程方面編製的研究與实验。

(2)教材的研究與实验。

(3)教法的研究與实验。

(4)學齡兒童全部入學的輔導。

3、訓導方面

(1)訓導制度的研究與实验。

(2)課外活動的研究與实验。

(二)民教部

1、示範校所在社學區與本鄉其他社學區(各保)設立動之密切配合與領導。

(1) 一般社學區之各項工作，由縣鄉輔導員負責推動，但須與示範校取得密切聯繫。

(2) 示範校所在社學區，所應辦各項建設工作，由示範校負責推動，但須與縣鄉輔導員取得密切聯繫。

(3) 全鄉國民教育之輔導及研究事項，由示範校校長、與縣鄉輔導員共同負責。

(4) 直接指揮、監督示範校所在社學區民教主任，從事各項建設活動。

示范国民学校工作说明纲要草案（一九四九年九月十六日） 9-1-130 (223)

131

2、示範校所在社學區傳習教育的輔導

(1)社學區户口經濟調查統計的輔導

(2)社學區内成人文盲掃除計劃之擬訂與推動。

(3)傳習處設置、招生、留生與技術的輔導。

(4)傳習教育制度、方式、的研究。

(5)成人補習特殊的設計的研究與實驗。

(6)導生教學技術的輔導。

(7)學生參與建設活動的計劃與輔導。

(8)配合其他建設活動、推動各種傳習教育的研究與設計。

示范国民学校工作说明纲要草案（一九四九年九月十六日） 9-1-130 (224)

(1)组社工作

I、社员资格调查与社员训练的辅导

II、合作社筹备与成立的辅导、

(2)社务工作：

I、职员训练的辅导。

II、账务的指导与审核、

(3)业务工作

I、业务计划拟订●的辅导与审核。

示范国民学校工作说明纲要草案（一九四九年九月十六日） 9-1-130(225)

132

1、每期各社学区传习处至少应设立五处、
2、学生年龄在十六至四十五岁之间
3、每期学生数应佔全社学区成人数十分之一。
4、辅导机构与传习机构的配合。
(二)示范国民学校的改进充实。
1、示范国民学校任务及校长职权的重新划分、
2、本期示范国民学校工作计划的厘订。
3、一般困难问题的辅导与解决。
(三)辅导政策的加强
1、一般的政策、

3.按月派员下乡巡回辅导。

二、教材方面：——修改或增编以下几项教材，立即加印分发各户。

(一)基本教材——农民课本、

(二)补充教材——应用文读本、音乐、算术等教材。

(三)专业练习教材——各种建设活动之连环画或画片。

四、教学参考书。

三、继续教育方面——

(一)加强学习班毕业学生组织——以学习班作据点，作继续教育。

璧山四寶閣文具印刷社印製

示范国民学校工作说明纲要草案（一九四九年九月十六日） 9-1-130(227)

133

（二）運用或增加以不設備作徒讀教育、

1.平民讀物——將實驗原有（平民讀物作）整本、分高編有關方面修改印建翻印、

2.（給予侍習處畢業學生）侍習報、

3.舉辦巡迴文庫、

4.與有關方面商製侍習卡片、侍（侍習處畢業學生讀）用

四、訓練方面：

（一）抽訓未受講習及未受訓練之輔導員及民教主任（訓練辦法另訂）、

（二）加速導生訓練（辦法另訂）

示范国民学校工作说明纲要草案（一九四九年九月十六日）　9-1-130(227)

华西实验区示范国民学校设置办法草案及示范国民学校参考资料　9-1-136 (163)

華西實驗區示範國民學校設置辦法草案

一、設置目的：
1、教育為建設的手段之示範表證
2、學校為建設的領導中心之示範表證

二、設置原則：
1、每鄉鎮以設置示範性國民學校一所為原則
2、每社學區之經濟建設活動（以合作社為主）已具規模
或經濟建設條件較佳易于開始工作者
3、交通便利便於實施輔導者
4、原有國民學校校舍設備較佳學級在兩級以上者

三、學校設施：
1、示範國民學校設小學成人兩部
2、示範國民學校[illegible]

华西实验区示范国民学校设置办法草案及示范国民学校参考资料　9-1-136(164)

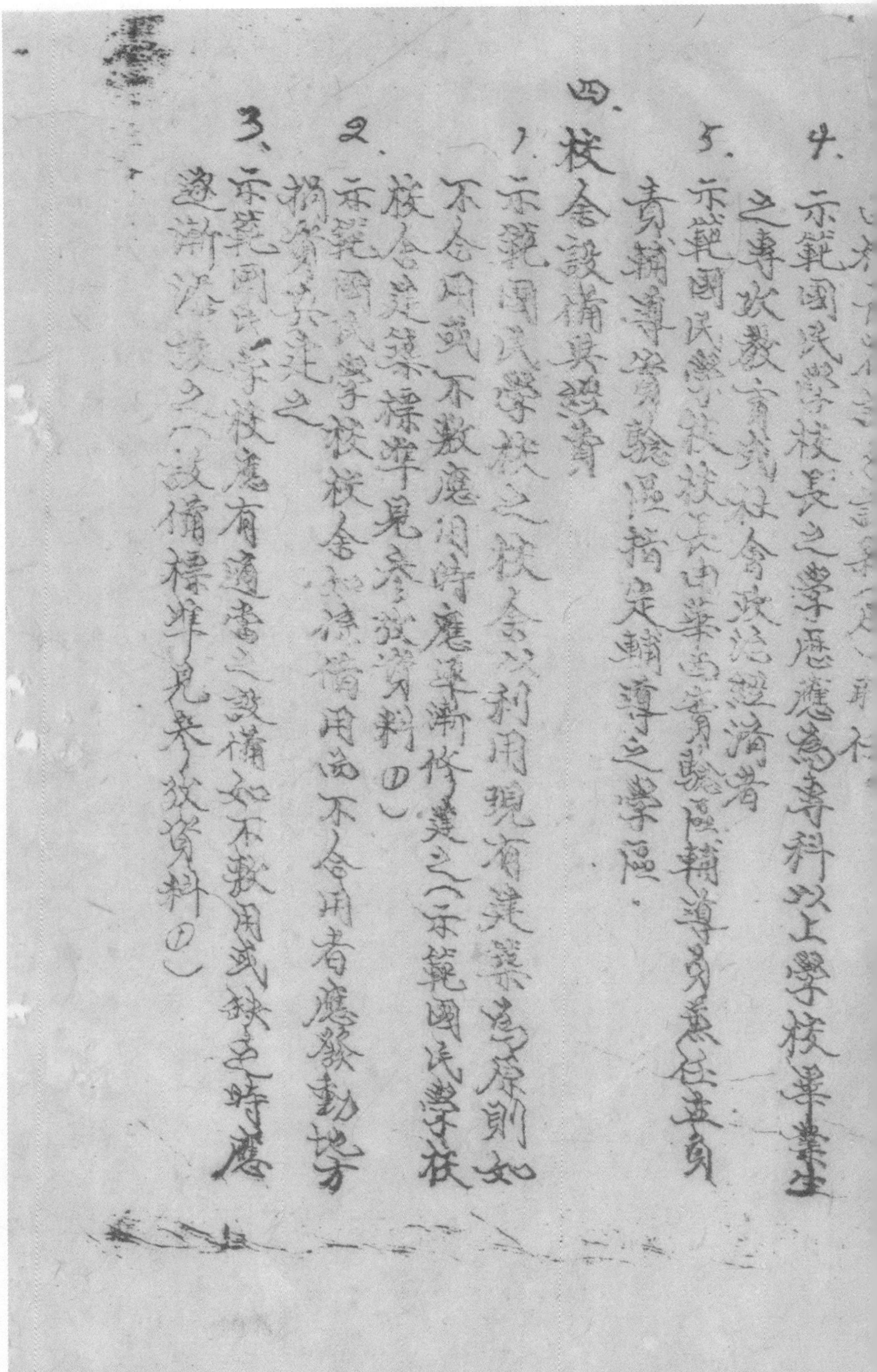
4. 示範國民學校校長之學歷應為專科以上學校畢業生之專攻教育或社會政治經濟者
5. 示範國民學校教導主任由華西實驗區輔導員兼任並負責輔導實驗區指定輔導之學區。
四、校舍設備與經費
1. 示範國民學校之校舍以利用現有建築為原則如不合用或不敷應用時應予添修建之（示範國民學校校舍建築標準見參考資料①）
2. 示範國民學校校舍如須備用而不合用者應發動地方捐資興建之
3、示範國民學校應有適當之設備如不敷用或缺乏時應逐漸添設之（設備標準見參考資料①）

华西实验区示范国民学校设置办法草案及示范国民学校参考资料　9-1-136（165）

96

4. 示範國民學校之設備費除由各該縣局及地方籌撥外華西實驗區得分別情形酌予補助

5. 示範國民學校之辦公費除各該縣局另有規定外由華西實驗區統籌劃一酌予補助

6. 示範國民學校校長及須輔導員新聘從其應由縣局文頒之校長新聘須知會實驗區。

7. 示範國民學校教員之任免報所之新聘由各該縣局核准。

六、示範表證之工作

1. 示範國民學校不僅限於教育方面之示範表證也應包括區各種建設活動之示範表證。

2. 示範國民學校示範表證之重要工作事項另訂之

3. 示範國民學校為對社學區之認識了解其示範之作之介紹說明應備有各種調查統計之簿籍圖表（見參考資料㊁㊂）

4. 示範國民學校應設示範工作項目擬定工作進度並安負責

华西实验区示范国民学校设置办法草案及示范国民学校参考资料　9-1-136 (165)

48

示範國民學校參攷資料一

示範國民學校校舍建築及設備標準

甲、校舍

1. 教室三間（每間以能容座位五十位為原則）
2. 辦公室一間
3. 寢室二間（每間能容二人至三人者）
4. 廁所兩間（男女廁所各一）
5. 廚房一間
6. 禮堂一間（亦可以大教室充用）
7. 閱覽室一間（兼會議室用）
8. 儲藏室一間
9. 其他

乙、校外建築

1. 運動場一（一）

华西实验区示范国民学校设置办法草案及示范国民学校参考资料　9-1-136(170)

4、沙坑一

5、其他

丙、一般设备

1、儿童部学生单人桌凳一百套（或双人桌凳五十套）

2、办公桌椅四套

3、单人床五间

4、文柜一个

5、佈告板二块

6、时钟一座

7、钟一个

8、布质国旗一面

9、国旗及国父遗像总统肖像各一

10、厨房用具一套

华西实验区示范国民学校设置办法草案及示范国民学校参考资料　9-1-136(171)

79

11、油印機一架

12、鋼版鉄筆各一

13、閱覽桌一張

14、書架二個

15、單人凳拾張

16、其他

丁、教學設備

1、大黑板三塊

2、小黑板二十塊

3、口琴二個

4、地圖四種（本縣、本省、中國、世界地圖各一）

5、自然掛圖一套

华西实验区示范国民学校设置办法草案及示范国民学校参考资料　9-1-136(172)

8. 其他

戊. 運動設備

1. 双槓一
2. 石担一
3. 跳高架一
4. 秋千架一
5. 蹺蹺板一
6. 板羽球及球拍
7. 其他

己 圖書設備（視各地財力酌量購置）

1. 日報一份
2. 兒童閱讀報一二種（如小朋友、兒童世界、福幼報、兒童生活報等）
3. 小学生文庫一套

华西实验区示范国民学校设置办法草案及示范国民学校参考资料　9-1-136(174)

100

4.教師参[illegible]用書若干
5.民衆週報一份(上海版)
6.民衆讀物一套
7.其他

庚、其他設備(俟工作開展逐漸增設下列設備)
1.簡易藥品及藥箱
2.戶籍示範箱
3.民衆娛樂器具
4.簡易農倉
5.其他

附註:以上標準係作各校参考之用各校得視當地情況增減之)

示範國民學校参考資料 二

1. 教職員名冊
2. 學生名冊（分兒童部與成人部學生名冊）
3. 學籍簿（或卡片）
4. 學校日誌簿
5. 學生請假登記簿
6. 學生獎懲登記簿
7. 點名簿
8. 教室清潔檢查簿
9. 學生清潔檢查簿
10. 級會記錄簿
11. 校具登記簿
12. 圖書目錄登記簿（或卡片）
13. 兒童部學生成績簿及報告單
14. 導生名冊

华西实验区示范国民学校设置办法草案及示范国民学校参考资料　9-1-136 (176)

101

15、各種會議紀錄簿
16、問題兒童個案紀錄簿（或卡片）
17、其他

乙、關於學校的圖表
1、學校概況表
2、校舍平面圖
3、行政系統表
4、教職員一覽表
5、導生一覽表
6、傳習處一覽表
7、學校曆
8、成人部學生出缺席記載表
9、經費分配圖
10、兒童部各年級學生人數性別統計圖

华西实验区示范国民学校设置办法草案及示范国民学校参考资料　9-1-136 (177)

13、兒童部學生籍貫統計圖
14、兒童部學生缺點（沙眼、皮膚病、牙病：寄[illegible]）統計圖
15、各傳習處學生人數性別統計圖
16、傳習處學生年齡統計圖
17、傳習處學生職業統計圖
18、傳習處分佈圖
19、傳習處學生入學與畢業人數比較圖
20、其他

华西实验区示范国民学校设置办法草案及示范国民学校参考资料　9-1-136(178)

102

示範國民學校參考資料三

示範國民學校社學區調查冊籍圖表

甲、關於社學區調查的簿籍（參看如何做戶口調查）

1、社學區戶口調查簿

2、社學區農業經濟調查簿

3、戶籍冊

4、其他特種調查簿

乙、關於社學區調查統計的圖表（格式參看如何整理戶口調查材料）

一、個人統計

1、六—十二歲男女童就學未就學人數

2、殘廢人數

华西实验区示范国民学校设置办法草案及示范国民学校参考资料　9-1-136 (179)

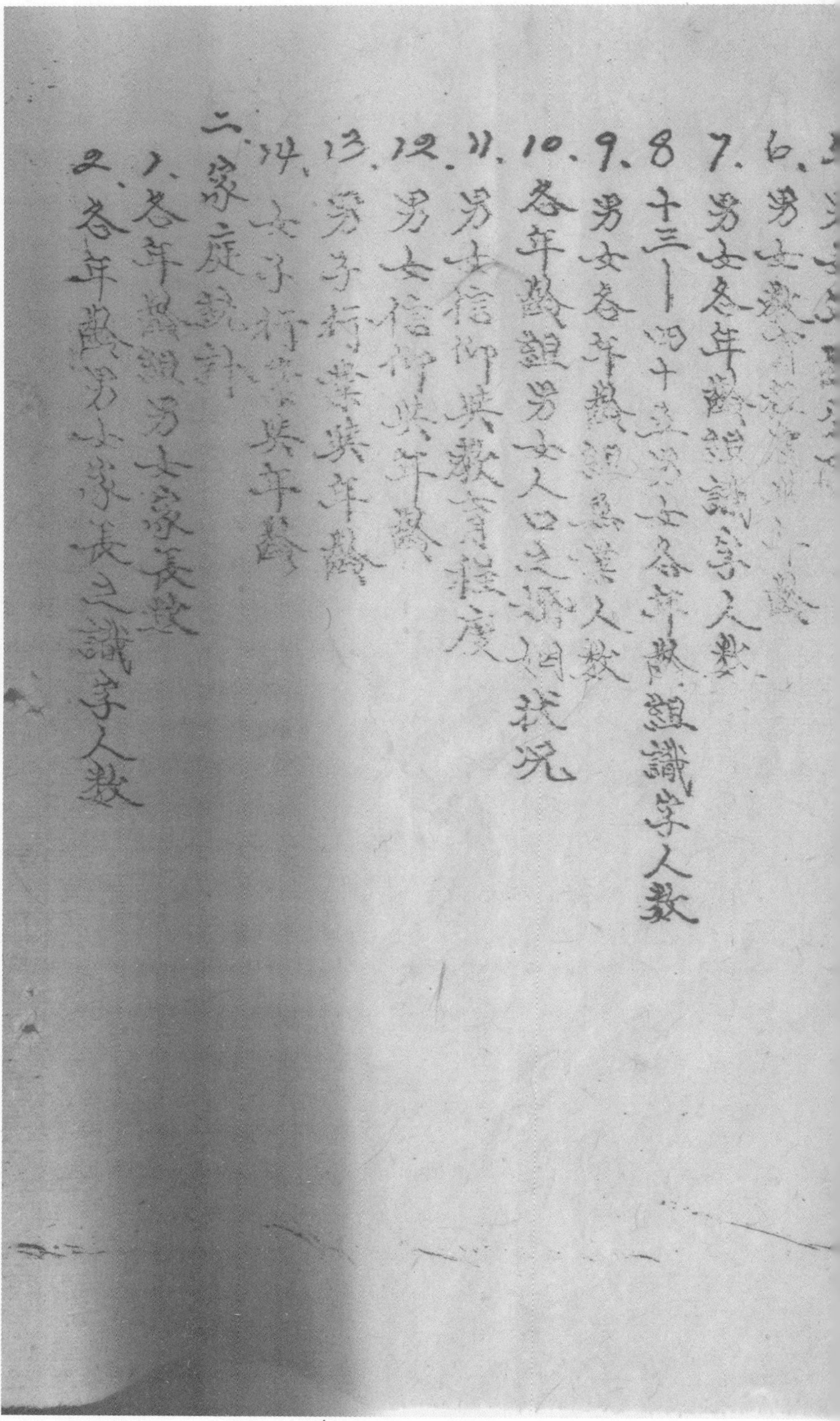

5. [illegible]
6. 男女數[illegible]歲
7. 男女各年齡組識字人數
8. 十三—四十五歲男女各年齡組識字人數
9. 男女各年齡組[illegible]業人數
10. 各年齡組男女人口之婚姻狀況
11. 男女信仰與教育程度
12. 男女信仰與年齡
13. 男子行業與年齡
14. 女子行業與年齡

二、家庭統計

1. 各年齡組男女家長數
2. 各年齡組男女家長之識字人數

华西实验区示范国民学校设置办法草案及示范国民学校参考资料　9-1-136（181）

03

3. 文盲家庭
4. 家庭大小分别
5. 家庭世代分配
6. 男女家长教育程度与年龄
7. 男女家长信仰与年龄
8. 男家长行业与年龄
9. 女家长行业与年龄
10. 农户地权分配
11. 各户所有牛猪织机之分配
12. 又又又依学龄户数牛只猪数及织机数

三、十六[illegible]

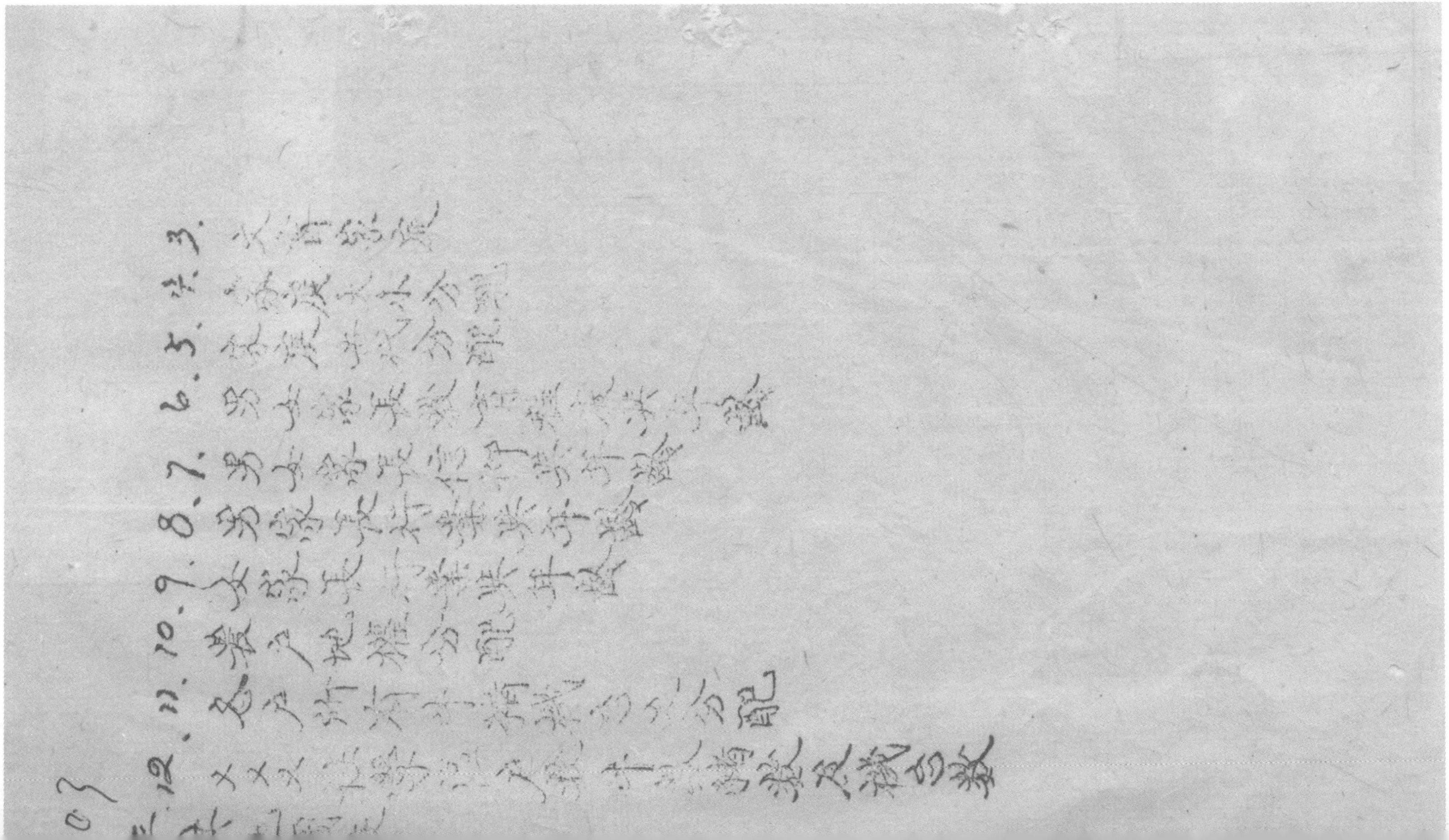

習慣及其他事項……）
3、社教部之民衆教育設計（如

华西实验区示范国民学校设置办法草案及示范国民学校参考资料　9-1-136 (182)

本期示範國民學校工作要項

一、發動地方培修校舍、添置校具。

二、完成社學區調查統計工作。

1、調查要項：(1)户口狀况 (2)農業經濟狀况 (3)手工業狀况等。

2、調查目的：(1)知道社學區學齡兒童失學成人數作為施教之根據 (2)知道社學區經濟狀况作為組織農業生產合作社及專營業務合作社之參考 (3)整個社學區的各情况的徹底了解。

3、調查時應注意事項：(1)發現領袖農民（即導生）(2)勸導失學兒童入學 (3)注意傳習處地址的尋定。

4、調查表簿與統計圖表格式由區公所統一印發。

三、發動社學區內學齡兒童全部入學。

1、如社學區全部學齡兒童入學數至教師不能分配時，應依實際情

本期示范国民学校工作要项　9-1-136 (160)

示范国民学校工作座谈会记录（一九四九年九月一日） 9-1-130(98)

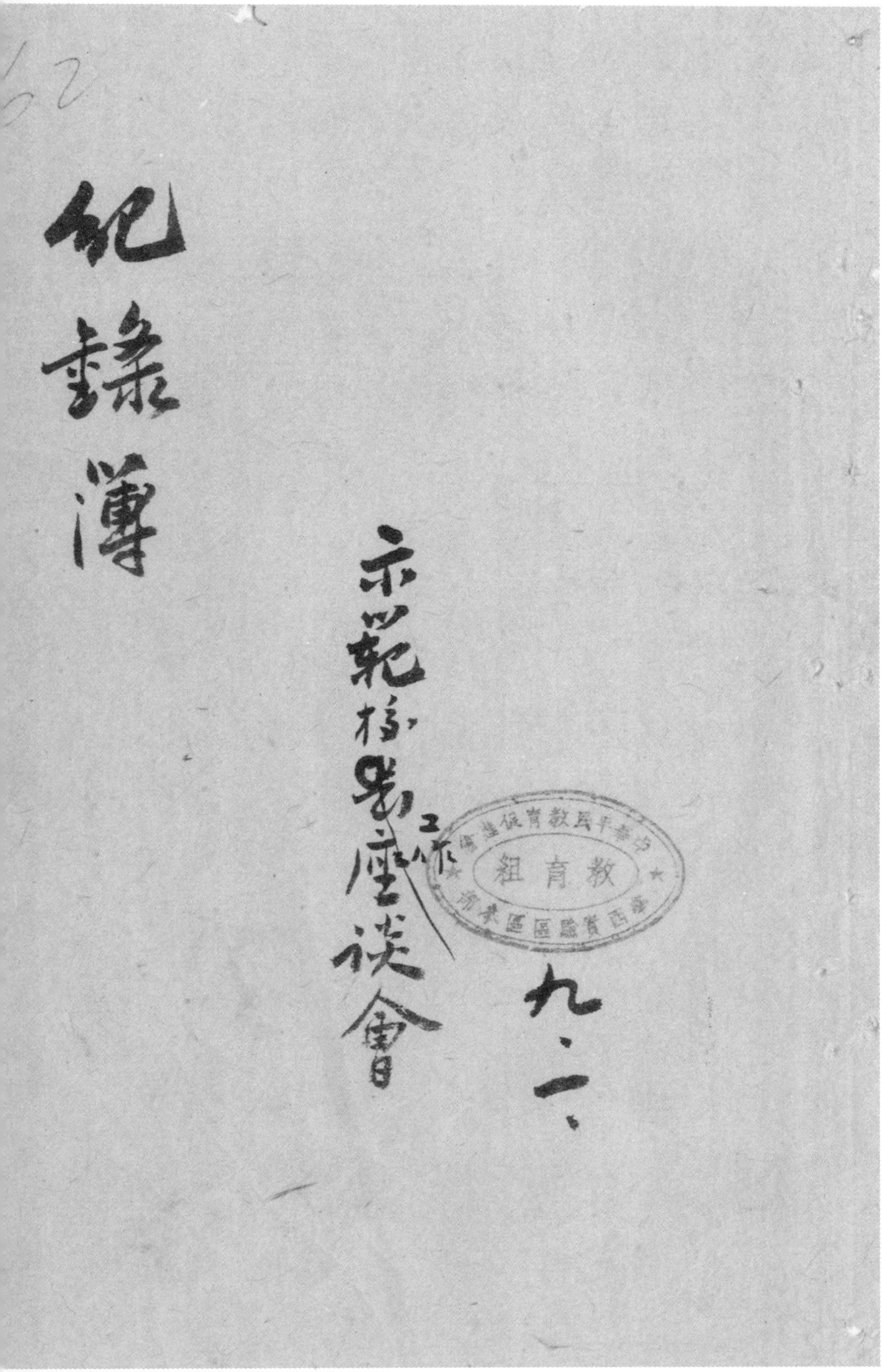
紀錄簿
示範校工作座談會
九、一
教育組

示范国民学校工作座谈会记录（一九四九年九月一日） 9-1-130 (99)

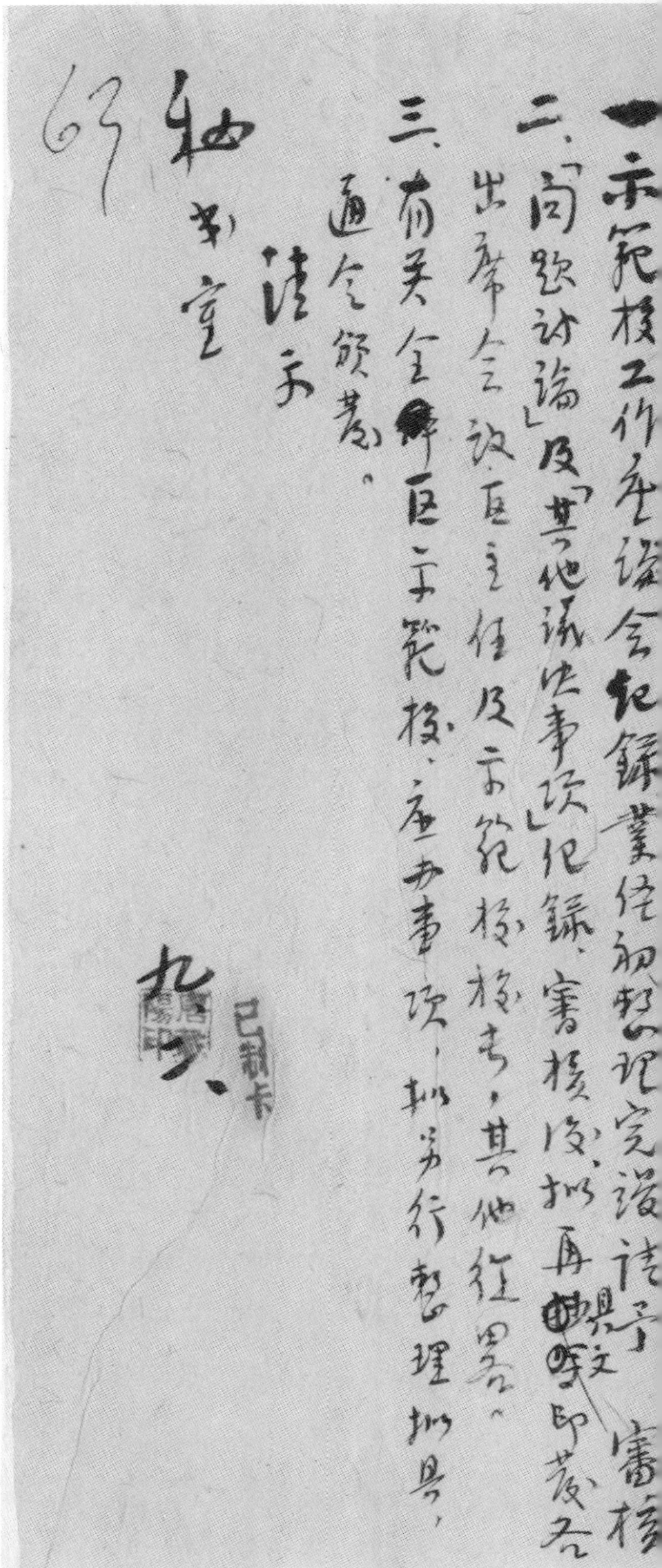

一、示範校工作座談會紀錄業經初步整理完竣，請予審核。

二、「問題討論」及「其他議決事項」紀錄，審核後，擬再繕文即發各出席會議區主任及示範校校長，其他從略。

三、有關全縣區示範校座談事項，擬另行整理擬具通令頒發。

請示

秘書室

九、一

唐陽印

已制卡

63

示范国民学校工作座谈会记录（一九四九年九月一日） 9-1-130(100)

加印
分送与会人

璧山各辅导区暨巴县第一二辅导区所属示范校工作

座谈会纪録

時间：民卅八年九月一日

地点：總办事处

出席人：（另如簽到簿）

主席：郭主任秘书[illegible]

纪録：唐載陽

主席报告：

一、开会程序：1.主席报告。2.各区报告。3.问题讨论。4.临时动议。5.各组问题讨论。

[illegible]

二、此次召集……璧山各区区
连络第一二两区区主任及示范校长，举行工作座谈会，旨在藉资检讨本区（西区）教育
确定今后各项建设工作之方针，其成效若何，问题安在
以策将来，力求改进。盼各同志踊跃发言。
各区报告：
一、第一区傅主任报告：
1. 第一区原有示范校十处，最近撤销四处，所余六处，大
半均系去年下期开始设置。
2. 示范校未设置前，各校均系设备简陋，或竟无设备，
经设置示范校后，开动地方人士共同努力，达校设

65

备方面均有长足之进步。

3.学龄儿童入学问题，虽未全部解决，现已作到绝大多数学龄儿童业已入学。

4.示范校未设备（大）以儿童书籍之供给，地方人士异常努力，现已渐（逐）能满足儿童阅读之需要。

5.示范社学区工作，因各区客观条件不尽相同，其成就亦各有异，大体言之，情况尚属良好。

6.示范校长，经常因儿童部事务的繁重，及本身社学区各项工作的（牵制）不易兼顾其他社学区之辅导工作。

二.社学区辅导主任报告：

[illegible]

另拆，有以下数端：a. 校长对人事问题之应付，太感困难。b. 校内事务繁杂，使校长精力顾及不到分校。c. 唯一可告慰于同仁者，即经示范校后，学生人数增加三（全乡如）分之二，此为表现较好之一点。

丁、整四区部主任报告：

1. 整四区全区共设有示范校二所，设置所数殊嫌少，实有辜负花园地方人士对示范校设置之旨意，缺多续解，致困难重重。

2. 经设置示范校后，丁家乡第七保示范校，已渐获得地

示范国民学校工作座谈会记录（一九四九年九月一日） 9-1-130（104）

66

方人士之认识尚粗浅，马坊乡示范校建校工作地方人士长如热心。

3、示范校师资问题，再去觉裁重，正设法补救中。

县五区主任报告：

1、县五区共有示范校五所，教师廿二人，教具尚够应用，设备正在整备。

2、河边、蒲元乡示范校因工作人员之特别努力，已引起地方人士之赞助，并展览成果甚好。

3、示范校均对调查、统计、种痘、卫生工作配合甚好，蒲元乡校尤佳。

4. 本區示範校建設（報告）

璧山縣第六區何主任報告：

1. 本區共有示範校二所，一在依鳳，一在龍鳳。依鳳有學生一百五十人，分四班，教師四人。龍鳳示範校，學生一百九十八人。該示範校以前，學生人數極少，設置後較前增加約二倍至三倍左右。

2. 示範校建校工作，依鳳鄉校舍已建修，已完成。校具尚有不足。龍鳳鄉示範校已完成教室三間，新圍牆暫時停頓，秋收後即繼續建修。

3. 兩所示範校，所原班學生其他各種工作，較諸一般社學

67

区公代，民校为合作成绩尤佳、

第二区陶主任报告：

1. 第二区示范校共二所，均在福禄乡，之一所因地方人士认识不够

与工作人员每不合作，终于撤销。

2. 另一所示范校在梓桐乡，由地方人捐出地皮，现有四班，

教师程度极佳，甚能负责，对地方的兴趣甚佳，现有

新校之校舍、及主要设备，其工作正进行中，秋收以后可望完成。

3. 示范校在新所子页，固须地方人特别努力，亦须本区在

建设方面积极工作，以配合之也。

巴二区王主任报告：

示范国民学校工作座谈会记录（一九四九年九月一日）　9-1-130(107)

[illegible]

2、建校工作，因原有校舍情况太差，地方人对宣校应在经费方面所依赖太过，故进展特别困难。

3、各种建设工作之配合，除校住、学家殊形不甚良好。

问题讨论：

甲、惠章部方面：

一、问题：如何完成建校工作？

议决办法：1. 发动地方力量建校。

2、示范校建校，所运用之财力、人力、物力，以本社学区为主。（所有共用符以最低条件创造最佳成绩，以期符……）区外力量之补助……

示范国民学校工作座谈会记录（一九四九年九月一日） 9-1-130(108)

68

b. 由简易之设置入手（设置如...）再而及于艰钜工作、（如校舍之建修）。

c. 工作人员本身须努力，并改善于运用以及激发地方人士之赞助。

2. 增筹（建校）经费来源之（设法筹措之）

a. 运用国民教育经费筹集办法增筹（所筹出什法）经费。（参看中华书局卅六年十月再版教育部颁印国民教育法令汇编一书）

b. 已往示范校……

示范国民学校工作座谈会记录（一九四九年九月一日）　9-1-130(109)

由地方自筹，本区不予补助。

4.表格模式，以便依照实际随时调查（核准）

作分析研究参考。

3.（由委员会）拟订分期进行计划，分期完成（务期每一学期进行工作均有显著进步）。

二、问题：如何充实设备？

议决办法：1.利用现有环境，以经济方法增加设备。

2.教具、仪器及标本，经孙主任核准后，由总务处酌量统一制造。

3.就教学需要及后社（各项）区建设活动

示范国民学校工作座谈会记录（一九四九年九月一日） 9-1-130(110)

69

需要，添製各种圖表，其用紙總办事
处可酌量供給。
4.成績優(特)子校，經考核後，總办事处得酌
量發給獎金，以助其充实設備。
三、問題：如何增進教師素質。
議決辦法：1.教師人數照眼維持上了期原案規定，但(經商得縣府同意，仍)
人數如有大量增減，經縣府查明後，其班次(學生)(呈准任區註)
准增減之。(按縣府規定標準)
2.已經區示範校教師人數(本期)(原案規定)，由總处函請縣府

示范国民学校工作座谈会记录（一九四九年九月一日）　9-1-130(111)

3、教师任用，以规定任用后期师范毕业者或高中毕业程度富教学经验者为合格。

4、教师资格之检定，请政府严格执行。

5、校长应拟就辅导教师进修办法，切实实施。

四、问题：如何充实经费？

议决办法：1、校长应以全部公费用于学校开支。

2、有特殊活动（如举办各种[illegible]费或办理有关之社教活动）经核准后；

可由保社酌量补助经费。

3、璧山区各示范校八、九两月公米，因政府经

璧山四宝阁文具印刷纸号印制

70

费支领，会法按时支给，罢??由经
事处分月向县府拨款领购，至十月份始（各示范校本九两月合集按市价折米代金）
府收到，分粮后，付照实数由经办事处、附
作民教主任（振兴乡会）全来。
七、各示范校领米手续，以经由经收取数为
商安后，指派专人，统一代办。
六、关于示范校办公费[illegible]转商路付
及督请孙主任核示后再作决定。
五、问题：如何增强对教师之监督辅导？
议决办法：1.除专付[illegible]之力量，[illegible]监督[illegible]外，

並在教学方面積極輔導

2、校長亦需以住校。情形特殊不能住校者，應經

區主任核准，但其住所不得在該社區之外。

六、問題：如何增強輔導其他保校？

議決辦法：1、以教師聯誼會、或國民教育研究會（簡則由總

組織擬）藉以增強與本鄉其他保校之聯繫。

~~由中心作~~

2、舉辦各種競賽，與其他保校相互觀摩，以增強示範領

導作用。

4、民教部方面

示范国民学校工作座谈会记录（一九四九年九月一日） 9-1-130(114)

71

一、問題：示範校長與駐鄉輔導員責權如何劃分？

議決辦法：1.一般社區之各項工作，由駐鄉輔導員主責推動，但須與示範校長取得密切聯繫。

2.示範校所在之社區，所進行各項建設工作，由示範校長主責推動，以期產生示範領導之作用，但須與駐鄉輔導員取得密切聯繫。

3.示範校所在地之鄉民教育由示範校長直接監督指導。

3.全鄉國民教育之輔導及研究事項，由示範校長與駐鄉輔導員共同負責辦理。

二、問題：關于生計教育本期應如何工作？

議決辦法：1.示範校所在地學區文盲掃除工作，須擬訂分期掃除之詳密計劃，按步實施（根據該地學區調查資料所得統計之失學成人人數，擬訂分期計劃，分四期掃除）。

2.有關特殊之成人教育設計，統籌推進，所由縣府補助經費。

3.學齡兒童不得僱佣為侍者工。

4.各示範校所屬地學區（切實）重新計算辦理區調查及統計。

~~本案仰根據[illegible]十[illegible]以[illegible]辦[illegible]上期之[illegible]~~

璧山四寶閣文具印刷紙號印製

示范国民学校工作座谈会记录（一九四九年九月一日） 9-1-130(116)

72

三、问题：关于合作社方面，本期应办理何种工作？

议决办法：1.示范学校所在社学区之农业社组社工作及组社后之业务推动，由示范学校去负责。

2.示范学校所在地社学区之营业合作社组社工作，及组社后业务之推动，由示范学校去负责。

3.关于该社学区合作社社员之训练，示范校去负设计与训练之责任。

四、关于农业方面，本期应办理何种工作？

议决办法：1.示范学校所在社学区，为有农业四之推广繁殖

绍，[illegible]示范校长应予[illegible]密切配合

进行鼓励推广等工作。

六、关于卫生方面，本期应办理何种工作？

议决办法：1.各示范校所在地乡区有未受妇女卫生训练班毕业生工作，其辅导办法由卫生组拟订，交示范校长负责执行。

2.示范校所在地乡区，请卫生组分配之疟疾防治药品，由示范校长负责应用，并纪录疾病防治及药品使用情形。

（六）其他议决事项：

壁山四宝阁文具印刷纸号印製

一、议决：各示范校应拟订本期工作详细计划（附进度表），限九月廿日以前寄送总处备查，并每月造报进度情况。

二、（同上期）各示范校辅导（兼任）应按月具报。

三、议决：关于农业学校[illegible]社各项组织办法、推进步骤及有关各种法规（包括社员训练[illegible]教材等），由编辑组会同合作组即编印手册，分分会[illegible]发给工作人员。

四、议决：各示范校本周前须做（用）就绪，并主任责成另聘其他工作人员负办有关事宜，不得延误。

示范国民学校工作座谈会记录（一九四九年九月一日） 9-1-130(119)

五、因遴選各學區校時特殊情形，需經費化較大[illegible]

四日前通知教育電影音樂教隊播

六、議決：各組問題討論鈔發印行。後於九月二日各區主任研究會議討論

散會。

示范国民学校工作座谈会记录（一九四九年九月一日） 9-1-130(120)

74

示范校长座谈会纪录

时间：九月一日午后八时半。

地点：总办事处

出席人：（苏云峰各区校还一二区示范校校长、练一教育组人员，共卅六人）

主席：王组长啟樹

纪录：曾毅修

王组长报告：

一、倚营教育推动不易，但能尽力为之，也非完全不可克服这些困难，以巴三区某乡（辅导员纪如）传习处二所为例，该工作同志即能利用制造方法以应付局面，故传习处教（时）果（方賤）举行四次以上，第一次此某事，当不如□大半日段

注原✓

原✓

上行教育令学生解答问题之宗旨也。其次，将报上所载物价涨跌情形摘要报告，第三，以教育性故事向民众讲解讲述，最后教课文或音乐，如此，使学生向家庭以宣传之。因此，其次工作同人积极发挥创造思想之工作积极精神。

二、示范校之设计，原拟以之为建设工作之领导示范之据点，其他各同仁，努力完成使命，从工作中探讨出有效施教方法。

~~检讨~~检讨：

三、工作人员每与农民多多接近，以调查工作为主。

75

一方面为求对社区教育的了解，另一面更重要者係使
工作人员借此种机会，得与农民接近，对自身也
是一种最好的教育。
因工作人员于乡间，个人行动态度特别注意，固应与地方
社会人士接近，但不可轻易流于恶习中，若失掉
地方人士信仰，工作反受困难。
河边第六保示范校方校长报告：本校迄无固定校址，应请
保处商同县府帮助解决。 议决：转商县府设法解决。
虎头乡永兴庵示范校李校长报告：本乡士绅傅培源对这
校工作特别热心，请保处给予嘉奖。 议决：请王主任核办。

[illegible]

速待指示。

建議：多從教育方面充實自身，勿爭私利競爭，速而消滅私鬥，全盡避免運用行政力量。

王□柱云：

一、各縣示範校、私學互相對待，教育應多從[illegible]設計教育青年、各別訓練實際，

二、仿當地應以之為各種活動之場所。

三、民教主任不健全為一普遍問題，解決方法：

(1)輔導實際聯系，學習外，并應從實際工作。

使 ✓

原 ✓

原 ✓

原 ✓

四寶閣文具印刷紙號印製

示范国民学校工作座谈会记录（一九四九年九月一日） 9-1-130(124)

多训练为感化。

b、加强视导工作，不能称民教主任，由该校主任校长。

由视导人员直接指导，以减少辅导员人事之困难。

c、辅导员以身作则，为民教主任共甘苦，以砥砺工作。

d、民教主任应具体规定每周轮流到处任教若干

节钟。（东周锋数君订）

e、国民学校应兼民教主任，想常任一所学校，并

f、指导校务指挥监督。

民教主任应常作工作日记，按月编送备处。

蒲主席：乡镇建设：

[illegible]

示范国民学校工作座谈会记录（一九四九年九月一日） 9-1-130(125)

注△ 原△

减少各乡工作人员之浪费。（议决：请县府呈主任决定。）

三、示范校应由实验区辅导股直接指挥（不另兼通保校），或对兼者互调，提高中心校一样。因原中心校辅导股（下）~~武公文字中心校~~（议决：由教育科考虑，再请县府办理。）

四、示范校在正武标牌名称方面，不用示范字样，仍用某乡某保国民学校字样，即由教育科通告。（议决：由教育科考虑，请县府办理。）

散会

示范国民学校及示范社学区视导报告（一九四九年六月二十日） 9-1-73(49)

32

示範國民學校及示範社學區視導報告

存查

芙 六月二十日

四、缺点

甲、[illegible]项目[illegible]

乙、工作紧张

丙、阅书室设备因无好桌椅和储藏之柜都缺乏

丁、儿童[illegible]

示范国民学校及示范社学区视导报告（一九四九年六月二十日）　9-1-73(50)

示范国民学校及示范社学区视导报告（一九四九年六月二十日） 9-1-73(51)

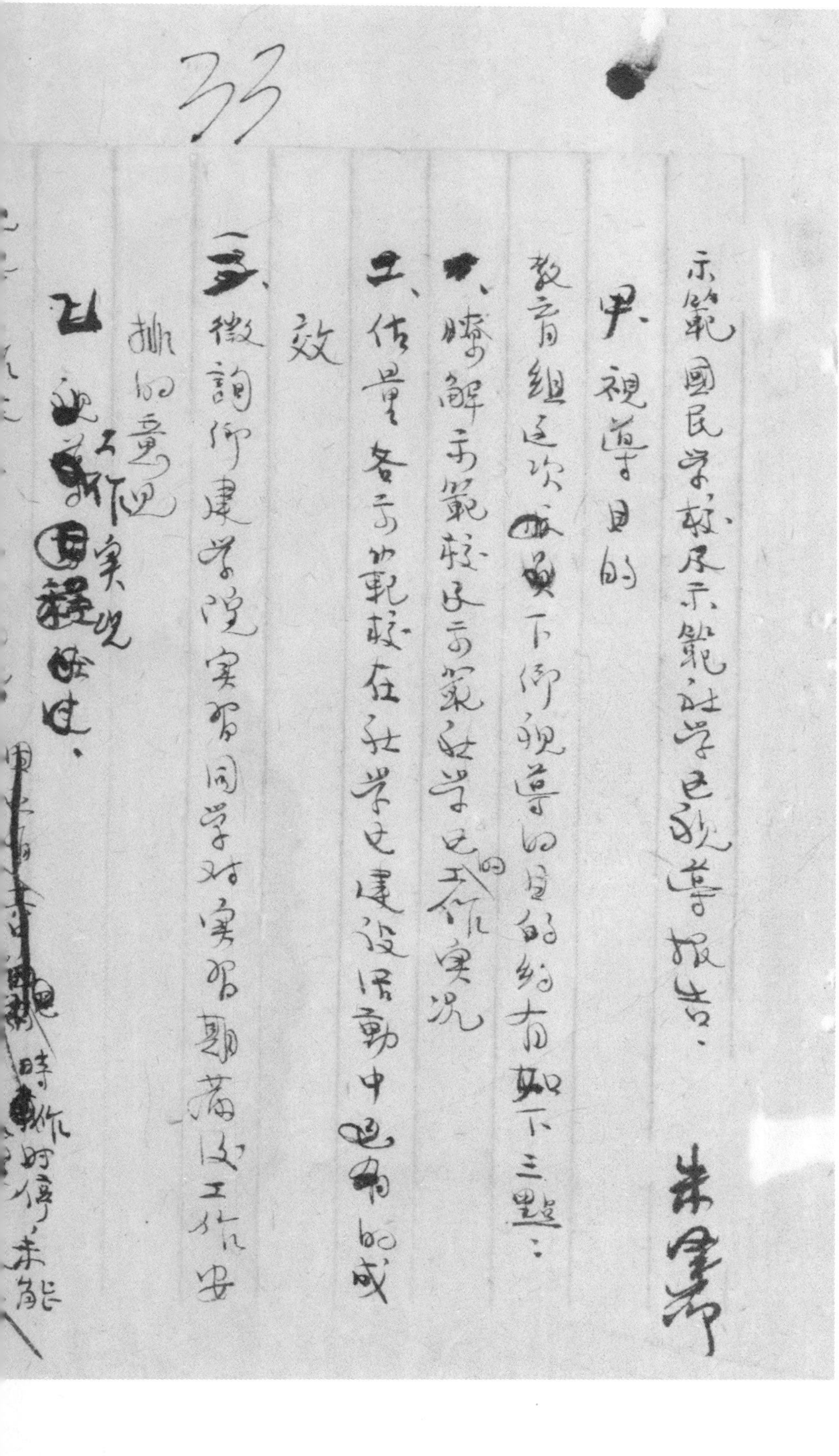

示範國民学校及示範社学區視導報告

甲、視導目的

教育組這次派員下鄉視導的目的約有如下三點：

一、瞭解示範校及示範社学區工作實況

二、估量各示範校在社学區建設活動中所有的成效

三、徵詢鄉建学院實習同学對實習期滿後工作安排的意见

乙、

（续）连续看完各地，至今尚有大同[illegible]还未前去，兹将[illegible]实况如下：

五月六日——营山城北乡三角附示范校——营山城北乡温家坊示范校

五月七日——营山城北乡杨氏祠示范校——营山城北乡黄泥坝示范校

（一）营山城北乡示范学校的情况

营山城北乡有示范学校四所，五月六、七两日每日参观两所，分别看了三角附示范校、温家坊示范校、杨氏祠示范校、黄泥坝示范校，各校的工作实况如下：

示范国民学校及示范社学区视导报告（一九四九年六月二十日） 9-1-73(53)

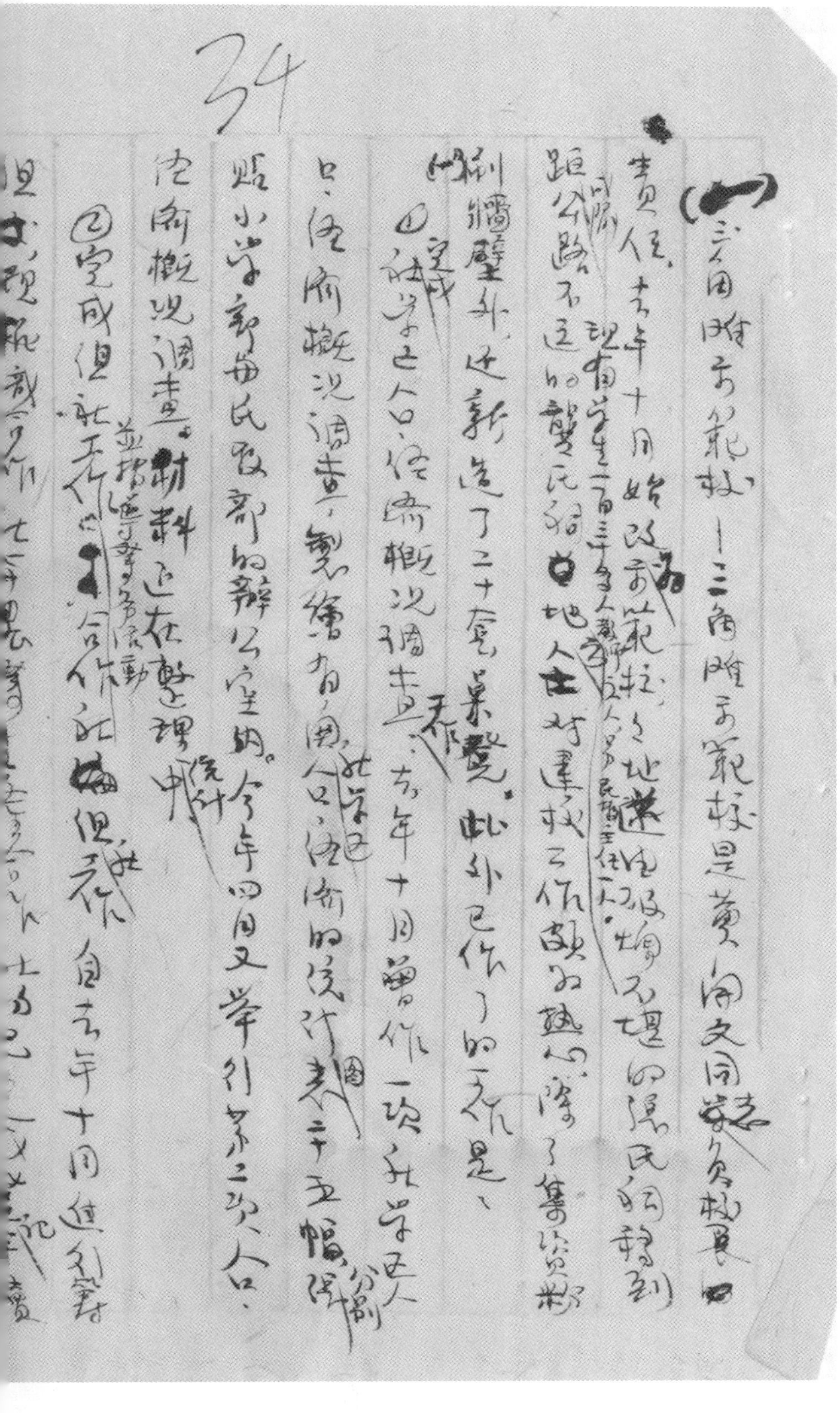
34

（一）三角附示范校——三角附示范校是黄向文同志负校长
责任，去年十月始改为示范校，该地迷信风气不堪的保民纷纷转到（现有学生一百三十多人，教职员八人，另民教主任一人。）
距公路不远的郭家民校，本地人士对建校工作缺乏热心，除了集资购
修补墙壁外，还新造了二十套桌凳。此外已作了的工作是：
①社学区人口经济概况调查，去年十月曾作一次社学区人
口、经济概况调查，制绘有关人口、经济的统计表图二十五幅，分别保
贴小学新开民教部的办公室内。今年四月又举行第二次人口、
经济概况调查，材料正在整理统计中。（并指导学生各项活动）
②完成组社工作——合作社的组社工作，自去年十月进行筹备
组社，现社员已有七十多……

农在业务方面，农业生产合作社、农民银行等

办理简易农仓、放贷款项，正计划进行并与小型水利、耕牛、等等贷款，[illegible]

款。后我现有李特先生赠送的耕牛一头，据闻合作社[illegible]

一项代贷工作。每年校合代贷了三千斤谷。

③实施半日制教学。（新）后学区虽临公路，但土地大部

皆山，山中居民贫苦，其小孩都要担负生活上的担子，不能整

天到学校读书，因此需要，后校又增收了三十二个孩子，实施半日二部制教学。

有三十个学级

④体育、卫生：体育设备因农忙，现已放假，拟俟秋后再整理

告段落后再述之。

示范国民学校及示范社学区视导报告（一九四九年六月二十日） 9-1-73(55)

35

⑤衛生工作 衛生組派有護士黄、周俊同志住該校負[illegible]

鄉衛生工作，現已作种痘的工作。

[illegible]黄、校長自民教主任護仁種痘的[illegible]中

了前面的以下九個問題：

①傳習教育工作與建設工作配合的不够。傳習教育僅

限於文字的傳授，並未能與建設工作配合進行，以致人民對傳習教育

感到枯燥無味，不生留生問題

②當地人民迷信習慣太深，衛生工作不易推進。

③合作社的業務經理及操縱[illegible]負責人何以不能[illegible]

三個[illegible]

的工作，外民教育的工作，还作得不如他学校的负责。

（二）、温泉师范附民学校——温泉师范学校在外路傍的一个小山坡上。校址是一所庙宇，叫名西岳庙。也是去年十月改设为示范校。最初是胡启文同志担任校长，后辞职他去。从本年四月下旬起始由师范陈实钧同学兼任校长，现有学生六百五十多人，教职（连民教员在内）共七人。

[redacted]、温泉师范学校的工作除小学部照常规进行外，还作了如下几件工作：

（一）社学区人口经济调查：去年十月曾作过一次社学区人口经济调查。制有统计图表。

36

②完成了四社工作：已组好杭岗合作社、中农业生产合作社、杨岗合
作社。杭曾借贷一次，农业生产合作社曾指导小米稻贷款，中农の平粜廿亿
良品种，现正计划申请小型水利、肥料、耕牛、养猪贷款。
③计划进行民众农忙，定於六月上旬开学。
④其他：卫生工作方面作了普种牛痘，建校方面修
学校外墙了一部份草顶。

四、督学事项

（三）杨氏祠示范校　杨氏祠示范校是本年二月
设置，校长杨中山担任校长，我们去到学校，校长刚不在，据说他一直在外，同时兼任
……因此在学校的时间
常……近来很少，小学部只有学生一百五十多
人，教师八人。学生是从黑天同……也有二十几里远来的……

示范国民学校及示范社学区视导报告（一九四九年六月二十日）　9-1-73(58)

学校除小学部外[illegible]是：

①社学区人口、经济概况调查：本年三月本区学校第三次工作人员座谈会时，各学校人员下乡实习调查[illegible]社学区调查，制表交由各校分别办理，

②正进行合作社、妇女工作。推动合作社[illegible]正进行组织办理登记手续中。

③农业推广繁殖工作。城北乡繁殖站设置在该乡[illegible]专员负责，目前的工作是[illegible]稿、荷兰种[illegible]

我们在[illegible]看到如下的问题：

[illegible]

示范国民学校及示范社学区视导报告（一九四九年六月二十日） 9-1-73(59)

37

①校长刘(因兼任中心处事职)常在学校，(因此)学校工作的推进不无影响的现象，如调查材料的搜集迟迟不整理，(如)各项记录未不合规定，开支账簿迟迟不办也无人督导。

②推广繁殖站只有轧花机、纺纱机和织布机，感到设备太不多。

④黄泥乡示范校：黄泥乡示范校距城很近，是本年二月设立，罗娇健同志担任校长，有学生一百二十多人，教师六人，校舍借用甘棠中学房屋，由发动全乡捐款培修。其工作(实施)如下：

①调查：已将学区人口、经济调查(修)竣，送社会调查室

并组织读书会，并出版壁报，该校已集完表二十多幅很[illegible]

室内。

（四）组社：已完成农业生产合作社组织合作社的组社工作，惟尚未展开业务活动。

（五）其他：伙食已经开放男女生做卫生方面各种疫苗工作。

二、视察五区接龙乡福利界子完校情形

五月廿六日与惠民同志、欧阳璋同志四十一师，中途经五区接龙乡福利界子完校，该校距公路较近，校舍系甘棠中学迁址中借存的一座庄房，免费借用。

该校是去年十月改设，校长[illegible]到川接同志现在[illegible]

示范国民学校及示范社学区视导报告（一九四九年六月二十日） 9-1-73(61)

36

师八人，学生据报称为一五二人，其工作情况如次：

①调查：本学区人口须确调查已由民教主任如期进行，惟近因农忙暂停顿中

②护秋：由农学生在家作田保护中，据称尚未发现宫商戚之大害

③推广：曾推广南瑞苕每甲农田若干，但可望收来若干，种植以来调查农家四五家

④识字处：据民教主任指称，各保识字处之学生大多人由学校教师兼导，现已放农忙假。

我所见参观[illegible]

示范国民学校及示范社学区视导报告（一九四九年六月二十日） 9-1-73(62)

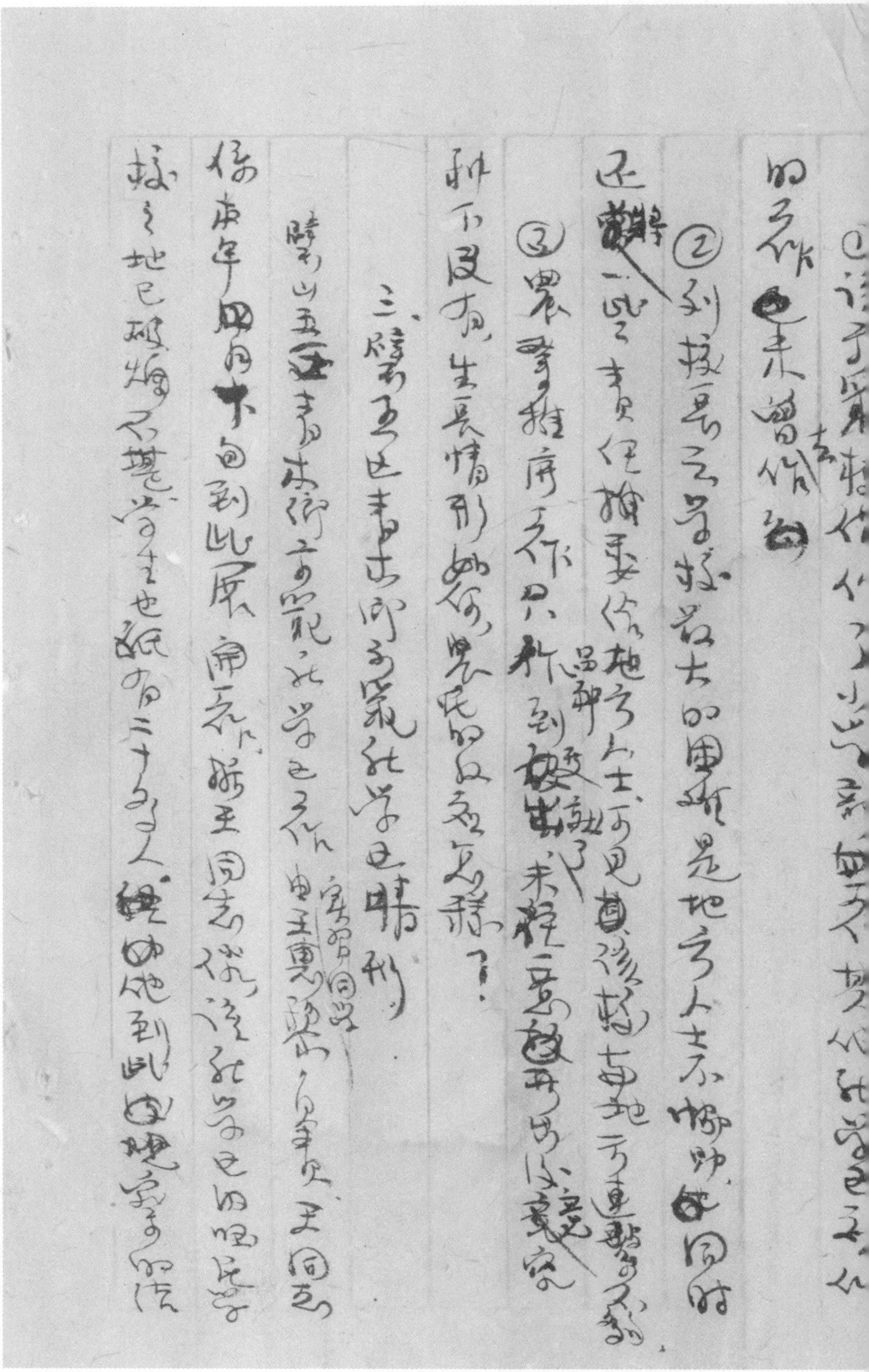

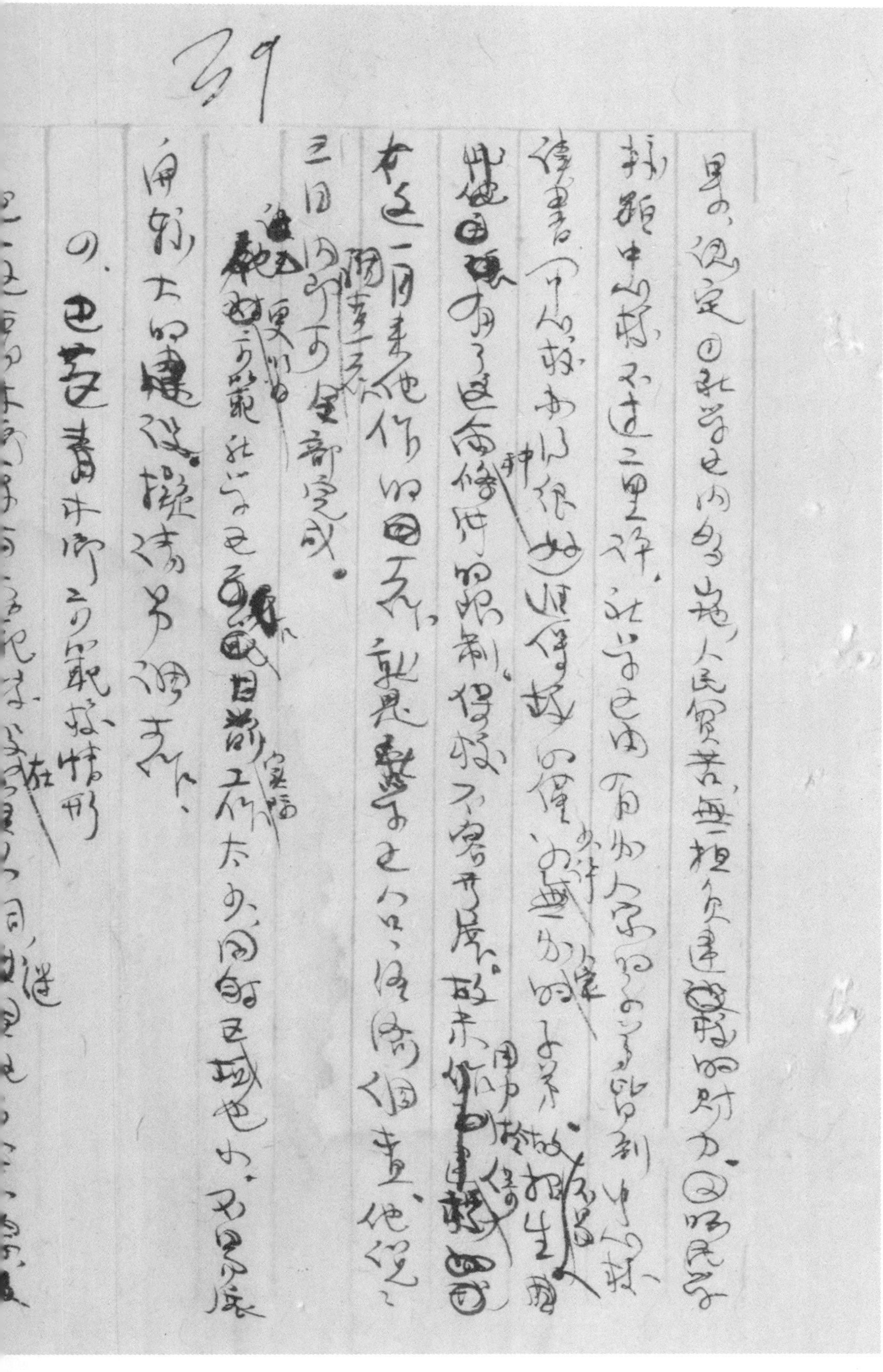

示范国民学校及示范社学区视导报告（一九四九年六月二十日） 9-1-73(63)

校長李寧一君工作不力，遂予撤換，另於六月改由蕭之
化先生擔任示範校，由會員同學保薦任為校長。
五月廿六日下午開會，改由先生到縣政府，邀集選拔與領導學區
縣長任地區同學大概起部屬的時候，
學校各學部各班教師三人（民教主任在內），校長也兼
部教學工作，小學部由她負責，民教部由實習同學等負責
負責。各項工作情形：
①調查：正調查中，由黃子麦同學負責，已完成。
②發展種前：小米桐各分載種，所得可為將來購買之
二十，中央三十的種，三百斤大三麻，正在播種。

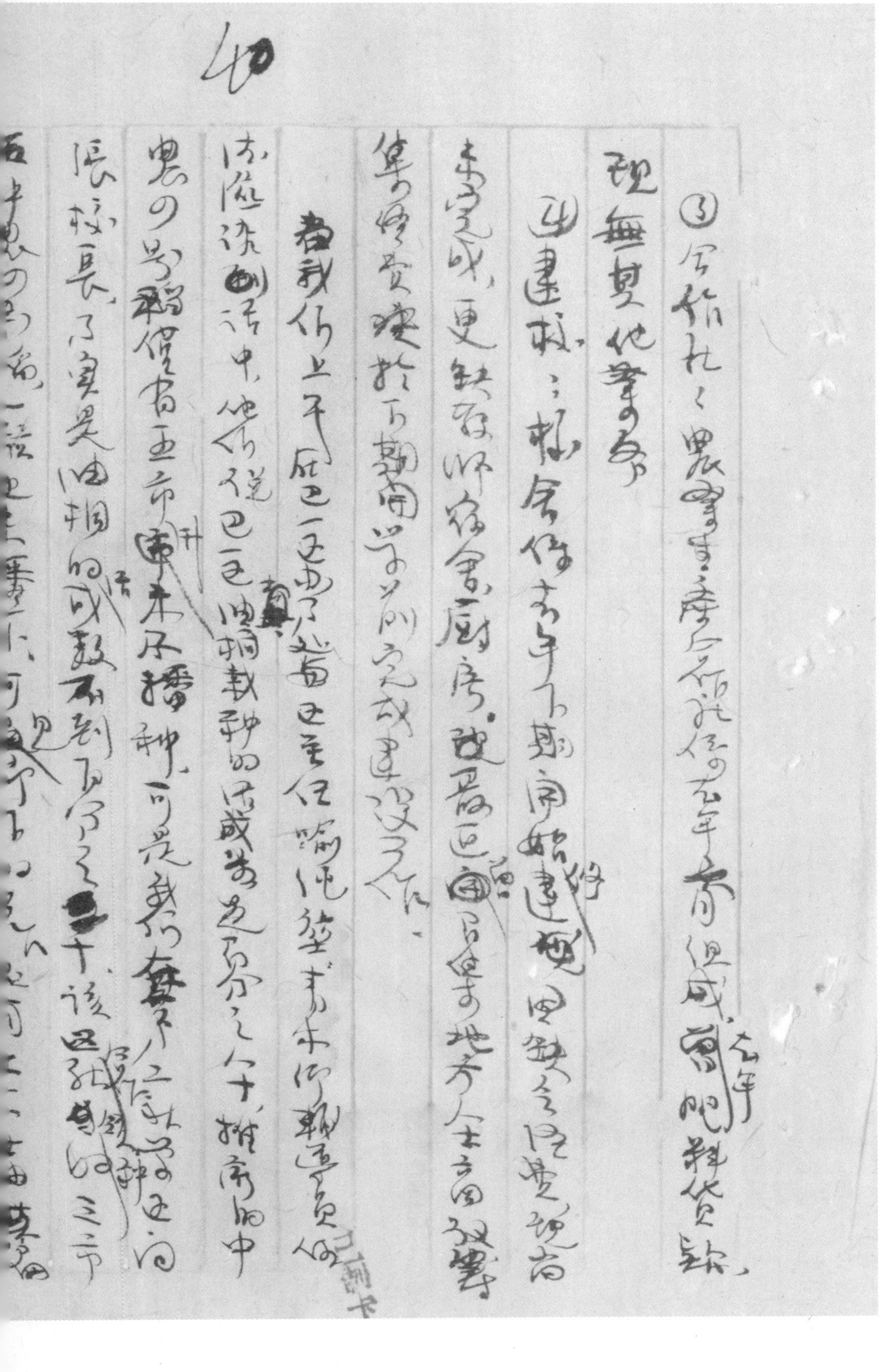

示范国民学校及示范社学区视导报告（一九四九年六月二十日） 9-1-73(65)

示范国民学校及示范社学区视导报告（一九四九年六月二十日）　9-1-73(66)

的到会

五、巴二区聪马乡实习辅导教学情形，

巴二区聪马乡苦竹乡马回学八人，本年六月四日至本区实习二周，

张诏斌、张立斌、黄传儒、谭作斌、彭海龙，其余四人皆

由本校学区的工作。我们于五月廿七日到聪马乡

廿六日离去，除了一部分他们的实习工作外，还帮助了实习

同学座谈会。

四、音影教学：他们目前的工作是：①放演电

影幻灯，每逢周末或假日，在中心校或学校放演，②摄

影，③播音，④领导学生同学实习音影教育

示范国民学校及示范社学区视导报告（一九四九年六月二十日） 9-1-73(67)

41

其工作上的问题是：㈠经费困难：[illegible]撤新教师借君无法
按支薪津，他们要求退还欠租给予民教主任的薪津。㈡不明
了解：教你部门：告教员教部实是解于如何把卸任或
一项主任或前已三年，皆无明确规定。
㈡推广学校方面：现实工作良好，推广方面的工作，由相
邻国民学校员并不错，王明得同意认为工作不好。[illegible]要说明帮
道员的联系也不够。
㈢示范民教学区：负示范社学区工作的同志有王子斗年、赵
永泰、韩秀全、郑道宽四人，郑道宽因公病未被实际工作。
故只有三个人负担社学区，其工作情况为：(1)同期之上学期中

示范国民学校及示范社学区视导报告（一九四九年六月二十日） 9-1-73(68)

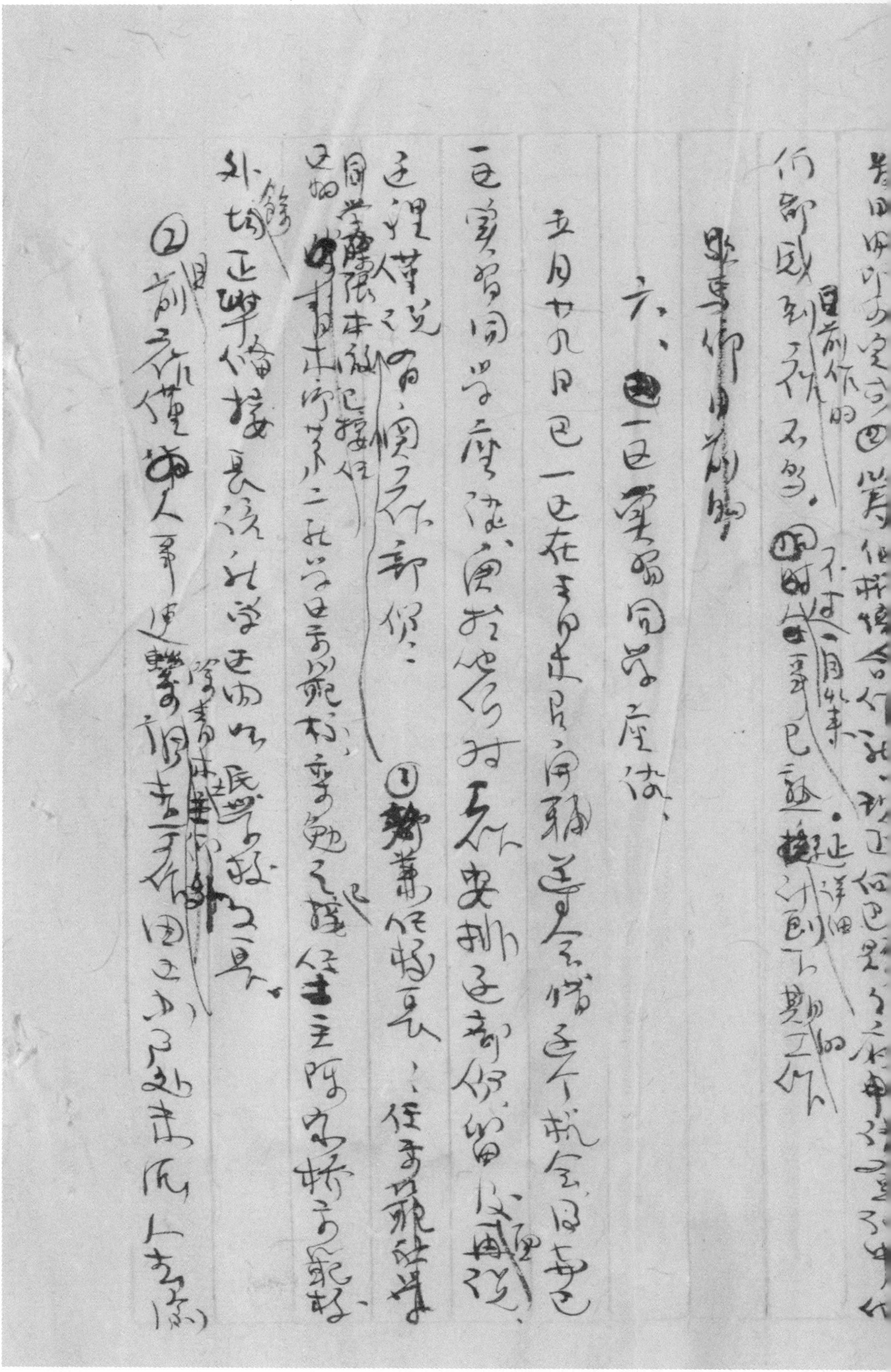

示范国民学校及示范社学区视导报告（一九四九年六月二十日） 9-1-73(69)

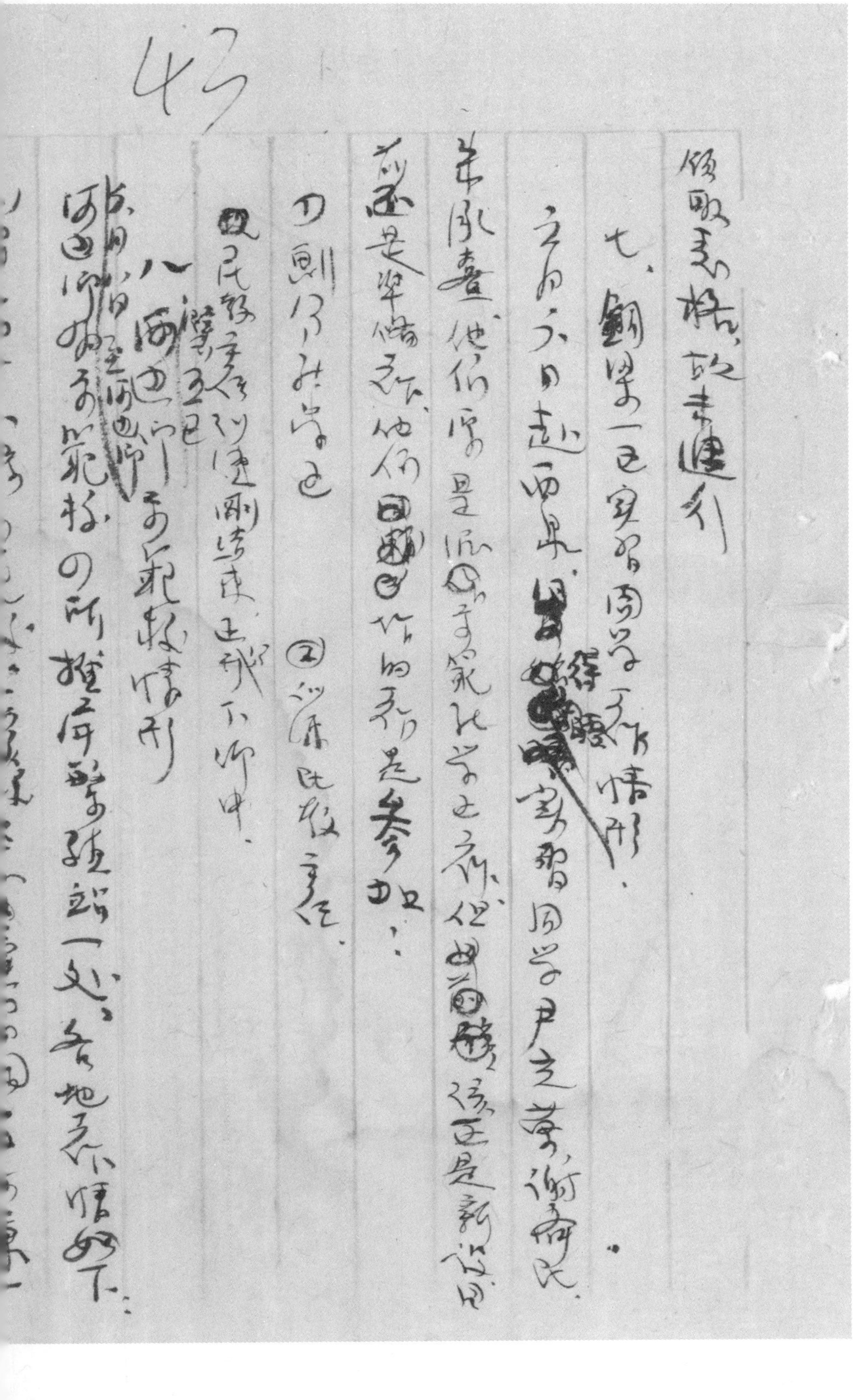

示范国民学校及示范社学区视导报告（一九四九年六月二十日）　9-1-73(70)

担任保本年的[illegible]政运动[illegible]共[illegible]十余人，并负责新的保甲工作

正进行中，指导工作学已组织，现正筹组（申请借款）农业生产合作社。校内常

驻站设在[illegible]，由实习同学[illegible]负责，曾作良种推广与自

[illegible]现正[illegible]等[illegible]竹器[illegible]。

（二）九十保示范校：九十保示范校位在一个小山坡上，是一所

新建的校舍，去年十月始改设示范校，有常年学生一百[illegible]人，六班，有教师八人。

[illegible]工作还未完成，现正申请贷款[illegible]，作[illegible]还未完成，

不过也曾推广南瑞苕、中农四号等种籽。

（三）十四保示范校：十四保示范校位在公路侧，是去年十一月改

设，随即开建校舍，建了教室[illegible]、[illegible]、教师宿舍，校具由当[illegible]

示范国民学校及示范社学区视导报告（一九四九年六月二十日） 9-1-73(71)

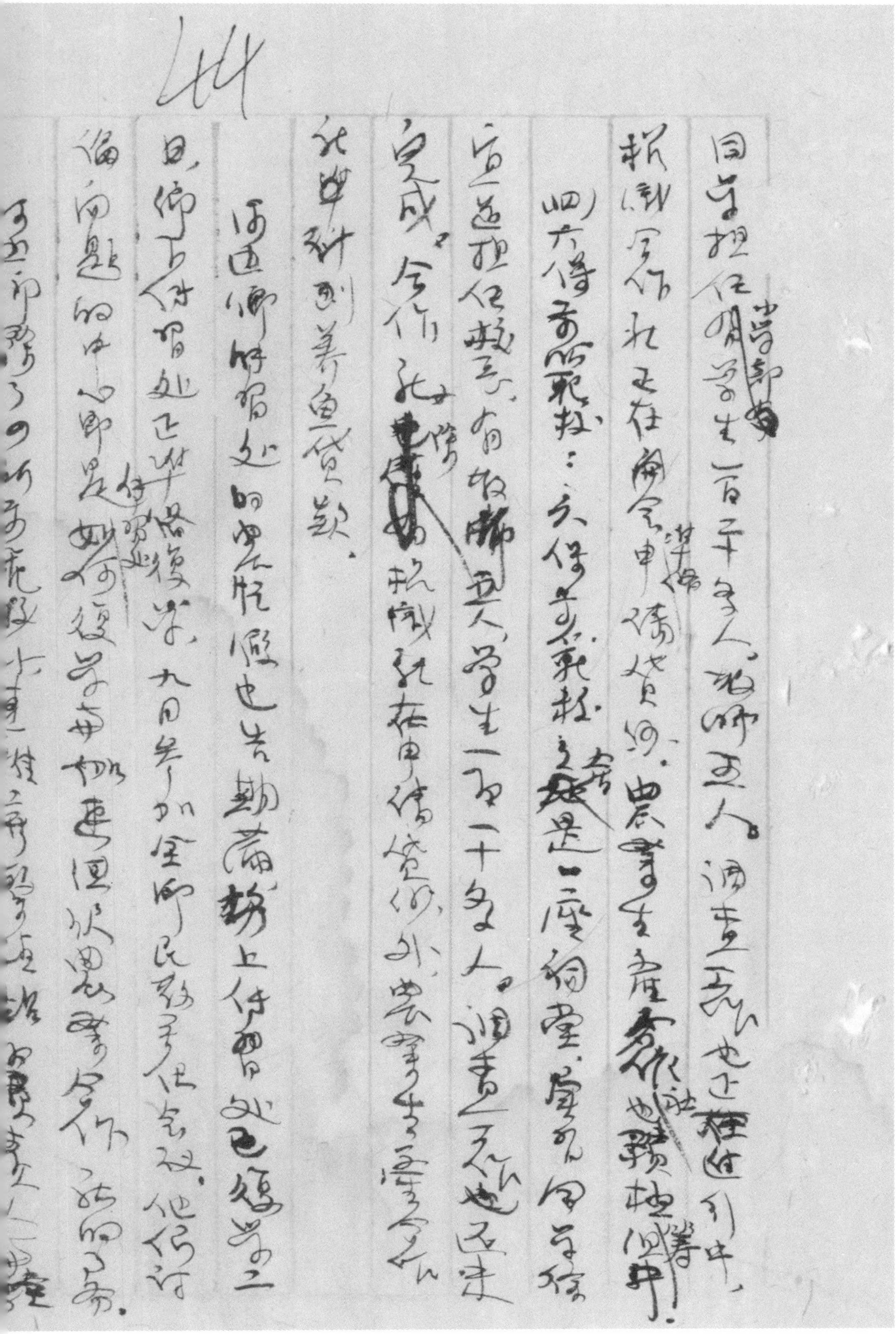

所報導員共有郭[illegible]等負責人，人力不夠，又少接觸[illegible]
學生，他們聯繫得如何，工作意見與衛生室，但在工作上的聯繫
還嫌不夠，未能分工合作，各個部長，同時又負有所主辦
所以作了小學部的工作，對其他工作做得很少；
丙、師範學院實習同學對實習期滿工作安排的意
見：
師範學院實習同學（五月十五日止）實習時期也滿，這次訪問他們，他們畢業
後工作安排的意見是：
~~[illegible]一、[illegible]~~

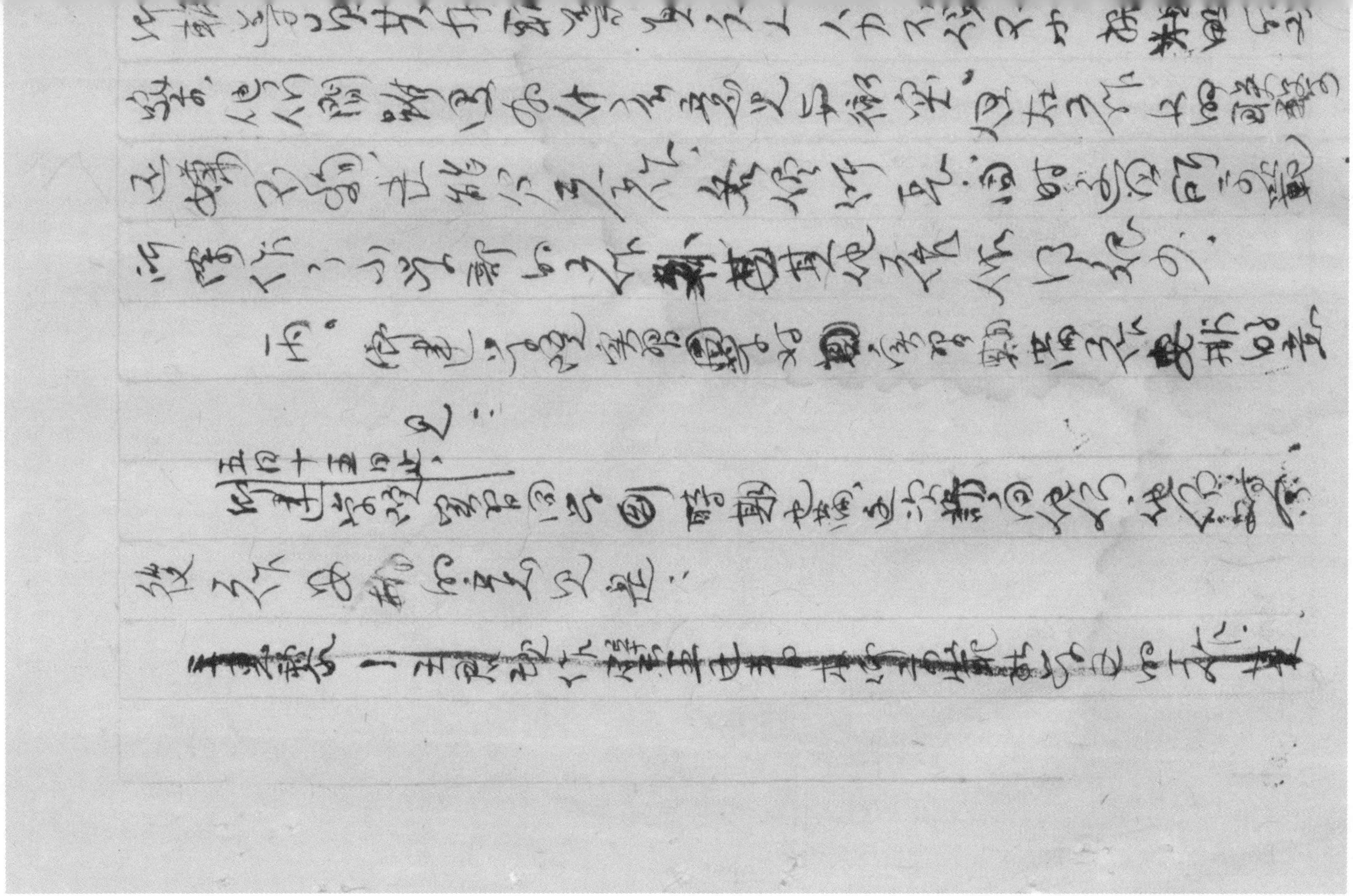

姓名	现任工作	对今后安排的意见	备注
王惠黎	现五区青林乡示范社学区教师	①请调縣办事处 ②或调[illegible]乡[illegible]最好蒲元乡	
张孝徽	已一区青林乡第二社学区示范校长	希望不变动	
黄子真	已一区青林乡第[illegible]社学区示范工作	①请改至青林乡七八保或示范中心校校长 ②或调作[illegible]乡	
侯德庆	已一区罗汉乡永兴安示范校校长	希望不变动	
李[illegible]	已一区罗汉乡接龙桥示范校校长	希望不变动	
罗勉之	已一区土主乡陈家桥示范校校长	同前	
贾学友	已一区土主乡陈家桥周家湾组工作	同前	
王子文	已一区土主乡三圣[illegible]示范社学区教师	同前	
张[illegible]	已一区凤凰乡示范	[illegible]请[illegible]	现已[illegible]

王府蓮	曾在站工作		教學不安定		
韓秀全	巴區歇馬鄉示範社學區工作		同	前	
趙永泰	仝	前	同	前	
李峯	仝	前	同	前	
鄭道寅	仝	前	同	前	鄭同學曾返聘，但現仍擬工作
向昭華	巴二區興隆鄉示範社學區兼任		同	前	
郭興富	巴二區井口鄉示範社學區兼任		同	前	
趙炳青	巴二區蔡家鄉示範社學區工作		請調派查江區輔導員		
范立斌	劉家視察隊長		教學不安定		係鄉長遠親
黃修昭	仝	前	仝	前	仝

示范国民学校及示范社学区视导报告（一九四九年六月二十日） 9-1-73(75)

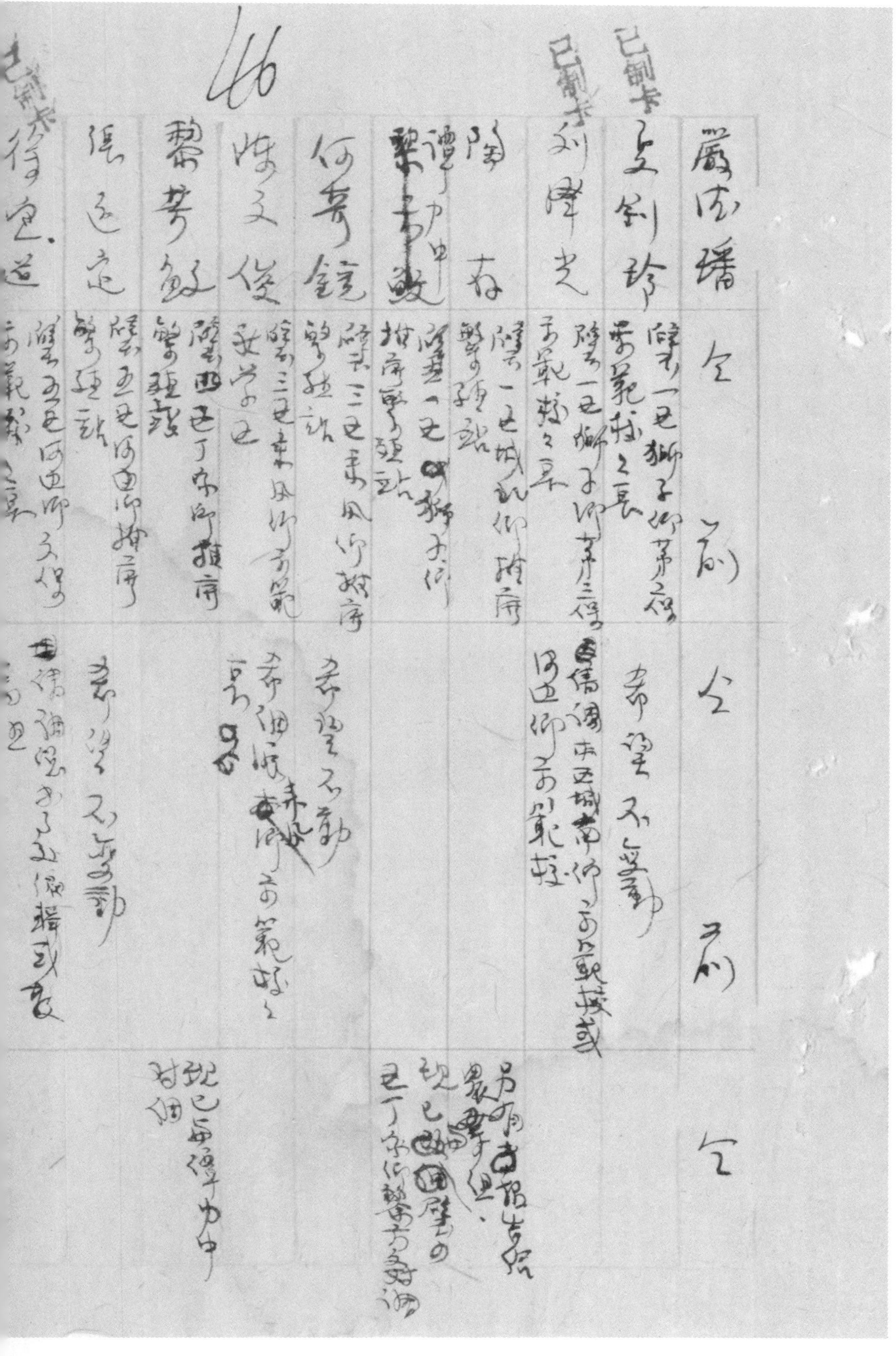

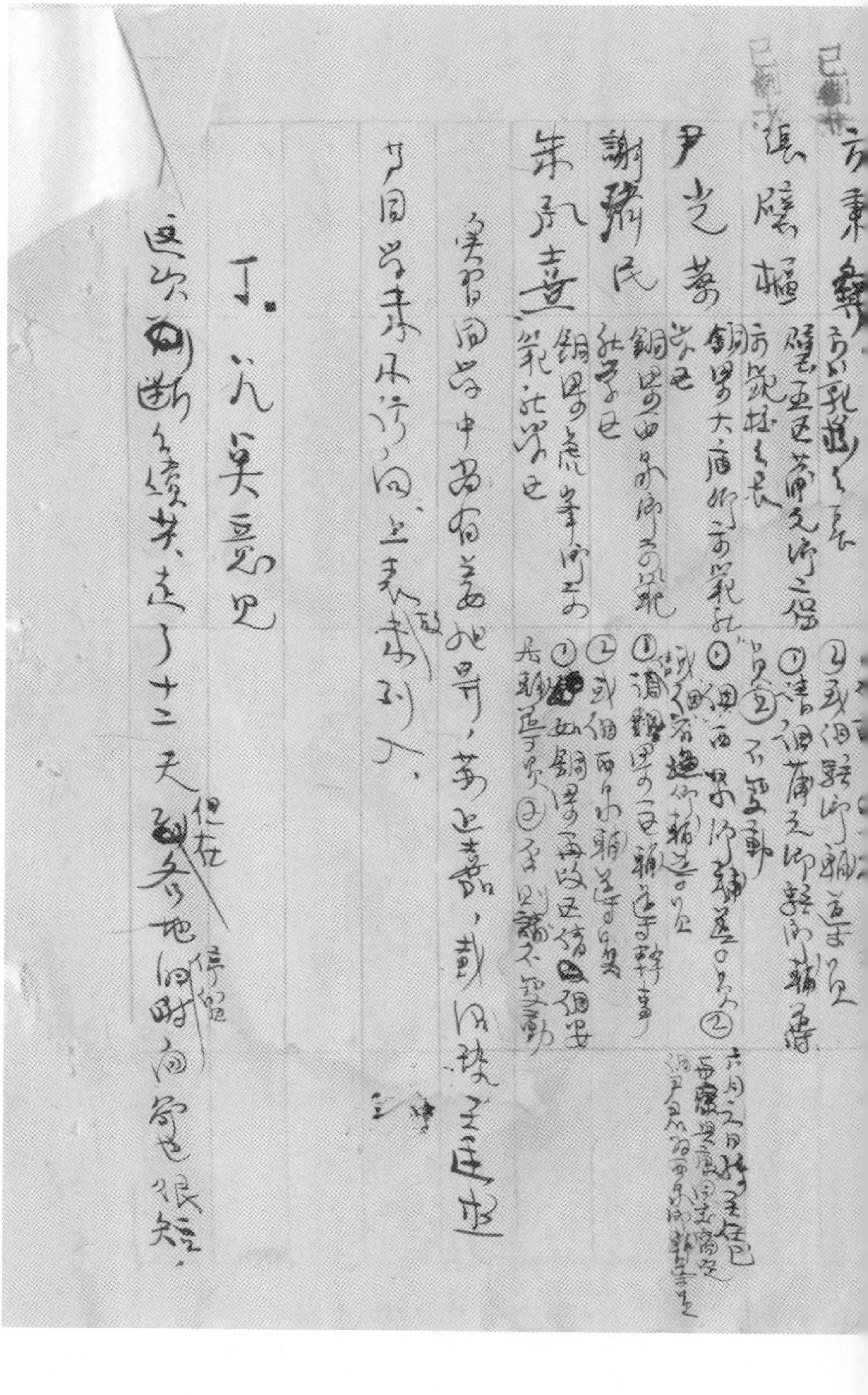
已[illegible]

[illegible]彝　[illegible]　②或个别乡辅导员

张隆福　隆五区蒲元乡之保　①请个蒲元乡给他辅导员

尹光荣　铜梁大庙乡示范社[illegible]　①与西泉乡辅导员[illegible]　②不要动

谢琳氏　铜梁西泉乡示范社学区　①请铜梁二区辅导干事，或由各乡辅导员[illegible]

朱孔嘉　铜梁虎峰乡示范社学区　①如铜梁两区各个[illegible]　②或由西[illegible]辅导员[illegible]　③否则请不要动

实习同学中尚有若干[illegible]异，另处理，或仍请主任定

[illegible]同学来后询问，也表示到了。

丁、几点意见

这次因为继续去了十二天，但在参加地区停留时间也很短。

六月[illegible]日[illegible]主任[illegible]

示范国民学校及示范社学区视导报告（一九四九年六月二十日） 9-1-73(77)

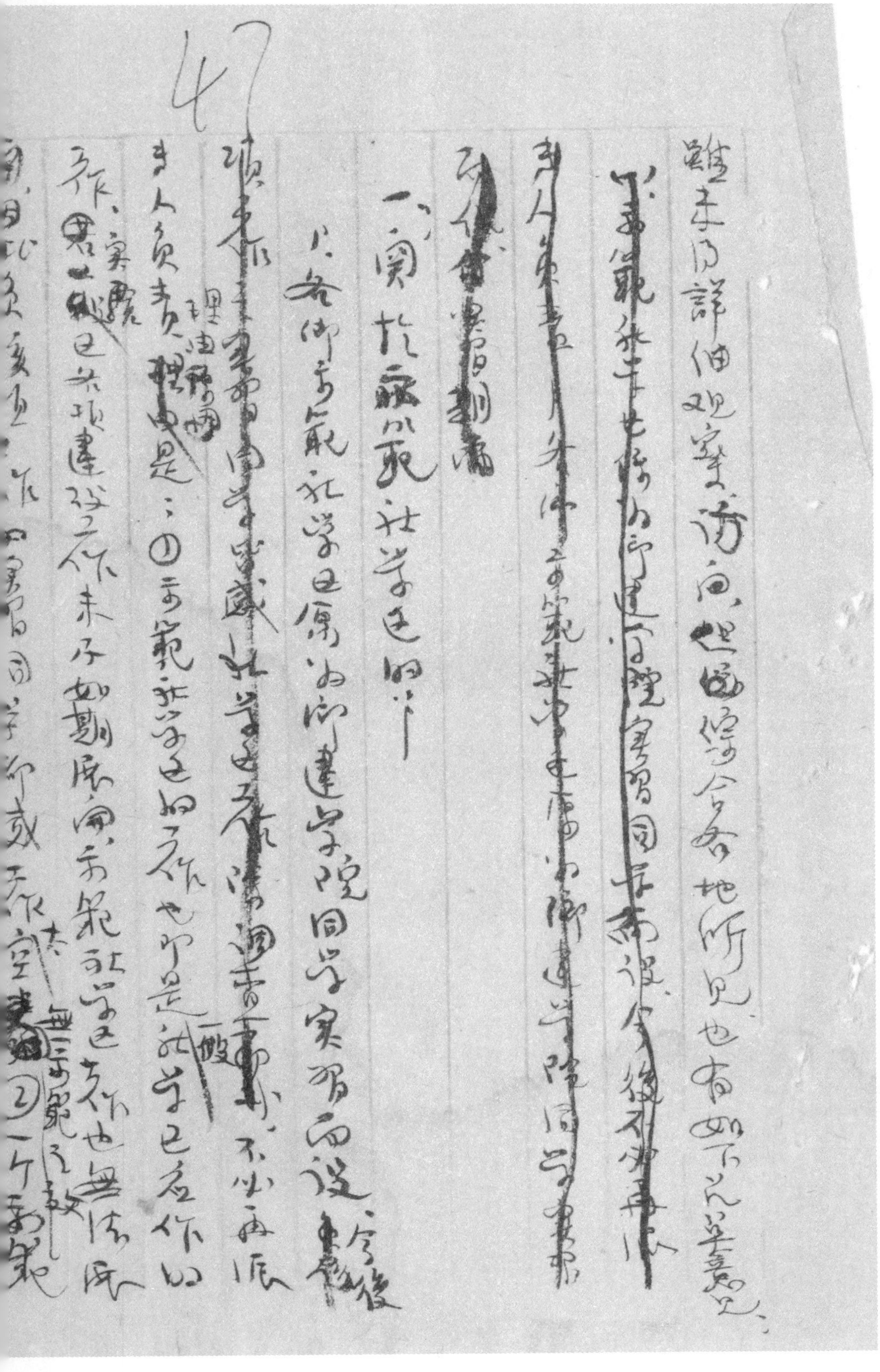
虽未得详细视察访问，但据谈话所得，各地所见也有如下几点意见：
1.示范保中心学校由乡建学院实习同学而设，今后不必再派
专人来主持，示范社学区由乡建学院同学
负责实习辅导。
一、关于示范社学区的：
1.各乡示范社学区原由乡建学院同学实习而设，今后
该项工作未由同学主持社学区工作清楚，不必再派
专人负责，理由是：①示范社学区的工作也即是社学区在作的一般
工作，实验区已和各项建设工作未予如期展开，示范社学区工作也无法展
开，因此负责同学亦或工作空虚，②一个示范

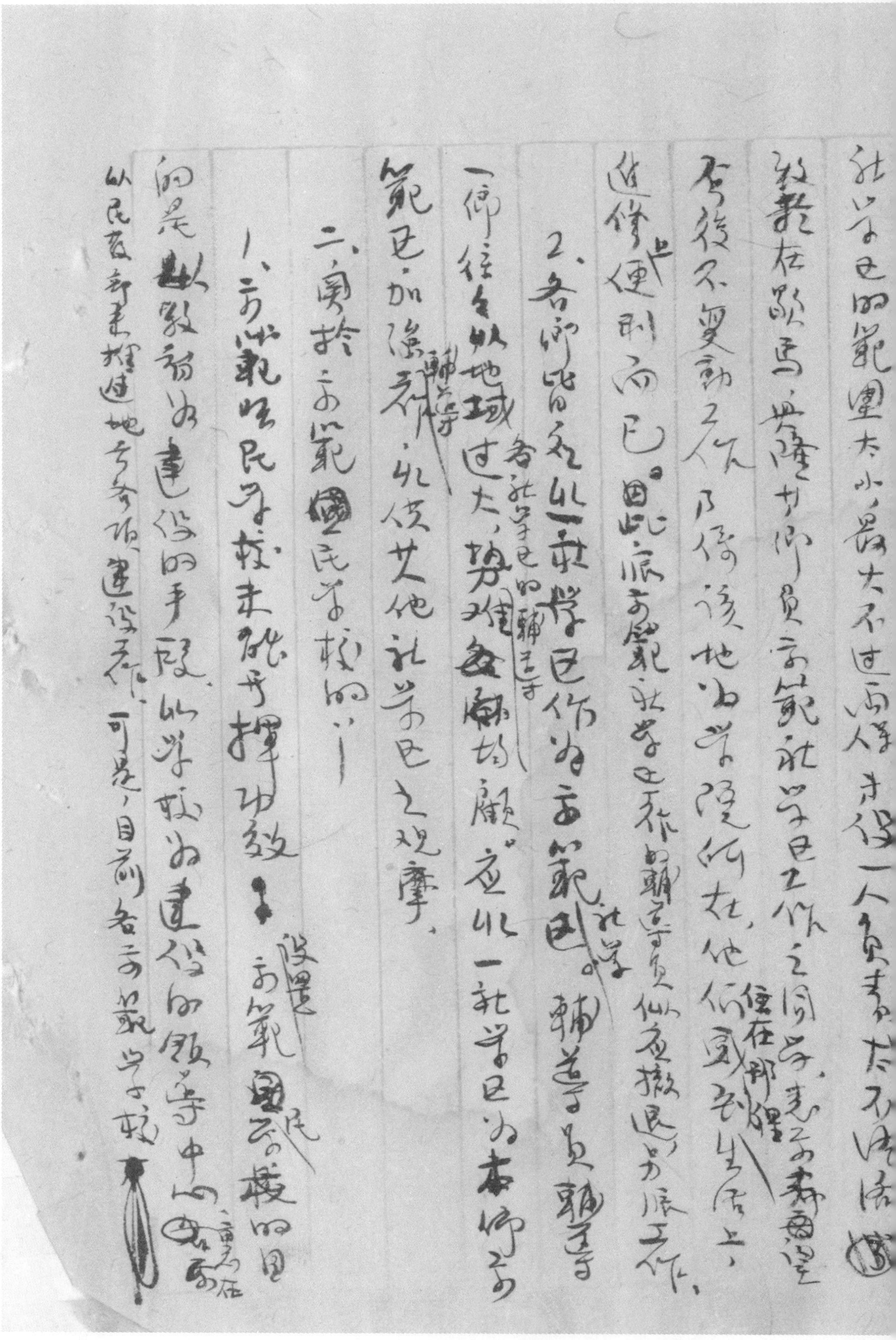

社学区的範圍太小，最大不過兩保，只設一人負責，尤不諳活
致範在那裡，無從對於負示範社學區工作之同學考察督導
本後不要動工作，乃係該地的學區何在，他們住在那裡，還在生活上
遂便利而已。因此原示範社學區工作的輔導員似應撤退，另派工作，
2、各鄉皆無一社學區作為示範社學區，輔導員輔導
一鄉往往以地域過大，各社學區的輔導勢難兼顧，應以一社學區為本鄉示
範區，加強輔導工作，以供其他社學區之觀摩。
二、關於示範國民學校的：
1、示範國民學校未能發揮功效，其設置示範國民學校的目
的是以教育的建設的手段，以學校為建設的領導中心，重在
以民教部來推進地方各項建設工作，可是，目前各示範學校

示范国民学校及示范社学区视导报告（一九四九年六月二十日）　9-1-73(78)

示范国民学校及示范社学区视导报告（一九四九年六月二十日） 9-1-73(79)

448

示范学校，都未能发挥这种功效。有十分之八的示范学校，仅作了小学部的
工作，对社学部工作，毫未进行，甚而连社学区的情况也不
了解，其他的当然更谈不到了。
示范学校的小学部也未能按照示范学校一步进行，如下：
二、示范校小学部的教师过多，失掉了示范表证的意义：
以各示范校小学部的教师与其学生数的比例来说，每一所示范
校的教师都嫌过多，如北碚山的是卧龙所，有的磨盘山的二所示范
校教师最少的是四人，最多的是七人，但学生数最少的是七十人左
右，最多的也不过是超过一百六十人。以县府规定小学部每班学生
不得少于二十人来说，也没有一所示范校的学生人数与规定之示
范校是以最少的人力财力作最多的工作，现在却……教生去

了示範的意义

② 在教学上也未能示範：已访問四十所示範校中，除三角堆

示範校的学保编制一班半日制的編制外，各校在教学上没有什么研究

實驗可供別校观摩的、

③ 未能解決社学区全部学龄兒童入学問題：社学区内学龄兒

童失学状况的原因不外是没有时间（需帮做家务）就是没有余力、

目前每个示範学校都未能作到全社学区内学龄兒童

入学，除三角堆示範校的半日制教学是求解決此问题外，其

餘示範学校皆未向这方面去努力、

3、示範校未能發揮功效的原因：示範校为什么因

示范国民学校及示范社学区视导报告（一九四九年六月二十日） 9-1-73(81)

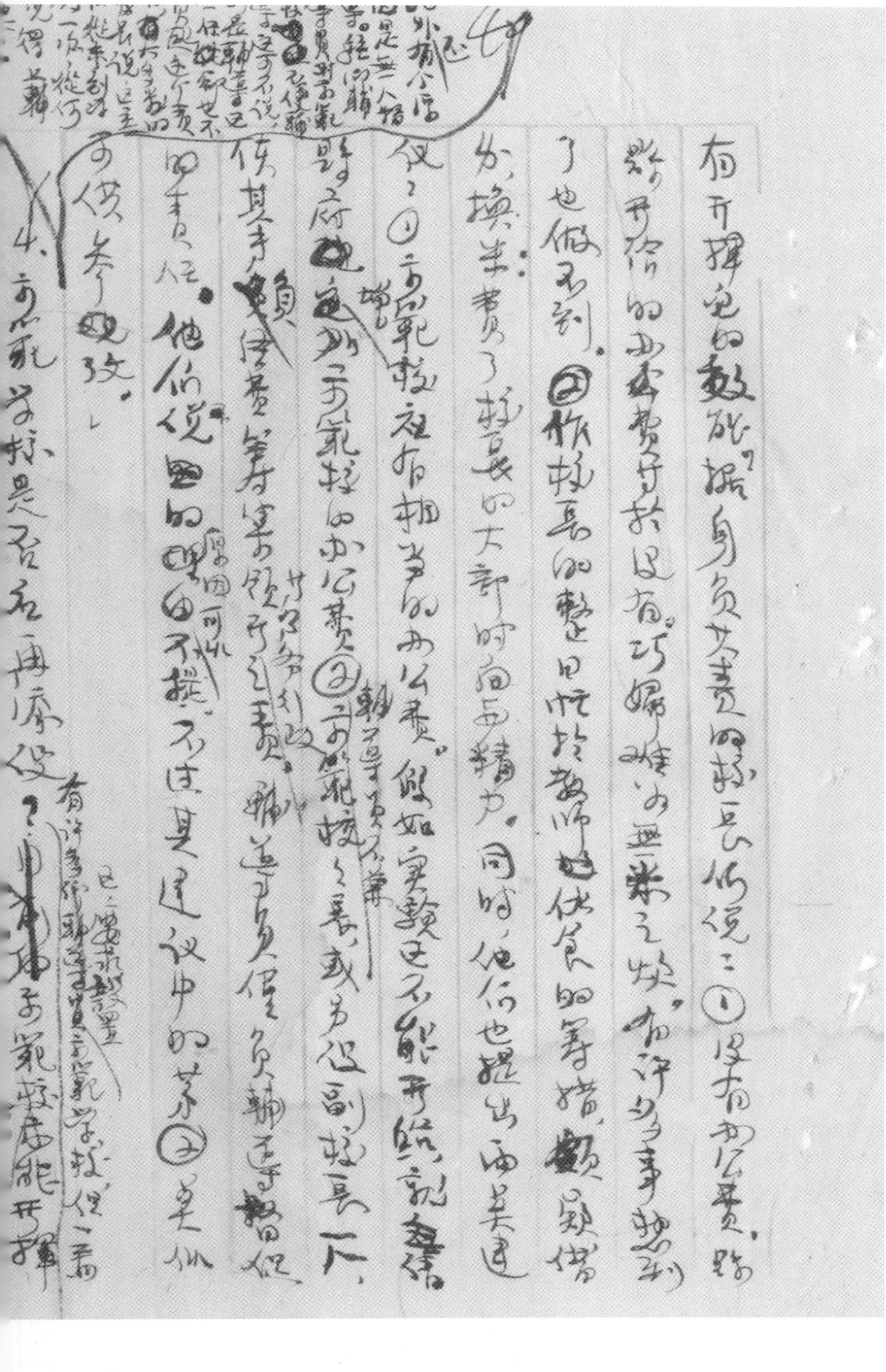

有开揮他的效能，据身负其责的校长们说：①没有办公费。那
教升你的办公费从何而有？巧妇难为无米之炊，有许多事想到
了也做不到。②班校长的整日忙于教师的伙食的筹措，无暇顾及
于换米费了，校长的大部时间与精力。同时，他们也提出两点建
议：①示范校应有相当的办公费。假如实验区不能开办，就补
助示范校的办公费。②示范校之校长或另设副校长一人，
使其专负责筹集经费之责。辅导员负辅导之督促
的责任。他们说的理由不提，不过是建议中的第③是他们
于其参考改。
4. 示范学校是否再添设……

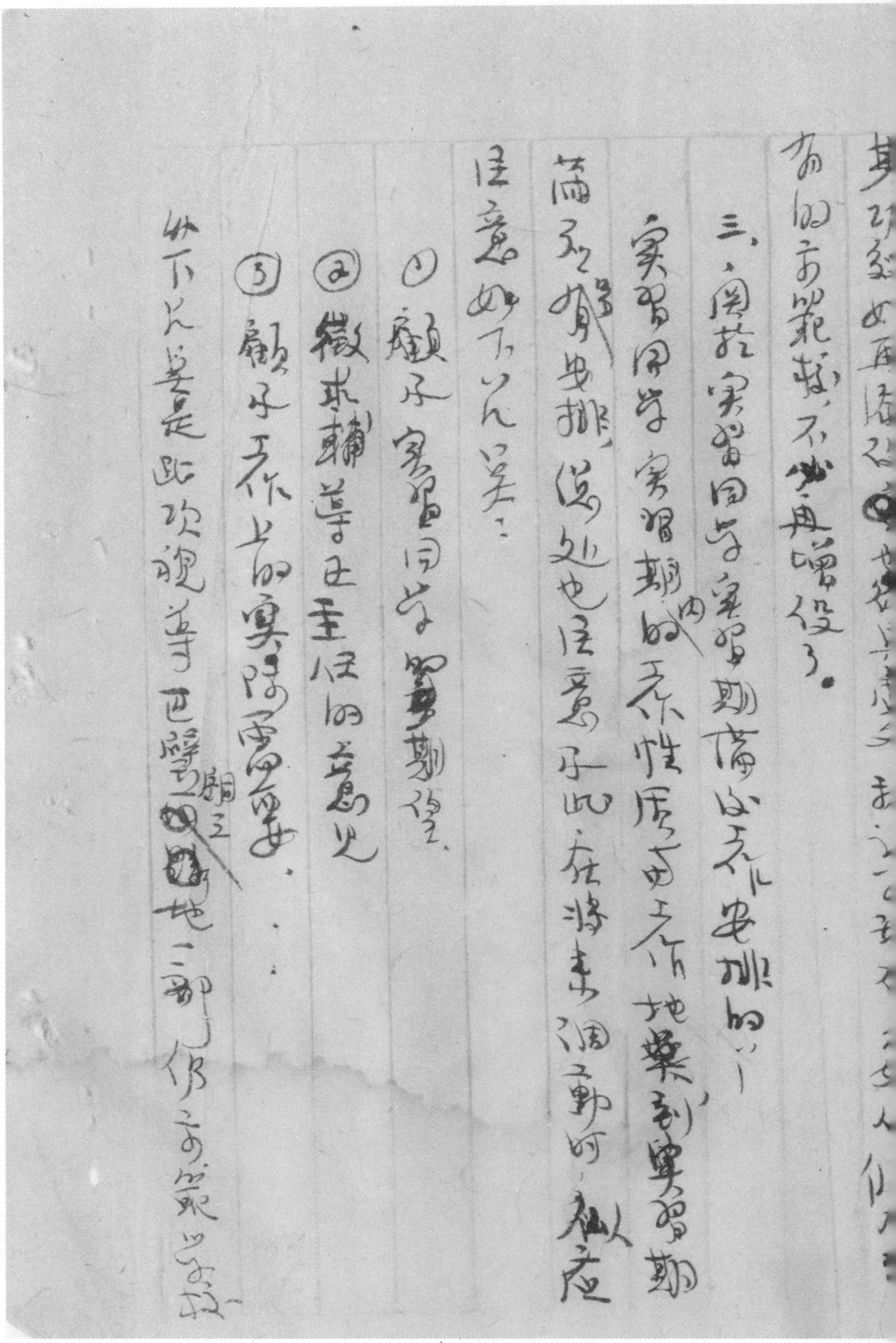
其功效如再降低[illegible]
者的示範校，不再增設了。
三、關於實習同學實習期滿工作安排的：
實習同學實習期內的工作性質，由工作地與副實習期
滿之前安排，俱應注意，予此在將來調動時，亦應
注意如下幾點：
⑴顧及實習同學的學習期望。
⑵徵求輔導主任的意見。
⑶顧及工作上的實際需要。
以下幾點是此次視導巴縣[illegible]的一部份示範學校

示范国民学校及示范社学区视导报告（一九四九年六月二十日）　9-1-73(83)

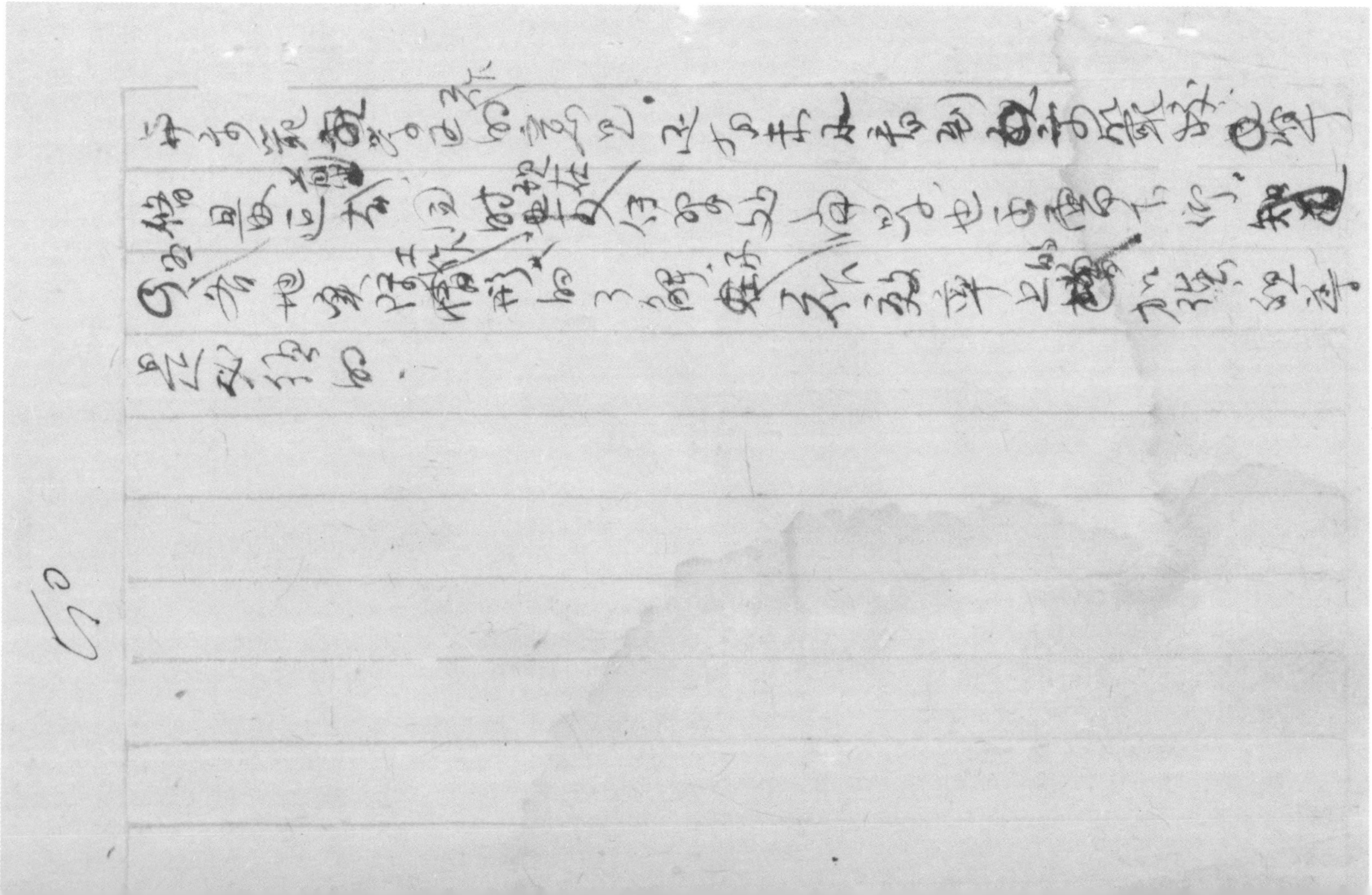

华西实验区示范校历期概况一览表（一九四九年十一月十六日） 13-1-12(25)

20

况一览表 38.11.16.

生数 男	生数 女	地方补助经费	学龄儿童入学百分比	备註
106	58	黄谷22.3市石	60%	
150	72	〃〃25市石	82%	
54	25	〃〃30〃〃	31%	
96	68		64%	
94	57		57%	
135	57	黄谷39市石	70%	
150	71	〃〃15〃〃	80%	
		〃〃38〃〃		
		〃〃60〃〃		
140	108	〃〃75〃〃	79.9%	
101	25	〃〃42〃〃	80%	
109	27		〃〃	
36	12	12市石	30%	
73	23	9〃〃	50%	
91	37	6〃〃	80%	
74	43		55%	
102	45		67%	
			40%	
			50%	
62	45		60%	
87	49		70%	
50	48			
102	105	9市石		

华西实验区示范校历期概况……

期别区别	示校名称	期别	班别	级别	教员	学生 男
第一区	黄泥湾示范校	1	5	5	8	4
		2	6	6	10	5
	三个滩示范校	1	2	4	4	1
		2	5	5	8	3
		3	5	6	8	3
	杨家祠示范校	1	5	10	7	5
		2	5	10	7	4
	漫家塆示范校	1	4	5	4	3
		2	6	7	7	4
		3	7	8	7	5
第六区	梓潼乡示范校	1	4	6	6	6
		2	4	8	6	4
第五区	河边14保示范校	1	4	8	2	2
		2	4	8	5	3
		3	5	9	7	4
	河边6保示范校	1	4	8	4	2
		2	5	9	5	2
	兴元2保示范校	1	4	5	4	2
		2	4	8	4	2
第七区	七塘4保〃〃	1	4	6	4	3
		2	5	7	4	3
第四区	陈家桥〃〃	1	3	4	3	2
		2	6	7	7	3
总计						

000022

华西实验区示范校历期概况一览表（一九四九年十一月十六日） 13-1-12（28）

华西实验区示范校历期概况一览表（一九四九年十一月十六日） 13-1-12(29)

…况一览表 38.11.16.

	生數		地方补助经费	学龄儿童入学百分比	备註
	男	女			
[illegible]	81	51		55%	
[illegible]	105	76	黄谷24市石	75%	
[illegible]	121	83		84.17%	
[illegible]	95	68		82.39%	
[illegible]	50	32		82%	
[illegible]	78	57	56市石	75%	
[illegible]	103	37	26 〃 〃	70%	
[illegible]	86	34		60%	
[illegible]	76	29		52.5%	
[illegible]	77	48		78%	
[illegible]	68	35			
[illegible]	72	40		69%	
				72%	

华西实验区示范校历期概况一览表（一九四九年十一月十六日） 13-1-12(31)

00023

華西實驗區示範校歷

輔導區別	示校名稱	期別	班別	級別	教師 計	教師 男
巴一區	虎溪鄉示範校	1	2	5	3	2
		2	6	8	7	4
巴三區	鹿都鎮示範校	1	6	8	7	4
		2	6	8	7	1
巴六區	長生鄉 〃 〃	1	3	4	3	3
〃七〃	銅罐〃 〃 〃	1	4	6	6	4
璧二區	正興11保 〃 〃	1	5	7	3	1
		2	5	7	5	2
		3	5	8	5	3
	正興9保 〃 〃	1	4	5	4	3
璧一區	獅子11保 〃 〃	1	4		3	2
		2	4		3	

华西实验区总办事处关于召开璧山各区及巴县第一、二区所属示范国民学校工作座谈会的通知　9-1-103(82)

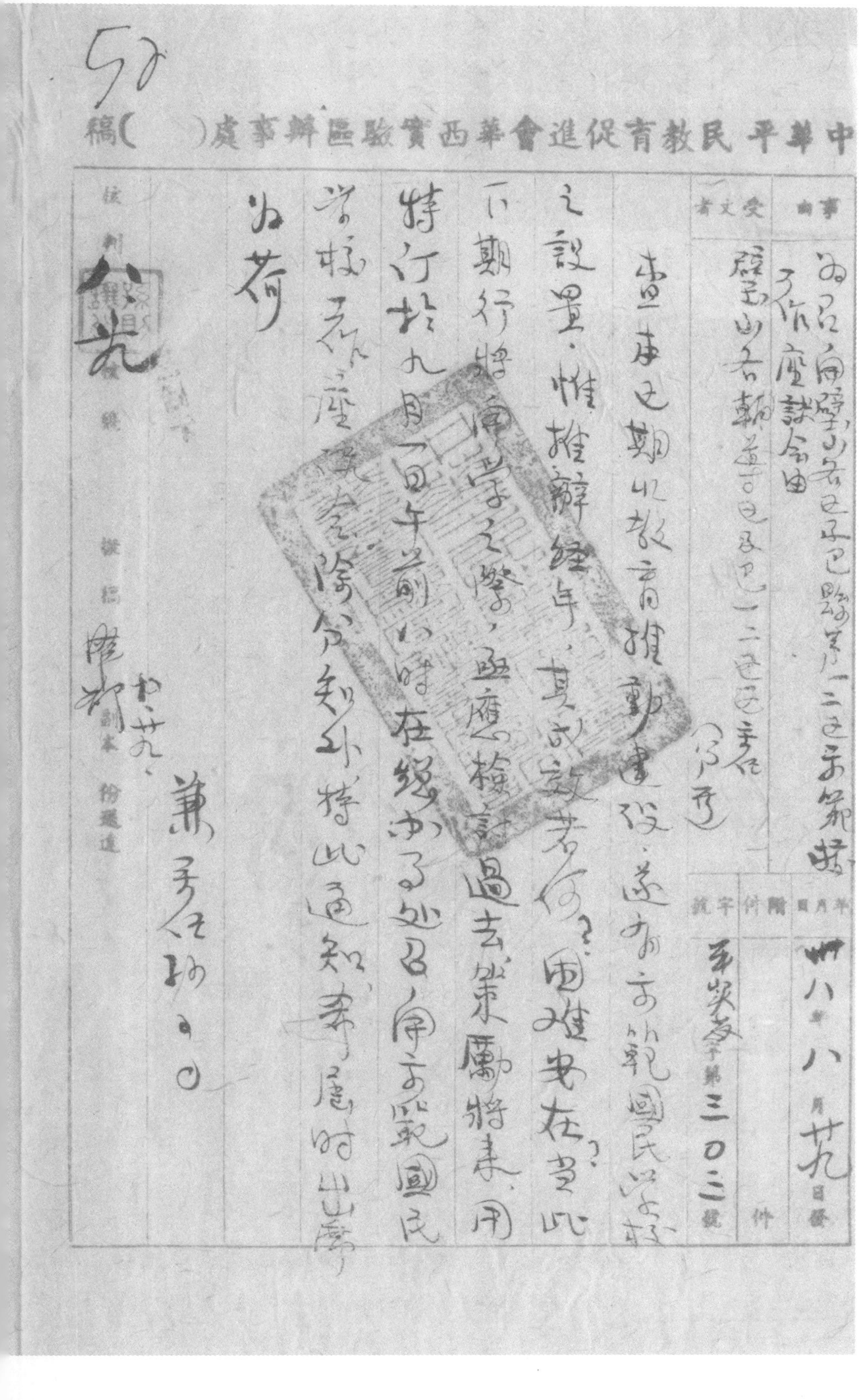

58

中华平民教育促进会华西实验区办事处（　　）稿

事由：为召开璧山各区及巴县第一二区示范国民学校工作座谈会由

受文者：璧山各辅导区及巴县一二区主任（份）

年月日：卅八年八月廿九日發

附件：

字號：華实教字第三〇三號

查本区近期以教育推动建设，逐渐以示范国民学校之设置，惟推办经年，其成效若何？困难安在？当此下期行将开学之际，亟应检讨过去，策励将来，用特订于九月一日午前八时在总办事处召开示范国民学校工作座谈会，除分别外，特此通知，希届时出席为荷。

兼主任 孙○○

校对　缮写　监印　副本　份送达

华西实验区总办事处关于召开璧山各区及巴县第一、二区所属示范国民学校工作座谈会的通知　9-1-103(83)

53

華平民教育促進會華西實驗區總辦事處（通知）（正）本

受文者：工作座談會

查本區期以教育推動建設，遂有示範國民學校之設置。惟推辦經年，其成效若何？困難安在？當此下期行將開學之際，亟應檢討過去，策勵將來。用特訂於九月一日午前八時在總辦事處召開示範國民學校工作座談會。除分知外，特此通知，希屆時出席為荷。

兼主任　孫則讓

已制卡

附件　字號　示農教字第三〇三號

說明
（一）此公文紙「通知」「報告」「公函」「代電」均可用
（二）第一個大（　）內填寫文別如「通知」「報告」「代電」等
（三）第二個小（　）內填寫「正本」或「副本」
（四）正本給受文者，副本給有關係者，如輔導員主任關於報告辦理事宜，必要時以副本給縣（局）政府

华西实验区总办事处关于召开璧山各区及巴县第一、二区所属示范国民学校工作座谈会的通知　9-1-103(85)

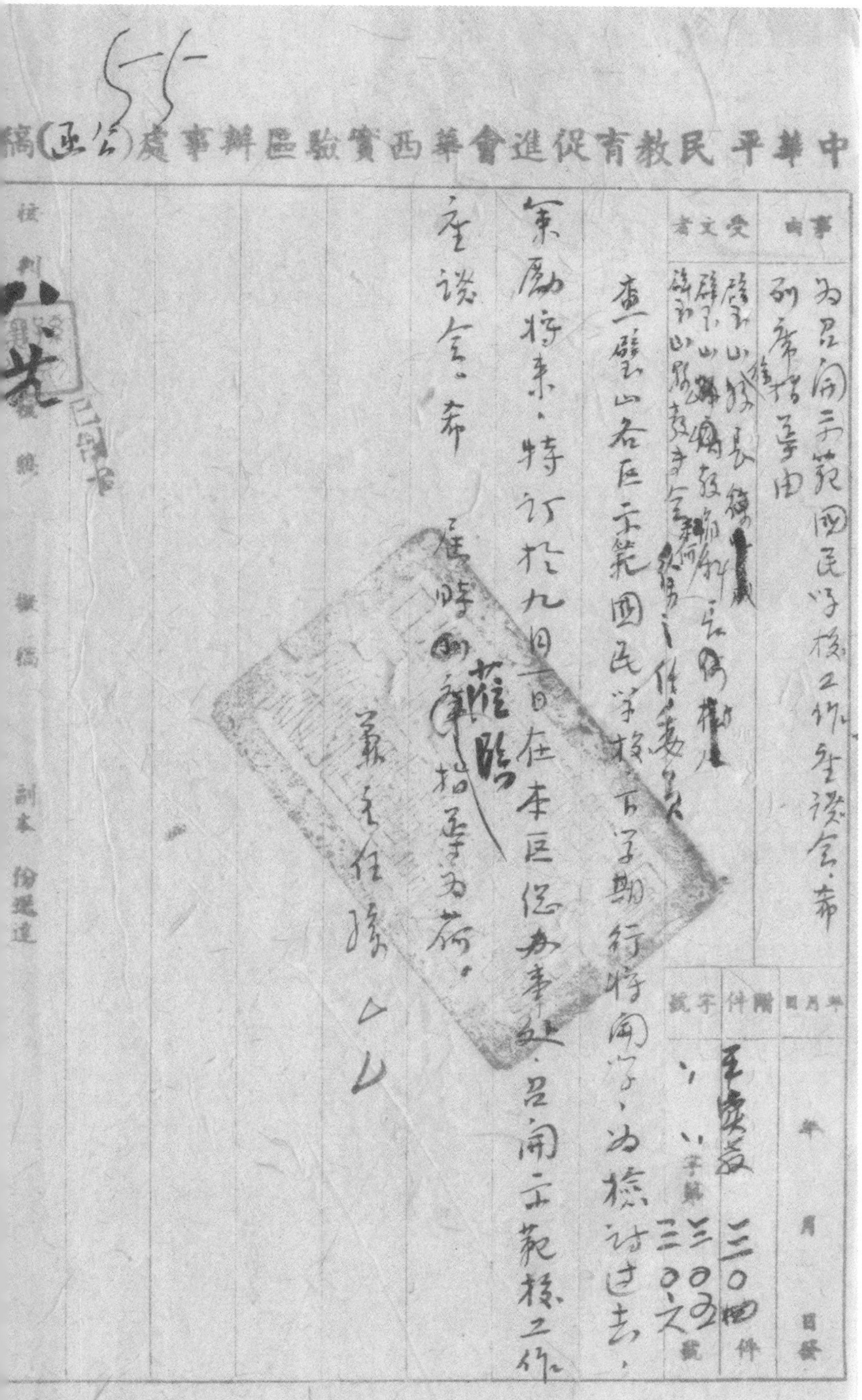

中華平民教育促進會華西實驗區辦事處(公)函稿

事由：为召开示范国民学校工作座谈会，希列席指导由

受文者：璧山县长、璧山县教育科长、各辅导员

查璧山各区示范国民学校下学期行将开学，为检讨过去，策励将来，特订于九月二日在本区总办事处召开示范校工作座谈会，希届时莅临指导为荷。

兼主任　孙△△

字号：八字第三〇〇五、三〇〇六号

附件

年　月　日发

华西实验区总办事处关于召开璧山各区及巴县第一、二区所属示范国民学校工作座谈会的通知　9-1-103(84)

54

中華平民教育促進會華西實驗區總辦事處（公函）（正）本

事由	爲召開……希列席指導由
受文者	

查璧山各區示範國民學校下學期將舉行教學研究檢討過去，策勵將來，特訂於九月一日在本區總辦事處召開示範校工作座談會，希屆時蒞臨指導爲荷。

燕主任

孫則讓

已代

附件　字號

說明
（一）此公文紙「通知」「報告」「公函」「代電」均可用
（二）第一個大（ ）內係寫文別如「通知」「報告」「代電」等
（三）第二個小（ ）內係寫「正」本或「副」本
（四）正本給受文者，副本給有關係者，如補導區主任因公報告總辦事處，必要時以副本給縣（局）政府

华西实验区总办事处关于召开璧山各区及巴县第一、二区所属示范国民学校工作座谈会的通知 9-1-103(80)

50

中华平民教育促进会华西实验区办事处稿（通知）

事由：为召开璧山各区暨巴县第一、二区示范校工作座谈会，仰届时出席由

受文者：璧山第一、二、三、四、五辅导区暨巴县第一、二辅导区所属各示范校校长。

年月日：卅八年八月廿九日发

字号：耳实教第三〇七号

查本区设置示范国民学校以来，推办经年，其成效若何？困难安在？当此下期行将开学之际，亟应检讨过去，策励将来。用特订于九月二日午前八时，在总办事处由教育组负责主持召开示范国民学校工作座谈会。凡璧山各辅导区及巴县第一、二两区所属示范校校长，务希届时出席，报告过去工作，并提出改进计划或意见，以资研讨为要。除分知外，特此通知，仰即遵照。

校对 八、廿六 缮校 八、廿六 监印 八、廿六 副本 份递送

兼主任 孙[illegible]

华西实验区总办事处关于召开璧山各区及巴县第一、二区所属示范国民学校工作座谈会的通知　9-1-103(81)

51

平民教育促進會華西實驗區總辦事處（　　）（　　）本

受文者：

件字號：平字第　號

查本區設置示範國民學校，以來推辦經年，其成效若何？困難安在？當此下期行將開學之際，亟應檢討過去，策勵將來。用特訂於九月一日午前八鐘在城辦事處召開示範國民學校工作座談會，由教育組負責主持。凡璧山各輔導區及巴縣一、二兩區所屬示範校校長，統希屆時出席，報告過去工作，并提出改進計劃或意見，以資研討為要。除分知外，特此通知，仰即遵照。

蕭主任

說明
（一）此公文紙「通知」「報告」「公函」「代電」均可用
（二）第一個大（　）內係寫文別如「通知」「報告」「公函」「代電」等
（三）第二個小（　）內係寫「正」本或「副」本
（四）正本給受文者，副本給有關係者，如輔導區主任因公報告總辦事處，必要時以副本給縣（局）政府

华西实验区总办事处为检发示范校工作座谈会记录给各辅导区的通知　9-1-103（88）

56

中華平民教育促進會華西實驗區總辦事處稿（通知）

事由：為檢發示範校工作座談會記錄由

受文者：設有示範校之各輔導區主任及校長（璧山縣第一、二、三、四、五、六、七、八各區）

查本處九月一日召集璧山各輔導區及巴縣第一二輔導區主任及示範校校長舉行示範校工作座談會，業於當日決定各項議案，即作本區各示範校應遵之法規，所有紀錄一份，隨文頒發，仰即切實遵辦為盼。

兼主任　孫

附件：示範校工作座談會記錄

年　九月　八日發

字第三四六號

核　九、八　核稿　九、八　擬稿　九、八　副本　份送達

华西实验区总办事处为检发示范校工作座谈会记录给各辅导区的通知　9-1-103(89)

59

華平民教育促進會華西實驗區總辦事處（　　）（　　）本（　　）

受文者：

附件：會議紀錄一份

字號：平實教字第　號

查本處九月一日召集璧山及巴縣一二各輔導區主任及示範學校校長舉行示範學校工作座談會，業於當日結束。所有各項議決案應即付諸實施。茲隨文檢發紀錄一份，仰即切實遵照為盼。

兼主任

說明：
（一）此公文紙「通知」「報告」「公函」「代電」均可用
（二）第一個大（　）內係寫文別如「通知」「報告」「代電」等
（三）第二個小（　）內係寫「正」本或「副」本
（四）正本給受文者，副本給有關係者，如輔導區主任因公報告或辦事處，必要時以副本給縣（局）政府

华西实验区总办事处为检发示范校工作座谈会记录给各辅导区的通知　9-1-103(87)

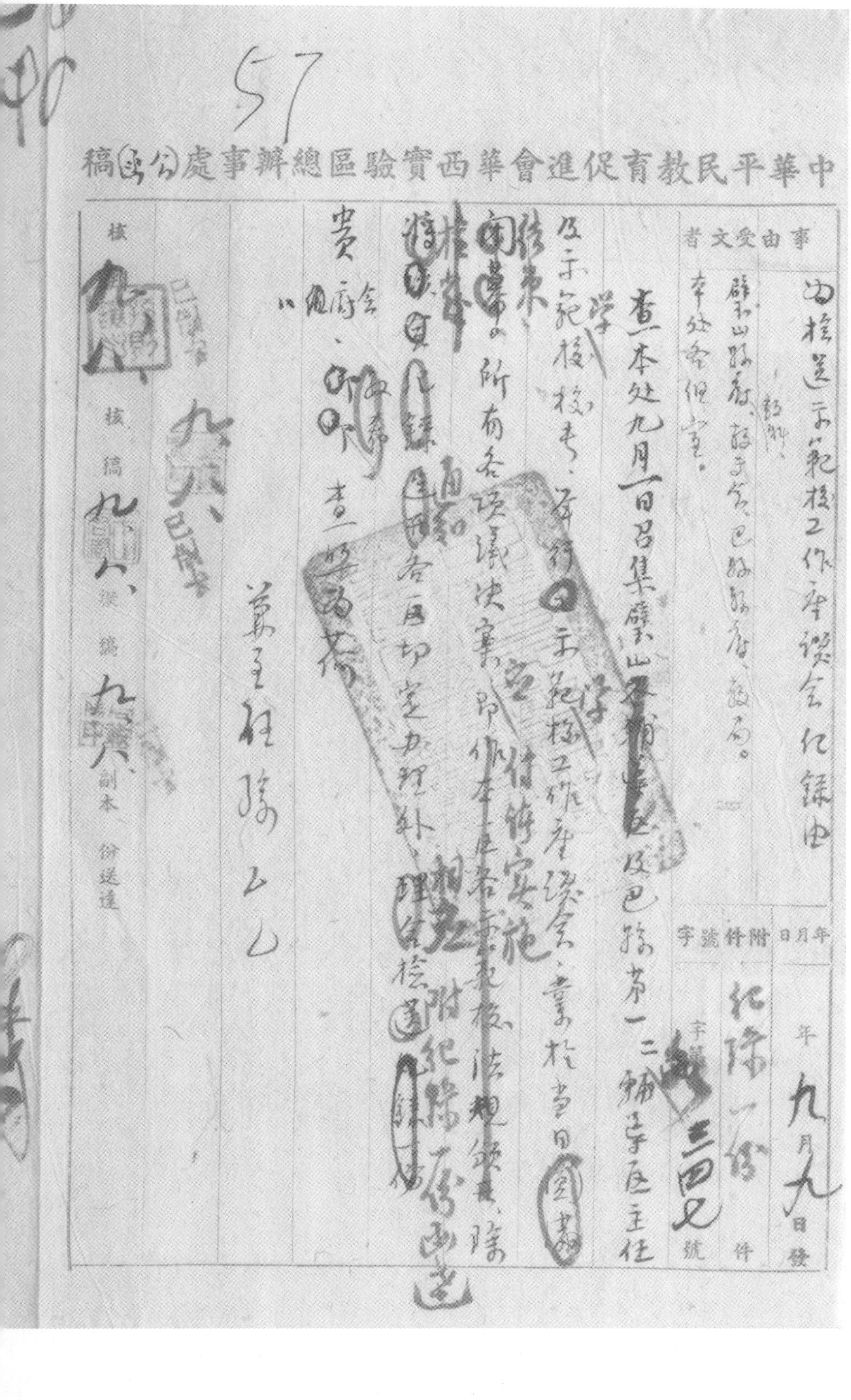

华西实验区总办事处为检发示范校工作座谈会记录给各辅导区的通知　9-1-103(86)

56

中華平民教育促進會華西實驗區總辦事處（公函）（正）本

受文者	
附件	紀錄一份
字號	平實教字第　號

查本區九月一日召集璧山及巴縣一二各輔導區主任及示範學校校長，舉行示範學校工作座談會，業於當日結束，所有各項議決案，應即付諸實施，除通知各區切實辦理外，相應檢附紀錄一份函達

貴　查照為荷。

蕭主任

說明：
（一）此公文紙「通知」「報告」「公函」「代電」均可用
（二）第一個大（　）內係寫文別如「通知」「報告」「代電」等
（三）第二個小（　）內係寫「正本」或「副本」
（四）正本給受文者，副本給有關係者，如輔導區主任因公報告縣府事宜，必要時以副本給縣（局）政府

璧山各辅导区暨巴县一、二辅导区所属示范校工作座谈会记录（一九四九年九月一日） 9-1-103（56）

37

璧山各輔導區暨巴縣一二輔導區所屬示範校工作座談會紀錄

時間：三十八年九月一日

地點：撥辦事处

出席人：（如簽到簿）

主席：郭主任秘書準堂

紀錄：唐載陽

主席報告：（略）

各區報告（略）

問題討論：

甲、兒童部方面：

一、問題：如何完成建校工作？

議決辦法：1、發動地方力量建校。

a、示範校建校所運用之財力、人力、物力以本社學區所有者為主，用符以最低條件創辦最高成績，以期示範領導之原意。

b、由簡易之設置入手（如器物設置）再而及於艱鉅工作（如校舍之建修）

c、工作人員應本身努力及善於運用，以激發地方人士之贊助。

2、增闢建校經費來源：

a、運用政府頒布之「國民教育經費籌集辦法」所列各種[illegible]辦理懸未決令議决如下：

①、本年暑假前已建修之示範校經調查後，以稱未經其縣長教

事會商决具體結束辦法者，函請縣府分別補助，如與

款則說明事實困难，通知各區（即黑會之八區）以資結束。

②、示範校原則上不再增設，如有必要，亦須請准，今後建校經

費概由地方自籌，本區不予補助。

③、由各校擬訂分期建校計劃，分期完成（分期每一學期建校

工作均有顯著進步）。

二、問題：如何充實設備？

議决辦法：1、利用現有環境，以經濟方法增加設備。

2、教具儀器及標本，經濟之設備，准校以校辦事外，酌量統一

製造。

3、就學教需要及該社學區各項建設活動之需要，添製各

種圖表，其用紙總辦事外，可酌量供給。

4、成績特优學校，經考核後，校辦事外，酌量發給獎金，以助其

38

充實設備。

三、問題：如何增進教師素質？

議決辦法：1.璧山區示範校本期教師人數經商得縣府同意，仍維持上學期原案規定，但學生人數如有增減，經區主任函請縣府查明後，其班次得按縣府規定標準增減之。

2.巴縣區示範校本期教師人數由校外函請縣府仍維持上期原案規定，但學生人數如有增減，經教局查明後得增減之。

3.教師任用，以規定任用後期師範畢業者或高中畢業富教學經驗者為合格。

4.教師資格之檢定，請縣府嚴格執行。

5.校長應擬就輔導教師進修辦法，切實實施。

四、問題：如何充實經費？

議決辦法：1.校長應以全部公費用於學校開支。

2.有特殊活動（如舉辦各種與鄉建有關之社教活動等）經核准後可由校外酌量補助經費。

3.……

照付實驗區校及事处，轉請教導會作民教主任食米。

4.各示範校須出手續，以便由按处或教導會商妥後，指派專人負責辦代。

5.关於示範校辦公費轉商縣府及轉請保主任按示後再作決定。

五、問題：如何增強对教師之監督輔導？

議決辦法：1.由校長对教師之勤惰，除應切實監督考核外，並應在教學方面積極輔導。

2.校長應常川住校，情形特殊（不能住校者須經區主任核准，但其住所不得在該社學區之外。

六、問題：如何增強輔導其他保校？

議決辦法：1.以教師联誼會或國民教育研究會（簡則由按处頒拟）等組織，增強與本鄉其他保校之联繫。

2.舉辦各種競賽與其他保相互觀摩，以增強示範領導之作用。

乙、民教部方面：

璧山各辅导区暨巴县一、二辅导区所属示范校工作座谈会记录（一九四九年九月一日） 9-1-103（60）

（問題）：示範校長與駐鄉輔導員權責如何劃分？

議決辦法：1.一般社學區之各項工作，由駐鄉輔導員專責推動，但須與示範校長取得密切聯繫。

2.示範校所在之社學區，所舉辦各項建設工作，由示範校長專責推動，以期發生示範領導之作用，但須與駐鄉輔導員取得密切聯繫。

3.全鄉國民教育之輔導及研究事項，由示範校長與駐鄉輔導員同負責。

六問題：关於傳習教育本期應辦理何種工作？

議決辦法：1.示範校所在之學區文盲掃除工作，須擬訂分期掃除之詳實計劃，按步實施（根據該社學區調查資料所載計文盲學成人人數，擬訂計劃分期掃清）。

2.有关特殊之成人教育設計，經核准後，可由校外補助經費。

3.學齡兒童不得納入傳習外。

4.各示範校所在社學區切實重新計劃舉辦社區

璧山各辅导区暨巴县一、二辅导区所属示范校工作座谈会记录（一九四九年九月一日） 9-1-103（61）

議決辦法：1.示範校所在社學區之農業[illegible]組社工作及組社後之業[illegible]

推動由示範校長負責。

2.示範校所在社學區之事營合作社組社工作及組社後之業務推動由示範校長負責。

3.關於該社學區合作社社員職員之訓練，示範校長應負設計與訓練之責任。

四、問題：關於農業方面本期應辦理何種工作？

議決辦法：1.示範校所在社學區，如有農業推廣繁殖站，示範校長應與農業輔導員密切配合進行繁殖站推廣等工作。

五、問題：關於衛生方面本期應辦理何種工作？

議決辦法：1.如示範校所在社學區有本區婦女衛生訓練班畢業生工作，其輔導辦法由衛生組擬訂交示範校長負責執行。

2.示範校所在社學區請衛生組分配之瘧疾防治藥品由示範校長負責應用并紀錄疾病防治及藥品使用情形。

璧山各辅导区暨巴县一、二辅导区所属示范校工作座谈会记录（一九四九年九月一日） 9-1-103（62）

其他議決事項：

一、議決：各示範校應擬訂本期工作詳細計畫（附進度表）於九月二十日以前交總處備查，至每月進展情況應按月具報。

二、議決：上期各舊任示範校限於九月十日以前繳送上期工作報告。

三、議決：关於農業社機織社各項組織辦法、推進步驟及有关各種法規（包括社員訓練教材等）由編輯組會同合作組即編印專冊，分發各級工作人員。

四、議決：各示範校長目前請假離職者，區主任責成其他工作人員代办開學事宜，不得延誤。

五、議決：各示範校有特殊之教育活動舉行，可資紀錄者，四日前通知教育組由影音施教隊攝製幻灯。

六、議決：各組閱讀討論，移於九月二日各區主任聯席會議討論。

散會

璧山各辅导区暨巴县第一、二辅导区所属示范国民学校工作座谈会讨论大纲　9-1-103 (63)

璧山各輔導區暨巴縣第一二輔導區所屬示範國民學校工作座談會討論大綱

卅八年九月一日

甲、兒童部方面：

一、問題：如何完成建校工作？

擬設辦法：1、發動地方力量建校。

2、增闢建校經費財源。

3、擬訂分期建校計劃，分期完成（務期每一學期建校工作均有顯著進步）。

二、問題：如何充實設備？

擬設辦法：1、利用兒童家長、[illegible]

璧山各辅导区暨巴县第一、二辅导区所属示范国民学校工作座谈会讨论大纲　9-1-103 (64)

2、就教学需要添制各种图表。

3、图表方面用纸，经费无着处可呈县补助。

4、成绩特优学校，经处呈得请奖金，以资鼓励。

其它实证论。

三、问题：如何增进教师素质案。

拟设办法：1、校长任用以受教育或富有教育行政经验者为原则。

2、本县教师任用以师范毕业生为合格。

3、县教师数量，应以实有学生人数拟定标准。

决定教师人数，［illegible］。

璧山四宝閣文具印刷紙號印製

璧山各辅导区暨巴县第一、二辅导区所属示范国民学校工作座谈会讨论大纲　9-1-103(65)

42

P.2.

2、(由)校长应拟就[辅导]教师进修办法，切实实施。

四、问题：如何充实经费(案)？

拟设办法：1、校长全部公费[自己]应用于学校开支，

2、有特殊活动(如会办[各种]竞赛等)经核准后，可

由保处酌量补助经费。

乡教员薪津应即提高。

五、问题：如何增强对教师之监督辅导(案)？

拟设办法：1、校长对教师之勤[惰]除应切实监督

外，并应在教学方面积极辅导。

2、校长应常川住校，情形特殊不能住校

其須經區主任核准，並須……（視學區之外）

六、問題：如何增強其他保校輔導案？

擬辦方法：1、以教師進修會或國民教育研究會為組織

增強與其他保校之聯繫。（以鄉為單位）

2、舉辦各種競賽，相互觀摩，以增強示範

教學之作用。

七、民教部方面：

一、問題：示範校長兼縣鄉輔導員校長應如何劃分責任？

擬辦方法：1、一般地方區之各項工作，由縣鄉輔導員負責

主持推動，但須與示

範校長取得密切聯繫。

璧山四寶閣文具印刷紙號印製

璧山各辅导区暨巴县第一、二辅导区所属示范国民学校工作座谈会讨论大纲　9-1-103 (67)

P.3

乙、示範校所在社學區，所應辦各項建設工作，由示
範校[illegible]（但須與鄉鎮輔導員校得密切聯繫。）
推動，以期產生示範領導之作用。

二、問題：關於特殊教育，學前期應辦理何種工作實施？

擬設辦法：1、示範校對所在社學區文盲掃除工作，須擬
訂分期掃除之詳實計劃，按步實施。
2、有關特殊之教育設計，經核准後，可補助（成人）
經費。
3、學齡兒童，應否即納入兒童部並設。

三、關於學校問題：國校合作方面，應辦理何種工作實施？

璧山各辅导区暨巴县第一、二辅导区所属示范国民学校工作座谈会讨论大纲 9-1-103 (68)

推进办法：1.示范校在各乡[illegible]

及组织促进之事务推动，由示范校长负责。

二、关于示范校所在社学区之合作社组织工作，及组织社促进事务之推进

由示范校长负责。

三、关于社学区合作社职员社员之训练

示范校应负设计与训练之责任。

四、关于农业方面，应办理何种工作实验？

推进办法：1.本繁殖站以示范校所在社学区校长为

与农业辅导员密切配合进行繁殖推广

等工作。

璧山各辅导区暨巴县第一、二辅导区所属示范国民学校工作座谈会讨论大纲　9-1-103 (69)

2.4

3. 问题：关于卫生方面[illegible]如何推行？

拟办法：1. [illegible]示范校所在地之[illegible]本年度卫生[illegible]

[illegible]由[illegible]拟订，交示范校[illegible]

执行。

2. 示范校所在地之区，请卫生院[illegible]

[illegible]示范校[illegible]

[illegible]

丙、其他：一、以上各项之工作，[illegible]示范校拟订本年期之工作详细计划

（[illegible]）之工作[illegible]报。

二、[illegible]

璧山各辅导区暨巴县第一、二辅导区所属示范国民学校工作座谈会讨论大纲　9-1-103(70)

题，临时提出讨论之。

各示范校学生数及未入学儿童数统计表　9-1-62 (56)

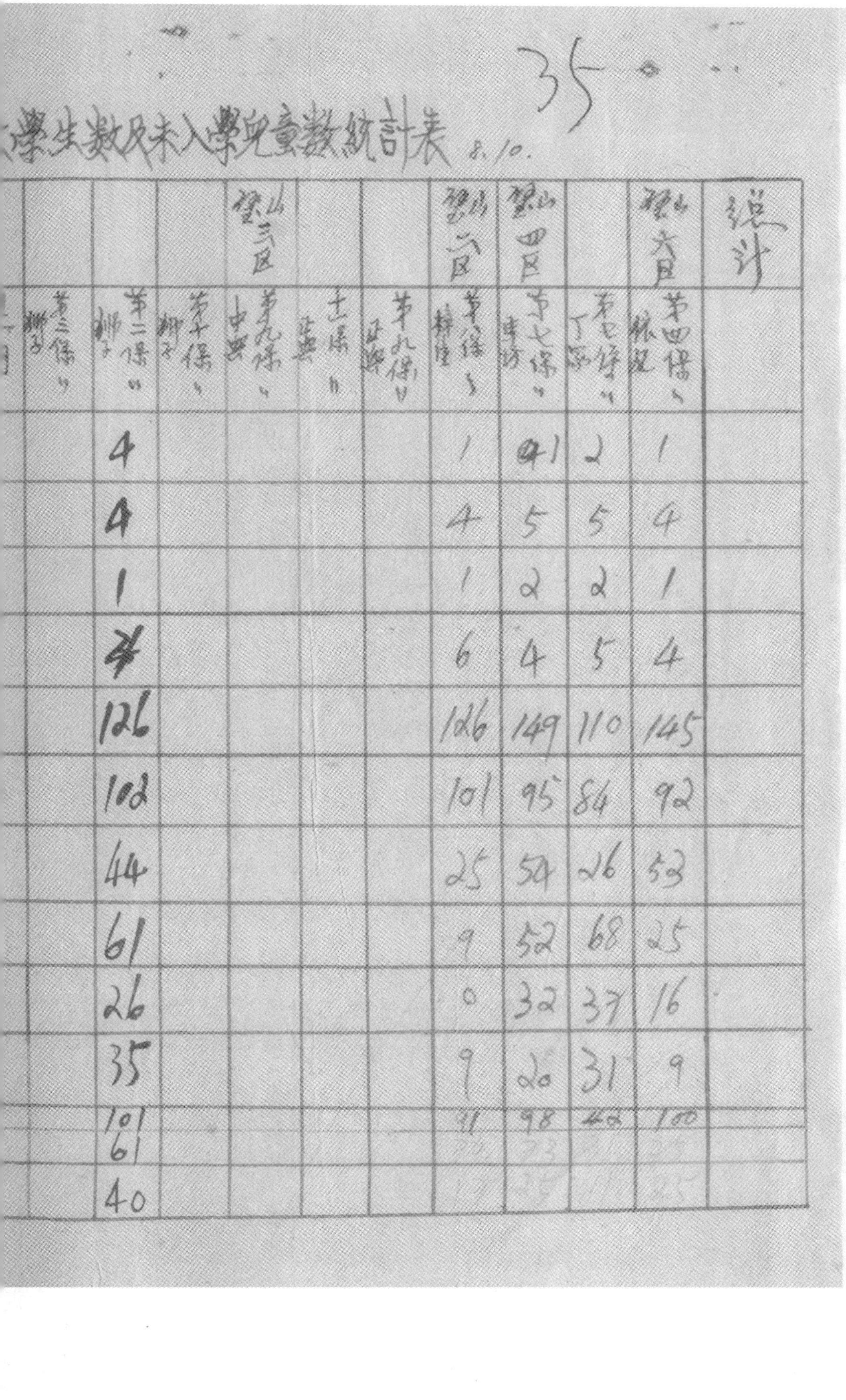

35

…學生數及未入學兒童數統計表 8.10.

				望山三区			望山六区	望山四区		望山六区	總計
二十三	第三保〃 狮子	第二保〃 狮子	第十保〃 狮子	第九保〃 中兴	十一保〃 正兴	第九保〃 正兴	第八保〃 梓桂	第七保〃 东坊	第七保〃 丁家	第四保〃 张凡	
		4					1	4 1	2	1	
		4					4	5	5	4	
		1					1	2	2	1	
		4					6	4	5	4	
		126					126	149	110	145	
		102					101	95	84	92	
		44					25	54	26	53	
		61					9	52	68	25	
		26					0	32	37	16	
		35					9	26	31	9	
		101					91	98	42	100	
		61					[illegible]	[illegible]	[illegible]	[illegible]	
		40					[illegible]	[illegible]	[illegible]	[illegible]	

各示范校学生数及未入学儿童数统计表　9-1-62(57)

縣區別	學校名稱	班級數 原有	班級數 現有	教師數 原有	教師數 現有	學生數 共計	學生數 男	學生數 女	未入學兒童數 共計	未入學兒童數 男	未入學兒童數 女	備註
望山一區	三個堆示校											[illegible]
〃	溫家塘〃											
	黃泥塘〃											
	楊氏祠〃											
	城西七保〃											

各示范校学生数及未入学儿童数统计表　9-1-62(54)

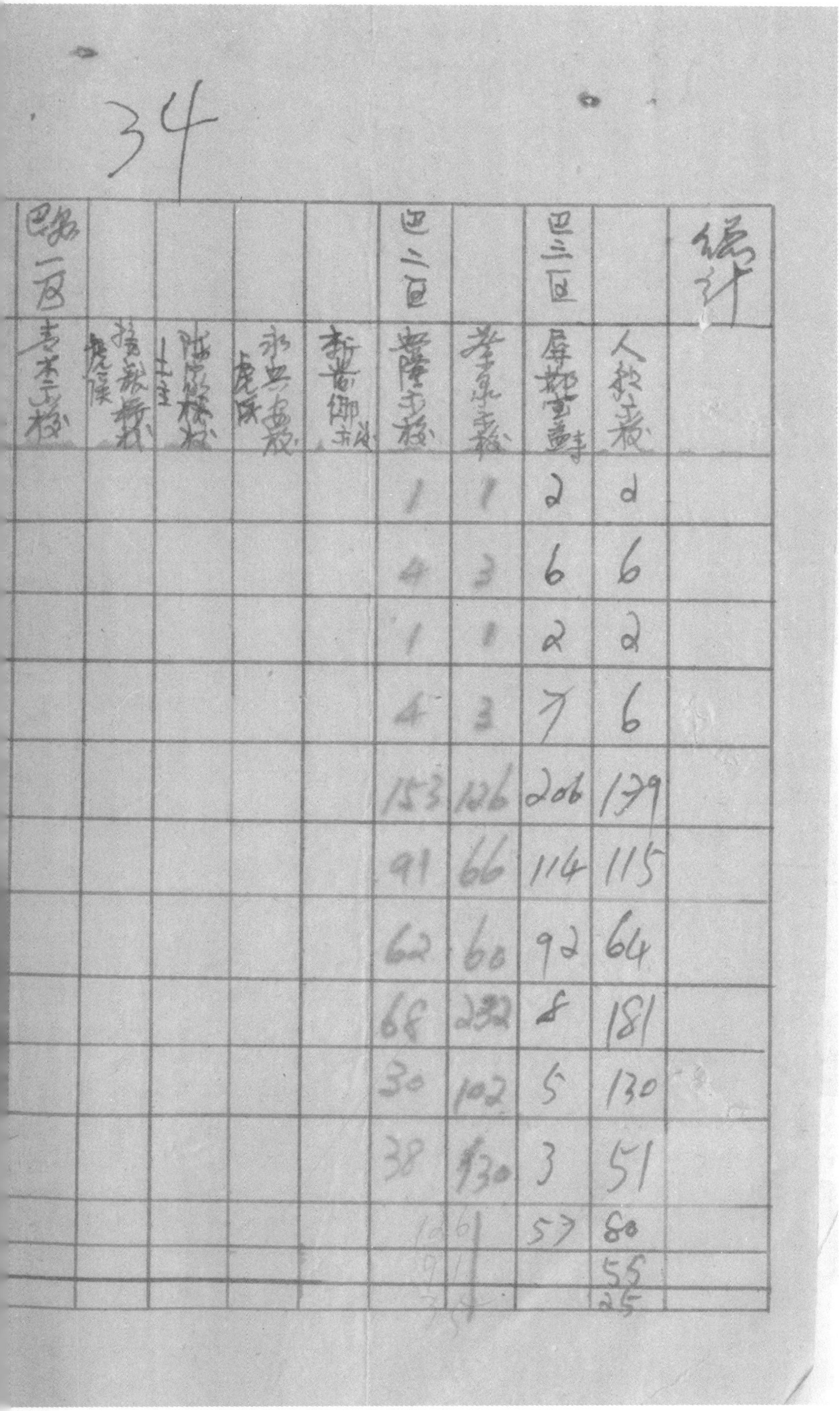

34

總計													
巴三區	人和校	2	6	2	6	179	115	64	181	130	51	80	55 25
	厚[illegible]鎮	2	6	2	7	206	114	92	8	5	3	57	
巴二區	[illegible]校	1	3	1	3	126	66	60	232	102	130		
	[illegible]隆校	1	4	1	4	153	91	62	68	30	38	[illegible]	
	新[illegible]鄉校												
	永興[illegible]校 虎溪												
	陸[illegible]校 土主												
	接龍[illegible]校 虎溪												
巴縣一區	[illegible]校												

各示范校学生数及未入学儿童数统计表　9-1-62(55)

各区别		璧山[illegible]区	璧山[illegible]区				
各学校名称		第五保校特级	第六保校河边	九保校河边	十四保校河边	第二保校六塘	第二保校卜凡
班级数	应有	1	1	5	1	1	
	现有	3	4	6	4	6	
教师数	应有	1	1	5	1	1	
	现有	3	4	6	4	4	
学生数	共计	98	117	185	121	118	
	男	65	74	129	88	87	
	女	33	43	56	33	31	
未入学儿童数	共计	32	25	202	16	51	
	男	20	7	133	5	30	
	女	12	18	64	11	21	
备考	[illegible]	58	30	38	21		
		38	42	24	19		
		20	18	14	2		

[illegible]加学中数

各示范校学生数及未入学儿童数统计表　9-1-62(52)

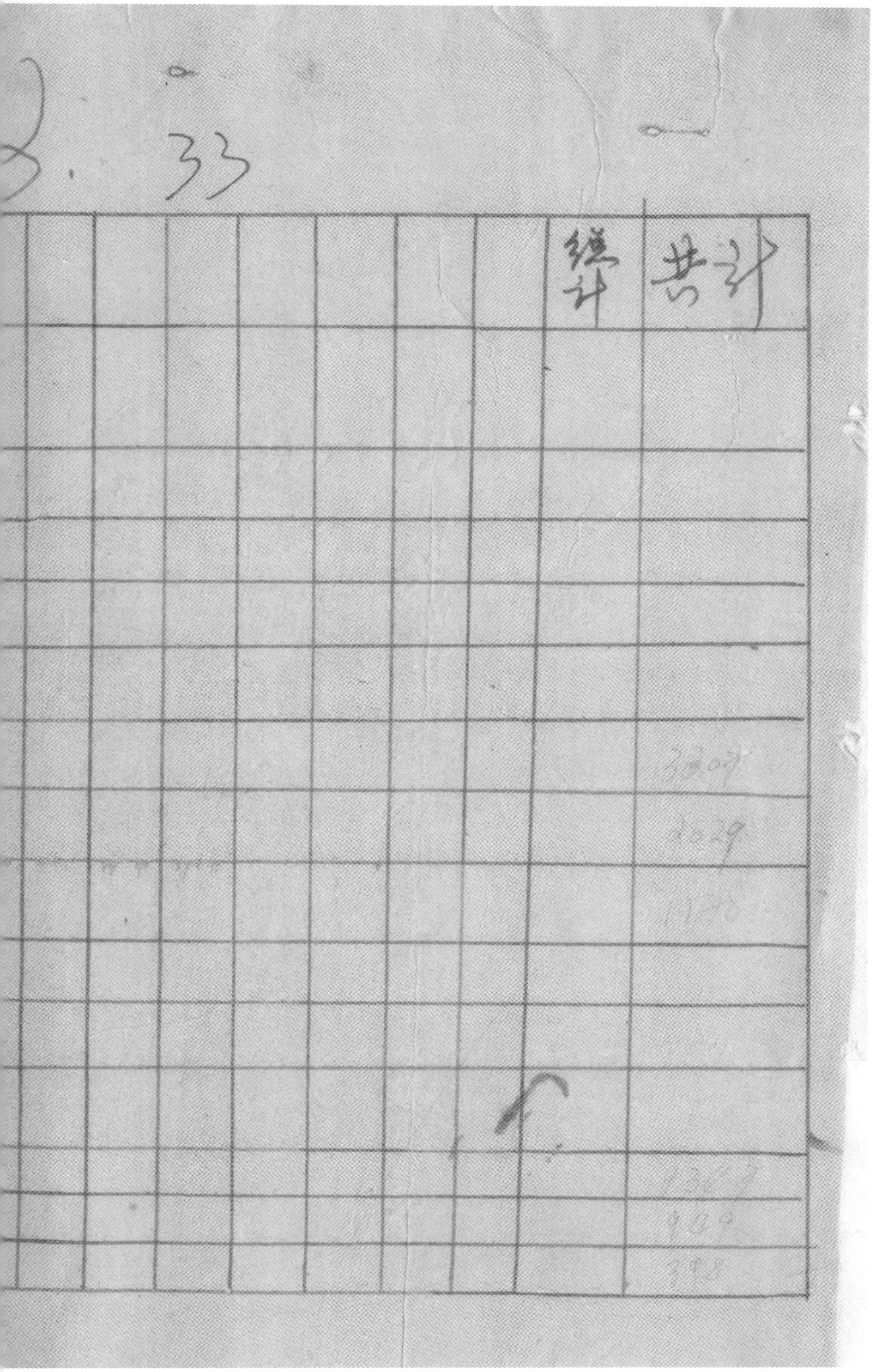

总计	[illegible]	[illegible]	[illegible]	3807	4029	1198	[illegible]	13647	989	3798	

33

各示范校学生数及未入学儿童数统计表　9-1-62(53)

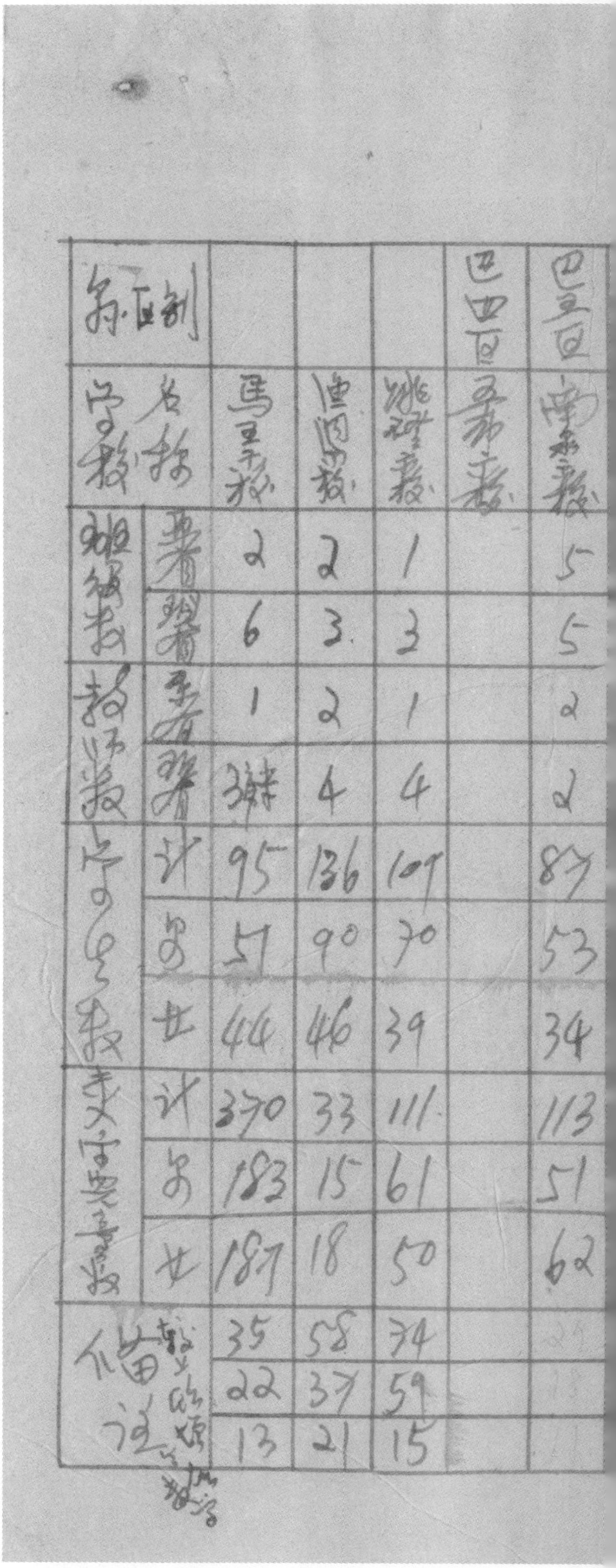

区别	学校名称	班级数·单式	班级数·复式	教师数·专任	教师数·兼任	学生数·计	学生数·男	学生数·女	未入学儿童数·计	未入学儿童数·男	未入学儿童数·女	备注		
	馬王乡校	2	6	1	3[illegible]	95	51	44	370	183	187	35	22	13
	渔洞校	2	3	2	4	136	90	46	33	15	18	58	37	21
	[illegible]校	1	3	1	4	107	70	39	111	61	50	34	59	15
巴四区	[illegible]乡校													
巴五区	南[illegible]乡校	5	5	2	2	87	53	34	113	51	62	[illegible]	[illegible]	[illegible]

璧山第二辅导区办事处呈报本区各级国民学校校长考核表的报告及考核表　9-1-156（134）

中華平民教育促進會華西實驗區璧山第二區辦事處報告

教字第二〇四號

中華民國三十八年八月三日

事　為呈報本區各級國民學校校長考核表乞

由　鑒核備查由

案准

璧山縣縣政府本年七月二十三日教二字第六四九號函囑將所屬各級國民學校校長考核結果應撤換與留任者分別函送辦理等由准此

查本區現已遵照辦理完竣除函復外理合檢同是項考核表一份

報請

鑒核備查

38 8 5　收 250

存 八六 120

璧山第二辅导区办事处呈报本区各级国民学校校长考核表的报告及考核表　9-1-156(135)

謹呈

主任孫

附呈攷核表一份

職陶一琴

已制卡

121

璧山縣第二輔導區各級國民學校校長考核表

鄉別	校名	校長姓名	考核評語	撤換或留任	上期實有人數		預計下期人數		備考
					教員	學生	教員	學生總數	
丹鳳	一中心校（已制卡）	蔡雪榮	工作熱心能力亦強惟成績未著	留任	18	515	18	560	下期各保學生人數係根據上期實際情況預為估計仍待正式開學詳查後始能確定
"	二中心校（已制卡）	凌鴻源	成績尚可	留任	8	207	8	207	
"	第五保校	張仲叔	能力尚強惟欠熱心	"	2	64	2	64	
"	第六保校	林國華	辦學懈怠引起地方人士不滿	撤換	2	65	2	70	
"	第七保校	任振榮	能力強對建立保校甚熱心	留任	2	68	2	70	
"	第八保校	張俊當	沉默少言工作認真	"	2	77	2	77	
"	第九保校	張振宇	辦學懈怠致人不滿	撤換	1	67	1	67	
"	十一保校	馮光榮	工作認真	留任	1	40	2	70	

″	十三保校	冯志雄	办学成绩太坏	拟予撤换	1	36	1	40	
″	十四保校	周大信	办学热勤	留任	2	67	2	70	
福禄	中心校（已制未）	胡开礼	办学努力	留任	12	366	12	366	
″	二保校	赵炳贤	行为不检	拟予撤换	2	75	2	75	
″	三保校	吴国明	敷衍不力	拟予撤换	1	33	0	40	
″	五保校	曹瑞裕	办学努力	留任	1	46	1	46	
″	六保校	周席基	成绩尚可	″	1	72	1	72	
″	七保校	胡光登（代）	工作不力	拟予撤换	1	22	0	30	原为示范校
″	九保校	伍克伦	办学努力	留任	1	35	1	35	
″	十保校	王树全	无办学能力	拟予撤换	1	58	1	60	

璧山四寳閣文具印刷紙號印製

璧山第二辅导区办事处呈报本区各级国民学校校长考核表的报告及考核表 9-1-156（138）

122

〃	十三保校	[illegible]	[illegible]成绩尚可	留任	3	17	3	17	
〃	十四保校	周席珍	办学热忱	〃	1	32	1	32	
橦潼	中心校	曾賢言	热心努力	留任	9	152	9	200	
〃	三保校	蘇富林	工作平常	〃	1	40	1	40	
〃	四保校	蔡耀成	勤奋努力	〃	1	45	2	60	
〃	五保校	張瑞華	尚称努力	〃	1	31	1	35	
〃	六保校	安燦輝	工作平平	〃	1	32	1	45	
〃	七保示範校	該校校長戴儒席已调大興鄉中心校遺缺尚呈請縣府委派中			6	120	6	150	
〃	八保校	吳宇志	能力平常	留任	1	30	1	34	
〃	九保校	鄧永康	尚負責任	〃	1	35	2	65	

璧山第二辅导区办事处呈报本区各级国民学校校长考核表的报告及考核表　9-1-156（139）

122

梓潼	十保校	朱百生	能力平常	留任	1	33	1	40	
太和	中心校	袁順圖	年老力衰不事改進	如無適當人選可留任	11	275	12	300	
〃	二保校	孫尚全	工作切實	留任	1	46	1	50	
〃	三保校	吴傳啓	能力薄弱	如無可代人仍可留任	2	75	2	80	
〃	四保校	陳桂瀾	對工作欠熱忱	同右	1	27	1	35	
〃	六保校	吴傳文	尚能稱職	留任	3	101	3	108	
〃	七保校	陳永池	尚負責任	留任	5	142	5	160	
〃	八保校	羅平治	能繼續熱心尚知進取	〃	2	75	2	80	
〃	九保校	袁正行	工作尚熱忱	〃	1	38	1	45	
〃	十一保校	陳昌模	不甚負責	如無繼任人可留任	1	35	1	40	

璧山四寶閣文具印刷紙號印製

123

三[illegible]	一中心校（已制长）	徐国興	能力薄弱[illegible]	[illegible]	9	172	9	210
〃	二保校	聂傳輝	尚能称职	留任	1	42	1	50
〃	三保校	許邦脉	能力薄弱人地不宜	[illegible]免职	1	48	1	50
〃	四保校	饒[illegible]秉	工作热心	留任	2	72	2	75
〃	五保校	孫昊煃	教学热心	〃	1	58	1	65
〃	六保校	姜安積	能[illegible]負責	〃	1	47	1	50
大興	一中心校	張文藩	经驗豐富	留任	11	193	10	190
〃	二中心校（已制长）	孫崇穆	办学热忱	〃	9	134	9	130
〃	三保校	夏衍南	尚能称职	〃	1	35	1	35
〃	四保校	魏凱	工作努力	撤换	2	54	2	60

璧山第二辅导区办事处呈报本区各级国民学校校长考核表的报告及考核表 9-1-156(141)

〃	五保校	鄧澤芳	工作努力	留任	2	54	2	55
〃	六保校	安訓	尚努力	〃	2	70	2	75
〃	七保校	張世才	尚能称職	〃	2	52	2	50
〃	八保校	曹家駿	尚称職	〃	2	64	2	65
〃	九保校	巫傳孝	尚努力	〃	1	35	1	37
〃	十二保校	曹博施	尚称職	〃	2	56	2	70

璧山四寶閣文具印刷紙號印製

璧山、巴县各辅导区示范校一九四九年下学期委派校长名册 9-1-156(99)

91

示範校三十八年下學期委派校長名冊

區別	學校名稱	担任校長	新派或原任	備註
璧一區	城北鄉三倒滩示範校	黄闓文	原任	
	〃温家塘〃	曾遂卿	新派	
	〃黄泥塘〃	羅炳淮	原任	
	〃楊家祠〃	黄子真	新派	
	獅子鄉六保〃	夏劍玲	原任	
	〃十保〃	姜旭昇	〃	
璧二區	梓潼鄉八保〃	劉澤光	新派	
璧三區	中興鄉九保〃	張和鳴	原任	

璧山、巴县各辅导区示范校一九四九年下学期委派校长名册　9-1-156 (99)

	正興鄉九保示範校	王孝倫	新派
	〃十八保〃〃	謝靖安	新派
璧四區	馬坊鄉七保〃〃	葉宗斌	原任
	丁家鄉七保〃〃	徐錫川	〃〃
璧五區	河邊鄉六保〃〃	陳文俊	新派
	〃〃九十保〃〃	余繩祥	原任
	〃〃十四保〃〃	方秉彝	新派
	六塘鄉八保〃〃	胡醒吾	〃〃
	蒲元鄉二保〃〃	張登桓	原任
璧山區	依鳳鄉四保〃〃	楊永言	〃〃

璧山四官閣文具印刷紙號印製

璧山、巴县各辅导区示范校一九四九年下学期委派校长名册　9-1-156 (100)

92

	轉龍鄉六保示範校	陳幸華	原任	
巴一區	青木鄉示範校	張本澈（已領卡）	〃〃	
	虎溪鄉永安庵示範校	李靖東	調任	
	土主鄉陳家祠〃〃	秉魁之	原任	
巴二區	興隆鄉示範校	李峯（已領卡）	調任	
	蔡家鄉〃〃	余紹明	原任	
巴三區	鼎都鎮寶[illegible]盂寺示範校	~~甯致青~~ 胡孟章	新派	九月廿日撤職
	馬王鄉示範校	~~任學光~~ 蔣巔（已領卡）	新派	九月廿九日撤職
巴四區	五布鄉示範校	張明全（已領卡）	新派	
巴五區	南泉示範校	袁孝安	原任	

巴六区	長生鄉蓮池寺示範校	屠成官	新設	
巴七區	白市驛示範校（玉皇观）	謝家寃 ○吴碧輝（吕品柏）	〃 〃	[illegible]
巴八區	銅鑵鄉示範校（太平寺）	彭濟民	〃 〃	

璧山四寶閣文具印刷紙替印製

璧山县来凤乡第五、六、七、八保国民学校访问表 9-1-73（99）

壁山縣來鳳鄉第五保保國民學校訪問表 [illegible] 10.1.2

校舍		1.地址：[illegible] 2.庙宇或民房 [illegible] 3.是否 [illegible] 借用或租用 借用
		5.租金来源 0 6.每年租金数 0 7.教室间数 2 8.可容学生数 90人
		9.辦公室间数 1 10.厕所 11.體育場 0 12.可容学生 0 13.其他 [illegible]
設備	校具	1.双人桌 17 2.單人桌 3.方桌 1 4.長凳 13 5.時鐘 0 6.鈴 1
		7.厨房用具 0 8.國旗 0 9.其他
		10.黑 桌凳来源： 1.自製数 17 2.借用数 方桌 1
	教具	1.黑板 2 2.地圖 0 3.掛圖 0 4.其他
經費	常年會	薪金		基金	數目
		辦公費			来源
		臨時費	[illegible]		保管

教職員	姓名	職別	性別	年齡	籍貫	學歷	經歷	每月薪金	備考
	[illegible]	教員	男	[illegible]	[illegible]	[illegible]高級農業學校	[illegible]		
	[illegible]	教員	男	[illegible]	璧山	[illegible]中學畢業	[illegible]		

進修狀况	有教部印[illegible]叢書19本	教[illegible]	

62

学级与编制	年级	男	女	共	学级 单式	学级 复式	如何配合	学生自治组织
	一上	10	6	16			一上二上配合 三上四上配合	
	二上	10	4	14				
	三上	5	0	5				
	四上	5	2	7				
	共计	30	12	42				

课程编排	[illegible]
民教状况 过去	
民教状况 现在	
私塾状况	1.私塾数　2.收容学生数　3.教材　4.教法
	5.距保校里数　6.学生到私塾最远里数　7.学生最少学费数
备考	1.中心校指本校停办时暂去(3)[illegible] 2.[illegible] 3.[illegible]

访问者

璧山县来凤乡第五、六、七、八保国民学校访问表　9-1-73（102）

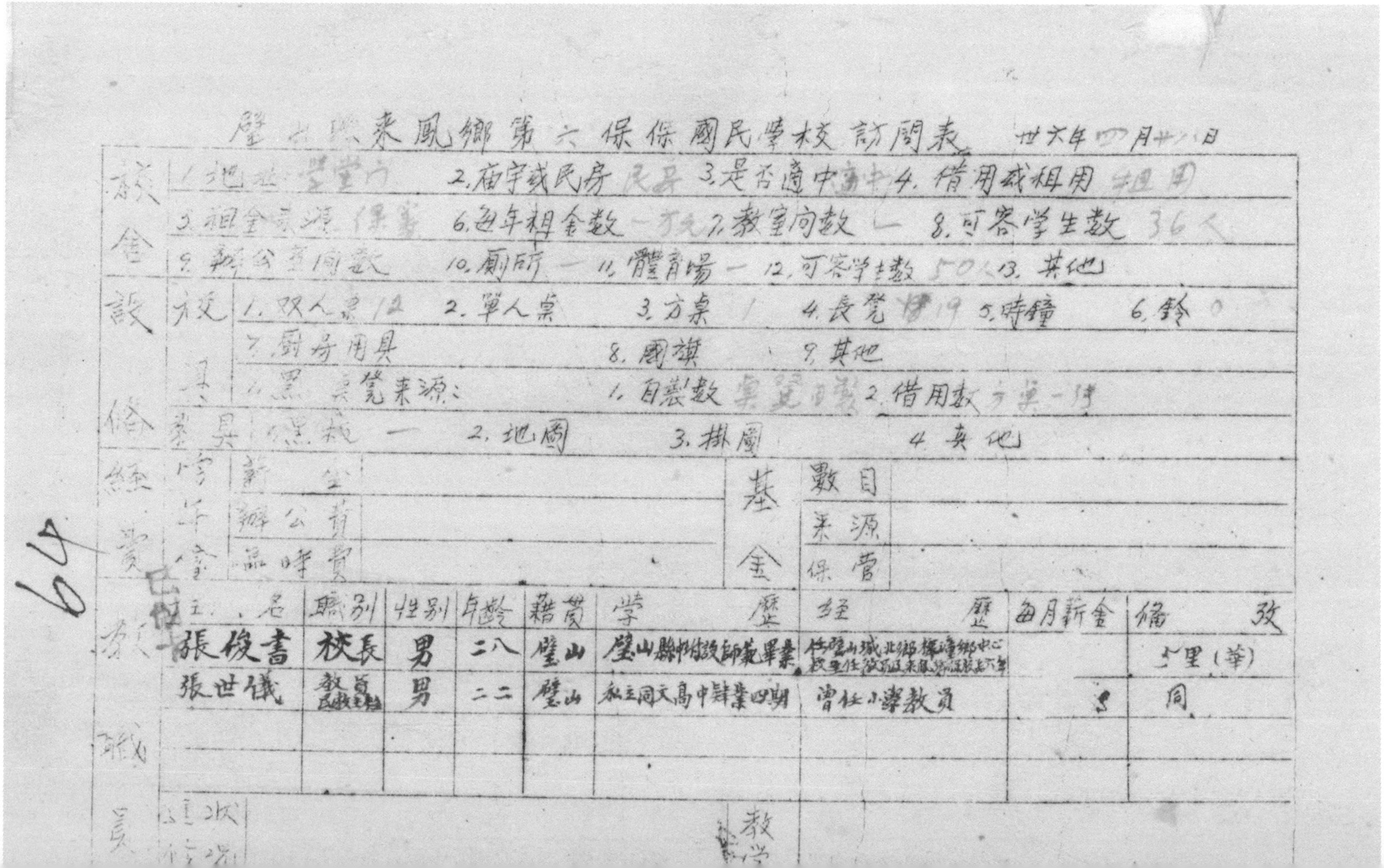

璧山縣來鳳鄉第六保保國民學校訪問表　卅六年四月廿八日

校舍：1.地址 [illegible]　2.廟宇或民房 民房　3.是否適中 適中　4.借用或租用 租用
5.租金來源 保[illegible]　6.每年租金數 [illegible]　7.教室間數 一　8.可容學生數 36人
9.辦公室間數　10.廁所 一　11.體育場 一　12.可容學生數 50人　13.其他

設備：
校具：1.双人桌 12　2.單人桌　3.方桌 1　4.長凳 19　5.時鐘　6.鈴 0
7.厨房用具　8.國旗　9.其他
1.黑[illegible]桌凳來源：1.自製數 [illegible]　2.借用數 [illegible]
教具：1.黑板 一　2.地圖　3.掛圖　4.其他

經費：
學年金：薪金；辦公費；臨時費
基金：數目；來源；保管

教職員：

姓名	職別	性別	年齡	籍貫	學歷	經歷	每月薪金	備考
張俊書	校長	男	二八	璧山	璧山縣[illegible]師範畢業	[illegible]		[illegible]里(華)
張世儀	教員 [illegible]	男	二二	璧山	私立同文高中肄業四期	曾任小學教員	[illegible]	同

[illegible]　教學

64

學級編制	学級	男	女	共	学級（單式）	学級（複式）	如何配合	学生自治組織
	1	19	5	24	一			（平時）1.鄉保甲組織 （集合訓練時）2.軍事編制
	2	3	4	7	三			3.講演會、歌詠組、勞作組、體育組、戲劇組、
	3	3	3	6	五			
	4	10	7	17	七			
		35	19	54				

課程排列		
教員狀況	過去	
	現在	
私塾狀況	1.私塾數 2.收容学生数 3.教材 4.教法	
	5.距保校里数 6.学生到私塾最远里数 7.学生最少学费数 米一斗	
備考	1.徵收籌费2000 2.相差之校董嗜舞代款，伸程仍無殺滿寬心. 3.本年因教師不大堅責，学生奇少，影响未期招生.	

訪問者

璧山县来凤乡第五、六、七、八保国民学校访问表 9-1-73（101）

璧山县来凤乡第五、六、七、八保国民学校访问表 9-1-73（103）

璧山縣來鳳鄉第七保保國民學校訪問表 卅六年四月一日

校舍		1.地址 2.廟宇或民房 3.是否適中 4.借用或租用 5.租金來源 6.每年租金數 7.教室間數 8.可容學生數 9.辦公室間數 10.廁所 11.體育場 12.可容學生數 13.其他
設備	校具	1.双人桌 2.單人桌 3.方桌 4.凳 5.時鐘 6.鈴 7.廚房用具 8.國旗 9.其他 10.黑 桌凳來源： 1.自製數 2.借用數
	教具	1.黑板 2.地圖 3.掛圖 4.其他
經費	常年費	薪金 辦公費 臨時費
	基金	數目： 來源 保管

教職員	姓名	職別	性別	年齡	籍貫	學歷	經歷	每月薪金	備攷

員	進修狀況	教學

学级编制	年级	男	女	共	学级		如何配合	学生自治组织
					單式	複式		
	一上	16	10	26				
	二上	12	3	15				
	三上	11	6	17				
	四上	3	2	5				
課程排列								
民教状况	過去							
	現在							
私塾状况	1.私塾数 5　2.收容学生数　3.教材　4.教席							
	5.距保校里数　6.学生到私塾最远里数　7.学生最少学龄数							
備攷								

訪問者

璧山县来凤乡第五、六、七、八保国民学校访问表 9-1-73(84)

来凤乡第八保国民学校访问表　三十六年四月十五日

校舍		1. 地址 [illegible] 2. 庙宇或民房 民房 3. 借用或租用 借用 4. 每年租金数
		5. 租金来源　6. 教室间数 一　7. 可容学生数 50人　8. 办公室间数 0　9. 厕所
		10. 储藏室 一　11. 可容学生数 50人　12. 其他 校地偏窄
设备	校具	1. 双人桌　2. 单人桌　3. 方桌 六张 长凳 20张　5. 黑板 0　6. 钟 一
		7. 厨房用具　8. 国旗　9. 其他 双人桌20套 中心校借用 课用 [illegible]
		10. 桌凳来源：1. 自制数　2. 借用数 全部
	教具	1. 黑板 一　2. 地图 0　3. 挂图 0　4. 其他
经费	常年费	薪金 852000
		办公费 0
		临时费 0
	建筑费	数目 0
		来源
		保管

教职员	姓名	职别	性别	年龄	籍贯	学历	经历	现兼职	备注
	刘[illegible]	校长	女	十九	北碚	同文中学	曾任教员一学期		
	龙[illegible]	教员	女	十八	[illegible]	肄业 中			

进修　教

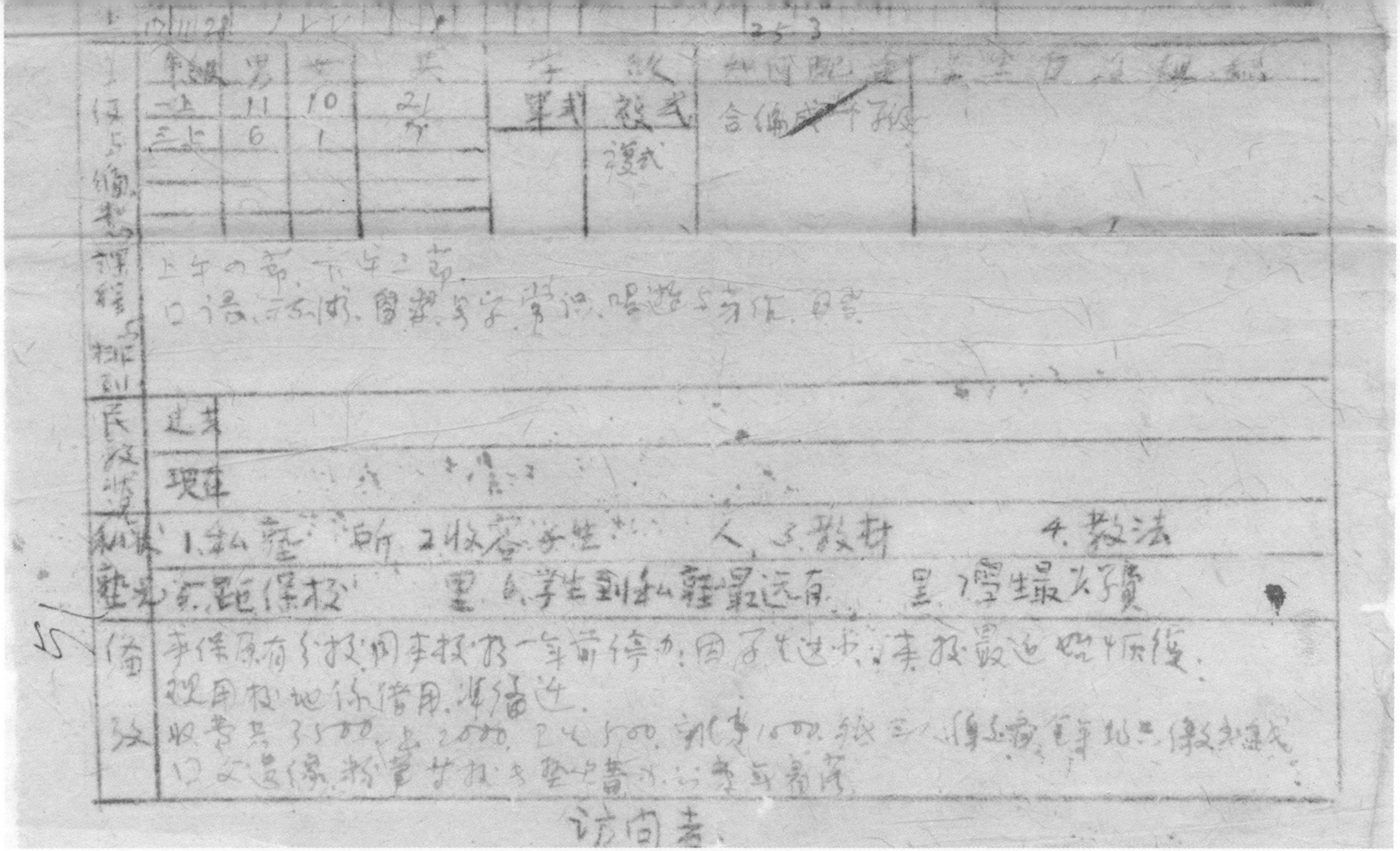

学级编制	年级	男	女	共	学级	编制	如何配置
	一上	11	10	21	单式	教式	合编成一个学级
	三上	6	1	7		复式	

课程与教训：上午四节，下午二节。口语、算术、图画写字、常识、唱游与劳作、[illegible]

民教状况：过去 / 现在

私塾：1.私塾 所 2.收容学生 人 3.教材 4.教法

塾况：5.距保校 里 6.学生到私塾最远者 里 7.学生最[illegible]

备考：本保原有学校，因本校于一年前停办，因学生过少，本校最近始恢复。校用校地系借用[illegible]。收费共3500[illegible]

访问者

壁山县来凤乡第五、六、七、八保国民学校访问表　9-1-73（85）

璧山县接龙乡第七保示范国民学校概况　9-1-103（41）

璧山縣接龍鄉第七保示範國民學校懇親會特刊

中華民國卅九年元月廿日刊行

本校概況

沿革：本校校舍原為憲光中學所興建，抗戰勝利憲中遷還地方人士汪克容等繼籌办甘棠中学，未幾甘棠中学亦因故遷往璧山，原借住何家祠之本保保校遂乘機為遷于此，該校遷此惟時僅一載，璧山教育部門委員會暨中華平民教育促進會華西實驗區因鑒於本校校址適中，環境優良，實為一理想之兒童生活場所，遂將本校改劃為示範國民学校并委派劉仲德氏充任校長，並當時僅有名而無實，及至卅八年十一月復委輔導員劉順模氏兼長本校，并增添班次加设教师，亦頗恢復原教之任，修葺校舍整理學校環境，從此就改為示範保國民学校矣。

現況：自更名為示範校後，学生人數激增，原有之廿余桌椅不敷配用，甚感困難，當特函地方人士張□□請本保設法籌備，捐助以資上……經濟拮据，一籌莫展之餘，幸得劉仲德氏……此傳習處四所，每所六十餘生，共卅餘人，共計約百十餘人，一般人士認為民教工作難推動，殊感艱困，然本校並非如一般之所想之困難也。其餘數傳習處因書籍不敷，暫以舊歷年閱之通俗之

恐稍待時日。

將來計劃。

本校因位置適中，並毗連青木、三濟等鄉之故，將來源不虞匱乏，將來發展大有可能。下期為了適應地方人士之殷望，除初級一、三、五、七各級外，并擬增加高級部一、三兩班，理想雖然如此，苟若沒有教育當局之扶植、地方熱心教育者之襄助，希望祇是一個泡影而已。例如不期里桌椅大不敷配用，亟需製備兒童運動設備，亦應予增設廚房用具一套，亦有應當購買、辦公室及寢室門窗之安置，教師名額之增加，工友之設置等諸多問題，實非同仁等之所能及者，最後希望教育當局及熱心地方教育諸公多予惠助，以促其理想之實現。果能如斯，豈本校同仁欣幸哉！！

璧山县接龙乡第七保示范国民学校概况　9-1-103（43）

27

△本校教師介紹

△劉校長順模，係大夏大學畢業，藍田着係東洋頭，頗有實幹之精神，凡每有所勞作時，必東衣捲袖以身作則爲倡導，他經濟公開，事事負責，同仁甚感佩伊之爲人。

△舒老師仲德，是一個誠守，忍苦耐勞，做事負責，是他特有的長處，爲公衆服務，尤其努力善交遊，且露笑容，我們皆贊成伊「短小精幹」。

△范老師澤富，當一個陌生人見及他時，或會說他有些老太婆模樣，但這就是他固有的性情，沉默寡言，是一個領導人材，待友重仁義，亦頗謙遜。

△甘老師錫勛，個頭甚大，校友皆以「大腦殼」呼之，作事有熱情，有計劃，有條理，求智慾頗强，尤以喜歡文學，勝過自己的生命，曾任移風文藝社社長，并獲得全國性的中等學校論文獎金兩次，同學們皆以「秘書」律許稱譽之。

△本校雜綴

△本校每週除有「兹護導師」以外，并有值週「黃歐導師」，蓋本校未有五交之設

璧山县接龙乡第七保示范国民学校概况　9-1-103（44）

△北風呼呼，天寒地凍，盜匪之猖獗，本校前亦被小偷光臨，幸無大損失，僅被竊去破襪子兩雙，當小偷持獲此襪子時亦會喟然嘆曰「教員多窮」啊！

△望眼欲穿的十二月份薪津領到了，但除了膳食以外，所餘僅敷發信之郵資，同仁皆搖頭說「這薪津觀不到大」。

△作本校教員，不但要會「教書」，而且亦須能「煮飯」，否則就會吃生飯鬧肚子的。

△據官方消息：巴縣等自卅年元月份起教師待遇調整為每月食米壹石肆斗，薪弍百餘元，璧山縣有調整之消息，據說為數頗少，唉！我們璧山教師真是「享苦獨厚」。

△本校同仁相處甚為融洽，師生間亦打成一片，每至課餘時不但歡笑聲震耳欲聾，且歌聲亦响徹雲霄，整個學校被「愉快」「活潑」的氣氛籠罩着，真是「絃歌不輟」。

實驗區璧五區六塘鄉第二保示範國民學校呈

工作計劃（附進度表）

民國三十八年九月　日

璧山县第五辅导区六塘乡第二保示范国民学校本期工作计划与工作进度表（一九四九年九月）　9-1-103（32）

璧山县第五辅导区六塘乡第二保示范国民学校本期工作计划与工作进度表（一九四九年九月） 9-1-103（33）

璧山縣第五輔導區六塘鄉第二保示範國民學校本期工作計劃 三八、九、日

甲：兒童部方面

一、培修校舍：發動地方熱心教育人士及本校舍主人利用現有校舍加以修葺如墻壁圮壞瓦破屋漏及其他有碍觀瞻之處均應粉刷一新以壯外觀而起示範作用如視環境許可取得地方人士信仰自可向機發動建校運動此外宜就現有環境利用中高年級勞作課程教師立於領導地位分配各該級學生實行勞動作業並指示培修栽種或清除等工作從事開闢校園以期養成鄉建工作之基本動力

二、充實設備：本各種教學之需要及本社學區建設之活動之需

璧山县第五辅导区六塘乡第二保示范国民学校本期工作计划与工作进度表（一九四九年九月）　9-1-103（34）

要斟酌緩急添製圖表及圖書如本社學區失學兒童統計表及兒童各作業競技比賽成績表以經濟方法自製必用簡單教具及生活掛圖衛生掛圖等此外並應注重公費節用如在可能範圍內節省下來即可添購各種兒童讀物設一小型閱覽室以期增進兒童求知興趣再視力量所及亟應向機添置必要器具

三、增進教師素質：本校教師四席均係後期師範及高中畢業以上資格並具教學經驗者至其進修除校長擬就個人自修辦法外並利用機會談話方式側面輔導各個進修

四、充實經費：本校僅有之公費決用於學校開支以期充裕各

璧山县第五辅导区六塘乡第二保示范国民学校本期工作计划与工作进度表（一九四九年九月） 9-1-103（35）

22

種教學方面之消耗如必要時有特殊工作活動事項擬請區辦事處核轉總處審核補助

五、對教師之監督輔導：對於各席教師所負教學職責除於上課時加致核外宜用以法律己精誠團結作準則相互輔導之俾能增進教學效率

六、增强輔導其他保校：舉行教師聯誼會以增强與本鄉各保校之聯繫並分期舉辦各種競賽與各保校相互觀摩以啟示範領導之作用

乙：民教部方面

一、社學區各項建設工作之推動：即應協同駐本鄉同志約訪本

社學區農民（學生家長）作友誼懇談以發掘其對建設工作之意見及贊助此外宜注重全鄉失學成人青年之確數以作展開國民教育之對象

二、傳習教育應辦理之工作：本社學區文盲之掃除工作即應擬就分期掃計劃逐步實施設有失學成人確有碍難就讀情形得另擬補救辦法而資撤底

三、合作社方面應辦理之工作：除健全本社學區之農業生產合作社外宜向機構籌組專營合作社事業並輔導成立後之業務推進工作視需要得擬定合作社職員訓練辦法並即時開始訓練

璧山县第五辅导区六塘乡第二保示范国民学校本期工作计划与工作进度表（一九四九年九月） 9-1-103（37）

23

四、農業方面應辦理之工作：擬協商駐本鄉同志舉辦農業推廣繁殖站

五、衛生方面應辦理之工作：宜即時注意傳染病及時疫之流行並請求衛生組配給各種疾病防治藥品施捨本社學區及附近之家境貧寒或鰥寡無依及一般無力就醫診病者以示仁愛

璧山县第五辅导区六塘乡第二保示范国民学校本期工作计划与工作进度表（一九四九年九月）　9-1-103（37）

璧山县第五辅导区六塘乡第二保示范国民学校本期工作计划与工作进度表（一九四九年九月） 9-1-103（38）

璧山縣第五輔導區六塘鄉第二保示範國民學校本期工作進度表 三八、九、造

預定日期	實施綱要	兒童部方面	民教部方面	備註
九月十一日至十月九日	1. 發動地方人士培修校舍 2. 召開校務會議 3. 開闢校園佈置環境 4. 訪問本社學區農民實況 5. 擬就進修辦法	1. 通知本校校務促進会委員召開校務會議檢討有關校務改進事項 2. 本照議案逐步行事 3. 動工培修校舍 4. 實行開闢校園工作 5. 考察新舊各生操行	1. 開始本社學區訪問工作 2. 整理訪問材料以增進對本社學區之瞭解 3. 輔導本社學區農業生產合作社業務進展 4. 請求衛生組配給各種藥品以防治疾病	
十月十日至十一月六日	1. 充實學校設備 2. 添置各種圖表 3. 開始調查失學兒童人數 4. 展開傳習教育	1. 本各種教學之需要添置各種圖表 2. 繪製生活掛圖及各種教學掛圖	1. 精詳調查本社學區失學成人青年及兒童人數 2. 民教班開始報名並開學 3. 擬定傳習時間 4. 勸導失學成人青年入學 5. 擬定婦女教育計劃	

璧山县第五辅导区六塘乡第二保示范国民学校本期工作计划与工作进度表（一九四九年九月）　9-1-103（39）

十一月七日至十二月四日	1.對教師之督導與考核 2.節用辦公費 3.籌備組織導營合作社	1.應以法律己以德化人來輔導教師進修 2.節省不必要公費充裕教學及用之消耗	1.協同駐鄉輔導員訪問學生家長以啓發對各項建設工作之意見及贊助 2.訪問县私保校校長教師 3.開始第一期文盲掃除工作 4.舉行導生座談会
十二月五日至元月一日	1.調查學生概況 2.舉行各級競技比賽 3.召開教師聯誼 4.繼續掃除文盲工作	1.調查各個學生操行及各科成績 2.籌備成績展覽会及競技比賽並舉辦之 3.注重各科教学進度	1.舉行民教班測驗及結業 2.開始第二期文盲掃除工作 3.注重一般清潔衛生
元月二日至元月二十九日	1.召開校務促進会 2.籌備並舉行講懇親會 3.輔導畢業生升學或就業 4.辦理期終各項工作結束事宜	1.召開校務會議檢討本期教學及校務應行改進事宜 2.舉行期終考試 3.舉行畢業及散学典禮 4.辦理學生成績通知書	1.開始第三期文盲掃除工作 2.舉行四届合社全體社員大會 3.舉行教師聯誼会 4.發動健康運動

巴县第一辅导区主任喻纯堃呈华西实验区总办事处关于是否撤销虎溪乡永兴庵示范校一案的报告　9-1-156（123）

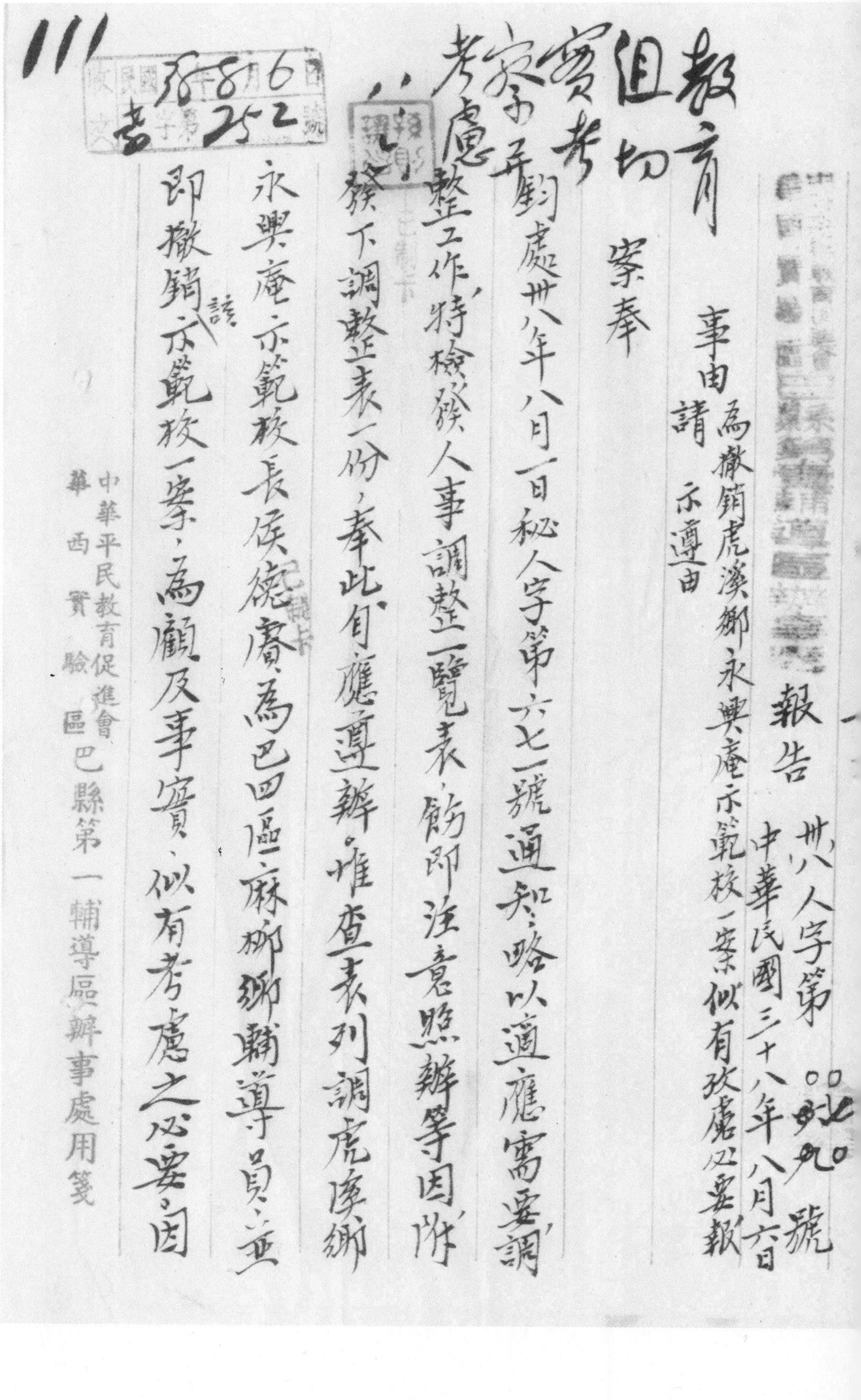

報告　卅八人字第〇〇九〇號

中華民國三十八年八月六日

事由：為撤銷虎溪鄉永興庵示範校一案似有考慮必要報請示遵由

案奉

鈞處卅八年八月一日秘人字第六七一號通知，略以適應需要調整工作，特檢發人事調整一覽表，飭即注意照辦等因，附發下調整表一份，奉此，自應遵辦。惟查表列調虎溪鄉永興庵示範校長侯德賡為巴四區麻柳鄉輔導員，並即撤銷該示範校一案，為顧及事實，似有考慮之必要，因

中華平民教育促進會華西實驗區巴縣第一輔導區辦事處用箋

巴县第一辅导区主任喻纯堃呈华西实验区总办事处关于是否撤销虎溪乡永兴庵示范校一案的报告　9-1-156（125）

112

字第　　號第　二　頁

（一）該鄉示範校有二所，一在接龍橋，由輔導員李清吏兼任校長，正籌備辦理，尚未成功。一即永興庵，業經辦有成効，即係由侯繞賓輔導員兼任。似應撤銷接龍橋校，而不應撤銷永興庵校。（二）接龍橋校，經兩次向縣府教局請求，均未承認；永興庵校早經縣府教局明令定為示範校。（三）地方人士對接龍橋校之協助，亦不及永興庵校遠甚。（四）調侯輔導員並撤銷永興庵示範校，不獨該校已辦有成績為可惜，尚須解決接龍校之問題，而接龍橋校

中華平民教育促進會華西實驗區巴縣第一輔導區辦事處用箋

巴县第一辅导区主任喻纯堃呈华西实验区总办事处关于是否撤销虎溪乡永兴庵示范校一案的报告 9-1-156（126）

113

字第　號第　三　頁

之問題，經幾次努力，以涉及縣教育經費之故，迄無法解決。該鄉究應撤銷永興庵校，抑接龍橋校。理合報請

鈞裁示遵。

謹呈

中華平民教育促進會華西實驗區總辦事處

職　喻純堃

中華平民教育促進會華西實驗區巴縣第一輔導區辦事處用箋

巴县第一辅导区主任喻纯堃呈华西实验区总办事处关于是否撤销虎溪乡永兴庵示范校一案的报告 9-1-156（120）

108

核办 廿六

报告 卅八教字第〇二一號

中華民國三十八年八月廿五日

事由：為奉通知撤銷虎溪鄉永興庵示範校一案，報請核示由

案奉

鈞處卅八年八月三日平實教字第二三三號通知，略以本區虎溪鄉永興庵示範國民學校自本年下學期起撤銷示範名義等因；奉此，查本區在虎溪鄉創設之示範校計有兩所，一在接龍橋由輔導員李靖東兼任校長，一在永興庵由輔導員侯篪賡兼任校長，前者雖在籌辦中，問題甚多，縣府教局既未承認該校為示範校，地方

巴县第一辅导区主任喻纯堃呈华西实验区总办事处关于是否撤销虎溪乡永兴庵示范校一案的报告　9-1-156（121）

人士亦協助不力，後者則已辦有成効，不獨縣府教局，早經明令改
為示範校，當地人士出錢出力，協助甚大，屬望頗殷，似應撤銷前
校（接龍橋校）而保留後校（永興庵）又，關於校長人選，俟輔導員
德賡雖已奉調巴四區麻柳鄉，尚可調李輔導員靖東繼任，俟
輔導員德賡之後兼任該校校長，一舉而兩問題並獲解決，庶
幾本區已辦有成効之實驗事業，得以繼續維持，而地方人士之
惶惑疑慮，亦可解除，理合報請
鈞處核，賜轉函巴縣府保留永興庵示範校，並即加委輔導

中華平民教育促進會華西實驗區巴縣第一輔導區辦事處用箋

員李清東兼任該示範校長，無任待命之至。

謹呈

中華平民教育促進會華西實驗區總辦事處

職 喻純堃

惟如所請。並派李靖東同志兼任永興庵示範校長。惟巴縣既已任示範校之設置校長之委任，均係由各區申請處查匯呈縣府辦理，雖此次巴縣示範校撤消示範名義一事，[illegible]也未呈巴縣府，故李同志任永興庵[illegible]

中華平民教育促進會華西實驗區巴縣第一輔導區辦事處用箋

华西实验区总办事处与璧山县政府关于委派一九四九年下学期各示范国民学校校长的相关公函及拟请委派校长名单　9-1-156（102）

中華平民教育促進會華西實驗區璧山第六輔導區辦事處（報告）（正）本

事由	為申復轉龍依鳳兩鄉示範校校長對調情形並報明轉龍鄉挽留陳校長事已成過去一案由
受文者	主任孫
年月日	三十八年九月二十一日
附件	件
字號	區教字第四八二號

頃奉

鈞處教字370號通知照抄轉龍鄉第六保地方人士報告一份飭慎重處理轉龍依鳳兩示範校長對調服務一案下處查依鳳轉龍兩示範校長必須對調服務原委曾於三十八年九月五日發報告一件呈明以人地不宜必須對調服務刻兩校長均分赴調任而轉龍六保人士挽留陳校長一事已成過去楊校長頗能與地方相安奉令前因理合復請

鑒核示遵！

存查　九廿六

93

38.9.27　發387

华西实验区总办事处与璧山县政府关于委派一九四九年下学期各示范国民学校校长的相关公函及拟请委派校长名单　9-1-156（103）

94

謹呈

璧山第六輔導區主任　何子清

已制卡

华西实验区总办事处与璧山县政府关于委派一九四九年下学期各示范国民学校校长的相关公函及拟请委派校长名单　9-1-156（106）

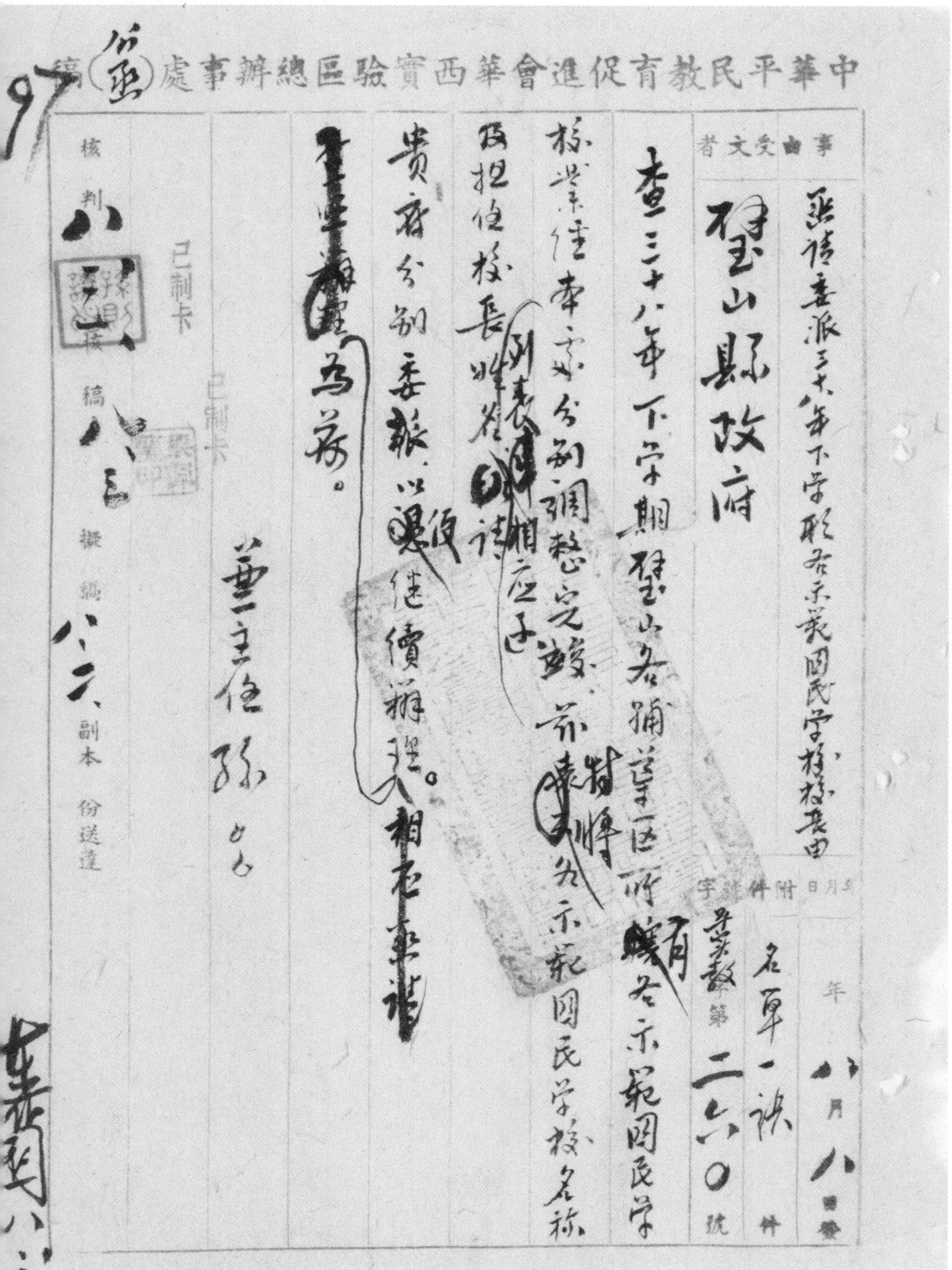
中華平民教育促進會華西實驗區總辦事處稿（函）

事由：函請委派三十八年下学期各示範國民学校校長由

受文者：璧山縣政府

查三十八年下学期璧山各輔導區所有各示範國民学校業經本處分別調整完竣，茲將各示範國民学校名稱及担任校長姓名列表，隨函附請
貴府分別委派，以便進行辦理。相應函達，即希查照為荷。

主任 孫○○

八月八日發
第一課
晏字第二六〇號

核判 八、一
擬稿 八、六
副本 份送達
已制卡

华西实验区总办事处与璧山县政府关于委派一九四九年下学期各示范国民学校校长的相关公函及拟请委派校长名单　9-1-156（104）

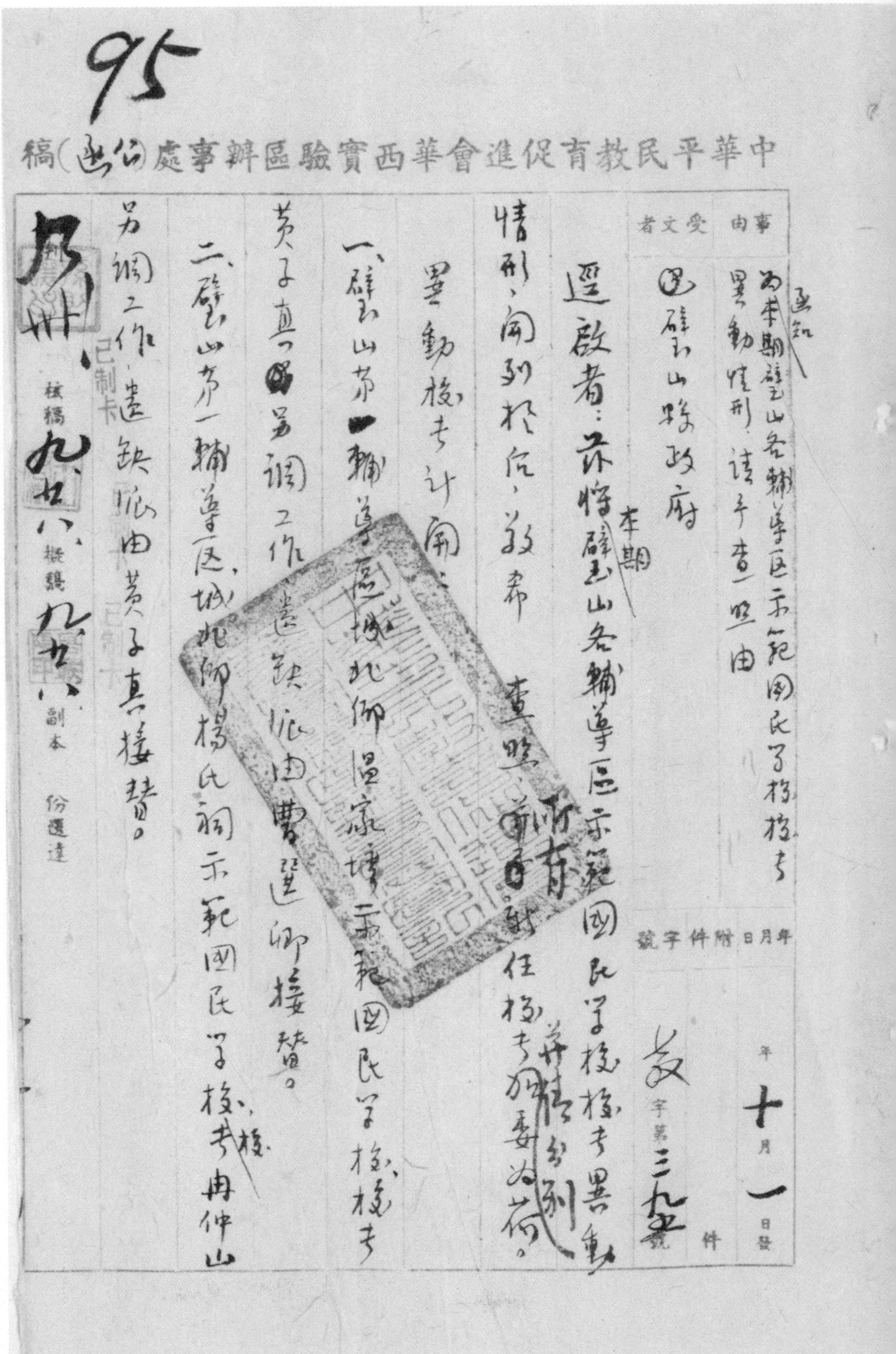

95

中華平民教育促進會華西實驗區辦事處稿（公函）

事由：為本期璧山各輔導區示範國民學校校長異動情形，請予查照由

受文者：璧山縣政府

逕啟者：茲將本期璧山各輔導區示範國民學校校長異動情形，開列於后，敬希查照，並將所有新任校長分別委派為荷。

一、璧山第一輔導區城北鄉温家壩示範國民學校校長黄子真，因另調工作，遺缺派由曹運卿接替。

二、璧山第一輔導區城北鄉楊氏祠示範國民學校校長冉仲山，另調工作，遺缺派由黄子真接替。

年十月一日發

字第三九五號

核稿 九、廿八

擬稿 九、廿八

副本　份

送達

已制卡

华西实验区总办事处与璧山县政府关于委派一九四九年下学期各示范国民学校校长的相关公函及拟请委派校长名单　9-1-156（105）

96

中華平民教育促進會華西實驗區辦事處（　）

事由	
受文者	
年月日	
附件	
字號	

年　月　日發　字第　號　件

三、璧山第三輔導區、正興鄉第九保示範國民學校，校長王渊、另调工作，遗缺派由王孝倫接替。

四、璧山第五輔導區六塘鄉第二保示範國民學校，校長王漢臣、另调工作，遗缺派由胡醉吾接替。

已制卡

[redacted] 作孫

五、璧山第六輔導區鮓龍鄉示範國民學校，陳世準原任該區鳳鄉示範國民學校校長，楊永言对调。

已制卡

華主任　孫△　△

华西实验区总办事处与璧山县政府关于委派一九四九年下学期各示范国民学校校长的相关公函及拟请委派校长名单　9-1-156（107）

璧山各辅导区所辖各示范国民学校三十八年下学期拟请委派校长名单

区别	学校名称	拟请委派校长	新派或原任	备注
第一辅导区	城北乡三个滩示范国民学校	黄開文	原任	
〃	〃温家塘〃	晴好真（由田家□调）	新派	
〃	〃黄泥塘〃	罗炳伦	原任	
〃	〃杨家祠〃	黄仲甘	新调	调一区办公
〃	狮子乡第二保〃	聂剑玲	原任	
〃	〃第十保〃	姜旭昇	原任	
第二辅导区	梓潼乡第八保〃	刘泽光	新派	
第三辅导区	中兴乡第九保〃	張和鸣	原任	

98

华西实验区总办事处与璧山县政府关于委派一九四九年下学期各示范国民学校校长的相关公函及拟请委派校长名单　9-1-156（107）

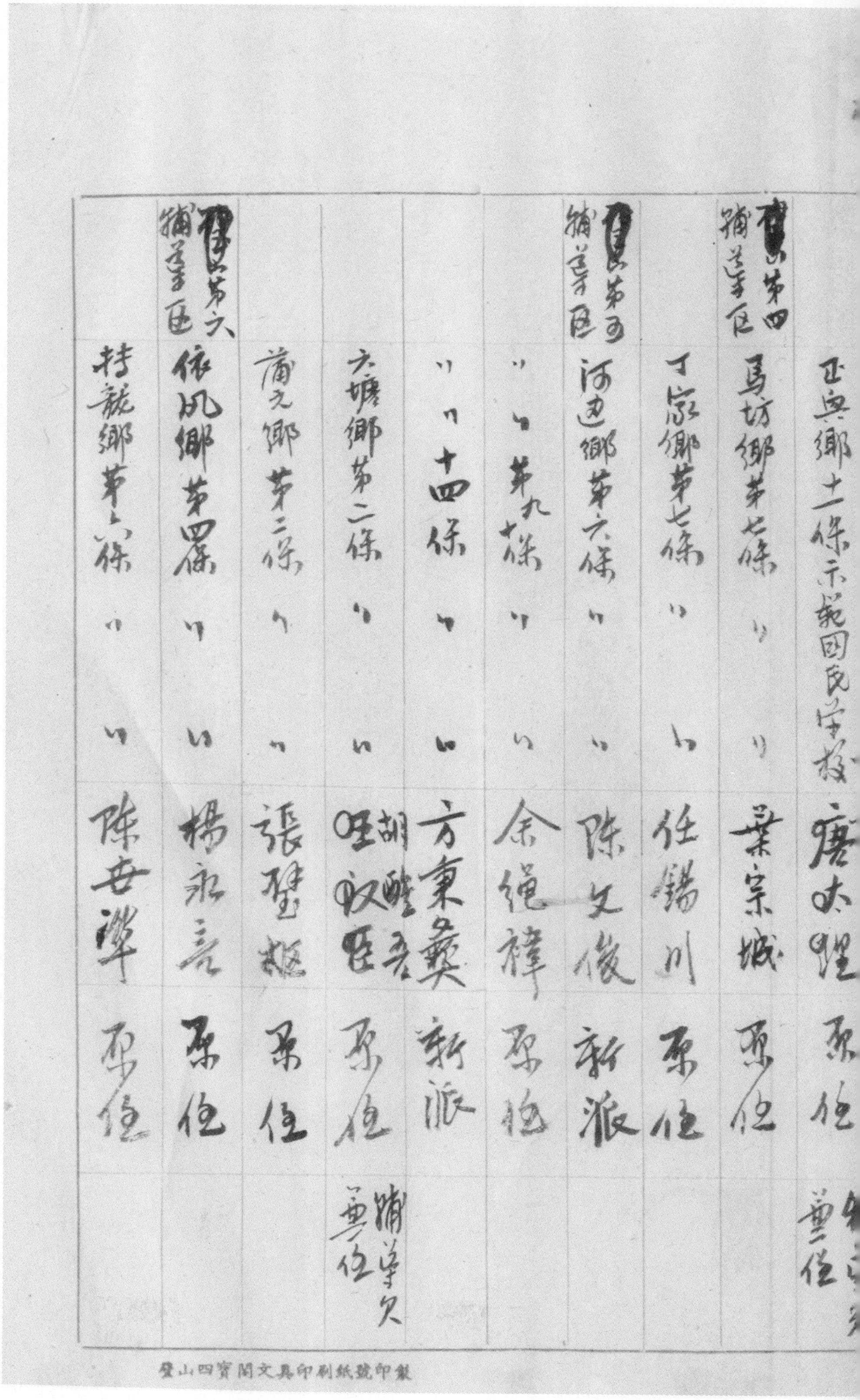

	正兴乡十一保示范国民学校			唐太理	原任	兼任
[illegible]山第四辅导区	马坊乡第七保	〃	〃	叶宗城	原任	
	丁家乡第七保	〃	〃	任锡川	原任	
[illegible]山第五辅导区	河边乡第六保	〃	〃	陈文俊	新派	
	〃 第九保	〃	〃	余绳纬	原任	
	〃 〃 十四保	〃	〃	方秉彝	新派	
	大塘乡第二保	〃	〃	胡醒吾 邱叔臣	原任	辅导员兼任
	蒲元乡第三保	〃	〃	张璧[illegible]	原任	
[illegible]山第六辅导区	依凤乡第四保	〃	〃	杨永亮	原任	
	梓桥乡第六保	〃	〃	陈安泽	原任	

璧山四宝閣文具印刷纸號印製

华西实验区总办事处与璧山县政府关于委派一九四九年下学期各示范国民学校校长的相关公函及拟请委派校长名单 9-1-156（108）

39

巴一区	青木乡示范校	谭本徽	原任
	寓滨乡歇马示范校	李鸿乐	调任
	土主乡陈家桥 〃 〃	梁冕人	原任
巴二区	兴隆乡示范校	向国华	原任
	蔡家 〃 〃	余德明	〃
巴三区	虎峰宝盖寺示范校	胡子西	〃
巴四区	马王乡示范校		
	五布乡五佳寺示范校		
巴五区	南家示范校	袁孝其	原任
巴六区	兴北乡莲池寺示范校	周民官	新派
巴七区	白市驿示范校	吴碧辉	〃
巴八区	铜罐乡示范校	杨淑方	〃

已制卡 已制卡 已制卡 已制卡 已制卡

共计三十一個

喻纯堃呈孙则让关于呈报巴县第一区各示范国民学校学生人数、班级一览表及校长、新添教员履历表的函 9-1-192（87）

76

表、核定後通知從發款、再發

巴通知

收文 民國37年12月31日 區教字第365號

賫呈 卅七年十二月廿七日 于本處公室

竊職處業遵照

鈞部函手字第一五四號通知第三、四兩項之規定，遵按各示範國民學校實在情形，分別彙就學生人數班級一覽表及校長教員（新添者）履歷表各一份，理合賫呈

鈞部鑒核，惟自十一月份起依班補發各校公費，是否有當？仍候

示遵。又新添教員經費，早經函請教育局編列在案矣，合併呈明。

謹呈 ○○

喻纯堃呈孙则让关于呈报巴县第一区各示范国民学校学生人数、班级一览表及校长、新添教员履历表的函　9-1-192（88）

惠示候　孫

計呈巴縣第一區各示範國民學校學生人數班級表及

校長名單履歷表各一份

戚　喻純堃

喻纯堃呈孙则让关于呈报巴县第一区各示范国民学校学生人数、班级一览表及校长、新添教员履历表的函 9-1-192（89）

77

巴縣第一區各示範國民學校學生人數班級一覽表

鄉別	區別	學校名稱	學生人數 一年級	二年級	三年級	四年級	民教班	合計	備考
虎溪	13	巴縣虎溪鄉第十三國民學校	17	15	18	13	30	93	該校一二年級及三、四年級均採複式編制，連民教班一班，共為三班。
大興	6	巴縣大興鄉第六國民學校	59	36	14	22		131	該校一年級人數六十九人，二年級為四冊，三年級為六冊，四年級為八冊，一上、一下為[illegible]三、四下均採複式編制，共為三班，連民教班為四班。
姜木	5	巴縣姜木鄉第五國民學校	43	13	14	14	10	95	該校一年級為二冊，二年級為四冊，三年級為六冊，四年級為八冊。一、二年級及三、四年級均採複式編制，連民教班一班，共為三班。

製表人 喻純堃

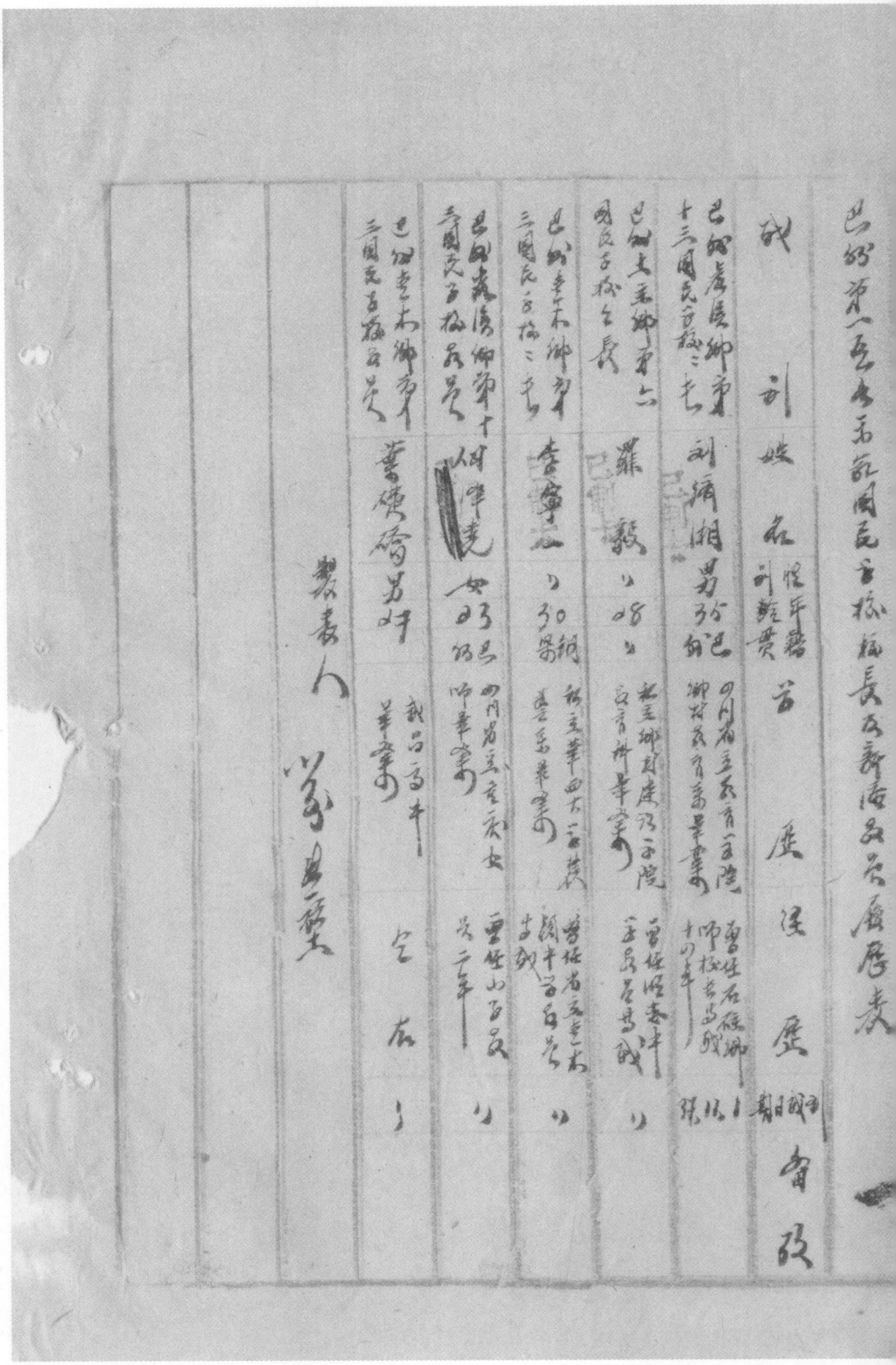

巴县第一区各示范国民学校校长及新添教员履历表

职别	姓名	性别	年龄	籍贯	学历	经历	到职日期	备考
巴县虎溪乡第十三国民学校校长	刘绮湘	男	35	巴县	四川省立教育学院师范专修科毕业	曾任石桥乡中心校校长十四年	[illegible]	
巴县土主乡第六国民学校校长	罗毅	〃	28	〃	私立乡村建设学院毕业	曾任璧山[illegible]教员	〃	
巴县曾家乡第十二国民学校校长	李[illegible]	〃	30	[illegible]	[illegible]毕业	曾任[illegible]教员	〃	
巴县虎溪乡第十一国民学校教员	[illegible]泽尧	女	23	巴县	四川省立[illegible]师范毕业	曾任[illegible]二年	〃	
巴县曾家乡第十三国民学校教员	黄德修	男	24	[illegible]	[illegible]高中毕业	无	〃	

制表人 [illegible]

喻纯堃呈孙则让关于呈报巴县第一区各示范国民学校学生人数、班级一览表及校长、新添教员履历表的函　9-1-192（90）

璧山县第四区办事处呈华西实验区本部关于各乡镇拟增国民教师人数的函及各乡镇拟增国民教师人数分配表　9-1-192（46）

42

表，转乡府标九の一

中华平民教育促进会华西实验区璧山第四区办事处呈　三十八年三月卅日

窃查本区各校自开学以后即拟定全区视导日程，按期分别视导，藉收实效。兹据丁家、马坊、三合、广普、健龙、定林等乡呈称「均以本期开学以来学生人数激增，纷纷请求增加教师」等情前来。查各校所呈经视导属实，爰依据各区主任联席会议增加教师之标准予转请

钧部鉴核，准予增设教师，俾专责成。并随文造具各校拟增教师分配表乙份，俯赐核准，实为公便！

谨呈

璧山县第四区办事处呈华西实验区本部关于各乡镇拟增国民教师人数的函及各乡镇拟增国民教师人数分配表　9-1-192（46）

華西實驗區本部

主任　邱達夫

已制卡

璧山县第四区办事处呈华西实验区本部关于各乡镇拟增国民教师人数的函及各乡镇拟增国民教师人数分配表　9-1-192（48）

璧山縣第四區各鄉鎮擬增國民教師人數分配表　卅八年三月　日

鄉鎮	校別	學生人數	原有教師人數	擬增教師人數	共有教師人數	備考
丁家鄉	三保校	62	1	1	2	
	六保校	72	1	1	2	
	七保校	121	2	2	4	
	八保校	132	2	1	3	
	十保校	112	1	1	2	
	十一保校	76	1	1	2	
	十二保校	72	1	1	2	
馬坊鄉	三保校	62	1	1	2	

弦

44

健龙乡	二保校	73	1	1	2
	七保校	74	1	1	2
	五保校	62	1	1	2
三合乡	四保校	83	1	1	2
	六保校	72	1	1	2
虎林乡	二保校	76	1	1	2
	十三保校	68	1	1	2
	九保校	80	1	1	2
	八保校	75	1	1	2
	七保校	120	2	2	4

璧山县第四区办事处呈华西实验区本部关于各乡镇拟增国民教师人数的函及各乡镇拟增国民教师人数分配表　9-1-192（49）

45

	五保校	74	1	1	2
	七保校	67	1	1	2
廣普鄉	二保校	115	2	1	3
	五保校	105	1	2	3
	八保校	113	1	2	3
	四保校	112	1	1	2

璧山县第四区办事处呈华西实验区本部关于各乡镇拟增国民教师人数的函及各乡镇拟增国民教师人数分配表　9-1-192（50）

璧山县城北乡、接龙乡、城南乡示范国民学校为呈报各校新添教员、校长履历及到职日期表等给华西实验区本部的报告　9-1-192（96）

82

範校字第七號

報告　民國卅七年十二月二日　于璧山城北鄉三個灘國民學校

事由　為遵送本校新添教員履歷及到職日期表請　鑒核轉報由

案奉

華西實驗區區本部通知第四項開

「此後如經核准新添設之示範校設立時務希將校長及新添之教員民
教主任（原有民教主任者不再添設）到職日期與履歷等迅速報部備
查並編列經費

等因奉此理合造具本校新添教員履歷及到職日期表一份呈請

鑒核轉報

區本部備查實為公便

璧山县城北乡、接龙乡、城南乡示范国民学校为呈报各校新添教员、校长履历及到职日期表等给华西实验区本部的报告 9-1-192（96）

此上

第一区主任傅

附本校新添教员履历及到职日期表一份

校长 黄開文

璧山县城北乡、接龙乡、城南乡示范国民学校为呈报各校新添教员、校长履历及到职日期表等给华西实验区本部的报告 9-1-192（97）

83

璧山縣城北鄉第七學區三個灘國民學校教員履歷及到職日期表

職别	姓名	性别	年齡	籍貫	學歷	經歷	到職日期
教員	王遠芳	女	廿	四川省璧山縣	私立淑德女子中學畢業	曾任小學教導主任及教員共三期	卅七年十月一日

璧山县城北乡、接龙乡、城南乡示范国民学校为呈报各校新添教员、校长履历及到职日期表等给华西实验区本部的报告　9-1-192（100）

485

茲將教員履歷列右：

職別	姓名	性別	年齡	籍貫	學歷	經歷	到職日期	備考
校長	唐述堯	男	23	四川墊江	四川私立鄉建學院農學系卒業		十一月一日	
教員	何光娥	女	19	四川璧山	青木關中學高中畢業	曾任小學教員一年	同	
教員	徐明靜	女	25	同	南京私立鍾南高中肄業	曾任小學教員二年	同	
民教主任：								校長兼任

璧山县城北乡、接龙乡、城南乡示范国民学校为呈报各校新添教员、校长履历及到职日期表等给华西实验区本部的报告　9-1-192（101）

璧山縣城北鄉温泉國民學校呈	教字第 七 號 民國三十七年十二月 日
事由	為遵報本校校長及新添教員履歷及到職日期表由

案奉
華西實驗區本部通知第四項開：
「此後如經核准新添設之示範校設立時，務希將校長及新添之教員
及教主任到職日期與履歷等迅速報部備查並編列經費。」
等因，奉此，理合造具本校新添教員履歷及到職日期表一份呈請
鑒核轉報以備查核。

98

璧山县城北乡、接龙乡、城南乡示范国民学校为呈报各校新添教员、校长履历及到职日期表等给华西实验区本部的报告　9-1-192（101）

樊安富一名 縣府去付

第一區區主任傅

華西實驗區區本部

附本校新添教員履歷及到職日期表一份

校長 胡啟文

璧山縣城北鄉温家濤國民學校校員履歷及到職日期表

職別	姓名	性別	年齡	籍貫	經歷	到職日期
民教主任	龔奉先	男	26	四川璧山	曾任虎峯小學校長及小學教員共三年	三十七年十月二十五日
教員	魯必才	男	20	四川璧山	曾任本縣城北鄉中心校教員一期	同右
教員	樊安富	女	24	四川合川	曾任五信會事助教及高職科教員共三年	同右

璧山县城北乡、接龙乡、城南乡示范国民学校为呈报各校新添教员、校长履历及到职日期表等给华西实验区本部的报告　9-1-192（92）

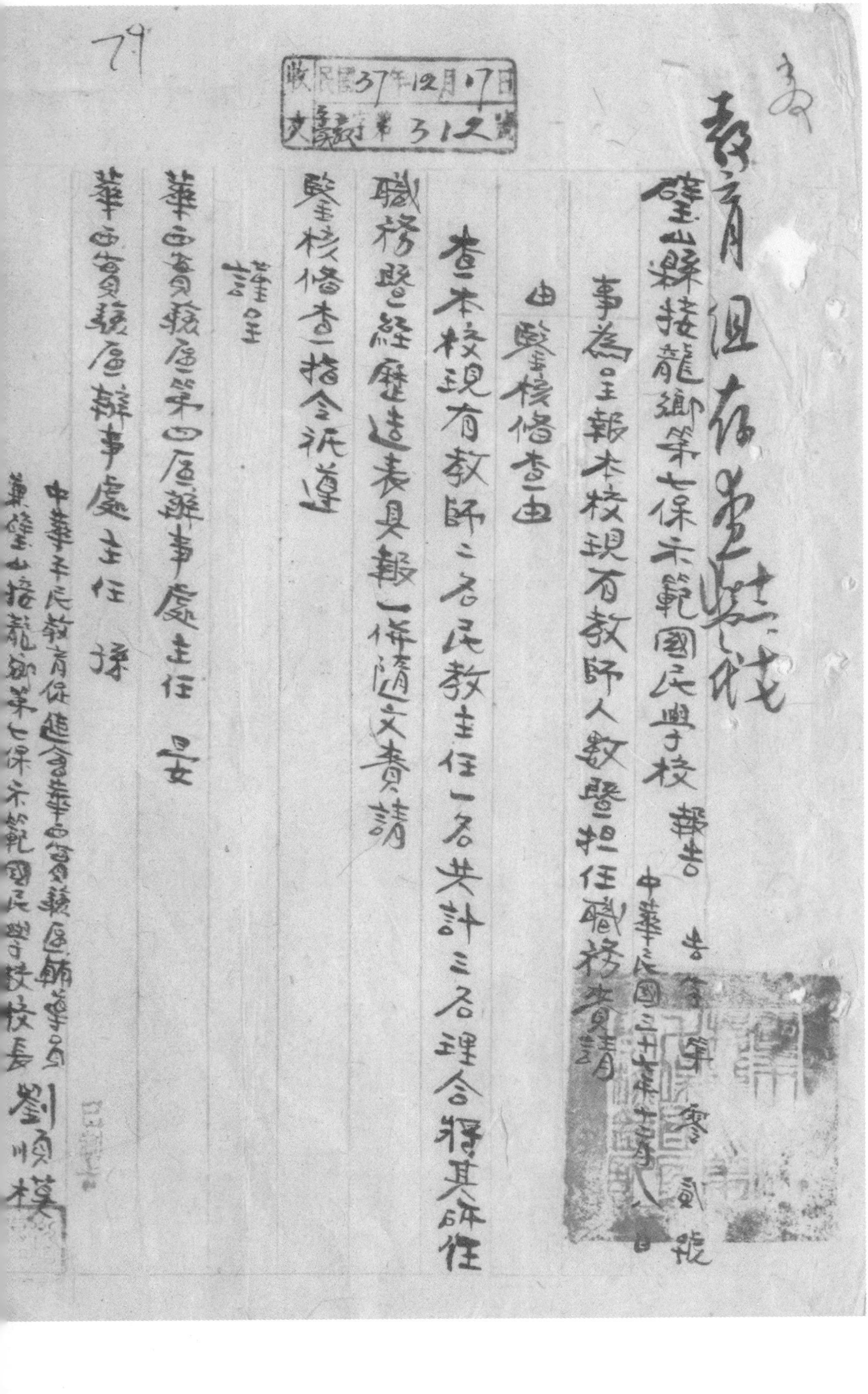

教育組存查

收文 民國37年12月17日 字第312號

璧山縣接龍鄉第七保示範國民學校 報告 告字第零貳號

中華民國三十七年十二月 日

事為呈報本校現有教師人數暨担任職務賫請

鑒核備查由

查本校現有教師二名民教主任一名共計三名理合將其所任

職務暨經歷造表具報一併隨文賫請

鑒核備查指令祗遵

謹呈

華西實驗區第四區辦事處主任 晏

華西實驗區辦事處主任 孫

中華平民教育促進會華西實驗區輔導之

璧山接龍鄉第七保示範國民學校校長 劉順模

璧山县城北乡、接龙乡、城南乡示范国民学校为呈报各校新添教员、校长履历及到职日期表等给华西实验区本部的报告　9-1-192（93）

璧山縣接龍鄉第七保示範國民學校教師担任職務暨其經歷表

姓名	性別	年齡	籍貫	經歷	担任職務	到校年月	備攷
舒仲德	男	二十五	四川璧山	北碚師範畢業曾任北碚區任教有年	兒童部主任	三十七年八月一日	原任本校校長
范澤富	男	二十六	湖北宜昌	青木中學畢業曾任雲陽雙河鄉中心校教員	民教主任	三十七年十月一日	
甘錫勛	男	二十四	四川璧山	成達師範畢業曾任拃衛小學暨璧山城南中心校教員	生活指導	三十七年十一月一日	

請存查　[illegible]　卅七、十二、十六

璧山县城北乡、接龙乡、城南乡示范国民学校为呈报各校新添教员、校长履历及到职日期表等给华西实验区本部的报告　9-1-192（98）

84

璧山縣城南鄉第三保示範國民學校呈　南示學第　五　號

中華民國三十七年十二月　日

事由：為尊報示範校校長教員民教主任到職日期及履歷由

華西實驗區本部通知第四項開：

頃奉

「此後如經核准新設立之示範校設立時務希將校長及新添之教員民教主任到職日期與履歷迅速報本部備查」

等因奉此現合將校長及教員民教主任到職日期與履

歷列表呈報以備查核

附全校教職員到職日期及履歷表一份

華西實驗區區本部

區主任 傅

璧山县城北乡、接龙乡、城南乡示范国民学校为呈报各校新添教员、校长履历及到职日期表等给华西实验区本部的报告　9-1-192（99）

璧山第五区办事处为呈报本区新旧示范校一览表给华西实验区总办事处的报告　9-1-192（28）

已报外存　木之

中华平民教育促进会华西实验区璧山第五区办事处报告

璧五字第五二号

三十八年五月二日

事由：呈报本区示范校一览表一份祈　鉴核备查由。

顷奉

钧处四月三十日平实教字第四三号通知略以应将区属各示范校名称地点等具报等因奉此自应遵办兹检具本区新旧示范校一览表一份敬祈

鉴核备查

谨呈

总办事处

24

附呈：附件如文

璧山第五区办事处主任张昀山

璧山第五区办事处为呈报本区新旧示范校一览表给华西实验区总办事处的报告　9-1-192（28）

璧山第五区办事处为呈报本区新旧示范校一览表给华西实验区总办事处的报告　9-1-192（29）

25

璧山第五區新舊示範校一覽表

三十八年五月二日

鄉別	地點		校長姓名	備註
接龍鄉	七保	福星樹	劉順模	
河邊鄉	六保	大堰塘	徐宜道	新設
	八保	小屋基	方秉彝	新設
	十九保	復興村	余繩禕	
	十四保	吳家祠	曾慶祥	
六塘鄉	一保	板橙塝	王漢臣	
蒲元鄉	二保	袁家祠	張璧樞	
青木鄉	二保	蝦蟆石	王惠黎	在籌備中

已制卡

璧山第三辅导区办事处为呈报本区示范校校长姓名住址表给孙则让的报告　9-1-192（30）

附件 區报独存查 五.三.

報告　驛字第[illegible]叁玖号
三十八年五月二日

案奉
鈞處平實教字第[illegible]四[illegible]號通知為查填新舊示範校名稱地址及校長姓名以便
分別函請縣府加委一案謹將本區各示範校名稱地址列後謹請
鑒核謹呈
主任秘書郭轉呈
主任孫

職 魏西河 呈

附示範校長姓名住址表一份

中華民國教育總會壁山第三輔導區各示範校校長姓名住址表

中華民國卅二年四月 日填

校别	職稱	姓名	住址	備考
東鳳第十保示範國民學校	校長	王[illegible]洲	東鳳第十保	
正興第十一保示範國民學校	校長	唐大理	正興第十一保	
中興第九保示範國民學校	校長	張紀鳴	中興第九保	

璧山第三辅导区办事处为呈报本区示范校校长姓名住址表给孙则让的报告　9-1-192（30）

璧山县第一、二、六辅导区办事处呈报示范校名称、校址及校长姓名表给华西实验区总办事处的报告　9-1-192（31）

27

民國38年5月5日
收字第052

中華平民教育促進會華西實驗區璧山辦事處 報告　璧一教字三一號

三十八年五月　日

事由：為填造新舊示範校名稱地址及校長姓名呈請
察核並轉縣府備查由

案奉
鈞處平實教字第四十號通知飭將本區所屬新舊各示範校名稱地址及校長姓名列表具報以便分別函請縣府加委等因奉此茲遵照規定填造完竣理合備文報請
鈞處察核並轉縣府備查

謹呈
華西實驗區辦事處

附新舊示範校名冊乙份

主任 傅志純

已报知府，存查

璧山县第一、二、六辅导区办事处呈报示范校名称、校址及校长姓名表给华西实验区总办事处的报告 9-1-192（32）

璧山縣第一輔導區各鄉鎮示範保校

示範保校名稱	舊有學校名稱	示範保校地址	校長姓名	所在鄉鎮	備考
澀家塆示範保校	城北九保國民學校	五顯廟	蘇正嘉	城北鄉	實習學生
三個灘示範保校	城北十一保國民學校	龔氏祠	黃開文	城北鄉	
楊家祠示範保校	城北六保國民學校	楊家祠	冉仲山	城北鄉	
黃泥塆示範保校	城北二保國民學校	黃泥塆	羅炳淮	城北鄉	
東嶽廟示範保校	城南三保國民學校	東嶽廟	吳紹民	城南鄉	原任校長廖俊兼總隊長但以該員請假中由吳紹民代行
觀音閣示範保校	城南七保國民學校	觀音閣	王蓁	城南鄉	
蜘蛛墳示範保校	獅子三保國民學校	張家院子	劉澤先	獅子鄉	實習學生
堰壩房子示範保校	獅子二保國民學校	堰壩房子	夏劍玲	獅子鄉	實習學生

三十八年五月三日

28

璧山县第一、二、六辅导区办事处呈报示范校名称、校址及校长姓名表给华西实验区总办事处的报告 9-1-192（33）

29

田家碾米槽示範保國民學校	獅子十保校	田家碾米槽	姜旭昇	已制卡	獅子鄉	實習
新房子示範保校	城西七保國民學校	新房子	范維	已制卡	城西鄉	

璧山县第一、二、六辅导区办事处呈报示范校名称、地址及校长姓名表给华西实验区总办事处的报告　9-1-192（25）

存查。五、九。

璧山第二區辦事處報告　三十八年五月六日　璧二教字第七七號

案奉

鈞部本年四月卅日平實教字第〇四〇號通知飭即查填新舊示範校名稱地址及校長姓名列表具報等因茲已依式填就理合檢同原表報請

鑒核備查

謹呈

主任孫

附呈本區示範校名稱地址及校長姓名表一份

職　陶一琴

璧山县第一、二、六辅导区办事处呈报示范校名称、地址及校长姓名表给华西实验区总办事处的报告　9-1-192（26）

璧山第二区示範國民學校名稱地址及校長姓名表

示範校名稱	地址	校長姓名	備考
璧山縣福祿鄉白鶴林示範國民學校	福祿第七保白鶴林	龍鍾靈	
璧山縣梓潼鄉曹氏宗祠示範國民學校	梓潼鄉第七保曹氏宗祠	戴儒席	

璧山四寶閣文具印刷紙張印製

璧山县第一、二、六辅导区办事处呈报示范校名称、地址及校长姓名表给华西实验区总办事处的报告　9-1-192（27）

23

38.5.19 收 066 號

報告　區教字第51號
三十八年五月三日　於區辦事處

事由　為呈報示範校名稱校址及校長姓名由

頃奉

鈞處四月三十日平實教字第〈0210〉號通知飭查填新舊示範校名稱地址及校長姓名列表具報下處謹列表隨文報請

核示！！

謹呈

主任孫

附表一份

璧山第六輔導區主任　何子清

璧山县第一、二、六辅导区办事处呈报示范校名称、地址及校长姓名表给华西实验区总办事处的报告　9-1-192（27）

璧山第六輔導區示範校查報表

學校名稱	校址	校長姓名	備攷
璧山依鳳鄉示範國民學校	依鳳鄉第四保涼水井	楊永言	本期新設
璧山轉龍鄉示範國民學校	轉龍鄉第六保永興橋	陳世準	本期新設

附記：本區原無示範國民學校之設置，本年上期僅設表列兩校已分別呈報 鈞處及函縣府教專會有案

璧山四寶閣文具印刷紙號印製

璧山县第一辅导区各乡示范保校概况统计表（二） 9-1-197（101）

60

9.

璧山縣第一輔導區各鄉示範保校概況統計表　附表（二）

鄉鎮別	示範保校名稱	教師	班級	三十八年上期學生人數 共計	男	女	三十七年下期學生人數 共計	男	女
城南	東南嶽廟示範保校	3	4	121	75	46	45	29	16
	观音阁示範保校	4	5	124	72	52	62	38	24
城西	新房子示範保校	2	5	72	43	29	28	15	13
城北	三個碾示範保校	5	5	146	93	53	79	51	28
	温家湾示範保校	6	6	230	128	102	95	61	34
	楊家祠示範保校	6	6	228	160	68	25	14	11
	黃境湾示範保校	5	5	196	121	75	0	0	0
鄉子	堡墩房子示範保校	3	4	118	76	42	46	28	18

璧山县第一辅导区各乡示范保校概况统计表（二） 9-1-197（102）

蜘蛛坟示範保校	4	5	139	72	67	63	32	31
思家碑槽示範保校	3	4	95	58	37	0	0	0

璧山四宝阁文具印刷纸號印製